Fundamente der Mathematik 5

Baden-Württemberg
Gymnasium

Herausgegeben von
Dr. Andreas Pallack

Dieses Schulbuch findest du auch in der App **Cornelsen Lernen**.
Wenn du eines dieser Symbole im Schulbuch siehst, findest du in der App …

Zwischentest — **Zwischentests** zur Selbsteinschätzung,
Hilfe — gestufte **Hilfen** zu ausgewählten Aufgaben,
Erklärfilm — **Erklärfilme** passend zu den Beispielen.

Cornelsen

Inhaltsverzeichnis

1	**Natürliche Zahlen und Größen**	5
	Dein Fundament	6
1.1	Daten auswerten und darstellen	8
1.2	Befragungen durchführen	12
1.3	Natürliche Zahlen – große Zahlen	16
1.4	Römische Zahlen	20
	Streifzug: Zahlen im Zweiersystem	22
1.5	Zahlenstrahl	24
1.6	Runden	26
1.7	Größen angeben und schätzen	28
1.8	Größen umrechnen	30
1.9	Größen in Kommaschreibweise	34
1.10	Maßstab	36
1.11	Vermischte Aufgaben	40
	Prüfe dein neues Fundament	44
	Zusammenfassung	46

2	**Rechnen mit natürlichen Zahlen**	47
	Dein Fundament	48
2.1	Addieren und Subtrahieren	50
2.2	Multiplizieren und Dividieren	53
2.3	Überschlagsrechnung	56
2.4	Schriftliches Addieren und Subtrahieren	58
2.5	Schriftliches Multiplizieren	61
2.6	Schriftliches Dividieren	63
2.7	Rechnen mit allen Grundrechenarten	65
	Streifzug: Variablen und Terme	69
2.8	Rechengesetze der Addition und Multiplikation	71
2.9	Distributivgesetz	74
	Streifzug: Strategien zum Lösen von Sachproblemen	76
2.10	Potenzieren	78
2.11	Teiler, Vielfache und Teilbarkeitsregeln	81
2.12	Primzahlen	85
	Mathematisch arbeiten: Begründen und Widerlegen	87
2.13	Vermischte Aufgaben	89
	Prüfe dein neues Fundament	92
	Zusammenfassung	94

Jetzt mit barrierefreiem Farbkonzept
Mehr Informationen auf cornelsen.de/bf

Das **Niveau** jeder Aufgabe erkennst du an einem Symbol.
◐ = mittel,
● = schwierig

Differenziert vertiefen: **Weiterführende Aufgaben** erhöhen das Niveau und vertiefen dein Verständnis.

Sichern

Bist du sicher? **Prüfe dein neues Fundament** mit den **Testaufgaben**. Vergleiche deine Ergebnisse mit den Lösungen im Anhang und schätze deine Leistung selbstständig ein.

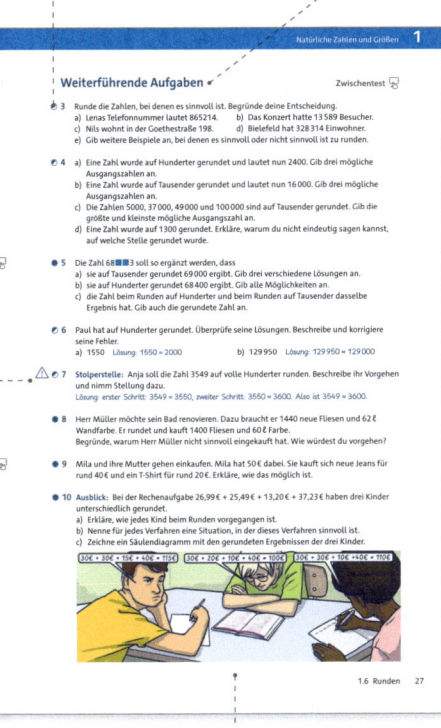

Selbstständig prüfen: Die **Lösungen** zu den Aufgaben findest du im Anhang.

Mit der **Selbsteinschätzung** kannst du Schwächen finden und beheben.

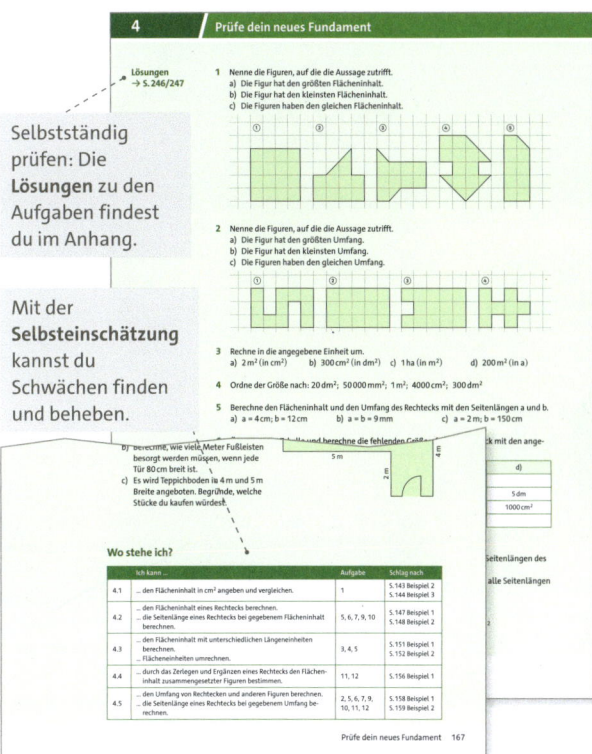

Die **Stolperstelle** zeigt dir typische Fehler.

Der **Ausblick** ist immer die letzte Aufgabe – und die schwierigste!

Wissen kompakt

Hier ist alles Wichtige auf einer Seite zusammengefasst – ideal zum Nachschlagen.

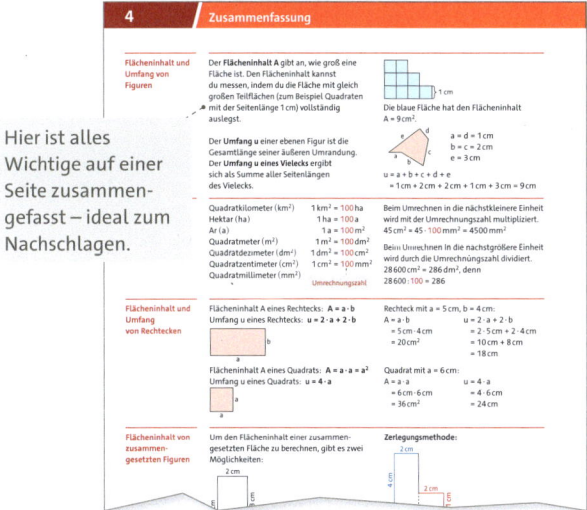

Weitere Symbole:

 Medieneinsatz

 Partnerarbeit

 Gruppenarbeit

3	Grundbegriffe der Geometrie	95
	Dein Fundament	96
3.1	Senkrecht und parallel zueinander	98
3.2	Koordinaten	102
3.3	Achsensymmetrie	106
3.4	Punktsymmetrie	110
	Streifzug: Parallelverschiebung	114
3.5	Vierecke	116
3.6	Körper	120
3.7	Körpernetze	124
3.8	Schrägbild eines Quaders	128
	Mit Medien arbeiten: Dynamische Geometrie-Software	132
3.9	Vermischte Aufgaben	134
	Prüfe dein neues Fundament	136
	Zusammenfassung	138

4	Flächeninhalt und Umfang	139
	Dein Fundament	140
4.1	Flächen vergleichen	142
4.2	Flächeninhalt eines Rechtecks	147
4.3	Flächeneinheiten	150
4.4	Flächeninhalt von zusammengesetzten Figuren	156
4.5	Umfang	158
	Streifzug: Modellieren	161
4.6	Vermischte Aufgaben	163
	Prüfe dein neues Fundament	166
	Zusammenfassung	168

5	Volumen und Oberflächeninhalt	169
	Dein Fundament	170
5.1	Körper vergleichen	172
5.2	Volumen eines Quaders	175
5.3	Volumeneinheiten	178
5.4	Volumen zusammengesetzter Körper	182
5.5	Oberflächeninhalt eines Quaders	185
5.6	Vermischte Aufgaben	188
	Prüfe dein neues Fundament	190
	Zusammenfassung	192

Inhaltsverzeichnis

6	Ganze Zahlen	193
	Dein Fundament	194
6.1	Ganze Zahlen und Zahlengerade	196
6.2	Erweiterung des Koordinatensystems	198
6.3	Ganze Zahlen vergleichen und ordnen	200
6.4	Zustandsänderungen	202
6.5	Ganze Zahlen addieren und subtrahieren	205
6.6	Ganze Zahlen multiplizieren und dividieren	211
	Streifzug: Rechenspiele	215
6.7	Rechnen mit allen Grundrechenarten	216
6.8	Ausmultiplizieren und Ausklammern	218
6.9	Vermischte Aufgaben	221
	Prüfe dein neues Fundament	224
	Zusammenfassung	226

7	Komplexe Aufgaben	227
	Aufgaben	228

8	Methoden	233
	Methodenkarten	234

9	Anhang	239
	Lösungen	240
	Stichwortverzeichnis	251
	Bildquellenverzeichnis	255
	Impressum	256

Das Kapitel 6 „Ganze Zahlen" wird auch als erstes Kapitel von Band 6 angeboten.
Je nach Schulcurriculum können die Inhalte in Jahrgang 5 oder in Jahrgang 6 unterrichtet werden.
Auch eine Wiederholung der Inhalte in Jahrgang 6 ist möglich.

1 Natürliche Zahlen und Größen

Nach diesem Kapitel kannst du
→ Daten sammeln und auswerten,
→ Säulendiagramme erstellen,
→ Zahlen in Stellenwerttafeln und am Zahlenstrahl darstellen,
→ Zahlen geeignet runden,
→ Größen schätzen,
→ Größenangaben umrechnen,
→ mit Maßstäben umgehen.

1 Dein Fundament

Lösungen → S. 240

Daten aus Tabellen und Diagrammen entnehmen

1 Die Übersicht zeigt die Ergebnisse der letzten Klassenarbeit der Klasse 5b.

sehr gut	gut	befriedigend	ausreichend	mangelhaft	ungenügend
3	5	9	3	1	0

a) Gib an, wie viele Kinder in der Klassenarbeit die Note „befriedigend" erhielten.
b) Bestimme, wie viele Kinder an der Klassenarbeit teilnahmen.
c) Gib an, wie viele Kinder die Note „sehr gut" oder die Note „gut" erhielten.

2 Zum Klassenfest der Klasse 5a wurde ein Quiz mit acht Fragen durchgeführt. 24 Kinder nahmen daran teil. Kein Kind hatte alle Fragen richtig beantwortet. In der Tabelle sind einige Ergebnisse dargestellt.

Anzahl der richtigen Antworten	8	7	6	5	4	3	2	1	0
Anzahl der Kinder		1	5	4	3	5	2	2	

a) Übertrage die Tabelle und ergänze die fehlenden Zahlen.
b) Gib an, wie viele Kinder drei richtige Antworten hatten.
c) Bestimme, wie viele Kinder weniger als vier richtige Antworten hatten.
d) Bestimme, wie viele Kinder mehr als drei richtige und weniger als sieben richtige Antworten hatten.
e) Gib an, wie viele Kinder nur zwei falsche Antworten hatten.

3 Das Säulendiagramm zeigt das Alter der Kinder der Klasse 5a.

a) Übertrage die Tabelle und trage die Anzahlen ein.

Alter der Kinder in Jahren	10	11	12
Anzahl der Kinder in der Klasse 5a			

b) Gib an, wie viele Kinder in der Klasse 5a 11 Jahre alt sind.
c) Bestimme, wie viele Kinder der Klasse 5a älter als 10 Jahre sind.
d) Gib die Anzahl der Kinder in der Klasse 5a an.

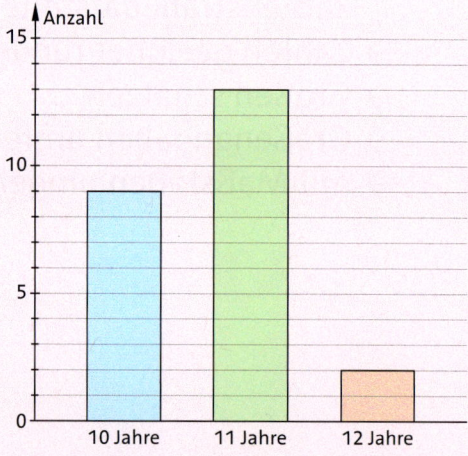

Zahlen in einer Stellenwerttafel darstellen

4 Katja hat in der Stellenwerttafel eine Zahl dargestellt.

T	H	Z	E
8	8	8	8

a) Lies die Zahl laut vor.
b) Katja schreibt an der Tausenderstelle nun anstelle der 8 eine 7 und an der Zehnerstelle anstelle der 8 eine 0. Benenne diese Zahl.

5 Trage in eine Stellenwerttafel ein.
a) 719
b) 4010
c) 2 T 4 H 1 E
d) fünfhundertsiebzehn
e) 9987
f) 1 T 5 E
g) 5780
h) zweitausendfünfhundert

6 Gib an, welchen Wert die Ziffer 3 in der Zahldarstellung bezeichnet.
a) 213
b) 231
c) 321
d) 9023

1 Natürliche Zahlen und Größen

Lösungen
→ S. 240

7 Ines hat in einer Stellenwerttafel mit 11 Plättchen eine Zahl dargestellt.

T	H	Z	E
••••	•••••		••

a) Gib an, wie die Zahl heißt.
b) Martin nimmt ein Plättchen weg. Gib alle möglichen Zahlen an, die entstehen können.
c) Tanja legt ein Plättchen dazu. Gib alle möglichen Zahlen an, die entstehen können.

8 Übertrage den Ausdruck. Ersetze den Platzhalter ■ so durch eine Zahl oder einen Buchstaben, dass die Aussage stimmt.
Beispiel: 1 H = 10 Z.
a) 1 Z = ■ E   b) 1 T = ■ Z   c) 1000 E = ■ H   d) ■ E = 5 H   e) 2 H = 20 ■

Zahlen vergleichen und ordnen

Erinnere dich

Das Kleinerzeichen „<" und das Größerzeichen „>" zeigen immer auf die kleinere Zahl wie bei 5 < 7 und 7 > 5.

9 Vergleiche. Ersetze den Platzhalter ■ durch das richtige Zeichen <, > oder =.
a) 12 ■ 17   b) 23 ■ 13   c) 89 ■ 98   d) 31 ■ 13

10 Ordne der Größe nach. Beginne mit der kleinsten Zahl.
a) 11; 4; 1; 9   b) 23; 9; 17; 19   c) 50; 10; 40; 90   d) 31; 5; 27; 0; 18

11 Ordne der Größe nach. Beginne mit der größten Zahl.
a) 5; 7; 19; 11
b) 50; 100; 150; 25
c) 79; sechzig; 59; 66
d) dreihundert; 550; 99; 301

12 Übertrage den Ausdruck und ersetze den Platzhalter ■ so durch eine Ziffer, dass die Aussage stimmt. Gib alle mögliche Lösungen an.
a) ■ < 1   b) 18 < 1■   c) 7■ > 78   d) 62 > 6■

Zahlen auf einem Zahlenstrahl ablesen

13 Gib an, welche Zahlen durch die Buchstaben gekennzeichnet sind.

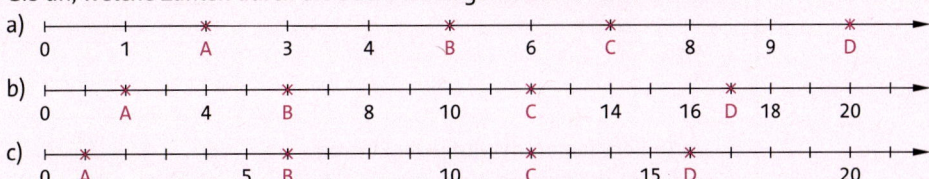

14 Gib drei Zahlen an, die auf einem Zahlenstrahl
a) rechts von der 12 liegen,
b) links von der 5 liegen,
c) zwischen der 19 und der 23 liegen.

15 Bestimme, wie viele Zahlen
a) zwischen 6 und 9 liegen,
b) zwischen 8 und 16 liegen,
c) zwischen 2 und 19 liegen.

Dein Fundament 7

1.1 Daten auswerten und darstellen

Die Klasse 5b führt eine Umfrage durch. Alina befragt ihre Mitschüler nach deren Lieblingsfach. Sie schreibt die Antworten auf einem Zettel auf.
Erkläre, wie sie die Umfrage auswerten und die Ergebnisse übersichtlich darstellen kann.

Deutsch, Sport, Sport, Kunst, Mathe, Sport, Erdkunde, Sport, Deutsch, Kunst, Kunst, Mathe, Erdkunde, Kunst, Sport, Deutsch, Sport, Kunst, Sport, Mathe, Sport, Kunst, Mathe

Daten können auf verschiedene Weise erfasst und ausgewertet werden. Schreibt man die Daten hintereinander in eine Liste, so erhält man eine **Urliste**. Mit einer **Strichliste** wird gezählt, wie oft jedes Ergebnis vorkommt. Diese Anzahlen kann man auch in einer **Häufigkeitstabelle** erfassen. Zur grafischen Darstellung verwendet man häufig ein **Säulendiagramm**.

Urliste
11, 10, 10, 12, 11, 11, 10, 11, 9, 10, 10, 11, 10, 12, 10, 10, 10, 11, 11, 10, 10, 10, 11, 9, 10, 12, 10, 11, 10, 10

Strichliste

Alter:
9 ||
10 |||| |||| |||| |
11 |||| ||||
12 |||

Häufigkeitstabelle

Alter	Häufigkeit
9	2
10	16
11	9
12	3

Säulendiagramm

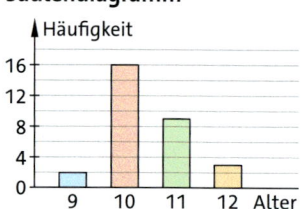

An den Achsen des Säulendiagramms stehen dieselben Beschriftungen wie in den Spalten der Häufigkeitstabelle. Die Säulen haben alle dieselbe Breite und denselben Abstand.

Erklärfilm

Beispiel 1 Gregor befragt seine Mitschüler nach der Anzahl ihrer Geschwister und schreibt ihre Antworten in einer Urliste auf:
0; 2; 1; 1; 1; 2; 0; 3; 2; 1; 1; 2; 4; 0; 0; 1; 1; 1; 2; 0; 3; 0; 0; 1; 0; 2; 1; 1
Erstelle a) eine Strichliste, b) eine Häufigkeitstabelle und c) ein Säulendiagramm.

Lösung:

a) Strichliste
Anzahl der Geschwister:
keine |||| |||
ein |||| |||| |
zwei |||| |
drei ||
vier |

b) Häufigkeitstabelle

Anzahl der Geschwister	Häufigkeit
keine	8
ein	11
zwei	6
drei	2
vier	1

c) Im Säulendiagramm wird jeder Eintrag in der Häufigkeitstabelle durch die Höhe einer Säule dargestellt.

Beschrifte die Skala von unten nach oben. Beginne immer mit 0. Die größte Zahl in der Häufigkeitstabelle zeigt dir, wie weit du die Achse nach oben zeichnen musst. Eine Einheit ist 1 Kästchen.

Zeichne dann für jede Geschwisteranzahl eine Säule in der richtigen Höhe:
Für „keine" ist die Höhe der Säule 8.

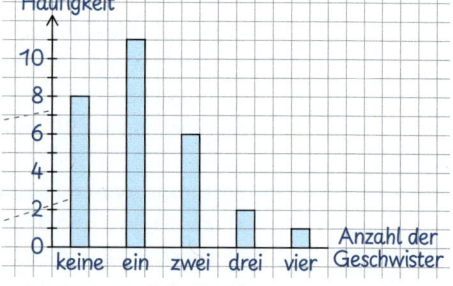

Basisaufgaben

1 Nina hat in ihrer Klasse nach Lieblingstieren gefragt. Die Antworten hat sie in einem Säulendiagramm dargestellt.
   a) Lies in dem Säulendiagramm ab, wie häufig jedes Tier in der Klasse genannt wurde.
   b) Stelle die Antworten in einer Häufigkeitstabelle dar.
   c) Diskutiert zu zweit, ob man aus dem Diagramm ablesen kann, wie viele Kinder in der Klasse sind.

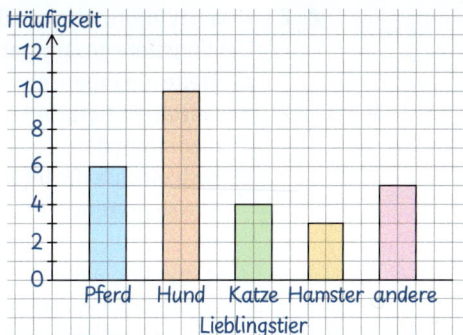

2 Janno hat seine Mitschüler nach ihrem Alter befragt. Die Ergebnisse hat er in einer Häufigkeitstabelle eingetragen. Zeichne dazu ein Säulendiagramm.

Alter	9	10	11	12
Häufigkeit	3	14	9	4

3 Die Kinder der Klasse 5a wurden danach befragt, wie sie morgens zur Schule kommen. Die Strichliste zeigt ihre Antworten.

zu Fuß	mit dem Fahrrad	mit dem Bus	mit dem Auto
ⅢⅡ Ⅱ	Ⅲ	ⅢⅡ ⅢⅡ Ⅰ	ⅢⅡ Ⅰ

   a) Erstelle zu der Strichliste eine Häufigkeitstabelle.
   b) Zeichne ein Säulendiagramm.

4 Lars hat seine Mitschüler nach ihrer Lieblingsfarbe befragt. Er hat diese Antworten erhalten:
Rot, Blau, Rot, Lila, Gelb, Grün, Gelb, Gelb, Blau, Rot, Lila, Grün, Gelb, Rot, Gelb, Blau, Rot, Gelb, Lila, Gelb, Rot, Gelb, Lila, Blau, Blau, Grün, Gelb
Erstelle
   a) eine Strichliste,
   b) eine Häufigkeitstabelle,
   c) ein Säulendiagramm.

5 Die Schüler einer Schule wurden nach ihrer Lieblingssportart befragt. Das Diagramm zeigt die Ergebnisse.

F: Fußball
K: Kampfsport
R: Reiten
S: Schwimmen
T: Tanzen
RF: Radfahren

Lies die Anzahl der Schüler zu den unterschiedlichen Sportarten ab und erstelle eine Häufigkeitstabelle.

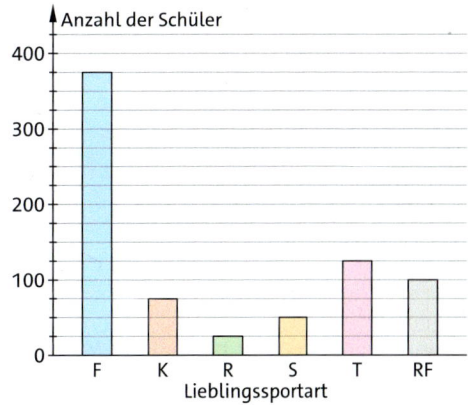

6 Wirf einen Würfel 50-mal. Zähle mithilfe einer Strichliste, wie oft jede Augenzahl geworfen wird. Erstelle dann eine Häufigkeitstabelle und zeichne ein Säulendiagramm.

Weiterführende Aufgaben

Zwischentest

7 Nisa hat Informationen über ihre Lieblingstiere gesammelt.

Tier	Gewicht	Lebenserwartung
Pferd	1200 kg	30 Jahre
Katze	4 kg	15 Jahre
Giraffe	2000 kg	25 Jahre
Känguru	70 kg	20 Jahre
Tiger	280 kg	25 Jahre

a) Stelle die Lebenserwartung der einzelnen Tierarten in einem Säulendiagramm dar.
b) Nisa möchte die Informationen ihrer Klasse präsentieren. Sie überlegt, ob sie
① nur die Tabelle,
② die Tabelle und ein Säulendiagramm für die Lebenserwartung,
③ Säulendiagramme für die Lebenserwartung und das Gewicht zeigen sollte.
Begründe, welche Form der Darstellung du wählen würdest.

Hilfe

8 Von Berlin nach Hamburg sind es mit dem Auto etwa 300 km, nach München sind es 600 km, nach Köln 650 km und nach Leipzig 200 km.
Stelle die Entfernungen in einem Säulendiagramm dar.

9 Die Klasse 5c hat eine Umfrage zu Haustieren gemacht. Für die Auswertung hat die Klasse eine Häufigkeitstabelle für die Antworten erstellt.

Haustier	Häufigkeit
Hund	4
Katze	12
Meerschweinchen	16
Zwergkaninchen	8
kein Haustier	30

a) Erkläre, warum du nicht die genaue Anzahl der befragten Personen angeben kannst.
b) Andres möchte für die Ergebnisse ein Säulendiagramm erstellen. Er hat bereits die erste Säule „Hund" mit 4 cm gezeichnet. Isabell meint:
„Das wird doch viel zu groß."
Erkläre, was sie meint und wie Andres das Säulendiagramm zeichnen kann.

⚠ **10 Stolperstelle:** Pedro hat die Regenmenge während der Regenzeit in Brisbane (Australien) in einem Diagramm dargestellt.

Info
Bei der Niederschlagsmessung entspricht 1 mm der Wasserhöhe, die sich bei Regen in einem speziellen Behälter ergibt.

Monat	Regenmenge (in mm)
Nov.	90
Dez.	140
Jan.	150
Feb.	145
Mär.	135
Apr.	90

Er behauptet: „Man sieht im Diagramm: Im Januar regnet es ungefähr viermal so viel wie im April." Nimm Stellung zu dieser Aussage.

11 Zähle, wie viele Buchstaben dein Vorname hat. Tragt die Anzahlen in der Klasse zusammen und erstellt ein Säulendiagramm.

12 Die Klasse 5c hat eine Klassensprecherwahl durchgeführt und die abgegebenen Stimmen in einer Strichliste gezählt. Wer mehr als die Hälfte aller Stimmen erhält, ist gewählt.

Klassensprecherwahl 5c
Sabine ||||| ||||| |||
Matthias ||||| |||
Ismael ||||| |

a) Gib an, wer wie viele Stimmen erhalten hat.
b) Gib an, wie viele Stimmen insgesamt abgegeben wurden.
c) Entscheide, ob Sabine zur Klassensprecherin gewählt wurde.

13 Balkendiagramm: Ein Diagramm mit waagerechten Säulen heißt Balkendiagramm. Hier ist die Anzahl der Schüler der 5. Klassen des Mariengymnasiums dargestellt.

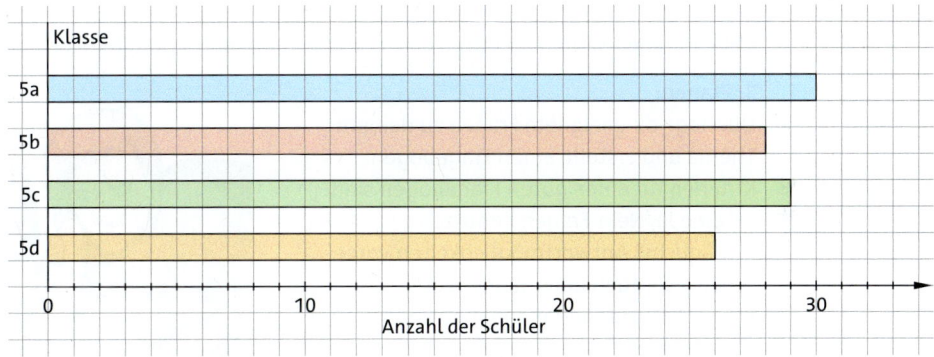

a) Gib an, wie vielen Schülern ein ausgefülltes Kästchen entspricht.
b) Lies ab, wie viele Schüler in jeder Klasse sind.
c) Zeichne für deine Klasse und die Parallelklassen ein passendes Balkendiagramm. Dabei soll ein Kästchen zwei Schülern entsprechen.

Hilfe

14 In einer Umfrage wurden 1000 Jugendliche befragt, wie viel Zeit sie pro Tag mit welchen Medien verbringen. Das Diagramm zeigt die Ergebnisse dieser Umfrage.

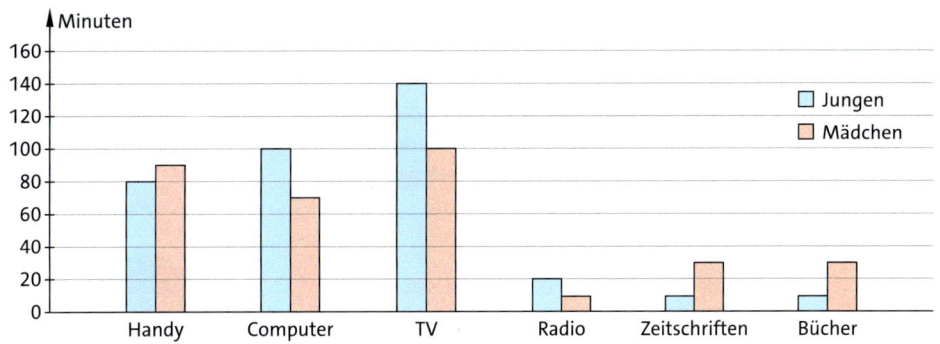

a) Erstelle eine Tabelle für Jungen und Mädchen mit den Minutenangaben.
b) Stimmt die Behauptung, dass Jungen viel mehr Zeit mit Handy und Computer verbringen als Mädchen? Begründe deine Antwort.
c) Wie viel Zeit verbringst du mit den oben genannten Medien am Tag? Schätze die Zeitangaben in Minuten und zeichne ein eigenes Säulendiagramm.

Hinweis zu 15

Wirfst du eine 2 und eine 3, ist die Augensumme 5.

15 Ausblick: Bei einem Spiel sollen zwei Würfel gleichzeitig geworfen und die Augensumme berechnet werden. Insgesamt wird dies 100-mal durchgeführt.
a) Überlege, welche Augensumme am häufigsten und welche am seltensten gewürfelt wird. Schreibe deine Vermutung auf und begründe sie.
b) Spielt zu zweit. Erstellt eine Strichliste und eine Häufigkeitstabelle.
c) Vergleiche die Ergebnisse mit deiner Vermutung aus a). Begründe deine Beobachtung.

1.2 Befragungen durchführen

Moritz und Anastasia wollen in ihrer Klasse eine Befragung zum Thema „Wie zufrieden bist du mit unserer Schule?" durchführen. Sammle geeignete Fragen, die sie ihren Mitschülern zu diesem Thema stellen können. Beschreibe, wie ein Bericht zu den Ergebnissen in der Schülerzeitung aussehen könnte.

Mit Umfragen kann man Daten erheben. Eine gute Befragung teilt sich in mehrere Schritte auf:

1. Planen:
Überlege dir geeignete Fragen zu deinem Thema und erstelle einen Fragebogen. Kriterien für einen guten Fragebogen sind:
- keine Ja/Nein-Fragen benutzen
- möglichst Antwortmöglichkeiten vorgeben, eventuell auch „Sonstiges"
- bei Zeit- und Längenangaben Bereiche zur Auswahl vorgeben

Überlege, wen du befragen möchtest und wo du diese Personen antreffen kannst.

2. Durchführen:
Führe die Umfrage genau wie geplant durch. Du kannst die Person den Fragebogen selbst ausfüllen lassen oder sie direkt befragen. Achte in diesem Fall darauf, die befragte Person nicht zu beeinflussen.

> **Hinweis**
>
> Zu Punkt 3 und 4: Häufigkeitstabellen und Säulendiagramme wurden in der vorhergehenden Lerneinheit behandelt.

3. Auswerten:
Gehe alle Fragebögen durch und zähle für jede Frage die Anzahl der verschiedenen Antworten in einer Strichliste. Übertrage diese Werte in eine Häufigkeitstabelle.

4. Darstellen:
Stelle für jede Frage die Ergebnisse als (Säulen-) Diagramm dar. Achte beim Erstellen von Präsentationen oder Plakaten auf:
- große Schrift und große Abbildungen
- wenig Text und Übersichtlichkeit
- Wirkung von Farben

5. Folgern:
Beantworte die folgenden Fragen, formuliere dazu eine Aussage:
- Was ist das wichtigste Ergebnis der Umfrage? Fällt etwas Besonders auf?
- Kann man an den Ergebnissen Zusammenhänge erkennen?
- Kann die Befragung verbessert werden, muss eine weitere durchgeführt werden?

1 Natürliche Zahlen und Größen

Basisaufgaben

1 Entscheide, ob die Frage für einen Fragebogen gut geeignet ist. Wenn nicht, erkläre warum und gib eine Fragestellung an, die besser ausgewertet werden kann.
a) Was liest du gerne?
b) Welche Tiere magst du?
c) Hörst du oft Musik?
d) Wofür verwendest du dein Taschengeld?
e) Wie viele Bücher hast du in diesem Jahr schon gelesen?

2 Johanna, Dilara und Niklas möchten in ihrer Klasse eine Umfrage zum Thema „Freundschaft" durchführen. Dazu haben sie eigene Fragebögen erstellt.
Diskutiert zu zweit und beurteilt die drei Fragebögen. Sind die Fragen geeignet? Was kann verbessert werden? Erstellt dann einen eigenen Fragebogen zu dem Thema.

Johanna:
1. Hast du viele Freunde?
☐ Ja   ☐ Nein

2. Wie oft pro Woche triffst du deine Freunde außerhalb der Schule?
☐ 0- bis 1-mal
☐ 2- bis 4-mal
☐ 5- bis 7-mal

3. Was unternimmst du mit deinen Freunden?
_____

Dilara:
1. Wie viele Freunde hast du?
☐ 1 ☐ 2 ☐ 3 ☐ 4
☐ 5 ☐ 6 ☐ 7 ☐ 8

2. Wer ist deine beste Freundin oder dein bester Freund?
_____

3. Wie oft siehst du deine Freunde?
☐ 0–3 Stunden
☐ 4–7 Stunden
☐ mehr als 7 Stunden

Niklas:
1. Wie oft triffst du dich mit deinen Freunden?
☐ häufig   ☐ manchmal
☐ selten   ☐ nie

2. Welchen Sport treibst du mit deinen Freunden?
☐ Fußball   ☐ Tischtennis
☐ Tanzen   ☐ Schwimmen
☐ Klettern   ☐ Sonstiges

3. Wie lange seid ihr bereits befreundet?
_____

3 Sinan möchte mit einer Umfrage herausfinden, wie gesund sich seine Mitschüler ernähren. Überlege, welche Fragen dafür geeignet sind. Entwirf einen passenden Fragebogen.

4 Emily hat in den 5., 6. und 7. Klassen ihrer Schule eine Umfrage zum Thema „Gaming" durchgeführt. Die Ergebnisse hat sie in einer Häufigkeitstabelle ausgewertet.
a) Stelle die Ergebnisse für jede Klassenstufe mit einem Säulendiagramm dar.
b) Wie lassen sich die Ergebnisse zusammenfassen? Schreibe eine Aussage auf.

Wie oft spielst du Spiele am Computer, Smartphone, Tablet oder an einer Konsole?

Antwort	Häufigkeit		
	5. Klassen	6. Klassen	7. Klassen
nie	10	9	4
selten	25	17	16
manchmal	34	36	31
häufig	21	28	39

5 Das Diagramm zeigt die Ergebnisse einer Umfrage zum Lieblingsfach in einer Klasse. Nimm Stellung zu den Aussagen.
Elif: „Niemand mag das Fach Deutsch."
Kosta: „Für mehr als die Hälfte der Klasse ist Sport das Lieblingsfach."
Martin: „Mathe wird doppelt so gerne gemocht wie Englisch."

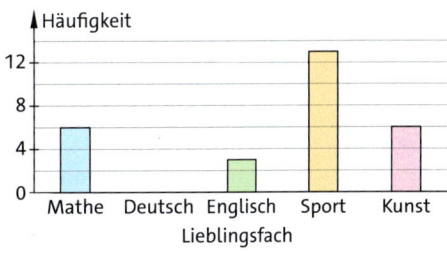

1.2 Befragungen durchführen 13

Weiterführende Aufgaben

Zwischentest

6 Stichprobe: Nicht immer kann man alle Personen befragen, über die man zu einem bestimmten Thema etwas erfahren möchte. Zum Beispiel kann man zum Thema „Internetnutzung meiner Mitschüler" alle Kinder der Klasse befragen, zum Thema „Internetnutzung der deutschen Bevölkerung" jedoch nicht die ganze Bevölkerung. In diesem Fall muss eine geeignete Auswahl der Befragten (**Stichprobe**) getroffen werden.
Begründe, ob bei der Fragestellung eine Stichprobe ausgewählt werden muss.
a) geplante Entscheidung bei der Klassensprecherwahl in deiner Klasse
b) geplante Wahlentscheidung bei der nächsten Bundestagswahl
c) Lieblingsspeisen der Europäer
d) Lieblingsspeisen in deiner Familie
e) jährlicher Wasserverbrauch eines deutschen Haushalts
f) meistgesprochene Sprachen der Welt
g) häufigster Buchstabe in deutschsprachigen Texten

Hilfe

7 a) Beurteile, ob die Stichprobe für die Umfrage geeignet ist. Wenn nicht, gib ein Beispiel für eine bessere Stichprobe an.

① Thema:
Einkommen eines Haushalts
Stichprobe:
Personen in einer teuren Wohngegend

② Thema:
Meinung zur Haltung von Haustieren
Stichprobe:
Kunden einen Zoohandlung

③ Thema:
Altersverteilung in der Bevölkerung
Stichprobe:
Besucher einer Oper

④ Thema:
Wahl der Verkehrsmittel für den Schulweg
Stichprobe:
Kinder auf dem Pausenhof einer Schule

⑤ Thema:
Gesunde Ernährung in der Bevölkerung
Stichprobe:
Kunden eines Biomarkts

⑥ Thema:
Anzahl der Kinder in einem Haushalt
Stichprobe:
Wartende Personen vor einer Schule

b) Recherchiere, was man unter einer repräsentativen Stichprobe versteht.

8 Stolperstelle: Kamil geht in die Klasse 5b des Leibniz-Gymnasiums. Um seine Eltern davon zu überzeugen sein monatliches Taschengeld von 10 Euro zu erhöhen, führt er an seinem Gymnasium eine Umfrage zu dem Thema durch. Die Ergebnisse hat er in einem Säulendiagramm dargestellt.

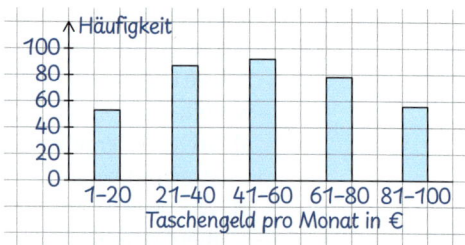

Er zeigt es seinen Eltern und meint: *„Schaut doch, die meisten bekommen viel mehr Taschengeld als ich!"*. Beurteile Kamils Vorgehen und seine Aussage.

9 Frau Tabiki und Herr Bildner unterrichten in verschiedenen Klassen das Fach Mathematik. Sie wollen herausfinden, ob ihre Klassen mit ihrem Unterricht zufrieden sind. Frau Tabiki lässt dazu einen Fragebogen ausfüllen, den sie dann auswertet. Herrn Bildner lässt in seinen Klassen alle, die mit seinem Unterricht zufrieden sind, die Hand heben und zählt dann nach. Beim Vergleich der Ergebnisse schneidet Herr Bildners Unterricht viel besser ab als der Unterricht von Frau Tabiki. Was meinst du dazu? Ist Frau Tabikis Unterricht tatsächlich weniger beliebt? Beurteile das Vorgehen der beiden Lehrkräfte.

1 Natürliche Zahlen und Größen

Hilfe

10 Erhebungsinstrumente: Man kann Daten mithilfe von Befragung oder Beobachtung erheben. Zur Befragung zählen Fragebögen (auf Papier, online) und Interviews (persönlich, telefonisch). Zur Beobachtung zählt auch die Messung. Entscheide, ob für die Fragestellung eine Befragung oder Beobachtung durchgeführt werden sollte. Erkläre, warum.
a) Körperhaltung von Personen, die unter Stress stehen
b) Freizeitgestaltung deiner Mitschüler
c) Tägliche Kundenanzahl in einem Supermarkt
d) Wöchentliche Ausgaben einer Familie für Lebensmittel
e) Luftverschmutzung in einer viel befahrenen Straße

 11 Arbeitet in Gruppen. Führt in eurer Klasse eine Umfrage zum Thema „Interessen meiner Mitschüler" durch.
a) Überlegt zunächst, welche Themen ihr selbst interessant findet. Formuliert geeignete Fragen und gebt gegebenenfalls passende Antwortmöglichkeiten vor.
b) Entwerft einen Umfragebogen und befragt damit eure Mitschüler.
c) Fasst die Antworten mithilfe von Strichlisten und Häufigkeitstabellen zusammen.
d) Zeichnet für die Daten passende Säulendiagramme und stellt eure Ergebnisse auf einem DIN-A4-Blatt zusammen.
e) Zieht Folgerungen aus den Ergebnissen. Lassen sich Zusammenhänge erkennen? Formuliert hierzu eine Aussage.
f) Überlegt euch, welche Fragen ihr bei einer weiteren Umfrage stellen würdet, um noch genauere Informationen zu erhalten.

 g) Stellt euch die Ergebnisse eurer Umfragen gegenseitig vor. Ihr könnt zum Präsentieren eurer Ergebnisse Plakate anfertigen oder auch eine Präsentationssoftware benutzen.

 12 Ausblick: Diagramme mit einer Tabellenkalkulation erstellen

Mit einer Tabellenkalkulation kann man automatisch Diagramme erzeugen. Dafür muss man die Daten zuerst in eine Tabelle eintragen.
Jedes Arbeitsblatt ist in Zeilen 1, 2, 3 … und Spalten A, B, C … aufgeteilt. Die einzelnen Felder heißen Zellen. Der Zellenname ergibt sich aus der Zeilen- und Spaltenbezeichnung, zum Beispiel B6. Durch Klick in eine Zelle kann man sie bearbeiten.

Für ein Sportfest gibt es 14 Anmeldungen für Frisbee, 12 für Fußball, 19 für Handball, 24 für Tischtennis, 18 für Bouldern und 11 für Slackline. Erstelle ein Säulendiagramm.
a) Öffne die Tabellenkalkulation. Benenne die Datei und speichere sie.
b) Gib die Überschrift „Sportfest" ein und trage die Sportart und Anmeldezahlen in die jeweiligen Zellen ein.
c) Markiere mit der Maus die Zellen mit den Daten (A3 bis B9). Wähle dann:

	A	B	C
1	Sportfest		
2			
3	Sportart	Anmeldungen	
4	Frisbee	14	
5	Fußball	12	
6	Handball	19	
7	Tischtennis	24	
8	Bouldern	18	
9	Slackline	11	

Hinweis

Im Register „Start" kann man die Schrift und den Rahmen verändern.

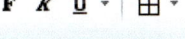

Um ein Diagramm zu bearbeiten, klicke einmal mit der Maus darauf.

1.2 Befragungen durchführen

1.3 Natürliche Zahlen – große Zahlen

Lies den Zeitungsartikel vor. Achte besonders darauf, die Zahlen richtig wiederzugeben.

Die Weltbevölkerung steigt rapide

Vor 75 000 Jahren gab es auf der Welt etwa 10 000 Menschen. Vor 10 000 Jahren soll es bereits bis zu 10 000 000 Menschen und vor 2000 Jahren etwa 300 000 000 Menschen gegeben haben. Trotz Krankheiten wie der Pest im Mittelalter stieg die Weltbevölkerung bis zum Jahr 1500 n. Chr. auf etwa 500 000 000. Für das Jahr 2050 rechnet man mit einer Weltbevölkerung von etwa 9 000 000 000 Menschen.

Zum Zählen nutzt man die Zahlen 0, 1, 2, 3 …. Diese Zahlen nennt man die **natürlichen Zahlen**.

> **Wissen**
> Zum Zählen nimmt man die **natürlichen Zahlen** 0, 1, 2, 3 … (kurz ℕ)

Die natürlichen Zahlen werden aus den zehn **Ziffern** 0, 1, 2, 3, 4, 5, 6, 7, 8 und 9 gebildet.

Der Wert einer Ziffer hängt davon ab, an welcher Stelle der Zahl sie steht. Zum Beispiel hat die Ziffer 3 in der Zahl 132 den Wert 30, in der Zahl 357 hat sie den Wert 300.

H	Z	E
1	3	2
3	5	7

Der Wert einer Stelle ist immer das Zehnfache der vorhergehenden Stelle. Unser Zahlensystem wird daher **Zehnersystem** (oder auch **Dezimalsystem**) genannt.

Man kann in diesem System auch sehr große Zahlen darstellen. Nach drei Stellen ergibt sich immer ein neues Zahlwort:

1 Tausend	1 000		1 mit 3 Nullen
1 Million	1 000 000	(= 1000 Tausender)	1 mit 6 Nullen
1 Milliarde	1 000 000 000	(= 1000 Millionen)	1 mit 9 Nullen
1 Billion	1 000 000 000 000	(= 1000 Milliarden)	1 mit 12 Nullen

Die nächsten Zahlwörter heißen Billiarde, Trillion, Trilliarde und Quadrillion.

> **Hinweis**
> Um sie besser lesen zu können, schreibt man große Zahlen in „Dreierpäckchen" auf:
> 2 853 691 015
> 2 Milliarden
> 853 Millionen
> 691 Tausend
> und 15

> **Wissen** **Stellenwerttafel**

100 Billionen	10 Billionen	Billionen	100 Milliarden	10 Milliarden	Milliarden	100 Millionen	10 Millionen	Millionen	100 Tausender	10 Tausender	Tausender	Hunderter	Zehner	Einer	Lies …
											1	2	0	0	1 Tausend 200
									1	0	0	3	0	0	100 Tausend 300
							7	2	3	0	0	0	0	0	7 Millionen 230 Tausend
					3	0	0	0	0	2	0	0	0	3	3 Milliarden 20 Tausend und 3
		4	0	3	2	0	0	0	0	0	0	0	0	0	4 Billionen 32 Milliarden

1 Natürliche Zahlen und Größen

Beispiel 1 Trage die Zahl in eine Stellenwerttafel ein und lies sie laut vor.
23 432 411;   5 108 730 080;   19 315 000 000 609

Lösung:
Trage bei jeder Zahl zuerst die Einer (E), dann die Zehner (Z), die Hunderter (H) … ein.

Billionen			Milliarden			Millionen			Tausender			Einer		
H	Z	E	H	Z	E	H	Z	E	H	Z	E	H	Z	E
							2	3	4	3	2	4	1	1
				5	1	0	8	7	3	0	0	8	0
	1	9	3	1	5	0	0	0	0	0	0	6	0	9

Lies die Zahl laut in „Dreierpäckchen" vor: 23 Millionen   432 Tausend   411
5 Milliarden   108 Millionen   730 Tausend   80
19 Billionen   315 Milliarden   609

Basisaufgaben

1 Trage die Zahl in eine Stellenwerttafel ein. Lies sie laut vor.
a) 2345   b) 23 902   c) 93 986   d) 200 700
e) 1 923 000   f) 73 001 002   g) 387 248 292   h) 18 723 897 402

Hinweis
Zahlen unter einer Million schreibt man klein und zusammen. Zahlen ab einer Million schreibt man getrennt.

2 Schreibe die Zahl in Ziffern.
a) dreihundertsiebenundsechzigtausendneunhundertdreiundfünfzig
b) fünfunddreißig Millionen sechshundertfünfzigtausendvierhunderteinundzwanzig
c) vier Milliarden fünfundzwanzig Millionen siebenundzwanzigtausendundelf
d) zwölf Milliarden einhunderttausenddreiundsiebzig

3 Lies die Zahl in „Dreierpäckchen" laut vor. Schreibe die Zahl dann in Worten.
a) 635 987   b) 3 650 201   c) 62 100 054 854   d) 120 564 900 000

4 Arbeitet zu zweit. Denkt euch jeweils eine große Zahl aus und schreibt sie in Ziffern verdeckt auf einen Zettel. Lest euch gegenseitig die Zahl laut in „Dreierpäckchen" vor. Schreibt die gehörte Zahl in Ziffern auf und vergleicht das Ergebnis mit der verdeckt aufgeschriebenen Zahl.

Zahlen nach ihrer Größe ordnen

Erklärfilm

Beispiel 2 Vergleiche die Zahlen miteinander. Setze das richtige Zeichen < oder > ein.
a) 155 472 ▪ 99 472   b) 84 027 ▪ 84 072

Lösung:
a) Die Zahl, die mehr Stellen hat, ist immer die Größere.

155 472 > 99 472
6 Ziffern   5 Ziffern

b) Wenn zwei Zahlen gleich viele Stellen haben, vergleichst du stellenweise von links nach rechts. Die Zahlen unterscheiden sich erst an der Zehnerstelle (Z). Da 2 Zehner kleiner als 7 Zehner sind, ist 84 027 kleiner als 84 072.

84 027 < 84 072
5 Ziffern   5 Ziffern

1.3 Natürliche Zahlen – große Zahlen

Basisaufgaben

5 Ersetze den Platzhalter ■ durch das richtige Zeichen < oder >.
a) 14 ■ 27
b) 98 ■ 89
c) 512 ■ 453
d) 8251 ■ 8152
e) 13 581 ■ 13 858
f) 25 987 ■ 25 897
g) 248 972 ■ 2 243 487
h) 330 200 ■ 34 900
i) 10 000 000 ■ 9 999 999

6 Ordne die Zahlen der Größe nach. Setze das Zeichen < zwischen die Zahlen.
a) 13; 5; 9; 36; 24; 63; 2; 38; 25
b) 625; 135; 745; 243; 540; 534; 521
c) 6060; 6006; 6600; 6606; 6000; 6066
d) 35 732; 36 732; 35 351; 35 731; 35 761

Weiterführende Aufgaben

Zwischentest

7 Finde Paare gleicher Zahlen.

① 5 050 000
(A) fünf Milliarden fünfzig Millionen
② 50 005 000 000
③ 5 050 000 000

(B) fünfhundertundfünf Millionen
④ 505 000 000
(C) fünf Millionen fünfzigtausend

(D) fünfzig Milliarden fünf Millionen
(E) fünf Milliarden fünfzigtausend
⑤ 5 000 050 000

8 a) Gib an, wie die Zahl mit einer Eins und acht (zehn; vierzehn) Nullen heißt.
b) Im Zehnersystem gibt es nach drei Stellen immer ein neues Zahlwort. Gib an wie viele Nullen eine Billion, eine Billiarde, eine Trillion, eine Trilliarde und eine Quadrillion hat.

⚠ **9 Stolperstelle:** Überprüfe Tristans Lösungen. Korrigiere alle Fehler.
a) Schreibe dreihundertfünfundsechzigtausendsiebenundzwanzig als Zahl.
   Lösung: 36 572
b) Gib die kleinste und die größte sechsstellige Zahl an.
   Lösung: 111 111 und 999 999

10 Unser Sonnensystem besteht neben der Sonne aus acht Planeten. Auf den Kärtchen findest du die Entfernung der Planeten zur Sonne in Kilometern.
Ordne jedem Planeten die richtige Entfernung zu.

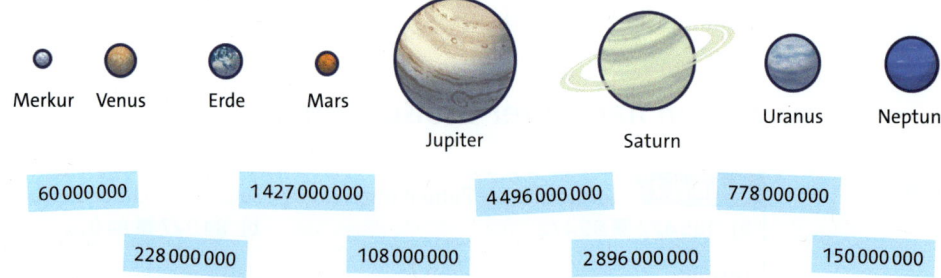

Merkur Venus Erde Mars Jupiter Saturn Uranus Neptun

60 000 000   1 427 000 000   4 496 000 000   778 000 000
228 000 000   108 000 000   2 896 000 000   150 000 000

Hilfe

11 Schreibe die Zahlen unten auf kleine Karten.

| 207 | 144 | 8 | 65 | 9 | 43 |

Lege aus vier Karten eine neue Zahl und erkläre deine Wahl.
a) eine möglichst große Zahl
b) eine möglichst kleine Zahl
c) eine möglichst große Zahl, in der keine Ziffer doppelt vorkommt

12 Zähle von der Zahl 640 000 vorwärts (rückwärts) weiter. Schreibe die nächsten fünf Zahlen
   a) in 10er-Schritten,   b) in 1000er-Schritten,   c) in 100 000er-Schritten.

13 Schreibe die Zahl in Ziffern.
   a) neunhundertdreizehn Milliarden einhundert
   b) fünfunddreißig Billionen dreiundsiebzig
   c) zweihundertdreiundfünfzig Billionen dreihundert Milliarden eintausend
   d) drei Billionen zweihundertfünfundsiebzigtausenddreihundertsechsundzwanzig

14 Gib den Stellenwert der Ziffern 2 und 8 an. Schreibe dann die Zahl in Worten.
   a) 18 635 002 059 910   b) 7 081 543 000 207   c) 800 000 200 000 001

 15 Die abgebildete Zahl heißt „Googol".
   a) Zähle im Bild ab, wie viele Nullen ein Googol hat.
   b) Recherchiere im Internet, wie der Name „Googol" entstanden ist und warum sich eine bekannte Internet-Suchmaschine danach benannt hat.
   c) Eine noch viel größere Zahl hat den Namen „Googolplex". Recherchiere, für welche Zahl dieses Zahlwort steht.

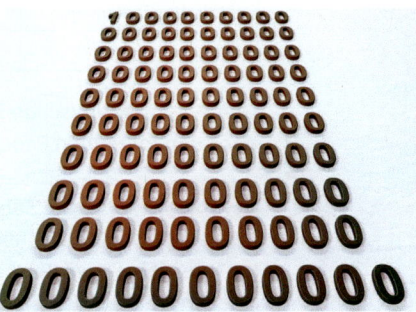

16 Hanna sagt: „Ich bin 2016 geboren. Wenn ich den Vorgänger und den Nachfolger einer natürlichen Zahl zusammenzähle, so erhalte ich mein Geburtsjahr. Wäre ich ein Jahr später geboren, so könnte ich keine natürliche Zahl finden, deren Vorgänger und Nachfolger zusammengezählt mein Geburtsjahr ergeben."
   a) Erkläre, warum auf diese Weise nicht die Zahl 2017 entstehen kann.
   b) Welche Zahlen kann man auf diese Weise erhalten? Begründe.

17 Im Englischen lauten die Zahlwörter teilweise anders als im Deutschen.

Deutsch	Hundert	Tausend	Million	Milliarde	Billion	Billiarde
Englisch	hundred	thousand	million	billion	trillion	quadrillion

Lies die angegebenen Zahlen zuerst auf Deutsch und dann auf Englisch vor:
12 000 000; 50 000 000 000; 25 000 000 000 000; 30 008 000 000; 4 009 500 000 000

Hilfe **18** Gib eine Zahl an, die alle vier Bedingungen erfüllt.

   ① Sie hat 9 Ziffern.
   ② Sie ist kleiner als 200 000 000.
   ③ Die Summe ihrer einzelnen Ziffern ist 45.
   ④ Der Nachfolger jeder Ziffer steht immer rechts neben dieser Ziffer.

19 Ausblick: Zahlen, die nach einer bestimmten Regel aufgezählt werden, bilden eine **Zahlenfolge**. Zum Beispiel beginnt die Folge der geraden natürlichen Zahlen mit der Zahl 0 und setzt sich dann in Zweierschritten fort: 0; 2; 4; 6; 8; 10; 12; ...
Gib an, nach welcher Regel die angegebene Folge gebildet wurde. Schreibe die nächsten drei Zahlen auf.
   a) 1; 3; 5; 7; 9; 11; 13; ...   b) 1; 4; 7; 10; 13; 16; 19; ...
   c) 1; 2; 4; 7; 11; 16; 22; ...   d) 0; 1; 4; 9; 16; 25; 36; ...

1.4 Römische Zahlen

Auf der Uhr sind Zahlen in römischer Schreibweise angegeben.
Gib an, mit welchen Zeichen die Zahlen dargestellt wurden. Wofür könnten die Zeichen stehen?

Römische Zahlen werden aus sieben verschiedenen Buchstaben (Zahlzeichen) gebildet.

römisches Zahlzeichen	I	V	X	L	C	D	M
Wert	1	5	10	50	100	500	1000

Den Wert der römischen Zahl erhält man, indem man die Werte der einzelnen Zahlzeichen nach den folgenden Regeln addiert oder subtrahiert.

> **Wissen** — **Römische Zahlen lesen**
> 1. Steht ein Zahlzeichen mit einem kleineren Wert vorn, subtrahiert man den Wert von dem des folgenden Zeichens.
> 2. Ansonsten werden die Werte der Zahlzeichen addiert.

Beispiel 1 Schreibe im Zehnersystem. a) VIII b) XXVI c) IX d) XCIV

Lösung:
Bei a) und b) wird addiert.

a) VIII = V + I + I + I
       = 5 + 1 + 1 + 1 = 8
b) XXVI = X + X + V + I
       = 10 + 10 + 5 + 1 = 26

Bei c) und d) musst du auch subtrahieren. Subtrahiere nur, wenn ein Zeichen mit kleinerem Wert vor einem mit größerem Wert steht. Die restlichen Zeichen addierst du.

c) IX = X – I
     = 10 – 1 = 9
d) XCIV = C – X + V – I
       = 100 – 10 + 5 – 1 = 94

Die römischen Zahlzeichen müssen nach bestimmten Regeln nebeneinander geschrieben werden.

> **Wissen** — **Römische Zahlen schreiben**
> 1. Die Zeichen I, X, C und M stehen höchstens dreimal hintereinander.
> 2. V, L und D dürfen nur einmal verwendet werden.
> 3. V, L und D dürfen nicht vor einem höheren Zeichen stehen.
> 4. Subtrahiert werden dürfen nur I von V und X, X von L und C sowie C von D und M. Alle anderen Zeichen schreibt man in absteigender Reihenfolge.

Beispiel 2 Schreibe als römische Zahl. a) 38 b) 91

Lösung:
a) Schreibe die 38 mit den Zeichen X = 10, V = 5 und I = 1.
38 = 10 + 10 + 10 + 5 + 1 + 1 + 1
   = XXXVIII

b) Für die 90 subtrahierst du die X = 10 von der C = 100.
91 = 90 + 1 = 100 – 10 + 1
   = XCI

Basisaufgaben

I Schreibe im Zehnersystem.
a) V b) VI c) XI d) IV e) CX f) MC g) DLV
h) XVIII i) IX j) XIV k) XLIV l) CDLXX m) DXLIX n) MMCXCVII

II Schreibe als römische Zahl.
a) 2 b) 7 c) 10 d) 12 e) 36 f) 151 g) 1520
h) 9 i) 14 j) 140 k) 405 l) 549 m) 2945 n) 3999

III Auf alten Gebäuden ist das Jahr der Fertigstellung oft in römischen Zahlen angegeben. Gib an, in welchem Jahr das Gebäude erbaut wurde.

Weiterführende Aufgaben

Zwischentest

IV Bei den Römern waren Würfelspiele sehr beliebt. In einem Spiel würfelte man mit sechs Würfeln und bildete die Summe aller Augen. Der Spieler mit dem höchsten Ergebnis gewann.

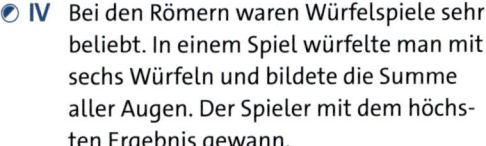

a) Schreibe die Rechnungen der Spieler im Zehnersystem. Gib den Sieger an.
b) Schreibe die Ergebnisse der Spieler in römischen Zahlen.

V Stolperstelle: Gib an, welche der Darstellungen römische Zahlen sind. Korrigiere die anderen. XXXX; XLIX; IL; MML

VI a) Ordne jedem Jahr das passende Ereignis zu. Recherchiere dazu im Internet.

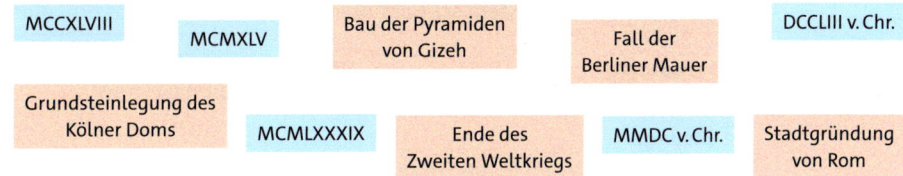

b) Erstellt eigene Karten mit römischen Jahresangaben und Ereignissen.

Hilfe

VII Caesar eroberte Gallien mit etwa 60 000 Legionären. Kann man diese Zahl mit römischen Zahlzeichen aufschreiben?
a) Gib die größte Zahl an, die man mit den Zahlzeichen I, V, X, L, C, D, M schreiben kann.
b) Erfinde ein Zeichen für 5000. Wie groß ist nun die größte Zahl?
c) Erfinde weitere Zeichen, bis du die Größe von Caesars Heer angeben kannst.

Hinweis zu VIII
Oft wird auch U statt V benutzt (oder umgekehrt) und zum Beispiel X in VV aufgeteilt.

VIII Ausblick: Chronogramme sind römische Zahlzeichen, die in Inschriften an Gebäuden hervorgehoben sind. Entschlüssele das Chronogramm wie im Beispiel.
Beispiel: Lor**D** ha**V**e **M**er**CI V**pon **V**s (Herr, erbarme dich unser)
   LDVMCIVV → MDCLVVVI = MDCLXVI : 1666
a) **M**y **D**ay **I**s **C**losed **I**n **I**mmortality (Meine Tage sind beschlossen in der Unsterblichkeit)
b) **NVnC** Ga**LLICIDIVM** (Jetzt ist der Tod der Gallier)
c) Kar**L D**er grosse **u**nserer teuts**C**hen spra**C**he pf**L**eger

1 Streifzug

Zahlen im Zweiersystem

Zu einer alten Apothekerwaage gibt es vier Gewichtsstücke mit 1 g, 2 g, 4 g und 8 g. Um einen Arzneistoff zu wiegen, füllt man ihn in eine der beiden Waagschalen. In die andere Schale werden so viele Gewichtsstücke gelegt, dass die Waage im Gleichgewicht ist.

a) Bestimme, welche Gewichte man mit den vier Gewichtsstücken abwiegen kann.
b) Gib an, welches zusätzliche Gewichtsstück man braucht, um Gewichte bis 31 g abzuwiegen.

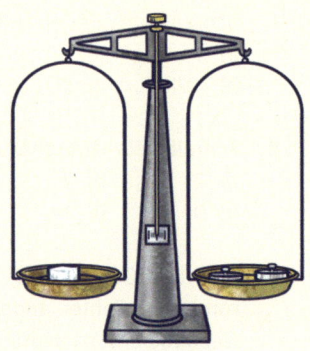

Ähnlich wie diese Waage funktioniert das **Zweiersystem** (auch **Binärsystem** oder **Dualsystem**). Wie das Zehnersystem handelt es sich beim Zweiersystem um ein Stellenwertsystem – die Bedeutung einer Ziffer hängt also davon ab, an welcher Stelle der Zahl sie steht. Jede natürliche Zahl kann im Zweiersystem dargestellt werden.

Hinweis

$0 = (0)_2$
$1 = (1)_2$
$2 = (10)_2$
$3 = (11)_2$
$4 = (100)_2$
$5 = (101)_2$
$6 = (110)_2$
$7 = (111)_2$
$8 = (1000)_2$
$9 = (1001)_2$
$10 = (1010)_2$

Wissen

Zahlen im Zweiersystem heißen **Binärzahlen** und bestehen nur aus den Ziffern 0 und 1. Der Wert einer Stelle ist immer das Doppelte der vorhergehenden Stelle.

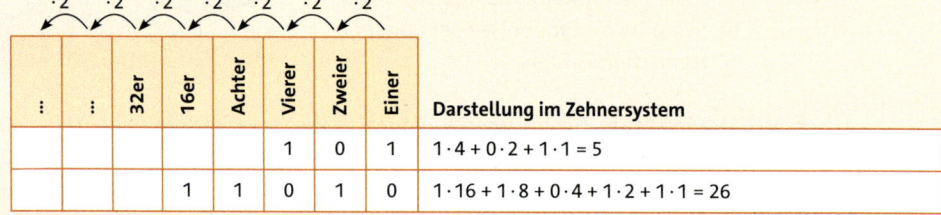

...	...	32er	16er	Achter	Vierer	Zweier	Einer	Darstellung im Zehnersystem
					1	0	1	$1 \cdot 4 + 0 \cdot 2 + 1 \cdot 1 = 5$
			1	1	0	1	0	$1 \cdot 16 + 1 \cdot 8 + 0 \cdot 4 + 1 \cdot 2 + 1 \cdot 1 = 26$

Zahlen im Zweiersystem schreibt man $(101)_2$ und liest „eins null eins im Zweiersystem".

Beispiel 1
Schreibe die Binärzahl $(1011)_2$ im Zehnersystem.

Lösung:
Trage die Binärzahl in die Stellenwerttafel des Zweiersystems ein.

Multipliziere die Ziffern 1 oder 0 mit dem Stellenwert und addiere die Ergebnisse.

32er	16er	Achter	Vierer	Zweier	Einer
		1	0	1	1

$(1011)_2 = $

$(1011)_2 = 1 \cdot 8 + 0 \cdot 4 + 1 \cdot 2 + 1 \cdot 1$
$= 8 + 2 + 1 = 11$

Beispiel 2
Schreibe die Zahl 58 als Binärzahl.

Lösung:
Überlege, welche der Zahlen 1, 2, 4, 8, 16, 32 ... du addieren musst, um 58 zu erhalten.

Trage für diese Zahlen eine 1 in die Stellenwerttafel ein, sonst eine 0. Lies die Binärzahl aus der Stellenwerttafel ab.

$58 = 32 + 16 + 8 + 2$

32er	16er	Achter	Vierer	Zweier	Einer
1	1	1	0	1	0

$58 = $

$58 = (111010)_2$

Aufgaben

1 Schreibe die Binärzahl als Zahl im Zehnersystem.
a) $(100)_2$ b) $(111)_2$ c) $(1001)_2$ d) $(10000)_2$
e) $(10110)_2$ f) $(11111)_2$ g) $(101010)_2$ h) $(10110111)_2$

2 Schreibe die Zahl als Binärzahl.
a) 8 b) 6 c) 21 d) 64 e) 33 f) 68 g) 100 h) 177

3 a) Rechne in Binärzahlen um. Beschreibe, was dir dabei auffällt.
① 3 ② 7 ③ 15 ④ 29 ⑤ 45 ⑥ 65 ⑦ 99 ⑧ 127
b) Erkläre, woran man erkennen kann, ob eine Binärzahl gerade oder ungerade ist.

4 Schreibe jeweils den Vorgänger und den Nachfolger im Zweiersystem auf.
a) $(110)_2$ b) $(1000)_2$ c) $(1111)_2$ d) $(10111)_2$

5 Binärzahlen vergleichen:
a) Ersetze den Platzhalter durch das richtige Zeichen < oder >.
① $(101)_2$ ■ $(1001)_2$ ② $(100000)_2$ ■ $(11111)_2$
③ $(11001)_2$ ■ $(10111)_2$ ④ $(10001101)_2$ ■ $(10101010)_2$
b) Erkläre, wie man an zwei Binärzahlen erkennen kann, welche die größere ist.

6 Binärzahlen schriftlich addieren: Die schriftliche Addition kann auch für Binärzahlen angewendet werden. Dabei gilt beim Übertrag: $(1)_2 + (1)_2 = (10)_2$

$$\begin{array}{r} (1\,0\,1\,0\,1)_2 \\ +\ (1\,1\,0\,0\,1)_2 \\ \hline (1\,0\,1\,1\,1\,0)_2 \end{array}$$

a) Schreibe die Rechnung rechts in das Zehnersystem um. Überprüfe das Ergebnis.
b) Berechne schriftlich. Überprüfe dann im Zehnersystem.
① $(110)_2 + (1001)_2$ ② $(10010)_2 + (11011)_2$ ③ $(100101)_2 + (11101)_2$

7 a) Gib die größte 4-, 5- und 6-stellige Binärzahl an. Wandle sie dann ins Zehnersystem um.
b) Bestimme, wie viele Stellen die Zahl 999 im Zweiersystem hat.
c) Erkläre, wie sich der Wert einer Binärzahl ändert, wenn man hinten eine 0 anhängt.

8 Computer rechnen im Zweiersystem. Da es in Speicherzellen nur die zwei Zustände „Strom an" (1) und „Strom aus" (0) gibt, ist die kleinste Speichereinheit eine einstellige Binärzahl (Bit). Ein Byte ist ein Paket von 8 Bits und kann somit achtstellige Binärzahlen speichern. Hat eine Binärzahl weniger als acht Stellen, wird sie vorne mit Nullen aufgefüllt.
a) Die Abbildung zeigt einen Speicherblock mit 5 Bytes. Schreibe die gespeicherten Zahlen im Zehnersystem.
b) Berechne, wie viele verschiedene Zahlen mit einem Byte gespeichert werden können.
c) Für Binärzahlen mit mehr als acht Stellen, werden zum Speichern mehrere Bytes aneinandergereiht. Schreibe die dargestellte Zahl im Zehnersystem. Gib an, wie viele Bytes zum Speichern der Zahl 2525 nötig sind.

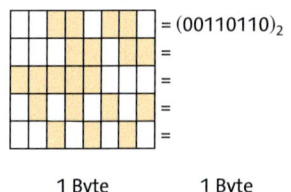
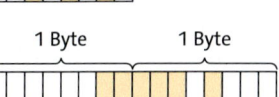

9 Forschungsauftrag: Im 16er-System (**Hexadezimalsystem**) ist der Wert einer Stelle immer das 16-Fache der vorherigen Stelle. Man benötigt hierfür 16 Zeichen. Außer den Ziffern 0 bis 9 werden Buchstaben verwendet: A für 10, B für 11, C für 12, D für 13, E für 14, F für 15. Beispiel: Die Zahl $(2B8)_{16}$ bedeutet $2 \cdot 256 + 11 \cdot 16 + 8 \cdot 1 = 696$.
a) Schreibe die Zahlen 10, 20, 30, 100, 200, 255, 256 und 400 im Hexadezimalsystem.
b) Schreibe die Zahlen $(100)_2$, $(10000)_2$, $(101010)_2$, $(100100100)_2$ im Hexadezimalsystem.

1.5 Zahlenstrahl

Lies die markierten Werte ab. Gib an, wofür sie stehen.
Nenne Beispiele für andere Messanzeigen.

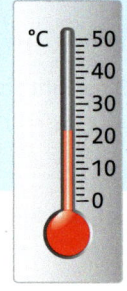
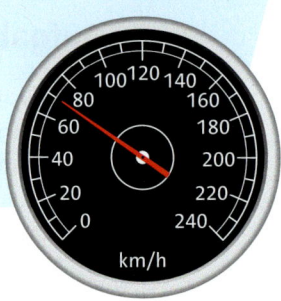

Wissen

Die Abfolge der natürlichen Zahlen kann man am **Zahlenstrahl** darstellen. Die Zahlen werden in Pfeilrichtung immer größer.

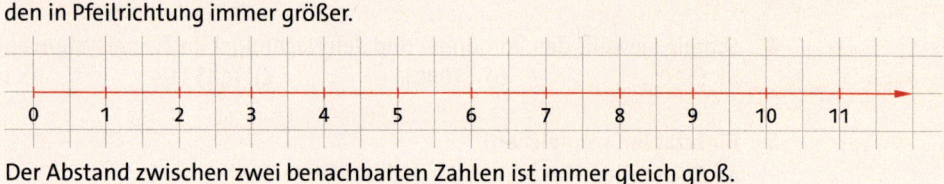

Der Abstand zwischen zwei benachbarten Zahlen ist immer gleich groß.

Wenn du Zahlen am Zahlenstrahl markierst, musst du erst überlegen, wie du den Zahlenstrahl einteilst, damit du für alle Zahlen Platz hast.

Erklärfilm

Beispiel 1 Zeichne einen Zahlenstrahl und markiere die Zahlen.
a) 1; 3; 6; 9   b) 5; 20; 25; 40   c) 20; 50; 140; 170

Lösung:

a) Die größte Zahl, die du abtragen musst, ist die 9. Wähle für 2 Kästchen als Abstand 1er-Schritte.

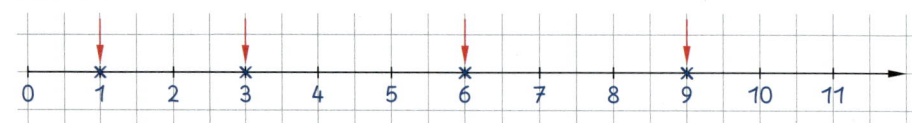

b) Wähle für 2 Kästchen als Abstand 5er-Schritte.

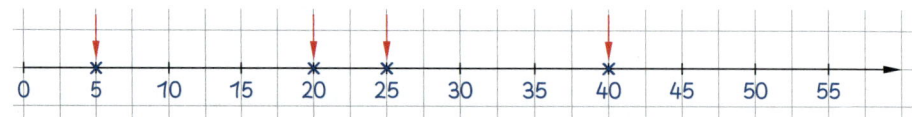

c) Wähle für 2 Kästchen als Abstand 20er-Schritte.

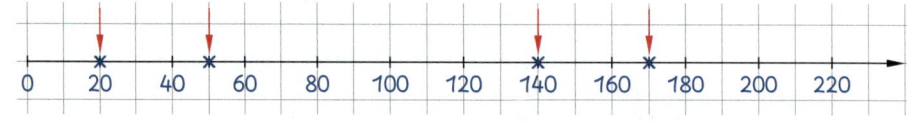

Basisaufgaben

1 Lies die markierten Zahlen ab. Achte auf die Einteilung.

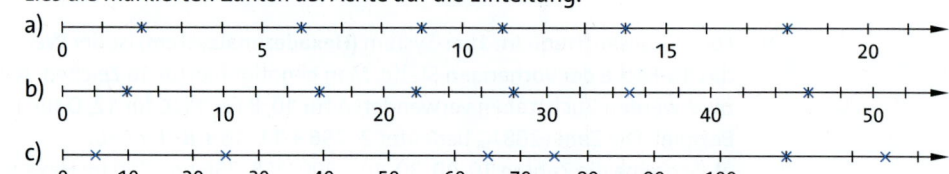

2 Gib an, welche Zahlen durch die Buchstaben markiert sind.

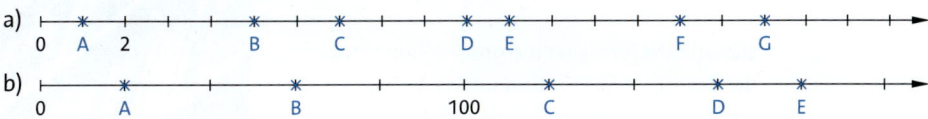

3 Zeichne einen Zahlenstrahl und markiere die Zahlen.
 a) 0; 2; 5; 8; 11; 13; 14; 18
 b) 10; 15; 30; 50; 60; 65; 80; 150

Weiterführende Aufgaben

Zwischentest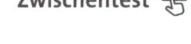

4 Die Abbildung zeigt einen Ausschnitt eines Zahlenstrahls. Gib an, welche Zahlen durch die Buchstaben markiert sind.

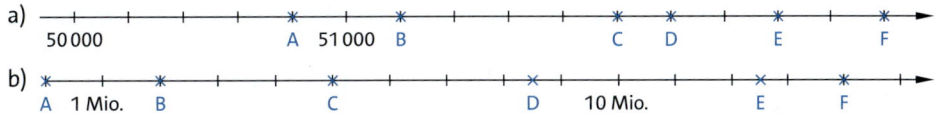

5 Stolperstelle: Ava hat die Zahlen 40, 55, 80, 85 und 90 an einem Zahlenstrahl markiert.
 a) Überprüfe ihre Lösung und beschreibe ihre Fehler.
 b) Zeichne den Zahlenstrahl richtig.

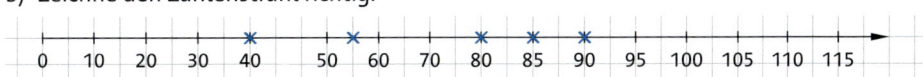

Hilfe

6 Nenne die Zahl, die genau in der Mitte zwischen den Zahlen liegt. Erkläre, wie du die gesuchte Zahl gefunden hast.

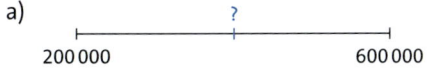

 c) 3 Millionen und 7 Millionen
 d) 30 000 und 90 000
 e) 38 000 und 98 000
 f) 5800 und 21 800

7 Zeichne einen geeigneten Zahlenstrahl und trage die Höhe der Gebäude ein.

Burj al Arab 321 m · Freiheitsstatue 93 m · Burj Khalifa 828 m · Petronas Towers 452 m · Frauenkirche 91 m · Gran Torre 300 m

8 Ausblick: Gesucht ist eine achtstellige Zahl, die nur die Ziffern 1, 2, 3 und 4 enthält. Jede Ziffer kommt dabei als „Zwillingspaar" doppelt vor. Die Differenz einer Zwillingsziffer und 1 gibt an, wie viele Ziffern zwischen dem Zwillingspaar stehen. Zwischen dem „Zwillingspaar 4" stehen zum Beispiel 4 − 1 = 3 Ziffern.
 a) Begründe, dass die Zahl 11 423 243 eine Lösung des Rätsels ist.
 b) Finde die größtmögliche Lösung. Erkläre dein Vorgehen.

1.5 Zahlenstrahl

1.6 Runden

Die British Library ist die größte Bibliothek der Erde. Ihre Sammlung umfasst etwa 170 Millionen Bücher, Zeitschriften, CDs, Briefmarken und andere Objekte.
Wie viele Objekte könnten es genau sein (700 Millionen, 200 Millionen, 167 Millionen ...)? Erkläre deine Vermutung.

Manchmal reicht es aus, nur den ungefähren Wert einer Zahl zu wissen. Dann kann man eine Zahl auf Zehner, Hunderter, Tausender ... runden. Hierfür sucht man immer den nächstgelegenen Zehner, Hunderter, Tausender ...
Man kann sich das am Zahlenstrahl vorstellen, zum Beispiel beim Runden auf Hunderter:

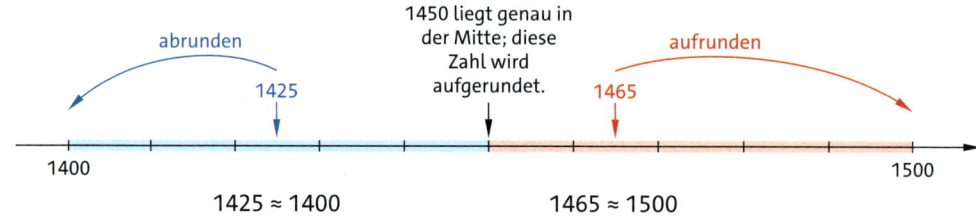

1425 ≈ 1400   1465 ≈ 1500

Hinweis

Das Zeichen ≈ bedeutet, dass die Zahl gerundet wird.

> **Wissen**
>
> Zuerst wird die Rundungsstelle gewählt.
> **Abrunden:** Folgt nach der Rundungsstelle eine 0, 1, 2, 3 oder 4, so wird abgerundet.
> **Aufrunden:** Folgt nach der Rundungsstelle eine 5, 6, 7, 8 oder 9, so wird aufgerundet.

Erklärfilm

> **Beispiel 1** Runde.
> a) 35 auf Zehner
> b) 1835 auf Hunderter
> c) 79 835 auf Tausender
>
> **Lösung:**
> a) Die Rundungsstelle ist die 3. Die Ziffer rechts neben der 3 ist die 5, also wird 35 auf 40 aufgerundet.   35 ≈ 40
> b) Die Rundungsstelle ist die 8. Die Ziffer rechts neben der 8 ist die 3, also wird auf 1800 abgerundet.   1835 ≈ 1800
> c) Die Rundungsstelle ist die 9. Die Ziffer rechts neben der 9 ist die 8, also wird aufgerundet.   79 835 ≈ 80 000

Basisaufgaben

Hinweis zu 1

Siehe Methodenkarte 5 G auf Seite 237.

1 Runde auf die vorgegebene Rundungsstelle.
a) 456 (auf Zehner)
b) 456 (auf Hunderter)
c) 4567 (auf Hunderter)
d) 4561 (auf Hunderter)
e) 4561 (auf Zehner)
f) 9561 (auf Zehner)
g) 9561 (auf Tausender)
h) 9461 (auf Tausender)
i) 99 461 (auf Tausender)
j) 99 061 (auf Tausender)
k) 899 061 (auf Tausender)
l) 999 061 (auf Tausender)
m) 999 061 (auf Zehntausender)
n) 999 061 (auf Hunderttausender)
o) 1 999 061 (auf Millionen)
p) 9 199 061 (auf Millionen)
q) 9 999 999 (auf Millionen)
r) 9 999 999 (auf Zehner)

2 Zoés Schulweg ist 789 Meter lang. Gib die Entfernung auf Hunderter gerundet an.

Weiterführende Aufgaben

Zwischentest

3 Runde die Zahlen, bei denen es sinnvoll ist. Begründe deine Entscheidung.
 a) Lenas Telefonnummer lautet 865214. b) Das Konzert hatte 13 589 Besucher.
 c) Nils wohnt in der Goethestraße 198. d) Bielefeld hat 328 314 Einwohner.
 e) Gib weitere Beispiele an, bei denen es sinnvoll oder nicht sinnvoll ist zu runden.

4 a) Eine Zahl wurde auf Hunderter gerundet und lautet nun 2400. Gib drei mögliche Ausgangszahlen an.
 b) Eine Zahl wurde auf Tausender gerundet und lautet nun 16 000. Gib drei mögliche Ausgangszahlen an.
 c) Die Zahlen 5000, 37 000, 49 000 und 100 000 sind auf Tausender gerundet. Gib die größte und kleinste mögliche Ausgangszahl an.
 d) Eine Zahl wurde auf 1300 gerundet. Erkläre, warum du nicht eindeutig sagen kannst, auf welche Stelle gerundet wurde.

Hilfe

5 Die Zahl 68■■3 soll so ergänzt werden, dass
 a) sie auf Tausender gerundet 69 000 ergibt. Gib drei verschiedene Lösungen an.
 b) sie auf Hunderter gerundet 68 400 ergibt. Gib alle Möglichkeiten an.
 c) die Zahl beim Runden auf Hunderter und beim Runden auf Tausender dasselbe Ergebnis hat. Gib auch die gerundete Zahl an.

6 Paul hat auf Hunderter gerundet. Überprüfe seine Lösungen. Beschreibe und korrigiere seine Fehler.
 a) 1550   Lösung: 1550 ≈ 2000   b) 129 950   Lösung: 129 950 ≈ 129 000

7 Stolperstelle: Anja soll die Zahl 3549 auf volle Hunderter runden. Beschreibe ihr Vorgehen und nimm Stellung dazu.
 Lösung: erster Schritt: 3549 ≈ 3550, zweiter Schritt: 3550 ≈ 3600. Also ist 3549 ≈ 3600.

8 Herr Müller möchte sein Bad renovieren. Dazu braucht er 1440 neue Fliesen und 62 ℓ Wandfarbe. Er rundet und kauft 1400 Fliesen und 60 ℓ Farbe.
 Begründe, warum Herr Müller nicht sinnvoll eingekauft hat. Wie würdest du vorgehen?

Hilfe

9 Mila und ihre Mutter gehen einkaufen. Mila hat 50 € dabei. Sie kauft sich neue Jeans für rund 40 € und ein T-Shirt für rund 20 €. Erkläre, wie das möglich ist.

10 Ausblick: Bei der Rechenaufgabe 26,99 € + 25,49 € + 13,20 € + 37,23 € haben drei Kinder unterschiedlich gerundet.
 a) Erkläre, wie jedes Kind beim Runden vorgegangen ist.
 b) Nenne für jedes Verfahren eine Situation, in der dieses Verfahren sinnvoll ist.
 c) Zeichne ein Säulendiagramm mit den gerundeten Ergebnissen der drei Kinder.

1.7 Größen angeben und schätzen

Das Bild zeigt Jyoti Amge und Sultan Kösen bei einem Besuch der Pyramiden. Jyoti Amge gilt mit einer Körpergröße von etwa 63 cm als kleinste lebende Frau der Welt. Sultan Kösen gilt als größter lebender Mensch der Welt.
Schätze, wie groß er ist. Erkläre, wie du dabei vorgegangen bist.

Um zu beschreiben, wie groß, wie schwer oder wie lang etwas ist, werden Angaben wie zum Beispiel Meter (m), Kilogramm (kg) oder Minuten (min) benötigt.
Eine Größe wird immer mit einer **Maßzahl** und einer **Maßeinheit** angegeben.

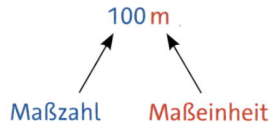

100 m
Maßzahl   Maßeinheit

Wissen
Übliche Maßeinheiten für Länge, Gewicht und Zeit sind:
Länge: mm (Millimeter), cm (Zentimeter), dm (Dezimeter), m (Meter), km (Kilometer)
Gewicht: mg (Milligramm), g (Gramm), kg (Kilogramm), t (Tonne)
Zeit: s (Sekunde), min (Minute), h (Stunde), d (Tag)

Hinweis
Das Wort „Gewicht" wird umgangssprachlich benutzt, obwohl eigentlich die **Masse** gemeint ist.

Oft kann man Größen **messen**, zum Beispiel Längen mit einem Lineal, Gewichte mit einer Waage und Zeiten mit einer Stoppuhr. Manchmal genügt es auch, den Wert einer Größe nur ungefähr zu wissen. Man kann den Wert dann durch **Schätzen** beschreiben. Meist wird das Schätzen genauer, wenn man die gesuchte Größe mit etwas Bekanntem vergleichen kann.

Größen zum Vergleich:
- 1 Liter Wasser: 1 kg
- 1 Tafel Schokolade: 100 g
- Büroklammer: 1 g
- Tisch: 80 cm hoch
- DIN-A4-Blatt: 21 cm × 29,7 cm
- 100 km mit dem Auto auf der Autobahn: 1 h
- 1 km zu Fuß: 10–15 min
- 1 km mit dem Fahrrad: 4–6 min

Beispiel 1 Schätze und begründe deine Schätzung.
a) Wie hoch ist eine Getränkedose?
b) Wie viel wiegt eine volle Kiste mit 12 Ein-Liter-Wasserflaschen?

Lösung:
a) Eine Getränkedose ist ungefähr genauso hoch wie eine Handlänge. Eine Hand ist etwa 10 cm bis 20 cm lang.
b) 1 Liter Wasser wiegt 1 kg. 12 Liter wiegen also 12 kg. Dazu kommen noch das Gewicht der Kiste und das Gewicht der Flaschen. Also wiegt die Kiste zwischen 13 und 15 kg für Plastikflaschen, bei Glas noch mehr.

Basisaufgaben

1 Schätze und begründe deine Antwort.
 a) Ein Auto wiegt ungefähr 1 t. Wie viel wiegt ein Lkw?
 b) Ein Zimmer ist etwa 2,50 m hoch. Wie hoch ist ein Haus mit 5 Etagen?
 c) Um die Zahl 23 laut und verständlich auszusprechen, braucht man ungefähr 1 s. Wie lange brauchst du, um laut von 20 bis 40 zu zählen?

2 Schätze die Länge des abgebildeten Objekts.
 a)  b)  c) 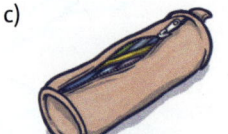 d)

3 Ersetze die Platzhalter ■ durch passende Maßeinheiten.
„Vom Bahnhof waren wir mit dem Bus in nur 10 ■ am Flughafen. 2,5 ■ vor dem Abflug erreichten wir das Terminal. Leider mussten wir 35 ■ am Check-In warten. Als ich meinen Koffer aufs Förderband stellte, zeigte die Waage 16,5 ■ an. Wir benötigten für die knapp 9000 ■ nur 10 ■. Unfassbar, dass ein 560 ■ schweres Flugzeug in der Luft bleibt."

4 Ordne dem abgebildeten Gegenstand ein passendes Gewicht zu.
Überlege zunächst, in welcher Gewichtseinheit man das Gewicht angibt.

2 mg   10 g   2 kg   500 g   95 kg   400 kg   2 t

a)   b)   c)   d)

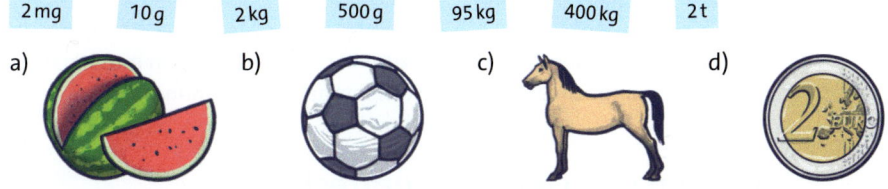

5 a) Nenne Produkte aus dem Supermarkt, die 100 g, 250 g, 500 g oder 1 kg schwer sind.
b) Gib Gegenstände an, die 1 cm, 10 cm, 1 m oder 10 m lang sind.
c) Gib Ereignisse an, die ungefähr 1 s, 1 min, 1 h oder 2 h lang dauern.

Weiterführende Aufgaben

Zwischentest

6 Schätze die Länge, das Gewicht oder die Zeitspanne. Begründe deine Schätzung.
a) die Breite der Tafel in deiner Klasse
b) das Gewicht aller Schulbücher, die du an diesem Tag mit in die Schule gebracht hast
c) die Zeit für eine 30-km-Wanderung

7 Stolperstelle: Jana und Ole treffen sich jeden Morgen an der Bushaltestelle, um zur Schule zu fahren. Ole sagt: „Mein Weg zur Bushaltestelle ist echt weit – ich habe 350 Schritte gezählt." Auf dem Heimweg zählt Jana auch ihre Schritte und ruft Ole sofort an: „Mein Weg ist viel weiter – ich brauchte 400 Schritte." Nimm Stellung zu Janas Aussage.

Hilfe

8 Schätze die Größe des Froschs, des Felsbrockens und der Fledermaus.
a)   b)   c)

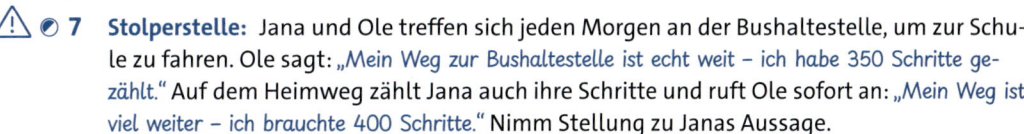

9 Arbeitet zu zweit. Testet euer Gefühl für Längen und Zeiten:
a) Zeigt mit zwei Fingern in der Luft Strecken von 2 cm, 10 cm, 20 cm und 26 cm. Überprüft durch Messen mit dem Lineal.
b) Zählt die Dauer von 10 s, 30 s, 45 s und 60 s ab. Überprüft mit einer Uhr mit Sekundenanzeige.

10 Ausblick: Auf einer Autobahn hat sich nach einem Unfall ein 5 km langer Stau gebildet. Das Technische Hilfswerk verteilt Kaffee für die Erwachsenen und Trinkpäckchen für die Kinder. Schätze, wie viele Getränke benötigt werden. Gib alle Annahmen an, die du triffst, und begründe deinen Lösungsweg.

1.8 Größen umrechnen

Eine Flasche Apfelschorle kostet am Schulkiosk einen Euro. Sven hat seinen Geldbeutel ausgekippt.
Entscheide, ob er davon eine Flasche Apfelschorle kaufen kann.

Zum Vergleichen von Größen oder zum Rechnen mit Größen muss man sie in die gleiche Maßeinheit umrechnen. Dazu verwendet man **Umrechnungszahlen**.

Längen und Gewichte umrechnen

Merke

Beim Umrechnen in eine kleinere Einheit wird die Maßzahl größer.
Beim Umrechnen in eine größere Einheit wird die Maßzahl kleiner.

Wissen

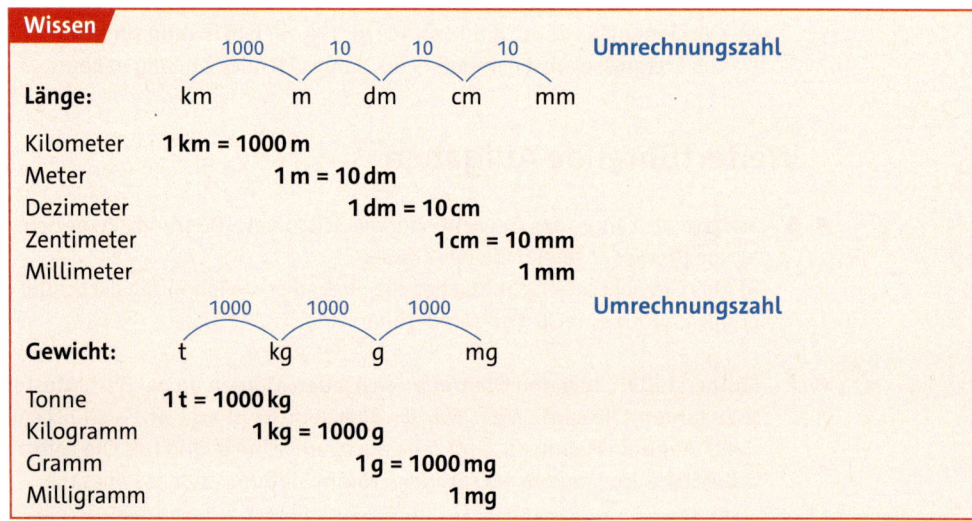

Erklärfilm

Beispiel 1 Rechne um.
a) 3 m in die nächstkleinere Einheit
b) 4000 mg in die nächstgrößere Einheit

Lösung:
a) 1 m sind 10 dm.
   3 m sind also 3 mal 10 dm, somit 30 dm.

   3 m = 3 · 10 dm
       = 30 dm

b) 1 g sind 1000 mg.
   4 mal 1000 mg sind also 4 g.

   4000 mg = 4 · 1000 mg
           = 4 g

Basisaufgaben

1 Rechne in die nächstkleinere Einheit um.
a) 6 cm
b) 20 m
c) 4 km
d) 132 dm
e) 18 kg
f) 30 g
g) 5 t
h) 212 g

2 Rechne in die nächstgrößere Einheit um.
a) 5000 m
b) 40 dm
c) 60 mm
d) 436 000 m
e) 6000 g
f) 9000 kg
g) 24 000 mg
h) 1 983 000 g

3 Ersetze den Platzhalter ■ durch die richtige Zahl oder Maßeinheit.
a) 6 m = ■ dm
b) 3 dm = 30 ■
c) 23 km = ■ m
d) 16 cm = 160 ■
e) 3 kg = ■ g
f) 70 g = ■ mg
g) 12 t = ■ kg
h) 15 t = 15 000 ■

4 Entscheide, was
a) länger ist: 3 km oder 2953 m; 94 dm oder 10 m; 57 000 mm oder 570 m
b) schwerer ist: 8 kg oder 7389 g; 40 000 mg oder 400 g; 743 kg oder 7 420 000 000 mg

5 Vergleiche die Quartettkarten.
Ordne die Tiere
a) nach der Länge,
b) nach dem Gewicht.

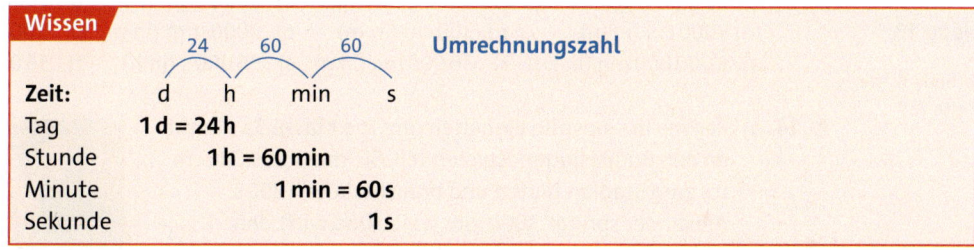

Seehund
Länge 17 dm
Gewicht 150 kg

Hund
Länge 120 cm
Gewicht 45 kg

Hauskatze
Länge 95 cm
Gewicht 5000 g

Luchs
Länge 15 dm
Gewicht 22 kg

Zeiten umrechnen

Wissen

Zeit:		Umrechnungszahl
	d → h → min → s (24, 60, 60)	
Tag	1 d = 24 h	
Stunde	1 h = 60 min	
Minute	1 min = 60 s	
Sekunde	1 s	

Erklärfilm

Beispiel 2 Rechne um.
a) 5 h in die nächstkleinere Einheit
b) 72 h in die nächstgrößere Einheit

Lösung:
a) 1 h sind 60 min.
5 h sind also 5 mal 60 min, somit 300 min.

5 h = 5 · 60 min
= 300 min

b) 1 d sind 24 h. Teile also 72 durch 24.
72 Stunden entsprechen genau 3 Tagen.

72 : 24 = 3
Also gilt: 72 h = 3 d

Basisaufgaben

6 Rechne in die nächstkleinere Einheit um.
a) 3 min
b) 7 h
c) 3 d
d) 13 min

7 Rechne in die nächstgrößere Einheit um.
a) 120 s
b) 180 min
c) 48 h
d) 120 h

Lösungen zu 8
Maßzahlen der Lösungen

30, 48, 30, 120, 3600, 36, 12, 600, 90, 15, 168

8 Rechne um.
a) in min: eine halbe Stunde, eine Viertelstunde, eineinhalb Stunden
b) in s: eine halbe Minute, zwei Minuten, zehn Minuten, eine Stunde
c) in h: ein halber Tag, eineinhalb Tage, zwei Tage, sieben Tage

9 Entscheide, was länger dauert: 122 s oder 2 min; 1440 min oder 2 d; 4 h oder 18 000 s

Weiterführende Aufgaben

Zwischentest

10 Der Fahrstuhl in einem Bürogebäude hat eine maximale Traglast von einer Tonne. Berechne, wie viele Personen er höchstens gleichzeitig befördern kann, wenn man von einem Durchschnittsgewicht von 75 kg pro Person ausgeht.

11 Vorsilben bei Einheiten:
a) Erkläre, wofür das „k" in „km" oder „kg" steht.
b) Erkläre die Bedeutung der anderen Vorsilben aus dem Wissenskasten auf Seite 30.
c) Recherchiere die Bedeutung der Vorsilbe „Mega" sowie weiterer Vorsilben.

Hinweis zu 12

Umrechnungszahlen werden multipliziert:

dm cm mm
10 · 10 = 100

12 Rechne in einem Schritt in die Einheit in Klammern um.
Beispiel: 3 dm = 3 · 100 mm = 300 mm   (Umrechnungszahl: 10 · 10 = 100)
a) 19 m (in cm)   b) 32 km (in dm)   c) 15 m (in mm)   d) 3 km (in mm)
e) 2 t (in g)   f) 50 kg (in mg)   g) 17 t (in mg)   h) 2 h (in s)

Hinweis zu 13

Siehe Methodenkarte 5 G auf Seite 237.

13 Rechne in die angegebene Maßeinheit um.
a) 5 cm (in mm)   b) 5 m (in dm)   c) 5 km (in m)   d) 5 kg (in g)
e) 5 € (in Cent)   f) 5 h (in min)   g) 3 h (in min)   h) 3 g (in mg)
i) 30 g (in mg)   j) 3000 g (in mg)   k) 3000 mg (in g)   l) 3000 m (in km)
m) 3000 cm (in m)   n) 300 cm (in m)   o) 3000 mm (in m)   p) 3 000 000 mm (in km)
q) 3 000 000 mg (in kg) r) 36 000 mg (in g)   s) 36 000 s (in h)   t) 36 000 m (in mm)

14 a) Rechne in sinnvolle Einheiten um: Die Klasse 5a nimmt an den Bundesjugendspielen teil. Sie muss 200 000 cm bis zum Stadion laufen und braucht dafür 1200 s. Alexander springt 3000 mm weit. Luna wirft den 160 000 mg schweren Ball 210 dm weit. Mona braucht für den 100 000-cm-Lauf 240 s. Die Kugel beim Kugelstoßen ist 4000 g schwer, Ronja stößt sie 9000 mm weit. Die Klasse ist insgesamt 150 min im Stadion.
b) Schreibe selbst eine Geschichte mit ungewöhnlichen Einheiten.

15 Stolperstelle: Beschreibe und korrigiere die Fehler.
a) 24 km = 2400 m   b) 3000 kg = 3 g   c) 7 min = 70 s   d) 5 m = 50000 mm

Hinweis

Wann?
→ Zeitpunkt
Wie lange?
→ Zeitspanne

16 Zeitpunkt und Zeitspanne: Zeitspannen geben die Dauer zwischen zwei Zeitpunkten an. Entscheide, ob Zeitpunkt oder Zeitspanne gemeint ist.
Beispiel: Die erste Stunde beginnt um 8:00 Uhr und endet um 8:45 Uhr. → Zeitpunkte
         Eine Schulstunde dauert 45 min. → Zeitspanne
a) Ich komme dann um vier zu dir.
b) Für die Hausaufgaben habe ich den ganzen Nachmittag gebraucht.
c) Die Erde dreht sich pro Tag einmal um ihre Achse.
d) Der Mathematiker Carl Friedrich Gauß lebte von 1777 bis 1855.

Hilfe

17 Gib die Zeitspanne zwischen den Zeitpunkten an.
a) 16:15 Uhr bis 16:53 Uhr   b) 10 Uhr bis 18 Uhr   c) 1707 bis 1783

18 a) Der Kinofilm läuft von 15:45 Uhr bis 17:28 Uhr. Gib an, wie lange der Film dauert.
b) Das Fußballtraining um 17:30 Uhr dauert 1 h 45 min. Gib an, wann das Training endet.
c) Marks Wecker klingelt um 6:32 Uhr. Er hat 9 h und 56 min geschlafen. Gib an, wann er ins Bett gegangen ist.

Natürliche Zahlen und Größen

19 Felix möchte von Stuttgart nach Leipzig mit dem ICE fahren. In Erfurt muss er umsteigen.
   a) Gib an, wie lange der Zug von Stuttgart nach Erfurt bei den zwei angezeigten Verbindungen fährt.
   b) Gib an, wie lange der Zug von Erfurt nach Leipzig bei den drei angezeigten Verbindungen braucht.
   c) Felix muss spätestens um 15 Uhr in Leipzig sein. Gib an, welche Verbindungen er nehmen kann und wie lange die gesamte Reise dauert.

>	Stuttgart	ab 09:23
	Erfurt	an 13:07
>	Stuttgart	ab 10:23
	Erfurt	an 14:07
>	Erfurt	ab 13:28
	Leipzig	an 14:10
>	Erfurt	ab 13:40
	Leipzig	an 14:22
>	Erfurt	ab 14:28
	Leipzig	an 15:10

20 Ein Python kann 6 m lang werden. Eine Waldameise wird 5 bis 10 mm groß. Berechne, wie viele Ameisen hintereinander gereiht die Länge eines sechs Meter langen Python ergeben.

Hilfe

21 Mit Größen rechnen: Rechne in dieselbe Einheit um und berechne das Ergebnis.
Beispiel: 21 m + 17 cm = 2100 cm + 17 cm = 2117 cm
   a) 200 m + 30 dm
   b) 30 cm + 2 mm
   c) 2 km + 300 m
   d) 230 g + 20 kg
   e) 3 g – 700 mg
   f) 4 t – 800 kg
   g) 3 h + 50 min
   h) 1 min – 37 s
   i) 8 d + 11 h
   j) 320 dm + 3 km
   k) 33 t – 667 000 g
   l) 1 h – 368 s

Hinweis zu 22
Überlege mithilfe der Umrechnungszahl zuerst, auf welche Stelle gerundet werden muss.

22 Runde die Größen.
Beispiel: 3448 m gerundet auf km: 3448 m ≈ 3000 m = 3 km
   a) Runde auf km: 5689 m, 9400 m, 34 650 m
   b) Runde auf cm: 71 mm, 146 mm, 95 mm
   c) Runde auf m: 873 cm, 32 dm, 9950 mm
   d) Runde auf kg: 9129 g, 1345 g, 21 750 g
   e) Runde auf t: 1100 kg, 4505 kg, 9500 kg
   f) Runde auf h: 58 min, 187 min, 17 923 s

23 Zeitverschiebung: In Frankfurt und in New York wird gleichzeitig die Uhrzeit auf einer Uhr abgelesen. Die Uhren zeigen aufgrund der Zeitverschiebung nicht die gleiche Uhrzeit an. Wenn es in Frankfurt Mittagszeit ist, ist es in New York noch früh am Morgen.
   a) Gib an, wie spät es ist. Berechne den Zeitunterschied. Begründe, warum der Zeitunterschied sinnvoll ist.
   b) Familie Fidora ist auf dem Hinflug um 13:30 Uhr Ortszeit in Deutschland gestartet und um 16:10 Uhr Ortszeit in New York gelandet. Berechne, wie lange der Flug gedauert hat.
   c) Auf dem Rückflug landet Familie Fidora um 10:27 Uhr Ortszeit in Frankfurt. Die Flugzeit war 24 min kürzer als beim Hinflug. Berechne, wann sie in New York gestartet sind.

24 Ausblick: Kim und Jonas testen, wer mit dem Fahrrad schneller ist. Jonas' App zeigt eine Höchstgeschwindigkeit von 12 m/s an.
Kim behauptet, dass sie schneller als Jonas war, weil ihr Fahrradtacho als höchste Geschwindigkeit 36 km/h anzeigt. Bestimme, wer schneller war.

1.8 Größen umrechnen

1.9 Größen in Kommaschreibweise

Die Klasse 5a besucht einen Zoo. Am Elefantengehege findet sie folgende Informationen:
„Ein afrikanischer Elefantenbulle wiegt 4,5–6 t und hat eine Schulterhöhe von 2,9–3,7 m. Unser Bulle Molumé wiegt 4200 kg und ist 280 cm groß."
Entscheide, ob Molumé schon ausgewachsen ist.

Größen kann man auch mithilfe einer **Einheitentafel** umrechnen. Dies ist besonders bei Größen sinnvoll, die in Kommaschreibweise angegeben sind.

Erklärfilm

Hinweis

Die Einheit mm hat nur eine Einerstelle (E). Die Einheit m hat Hunderter (H), Zehner (Z) und Einer (E), da 1 km = 1000 m sind.

Beispiel 1
Trage in eine Einheitentafel ein. Schreibe dann ohne Komma.
a) 3,8 cm und 6,7 km
b) 1,175 kg und 0,85 t

Lösung:
a)

	km			m			dm	cm	mm
	E	H	Z	E			E	E	E
3,8 cm:								3	8
6,7 km:	6	7	0	0					

Schreibe die 6 unter km und die 7 daneben. Es sind 6 km und 700 m.

Schreibe die 3 unter cm und die 8 daneben. Es sind 3 cm und 8 mm.

Nun kannst du ablesen: 3,8 cm = 3 cm 8 mm = 38 mm
6,7 km = 6 km 700 m = 6700 m

b)

	t	kg			g			mg		
	E	H	Z	E	H	Z	E	H	Z	E
1,175 kg:				1	1	7	5			
0,85 t:	0	8	5	0						

Nun kannst du ablesen: 1,175 kg = 1 kg 175 g = 1175 g
0,85 t = 0 t 850 kg = 850 kg

Basisaufgaben

1 Trage die Länge in eine Einheitentafel ein. Schreibe dann ohne Komma.
a) 8,95 m   b) 8,9 m   c) 0,2 cm   d) 4,2 km   e) 20,25 km   f) 20,25 m
g) 5,76 km   h) 43,92 km   i) 5,76 m   j) 102,94 km   k) 70,301 km   l) 20,300 m

2 Trage das Gewicht in eine Einheitentafel ein. Schreibe dann ohne Komma.
a) 9,225 t   b) 6,75 kg   c) 2,9 g   d) 0,9 kg   e) 10,5 kg   f) 20,25 g
g) 4,2 kg   h) 34,67 kg   i) 16,891 t   j) 10,81 g   k) 0,960 kg   l) 0,302 t

3 Schreibe ohne Komma.

a)    b)    c)    d)    e)

Weiterführende Aufgaben

Zwischentest

4 Stolperstelle:
a) Jan hat eine Einheitentafel für Längen angelegt und rechnet damit um. Erkläre und korrigiere seine Fehler.

km	m	dm	cm	mm
3	7			

Umrechnung: 3,7 km = 37 m

b) Miriam rechnet ohne Einheitentafel. Korrigiere ihre Fehler.
① 0,6 m = 6 cm   ② 4,5 kg = 45 g   ③ 5,005 t = 55 kg

Hinweis zu 5
Schreibe die Größen in dieselbe Einheit um.

5 Ordne der Größe nach.
a) 1200 mm   1,2 dm   120 cm   1020 m   1 km 200 m
   12 cm   0,12 m   1 m 2 cm   1 km

b) 2700 g   2 kg   70 g   2,007 kg   2 kg 70 g   2 t   2070 kg   0,07 kg

6 Bei Zeitangaben verzichtet man in der Regel auf die Verwendung des Kommas.
a) Erkläre, warum Zeitangaben wie 1,7 h oder 12,37 min vermieden werden.
b) Erkläre, warum man bei der Umrechnung von Zeiten keine Einheitentafel verwenden kann.

Erinnere dich
1 Liter Wasser wiegt 1 kg.

7 Nina und ihr Vater backen Brot. Laut dem Rezept soll der Teig aus 0,75 kg Weizenvollkornmehl, 250 g Roggenvollkornmehl, 0,5 ℓ Wasser und 20 g Salz bestehen. Die Küchenmaschine kann Teige bis zu 1000 g kneten. Prüfe, ob die Maschine den Teig kneten kann.

Hilfe

8 Umrechnen in größere Einheiten: Beim Umrechnen in eine größere Einheit können Zahlen mit Komma entstehen. Runde zuerst auf die Einheit in Klammern. Rechne dann exakt in die Einheit um. Du kannst eine Einheitentafel verwenden.
Beispiel: 356 cm (in m)   Runden: 356 cm ≈ 400 cm = 4 m   Umrechnen: 356 cm = 3,56 m
a) 250 cm (in m)   b) 3500 m (in km)   c) 37 mm (in cm)   d) 612 dm (in m)
e) 4865 g (in kg)   f) 6390 kg (in t)   g) 450 g (in kg)   h) 823 mg (in g)

9 a) Markus hat sich seine Umrechnungen angeschaut und meint: „Wenn ich in die kleinere Einheit umrechne, muss ich das Komma um so viele Stellen nach rechts schieben, wie die Umrechnungszahl Nullen hat."
Überprüfe die Regel an eigenen Beispielen.
b) Stelle eine Regel für das Umrechnen in eine größere Einheit auf. Überprüfe die Regel an Beispielen.

6,027 m = 60,27 dm
6,027 m = 602,7 cm
6,027 m = 6027 mm
6,002 km = 6002 m
6,02 km = 6020 m
6,2 km   = 6200 m

10 Ausblick: Kommazahlen kann man auch auf einem Zahlenstrahl darstellen.
a) Auf dem Zahlenstrahl sind Kommazahlen markiert. Gib die Zahlen an und erkläre, wie du beim Ablesen vorgegangen bist.

0   A   B   C   D   E   1   F   G   H

b) Zeichne einen Zahlenstrahl und markiere die Zahlen 0,01; 0,05; 0,08; 0,1; 0,12. Überlege zuerst, wie du den Zahlenstrahl zeichnest und wie du ihn einteilst.

1.10 Maßstab

Bestimme die ungefähre Länge und Breite der Insel Spiekeroog mithilfe deines Geodreiecks und der Angaben auf der Karte. Erkläre, was die Zahlen auf der Karte bedeuten.

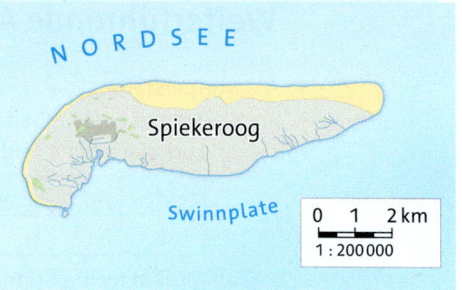

Auf Karten und Plänen werden Städte, Straßen, Häuser oder Zimmer oft verkleinert dargestellt. Der **Maßstab** gibt dabei an, wievielmal die Dinge im Bild verkleinert wurden. Je mehr durch den Maßstab verkleinert wird, desto weniger Einzelheiten kann man im Bild erkennen.

Der Maßstab wird als **Maßstabsleiste** (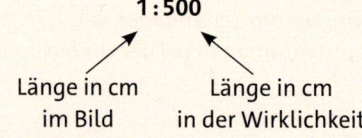) oder als **Verhältnis** (1 : 200 000) angegeben.

> **Wissen**
>
> Ein **Maßstab** gibt an, wievielmal die Dinge im Bild verkleinert oder vergrößert wurden.
>
> Ein Maßstab **1 : 500** („1 zu 500") stellt eine **500-fache Verkleinerung** dar.
> 1 : 500 bedeutet: 1 cm im Bild entsprechen 500 cm = 5 m in der Wirklichkeit.
>
>
>
> **1 : 500**
>
> ↑   ↑
>
> Länge in cm   Länge in cm
> im Bild   in der Wirklichkeit
>
>
>
> Ein Maßstab **500 : 1** („500 zu 1") stellt eine **500-fache Vergrößerung** dar.

Längen in der Wirklichkeit berechnen

Erklärfilm

> **Beispiel 1**
>
> Vom Rathaus zum Staatstheater sind es auf der Karte 4 cm.
>
> Lies den Maßstab aus dem Stadtplan ab. Berechne, wie weit die Entfernung in der Wirklichkeit ist.
>
>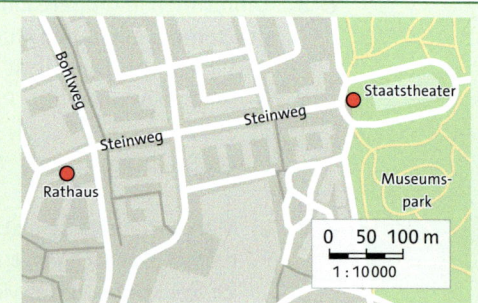
>
> **Lösung:**
> Lies den Maßstab unten rechts auf dem Stadtplan ab. 1 cm im Stadtplan entsprechen 10 000 cm in der Wirklichkeit.
> Du kannst auch die abgebildete Maßstabsleiste verwenden. Sie ist 1 cm lang und steht für 100 m (= 10 000 cm) in der Wirklichkeit.
> Die Länge in der Wirklichkeit ist also 10 000-mal so groß. Multipliziere daher mit 10 000.
>
> Maßstab: 1 : 10 000
>
> Länge im Bild: 4 cm
>
> Länge in Wirklichkeit: 4 cm · 10 000
>   = 40 000 cm
>   = 400 · 100 cm
>   = 400 m
>
> In der Wirklichkeit ist die Entfernung 400 m.

Basisaufgaben

1 1 : 25 000 bedeutet, dass 1 cm in der Karte 25 000 cm = 250 m in der Wirklichkeit entsprechen. Beschreibe die Angabe in Worten.
   a) 1 : 2000
   b) 1 : 50 000
   c) 1 : 250 000
   d) 1 : 4 000 000

2 Berechne die Länge in der Wirklichkeit.

	Maßstab	Länge im Bild	Länge in der Wirklichkeit
a)	1 : 5	5 cm	
b)	1 : 100	4 cm	
c)	1 : 5000	2 cm	
d)	1 : 20 000	3 cm	

3 Die Karte eines Sees hat den Maßstab 1 : 6000. In Nord-Süd-Richtung ist der See auf der Karte etwa 20 cm breit. Berechne, wie breit der See in der Wirklichkeit ist.

4 Die Abbildung zeigt einen Ausschnitt einer Europakarte. Miss auf der Karte die kürzeste Entfernung (Luftlinie) von Berlin nach Warschau, Paris und Budapest. Bestimme dann mithilfe des angegebenen Maßstabs die Entfernungen in der Wirklichkeit.

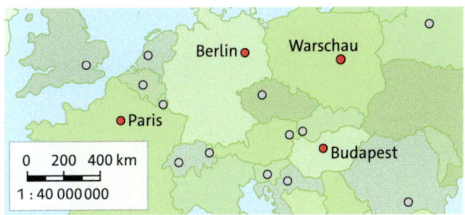

5 Bestimme den Maßstab aus den angegebenen Längen. Achte dabei auf die Einheiten.
   a) im Bild: 1 cm, in Wirklichkeit: 50 m
   b) im Bild: 10 cm, in Wirklichkeit: 1 km
   c) im Bild: 2 cm, in Wirklichkeit: 10 m
   d) im Bild: 5 cm, in Wirklichkeit: 250 m

Längen im Bild berechnen

Beispiel 2

Ein Handballfeld ist 40 m lang und 20 m breit. Das Spielfeld soll verkleinert in ein Heft gezeichnet werden.

Berechne die Längen, wenn das Handballfeld im Maßstab von 1 : 200 gezeichnet werden soll.

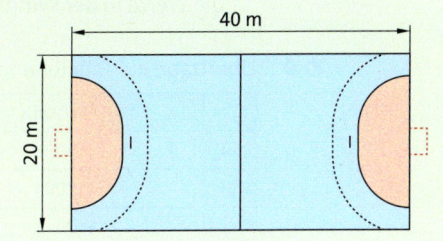

Lösung:
1 cm im Bild entsprechen 200 cm in der Wirklichkeit. Die Länge im Bild ist also 200-mal so klein. Dividiere daher durch 200. Wandle die wirklichen Längen (40 m und 20 m) vor dem Dividieren in Zentimeter um.

Maßstab: 1 : 200

Länge in Wirklichkeit: 40 m = 4000 cm
Länge im Bild: 4000 cm : 200 = 20 cm

Länge in Wirklichkeit: 20 m = 2000 cm
Länge im Bild: 2000 cm : 200 = 10 cm

Im Heft ist das Feld 20 cm lang und 10 cm breit.

1.10 Maßstab

Basisaufgaben

6 Ein Basketballfeld ist 30 m lang und 15 m breit. Zeichne das Basketballfeld im Maßstab von 1:500.

7 Berechne die Länge im Bild.

	Maßstab	Länge im Bild	Länge in der Wirklichkeit
a)	1:3		15 cm
b)	1:50		2 m
c)	1:1000		50 m
d)	1:20 000		8 km

Weiterführende Aufgaben Zwischentest

8 a) Entscheide, welcher Maßstab zur Abbildung vom Kleinbus, des Brandenburger Tors, der Weltkugel und zur Karte von Deutschland passt. Begründe deine Entscheidung.

① 1:20 000 000
② 1:100
③ 1:1 000 000 000
④ 1:1000

 b) Miss im Bild die Länge des Kleinbusses, die Höhe des Brandenburger Tors, die Nord-Süd-Ausdehnung von Deutschland und den Durchmesser der Erde und berechne die Werte in der Wirklichkeit. Recherchiere, ob deine Ergebnisse stimmen.

Hilfe

9 Übertrage die Tabelle und ergänze die fehlenden Einträge.

	Maßstab	Länge im Bild	Länge in der Wirklichkeit
a)	1:50	10 cm	
b)	1:100	5 cm	
c)	1:20		4000 cm
d)	1:20 000		800 m
e)		10 cm	300 m
f)		4 cm	1 km

10 Fabian benutzt einen Stadtplan mit dem Maßstab 1:25 000.
   a) Erkläre, warum es wichtig ist, dass auf einem Stadtplan der Maßstab angegeben wird.
   b) Fabian möchte zum Bahnhof und misst auf dem Plan eine Entfernung von 6 cm. Berechne die Länge dieser Strecke in der Wirklichkeit und erkläre deine Rechnung.
   c) Auf einem Wegweiser steht „Oper 500 m". Berechne die Länge dieser Entfernung auf Fabians Stadtplan.

1 Natürliche Zahlen und Größen

 11 Stolperstelle: Tim und Fynn haben zwei Modellautos. Beide Autos sind 40 cm lang. Tims Auto ist im Maßstab 1:5 nachgebaut, Fynns Auto im Maßstab 1:6.
a) Tim möchte berechnen, wie groß sein Auto in Wirklichkeit ist.
Er rechnet: 40 cm : 5 = 8 cm
Nimm Stellung zu Tims Rechnung.
b) Fynn behauptet: „Die Autos sind in Wirklichkeit fast gleich groß, da der Maßstab fast gleich ist." Berechne die Originallänge von Fynns Auto. Nimm dann Stellung zu seiner Behauptung.

Hinweis zu 12
Ein DIN-A4-Blatt ist 210 mm breit und 297 mm hoch.

12 Das Bild zeigt eine Skizze von Toms Kinderzimmer. Er möchte einen maßstabsgetreuen Grundriss des Zimmers auf ein DIN-A4-Blatt zeichnen.
a) Untersuche, welchen der angegebenen Maßstäbe er dazu benutzen kann. Zeichne mit dem gewählten Maßstab den Grundriss.
① 1:5   ② 1:10   ③ 1:15
b) Zeichne in den Grundriss auch das Bett ein. Zeichne außerdem einen Schreibtisch (90 cm breit, 45 cm lang) und einen Kleiderschrank (120 cm lang, 60 cm breit) mit ein.

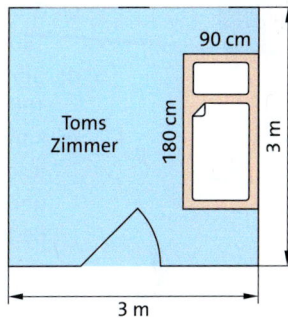

Hilfe

13 Maßstab bestimmen: Bestimme den Maßstab zur Maßstabsleiste mithilfe deines Lineals.
a)   b)
c)   d)

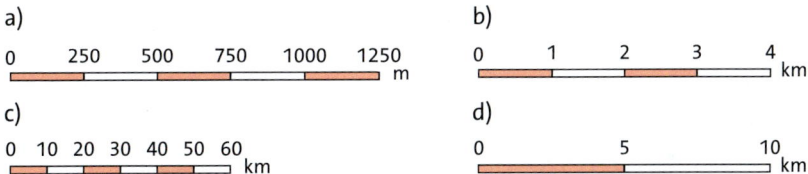

14 In den USA gibt es am Mount Rushmore vier Präsidentenköpfe, die in den Fels des Bergs gehauen wurden. Das Bild zeigt den Kopf von Abraham Lincoln.
a) Schätze anhand des Bilds ab, wie groß der Kopf ist. Erkläre, wie du deinen Schätzwert bestimmt hast.
b) Schätze, wie hoch eine Steinstatue des „ganzen" Abraham Lincoln im gleichen Maßstab wäre. Recherchiere, wie groß Abraham Lincoln tatsächlich war.
c) Schätze, welcher Maßstab für den Präsidentenkopf am Mount Rushmore verwendet wurde.

15 Ausblick:
a) Die Figuren ① bis ③ sind in Originalgröße dargestellt. Zeichne die Figuren vergrößert. Vergrößere die Figuren im Maßstab 2:1 und im Maßstab 3:1.

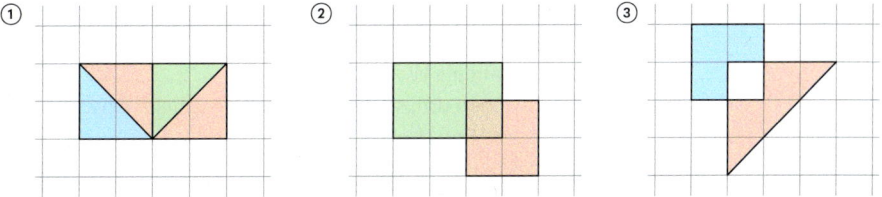

b) Zeichne zuerst ein Quadrat mit 9 Kästchen. Zeichne dann zwei vergrößerte Quadrate im Maßstab 2:1 und 3:1. Beschreibe, wie sich der Flächeninhalt verändert. Gib eine Regel an.

1.10 Maßstab

1.11 Vermischte Aufgaben

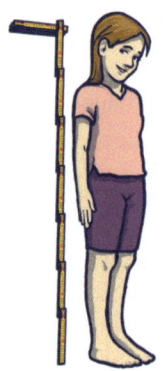

1 Maria hat ihre Mitschüler nach ihrer Größe befragt und die Antworten in einem Säulendiagramm dargestellt.
 a) Erstelle eine Häufigkeitstabelle zum Säulendiagramm.
 b) Gib an, wie viele Schüler in Marias Klasse sind. Begründe deine Antwort.
 c) Gib an, wie viele Schüler größer als 150 cm sind.
 d) Gib an, wie viele Schüler höchstens 160 cm groß sind.
 e) Kannst du aus dem Diagramm ablesen, wie groß das größte Mädchen und der größte Junge der Klasse sind? Begründe deine Antwort.

2 Die Tabelle enthält die Einwohnerzahlen einiger Landeshauptstädte.
 a) Runde die Zahlen so, dass du sie gut in einem Säulendiagramm darstellen kannst.
 b) Zeichne das Säulendiagramm.

Stadt	Einwohner
Stuttgart	597 939
Düsseldorf	613 230
München	1 388 300
Wiesbaden	272 630
Dresden	525 100
Saarbrücken	176 990
Hannover	514 130
Erfurt	203 480
Schwerin	91 260
Mainz	202 750

3 Gib die gesuchte Zahl an.
 a) die kleinste Zahl mit 4 Ziffern
 b) die größte Zahl mit 7 Ziffern
 c) die größte vierstellige Zahl aus den Ziffern 1 und 2, die diese gleich oft enthält
 d) die kleinste zehnstellige Zahl aus den Ziffern 8 und 9, die diese gleich oft enthält
 e) die größte zwölfstellige Zahl, in der jede Ziffer mindestens einmal vorkommt

4 Schreibe die Zahlen mit Ziffern auf.
 a) Unsere Sonne ist einhundertneunundvierzig Millionen sechshunderttausend Kilometer von der Erde entfernt. Sie ist etwa eine Million dreihunderttausend Mal so schwer wie die Erde.
 b) Das Licht, das von der Sonne abgestrahlt wird, legt in einem Jahr eine Strecke von neun Billiarden vierhundertsechzig Billionen achthundertfünfundneunzig Milliarden zweihunderteinundzwanzig Millionen Meter zurück.

5 Tatjana hat in ihrer Stellenwerttafel mit Plättchen eine Zahl gelegt.
 a) Schreibe die Zahl als Wort.
 b) Lege ein Plättchen um, so dass die größtmögliche bzw. kleinstmögliche Zahl entsteht. Begründe deine Entscheidung.
 c) Tatjana möchte nun mit zwölf Plättchen eine Zahl legen, die möglichst nah bei der angegebenen Zahl liegt. Gib an, welche Zahl gesucht ist.
  ① 5 Millionen ② 50 Tausend ③ dreihundertfünfundvierzigtausendsechshundertachtundsiebzig

HM	ZM	M	HT	ZT	T	H	Z	E
	●		●●		●	●		

Natürliche Zahlen und Größen

6 Regina geht einkaufen. Im Kopf rundet sie auf volle Euro und addiert die gerundeten Beträge, um den Endpreis besser abschätzen zu können.
  a) An der Kasse muss Regina genau 3 € weniger zahlen, als sie zuvor abgeschätzt hat. Bestimme, wie viele Artikel sie mindestens gekauft hat.
  b) Regina überlegt, wie viele Artikel sie mindestens kaufen müsste, damit sie an der Kasse 3 € mehr zahlen müsste als berechnet. Bestimme diese Anzahl.

7 Der Zeitungsartikel über den Rosenmontagsumzug des Kölner Karnevals enthält exakte und gerundete Größenangaben.

Rosenmontag in Köln

Am Rosenmontagsumzug haben mehr als 12 000 Menschen teilgenommen, von denen aber nur 1249 auf einem Festwagen fuhren. 3840 waren zu Fuß unterwegs. Rund 2500 Polizisten waren im Einsatz, während über 1 Million Zuschauer das Spektakel beobachteten und sich über 700 000 Tafeln Schokolade sowie 220 000 Pralinenschachteln freuen konnten. 1432 Musiker sorgten in 78 Kapellen für gute Stimmung. Am Ende mussten 150 Tonnen Müll beseitigt werden.

  a) Schreibe alle exakten Angaben auf und runde sie sinnvoll.
  b) Schreibe alle gerundeten Angaben auf. Gib an, welche Ausgangszahlen möglich sind. Du kannst einen Zahlenstrahl zu Hilfe nehmen.

8 In der Zeitung las man Mitte 2012: „Banküberfall in der Innenstadt. Täter erbeuteten Goldbarren im Wert von etwa 1 Million Euro."
  a) Gib an, wie schwer die Beute war.

  b) Informiere dich, wie viel 1 g Gold aktuell kostet, und gib an, wie viel die Beute zurzeit ungefähr wert ist. Runde sinnvoll, sodass du das Ergebnis berechnen kannst.
  c) Gib an, wie viele Tüten Gummibären man 2012 von 1 kg Gold kaufen konnte. Begründe deine Schätzung.

Gold

Gold zählt zu den ersten Metallen, die von Menschen verarbeitet wurden. Wegen der Beständigkeit seines Glanzes, seiner Seltenheit und auffallenden Schwere ist es sehr begehrt. Es wurde in vielen Kulturen vor allem für rituelle Gegenstände verwendet. Heute werden etwa 85 % des geförderten Golds zu Schmuck verarbeitet. Ein Gramm Gold war 2012 etwa 40 Euro wert.

9 Schätze die Weltrekorde aus der Tierwelt und recherchiere dann in einem Lexikon oder im Internet.

10 Rechne in eine sinnvollere Einheit um.
   a) Der Kirchturm ist 12 000 cm hoch.
   b) Der Klassenraum ist 6600 mm breit.
   c) Eine Fliege ist 0,007 m lang.
   d) Die Entfernung von Köln nach Berlin beträgt 600 000 m.
   e) Waldemars Schulweg ist 440… mm lang. Ergänze zunächst die fehlenden Nullen. Es gibt mehrere sinnvolle Möglichkeiten.

11 Mark hat ein Modellflugzeug im Maßstab 1 : 45. Peters Modellflugzeug ist nur halb so lang und dafür im Maßstab 1 : 100 gebaut. Entscheide, ob die Aussage richtig ist. Begründe.
   a) In der Wirklichkeit ist Marks Flugzeug länger.
   b) In der Wirklichkeit ist Peters Flugzeug länger.
   c) Wäre Peters Flugzeug im Maßstab 1 : 90 gebaut, dann wären die Flugzeuge in der Wirklichkeit gleich groß.

12 Der Eiffelturm in Paris ist über 300 m hoch. Im Souvenirladen gibt es Modelle im Maßstab 1 : 500, 1 : 1000 und 1 : 2000.
   a) Berechne die Höhe dieser Modelle.
   b) Lenny und Jonas diskutieren.
      Lenny: „Verdoppelt man den Maßstab, so verdoppelt sich auch die Höhe des Modells."
      Jonas: „Verdoppelt man den Maßstab, so halbiert sich die Höhe des Modells."
      Wer von beiden hat recht? Begründe.

13 Landkarten und Stadtpläne gibt es in unterschiedlichen Maßstäben. Berechne die fehlenden Einträge.

		Landkarten	Touristenkarten	Wanderkarten	Stadtpläne
Maßstab		1 : 100 000	1 : 50 000	1 : 20 000	1 : 10 000
Entfernung auf den Karten/Plänen		2 cm		5 cm	
Entfernung in der Wirklichkeit	in cm				
	in m				600 m
	in km		3 km		

14 Eine Million ist eine große Zahl, eine Milliarde ist eine noch größere Zahl. Doch wie groß ist der Unterschied zwischen den beiden Zahlen wirklich?
   a) Berechne, wie vielen Tagen 1 000 000 Sekunden ungefähr entsprechen.
   b) Bestimme nun, wie lange 1 000 000 000 Sekunden etwa dauern. Verwende dafür eine geeignete Einheit und vergleiche mit a).

15 Eine Woche hat 7 Tage. Ein Jahr, das kein Schaltjahr ist, hat 365 Tage.
   a) Der 1. September war ein Sonntag. Gib an, welcher Wochentag dann der 3. Oktober ist.
   b) In diesem Jahr ist Milas Geburtstag an einem Samstag. Gib an, an welchem Wochentag er nächstes Jahr ist, wenn kein Schaltjahr ist. Gib auch die Wochentage für deinen eigenen Geburtstag an.
   c) Berechne die Anzahl der Tage vom 16. Oktober (vom 27. Januar) bis zum Jahresende.
   d) Die Sommerferien gehen vom 15. Juli bis zum 27. August. Bestimme, wie viele Tage die Sommerferien dauern.

16 Blütenaufgabe: Beim Aufräumen des Klassenschranks finden Marlon und Mohamed ein altes Matheheft ihrer Klassenlehrerin Frau Peters.
Auf einer Seite gibt es Aufgaben zu verschiedenen Einwohnerzahlen von Städten. Einiges ist aber nicht mehr zu erkennen.

Bei einer Rechnung von Frau Peters zu einer Stadt außerhalb Deutschlands ist nur noch lesbar:
≈ 630 000
Gib die kleinste und die größte Einwohnerzahl an, die zu diesem Ergebnis passt.

Gib die Einwohnerzahlen der deutschen Großstädte auf Zehntausender gerundet an.

Einwohnerzahl in Deutschland (1980)
Einige Großstädte (ab 100 000 Einwohnern)

Dresden	516 225	Hannover	534 623
Magdeburg	289 032	Nürnberg	484 405
Rostock	232 506	Köln	976 694
Stuttgart	580 648	Mainz	187 392

Einige Städte unter 100 000 Einwohnern

Bayreuth	70 633	■■dorf	■6■■9
Flensburg	87 862		

Großstädten außerhalb Deutschlands

Lo■■■	■9■■■	Rom	■■■■■
N■■Y■	■■8■■	Paris	■■■■■

Zeichne den Zahlenstrahl und trage die Einwohnerzahlen der deutschen Großstädte ein.

```
├┼┼┼┼┼┼┼┼┼┼┼┼┼┼┼┼┼┼┼┼┼┼┼┼┼→
0    200 000  400 000  600 000  800 000 1 000 000
```

Bei einer Stadt unter 100 000 Einwohnern ist nur noch die dritte und die letzte Ziffer zu lesen: ■■6■9
In Frau Peters' Heft finden sich dazu folgende Rundungen:
■■■■■ ≈ ■■60■
■■■■■ ≈ ■■7■■

Marlon behauptet, dass Frau Peters sich verrechnet haben muss, weil es keine Möglichkeit gibt, die unbekannten Stellen so aufzufüllen, dass beide Rundungen richtig sind. Untersuche, ob Marlon recht hat. Begründe deine Aussage.

17 Auf einem Bauernhof leben fünf Pferde, ein Esel, zwei Hunde, zwanzig Kühe, zehn Schafe, zehn Schweine, acht Hasen, drei Enten, zwölf Hühner und eine Ziege.
  a) Stelle die Anzahl der auf dem Bauernhof lebenden Tiere – geordnet nach ihrer Häufigkeit – in einer Häufigkeitstabelle dar. Erstelle danach ein Säulendiagramm.
  b) Ein Schwein wiegt ungefähr 200 kg. Wie viel wiegen alle Schweine zusammen? Gib das Gewicht in Gramm, Kilogramm und Tonnen an.
  c) Im Lager befinden sich noch vier 25-Kilogramm-Säcke Kraftfutter für die Pferde. Ein Pferd bekommt jeden Tag 3000 g Kraftfutter. Reicht der Vorrat eine Woche für alle Pferde? Entscheide begründet.
  d) Die durchschnittliche Futtermenge für ein Pferd beträgt pro Tag 3 kg Kraftfutter, 6 kg Heu und 1 kg Stroh. 1 kg Kraftfutter kostet 50 Cent, 1 kg Heu 5 Cent und 1 kg Stroh 3 Cent. Berechne die Kosten für jede Futtersorte, die für ein Pferd in 30 Tagen anfallen. Gib auch die monatlichen Futterkosten für ein Pferd insgesamt an. Runde auf ganze Euro.

1.11 Vermischte Aufgaben

1 Prüfe dein neues Fundament

Lösungen → S. 240/241

1 Klaus hat seine Mitschüler nach ihren Lieblingsfußballvereinen befragt. Folgende Antworten hat er erhalten:
Bayern München, VfB Stuttgart, Borussia Dortmund, Borussia Dortmund, Union Berlin, Bayer Leverkusen, Borussia Dortmund, SC Freiburg, VfB Stuttgart, Bayern München, Bayern München, Fortuna Düsseldorf, Bayer Leverkusen, Bayern München, Borussia Dortmund, Borussia Dortmund, Bayer Leverkusen, VfB Stuttgart, Borussia Dortmund, Bayer Leverkusen, VfB Stuttgart, Bayern München, Bayer Leverkusen, Borussia Dortmund, Union Berlin, Borussia Dortmund.
a) Erstelle zu den Daten eine Strichliste und eine Häufigkeitstabelle.
b) Fertige ein Säulendiagramm an.
c) In dem Säulendiagramm unten sind die Antworten der Schüler der Parallelklasse zu derselben Frage dargestellt. Gib an, wie viele Schüler der Parallelklasse jeweils Fans der Fußballvereine sind.

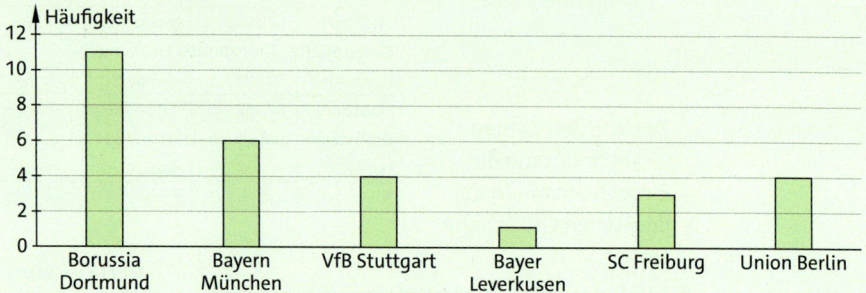

2 a) Schreibe die Zahl 12 345 067 089 als Zahlwort.
b) Schreibe als Zahl:
sieben Milliarden dreihundertelf Millionen fünfhunderttausendundeins

3 Ordne die Zahlen nach ihrer Größe: 83 315; 91 022; 85 000; 787 345; 8349; 83 402

4 Stelle die Zahlen auf einem Zahlenstrahl dar.
a) 5; 13; 2; 8; 24; 17; 21
b) 200; 50; 475; 325; 600

5 Runde.
a) auf Zehner: 312; 2037; 1845
b) auf Hunderter: 126; 6723; 73 928
c) auf Tausender: 14 872; 498; 99 999

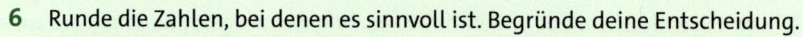

6 Runde die Zahlen, bei denen es sinnvoll ist. Begründe deine Entscheidung.
a) Ein Bundesligaspiel zwischen Schalke 04 und Borussia Dortmund besuchen 62 217 Zuschauer.
b) Max hat Schuhgröße 47.
c) Ein Blauwal wiegt 196 000 kg.
d) Die Telefonnummer einer Schule lautet 8722387.
e) Im Kölner Straßenkarneval feiern 1 900 000 Menschen rund um den Kölner Dom.

7 Schreibe die Rechnung im Zehnersystem. Berechne das Ergebnis und schreibe es mit römischen Zahlzeichen.
a) XXIV + VII   b) XVI + CMLIII   c) MDLIX – MDXIX   d) DCXIV – CXXIII

8 Rechne um.
a) 70 cm in mm   b) 23 t in kg   c) 7 min in s   d) 470 cm in dm
e) 800 dm in mm   f) 420 min in h   g) 10 kg in mg   h) 550 000 mm in m

Natürliche Zahlen und Größen

Lösungen → S. 241

9 Schreibe in einer kleineren Einheit ohne Komma. Du kannst eine Einheitentafel verwenden.
a) 5,6 dm   b) 14,5 t   c) 2,875 m   d) 10,90 €   e) 0,04 kg   f) 30,15 km

10 Ordne den Objekten die passenden Größenangaben zu. Rechne in eine sinnvolle Einheit um.

Objekte: 1-ℓ-Milchkarton   Kleinwagen   Basketball   Teetasse   Spielwürfel

Höhe: 240 mm   2 dm   0,1 m   16 mm   1500 mm

Gewicht: 410 000 mg   3000 mg   1400 kg   1000 g   0,6 kg

11 a) Ein Film beginnt um 20:25 Uhr und dauert 105 min. Gib an, wann er endet.
b) Ein Zug fährt um 9:52 Uhr ab und kommt um 14:06 Uhr an. Gib die Dauer der Fahrt an.

12 Eine Schulturnhalle ist 40 m lang und 25 m breit. Zeichne die Turnhalle im Maßstab 1 : 500. Gib Länge und Breite der Turnhalle in der Zeichnung an.

13 Auf einer Landkarte im Maßstab 1 : 900 000 beträgt die Entfernung (Luftlinie) zwischen Berlin und Hamburg 28 cm. Gib die Entfernung der Städte in der Wirklichkeit an.

14 Ein Fahrrad mit 26-Zoll-Rädern legt bei jeder vollen Umdrehung der Räder etwa 2 m zurück.
a) Gib an, wie viele Umdrehungen jedes Rad des Fahrrads auf einer 6 km langen Strecke macht.
b) Gib an, wie viele Minuten ein Radfahrer für 6 km benötigt, wenn eine Radumdrehung 1 s dauert.

Wo stehe ich?

	Ich kann ...	Aufgabe	Schlag nach
1.1	... Daten mit Strichlisten und Häufigkeitstabellen auswerten. ... Diagramme aus erhobenen Daten erstellen.	1	S. 8 Beispiel 1
1.3	... große Zahlen erkennen und in Stellenwerttafeln eintragen. ... Zahlen der Größe nach ordnen.	2, 3	S. 17 Beispiel 1 S. 17 Beispiel 2
1.4	... römische Zahlen im Zehnersystem schreiben. ... Zahlen in römischen Zahlzeichen darstellen.	7	S. 20 Beispiel 1 S. 20 Beispiel 2
1.5	... einen Zahlenstrahl zeichnen und Zahlen daran eintragen, Zahlen vom Zahlenstrahl ablesen.	4	S. 24 Beispiel 1
1.6	... Zahlen sinnvoll runden.	5, 6	S. 26 Beispiel 1
1.7	... Größen schätzen.	10, 14	S. 28 Beispiel 1
1.8	... Längen und Gewichte in verschiedene Einheiten umrechnen. ... Zeiten in verschiedene Einheiten umrechnen, mit Uhrzeiten rechnen.	8, 11, 14	S. 30 Beispiel 1 S. 31 Beispiel 2
1.9	... Längen und Gewichte in Kommaschreibweise darstellen.	9	S. 34 Beispiel 1
1.10	... tatsächliche Entfernungen von einer Landkarte bei gegebenem Maßstab berechnen. ... die Längen in einer maßstabsgetreuen Zeichnung bestimmen.	12, 13	S. 36 Beispiel 1 S. 37 Beispiel 2

1 Zusammenfassung

Daten erfassen und darstellen

Mit einem Fragebogen lassen sich Daten erheben. Mit einer **Strichliste** wird gezählt, wie oft jede Antwort gegeben wurde. Diese Zahl schreibt man in die **Häufigkeitstabelle**.

In einem **Säulendiagramm** kann man die Daten anschaulich darstellen. An den Achsen stehen die Beschriftungen aus der Häufigkeitstabelle. Alle Säulen haben dieselbe Breite und denselben Abstand.

Alter in Jahren	Strichliste	Häufigkeit
neun	||	2
zehn	|||| |	6
elf	||||	5

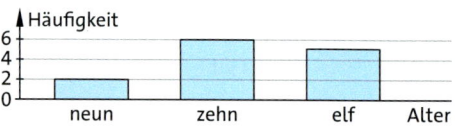

Natürliche Zahlen in der Stellenwerttafel

Die Zahlen 0, 1, 2, 3 ... heißen **natürliche Zahlen** (kurz $\mathbb{N}$).

Die Bedeutung einer **Ziffer** in einer Zahl hängt davon ab, an welcher Stelle sie steht. In einer **Stellenwerttafel** kann man große Zahlen übersichtlich darstellen.

Zur besseren Lesbarkeit wird die Zahl in „Dreierpäckchen" aufgeteilt. Zahlen unter einer Million schreibt man zusammen und klein, Zahlen ab einer Million getrennt.

4 307 230 911: die erste 3 hat den Wert 300 Millionen, die zweite 3 hat den Wert 30 000

Milliarden			Millionen			Tausender			Einer		
H	Z	E	H	Z	E	H	Z	E	H	Z	E
		4	3	0	7	2	3	0	9	1	1

Lesen in „Dreierpäckchen":
4 Milliarden 307 Millionen 230 Tausend 911
Als Zahlwort: vier Milliarden dreihundertsieben Millionen zweihundertdreißigtausendneunhundertundelf

Zahlen nach ihrer Größe ordnen

Von zwei natürlichen Zahlen ist diejenige die größere, die mehr Stellen hat.
Bei gleich vielen Stellen ist die Zahl mit der höchsten größeren Stelle die größere.

12 345 678 > 9 451 450

25 623 456 > 25 445 999, denn
   600 000 >   400 000

Zahlenstrahl

Die Abfolge der natürlichen Zahlen kann man am **Zahlenstrahl** darstellen. Die Zahlen werden in Pfeilrichtung immer größer. Der Abstand zwischen zwei benachbarten Zahlen ist immer gleich groß.

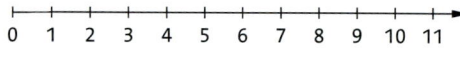

Beachte:
Von zwei Zahlen ist diejenige die kleinere, die auf einem Zahlenstrahl weiter links liegt.

Runden

Zuerst wird die Rundungsstelle gewählt. Folgt nach der Rundungsstelle eine 0, 1, 2, 3 oder 4, so wird **abgerundet**. Folgt eine 5, 6, 7, 8 oder 9, so wird **aufgerundet**.

Zahl	zu runden auf	Rundung	Zahl gerundet
6235	Zehner	aufgerundet	6240
	Hunderter	abgerundet	6200

Größenangaben umrechnen

Länge: 1000   10   10   10
km   m   dm   cm   mm
Kilometer, Meter, Dezimeter, Zentimeter, Millimeter

Zeit: 24   60   60
d   h   min   s
Tage, Stunden, Minuten, Sekunden

Gewicht: 1000   1000   1000
t   kg   g   mg
Tonne, Kilogramm, Gramm, Milligramm

3 m = 3 · 10 dm = 30 dm
3 m = 3 · 10 · 10 · 10 mm = 3000 mm
4000 mg = 4 · 1000 mg = 4 g
5 h = 5 · 60 min = 300 min

Maßstab

Der **Maßstab** gibt an, wievielmal die Dinge im Bild verkleinert oder vergrößert wurden. Er wird als **Verhältnis** oder mit einer **Maßstabsleiste** (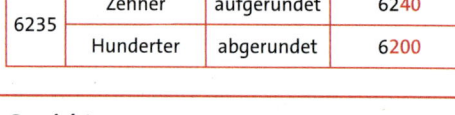) angegeben.

1 : 200 000
Länge in cm im Bild   Länge in cm in der Wirklichkeit

4 cm im Bild entsprechen in der Wirklichkeit
4 cm · 200 000 = 800 000 cm = 8 000 m = 8 km

2

Rechnen mit natürlichen Zahlen

Nach diesem Kapitel kannst du
→ geschickt im Kopf rechnen,
→ schriftlich addieren, subtrahieren, multiplizieren und dividieren,
→ Rechengesetze und Vorrangregeln anwenden,
→ Potenzen aufstellen und berechnen,
→ Teilbarkeitsregeln anwenden,
→ Primzahlen erkennen und Primfaktorzerlegungen bestimmen.

Addieren und Subtrahieren natürlicher Zahlen

1 Rechne im Kopf.
a) 13 + 34 b) 45 – 32 c) 56 + 13 d) 49 – 24
e) 32 – 12 f) 43 + 24 g) 100 + 15 h) 119 – 7

2 Berechne.
a) 28 + 17 b) 45 – 27 c) 80 – 21 d) 87 + 9
e) 75 + 25 f) 100 – 88 g) 90 + 60 h) 120 – 80

3 Übertrage die Rechnung und ersetze den Platzhalter ■ so, dass sie stimmt.
a) 5 + ■ = 20 b) ■ + 21 = 77 c) 27 – ■ = 7 d) ■ – 6 = 38
e) 25 + ■ = 83 f) ■ + 19 = 112 g) 35 – ■ = 23 h) ■ – 43 = 43

4 Überprüfe. Korrigiere die falschen Ergebnisse.
a) 23 + 19 = 42 b) 36 + 24 = 50 c) 100 – 33 = 77 d) 76 – 41 = 37

5 Gib zwei Additionsaufgaben an, deren Ergebnis 27 ist.

6 Von den 24 Kindern der Klasse 5a können 17 Kinder schwimmen. Berechne, wie viele Kinder der Klasse 5a nicht schwimmen können.

7 Tim wiegt 55 kg und Hassan wiegt 47 kg. Prüfe mit einer Rechnung, ob sie zusammen schwerer als 100 kg sind.

Multiplizieren und Dividieren natürlicher Zahlen

8 Rechne im Kopf.
a) 9 · 8 b) 6 · 9 c) 8 · 8 d) 8 · 7
e) 7 · 60 f) 6 · 80 g) 5 · 11 h) 100 · 4

9 Rechne im Kopf.
a) 32 : 8 b) 36 : 4 c) 72 : 9 d) 56 : 7
e) 640 : 8 f) 840 : 10 g) 600 : 20 h) 100 : 4

10 Übertrage die Rechnung und ersetze den Platzhalter ■ so, dass sie stimmt.
a) 7 · ■ = 63 b) ■ : 6 = 7 c) 9 · ■ = 54 d) 4 : ■ = 1
e) 9 · ■ = 81 f) ■ : 11 = 8 g) 12 · ■ = 120 h) 18 : ■ = 6

11 Überprüfe. Korrigiere die falschen Ergebnisse.
a) 12 : 4 = 4 b) 6 · 3 = 21 c) 210 : 30 = 6 d) 7 · 40 = 280

12 Gib drei Multiplikationsaufgaben an, deren Ergebnis 60 ist.

13 Gib drei Divisionsaufgaben an, deren Ergebnis 5 ist.

14 Sechs Roggenbrötchen kosten 4,20 €. Gib den Preis für ein Roggenbrötchen an.

15 Maria hat die Grundfläche ihres Zimmers im Maßstab 1 : 20 gezeichnet. Auf der Zeichnung ist die Wand am Fenster 20 cm lang. Gib die Länge der Wand in Metern in der Wirklichkeit an.

2 Rechnen mit natürlichen Zahlen

Lösungen
→ S. 241/242

Erklärfilm

Große Zahlen

16 Trage die Zahlen in eine Stellenwerttafel ein und lies sie laut vor. Schreibe sie auch als Zahlwörter.
a) 1897 b) 25 407 c) 9088 d) 228 615
e) 25 000 f) 201 500 g) 2 000 000 h) 10 800 000

17 Zähle.
a) von 5000 bis 10 000 in 1000er-Schritten
b) von 600 bis 1800 in 200er-Schritten
c) von 100 000 bis 1 Million in 300 000er-Schritten

18 Verdopple die Zahl. Verdopple dann das Ergebnis immer weiter, bis du insgesamt viermal verdoppelt hast.
a) 100 b) 3000 c) 25 d) 40 000

19 Halbiere die Zahl. Halbiere dann das Ergebnis immer weiter, bis du insgesamt viermal halbiert hast.
a) 1600 b) 80 000 c) 400 d) 480 000

20 Runde.
a) 5169 auf Tausender b) 1272 auf Hunderter
c) 19 338 auf Zehntausender d) 952 auf Hunderter

Vermischte Aufgaben

21 Übertrage die Aufgaben und setze anstelle des Platzhalters ■ ein Rechenzeichen (+, ·, – oder :) so ein, dass die Rechnung stimmt.
a) 7 ■ 8 = 56 b) 49 ■ 7 = 7 c) 2 ■ 2 = 4 d) 140 ■ 70 = 70
e) 12 ■ 0 = 12 f) 132 ■ 5 = 127 g) 0 ■ 39 = 0 h) 100 ■ 50 = 2

22 Am Wandertag wollen die 25 Schüler der 5b einen Bootsausflug machen. Sie werden von 6 Erwachsenen begleitet. In jedem Boot haben 8 Personen Platz. Berechne, wie viele Boote sie ausleihen müssen, damit alle gleichzeitig Boot fahren können.

23 Übertrage die Rechenschlange und setze die fehlenden Zahlen ein.
a) 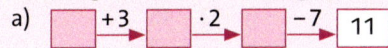 b)

24 In Additionsmauern soll die Summe der beiden unteren Steine den Wert des darüber liegenden Steins ergeben.

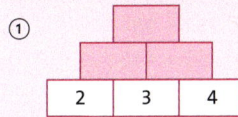 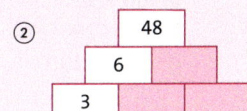 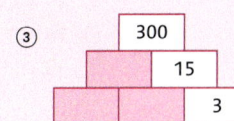

a) Übertrage die Additionsmauern und ergänze die fehlenden Zahlen.
b) Gib an, wie sich die Zahl an der Spitze der Mauer ① verändert, wenn die Zahl 2 in der unteren Reihe durch die Zahl 4 ersetzt wird.

25 Setze das Muster mit drei weiteren Zahlen fort.
a) 3 < 7 < 11 < 15 < 19 < … b) 97 > 94 > 91 > 88 > …

Dein Fundament 49

2.1 Addieren und Subtrahieren

Maria bekommt von ihrer Oma 12 €. Sie nimmt aus ihrem Sparschwein 12 € dazu und geht damit auf den Rummel. Sie gibt 8 € für die Achterbahn, 6 € für die Geisterbahn, 3 € für ein Stück Pizza und 2 € für ein Getränk aus. Berechne, wie viel Geld sie noch hat.

Wissen

Summand plus Summand
8 + 7
Summe

Minuend minus Subtrahend
15 − 7
Differenz

Addieren und Subtrahieren im Kopf

Erklärfilm

Beispiel 1 Berechne geschickt im Kopf.
a) 25 + 32 b) 67 − 52 c) 27 + 19 d) 52 − 28

Lösung:

Zerlegen

a) und b) Zerlege die zweite Zahl in Zehner und Einer. Addiere (subtrahiere) die drei Zahlen von links nach rechts.

a) 25 + 32 = 25 + 30 + 2 = 55 + 2 = 57

b) 67 − 52 = 67 − 50 − 2 = 17 − 2 = 15

Ergänzen

c) und d) Ersetze die zweite Zahl durch den nächsten Zehner. Was du erst zu viel addiert (subtrahiert) hast, musst du danach wieder subtrahieren (addieren).

c) 27 + 19 = 27 + 20 − 1 = 47 − 1 = 46

d) 52 − 28 = 52 − 30 + 2 = 22 + 2 = 24

Basisaufgaben

1 Addiere und subtrahiere im Kopf durch Zerlegen.
a) 32 + 46 b) 75 + 43 c) 37 + 14 d) 338 + 340
e) 69 − 21 f) 87 − 36 g) 72 − 45 h) 247 − 160
i) 157 + 305 j) 388 − 206 k) 538 − 291 l) 525 − 426

Lösungen zu 2

106 32 59
86 37 93
94 131
82 713
108 722

2 Addiere und subtrahiere im Kopf durch Ergänzen.
a) 37 + 49 b) 66 + 27 c) 19 + 87 d) 76 + 18
e) 76 − 39 f) 61 − 29 g) 157 − 98 h) 328 − 197
i) 59 + 23 j) 524 + 198 k) 297 + 416 l) 144 − 36

3 **Addieren und Subtrahieren von mehreren Zahlen:**
Berechne von links nach rechts. Beispiel: 75 + 25 − 30 = 100 − 30 = 70
a) 32 + 68 + 77 b) 81 + 52 + 25 c) 113 + 17 − 21 d) 24 + 36 − 49
e) 89 − 24 − 15 f) 175 − 81 − 69 g) 145 − 98 + 33 h) 313 − 83 + 116

4 **Die Zahl Null:** Das Addieren oder Subtrahieren der 0 ergibt keine Änderung. Berechne.
a) 74 − 0 b) 0 + 17 c) 124 + 0 + 37 d) 95 − 95 + 3

2 Rechnen mit natürlichen Zahlen

Rechnungen umkehren

Addieren und Subtrahieren sind entgegengesetzte Rechenarten. Das Addieren einer Zahl kann durch das Subtrahieren dieser Zahl rückgängig gemacht werden und umgekehrt.
Die **Umkehraufgabe** benutzt man auch als **Probe**, also um zu überprüfen, ob die Lösung einer Aufgabe stimmt.

Aufgabe: 8 + 7 = 15

Umkehraufgabe: 15 − 7 = 8

Beispiel 2
Ersetze den Platzhalter ■ so durch eine Zahl, dass die Rechnung stimmt.
a) ■ + 42 = 65   b) ■ − 15 = 48   c) 75 − ■ = 61

Lösung:

a) Hier kannst du mit der Umkehraufgabe 65 − 42 rechnen.
Die gesuchte Zahl ist 23.

    Aufgabe: ■ + 42 = 65
    Umkehraufgabe: 65 − 42 = ■
                         65 − 42 = 23

b) Die Umkehrung macht aus der Subtraktion die Addition 48 + 15.
Die gesuchte Zahl ist 63.

    Aufgabe: ■ − 15 = 48
    Umkehraufgabe: 48 + 15 = ■
                         48 + 15 = 63

c) Mit der Umkehraufgabe kannst du das Ergebnis noch nicht direkt berechnen.
Ergänze von 61 bis 75.
Die gesuchte Zahl ist 14.

    Aufgabe: 75 − ■ = 61
    Umkehraufgabe: 61 + ■ = 75
                         61 + 14 = 75

Basisaufgaben

Lösungen zu 5

110   290   14
26   139   28
7   41   99   565
667   242   54
25
130   280

5 Ersetze den Platzhalter ■ so durch eine Zahl, dass die Rechnung stimmt.
a) 12 + ■ = 40   b) ■ + 22 = 63   c) 120 + ■ = 230   d) ■ + 120 = 250
e) ■ − 8 = 18   f) ■ − 23 = 31   g) 25 − ■ = 18   h) 162 − ■ = 23
i) ■ − 87 = 203   j) 480 − ■ = 200   k) ■ − 99 = 143   l) 1000 − ■ = 333
m) 413 + ■ = 512   n) 920 − ■ = 895   o) ■ − 247 = 318   p) ■ + 987 = 1001

6 Prüfe mit der Umkehraufgabe, ob das Ergebnis richtig ist. Berichtige die falschen Ergebnisse.
a) 67 − 42 = 25   b) 92 − 58 = 34   c) 187 − 43 = 94   d) 317 − 269 = 48
e) 191 − 57 = 144   f) 543 − 287 = 256   g) 612 − 359 = 263   h) 724 − 568 = 156

7 Berechne im Kopf. Überprüfe dein Ergebnis mit der Umkehraufgabe.
Beispiel:
Aufgabe: 89 − 32 = 57   Umkehraufgabe: 57 + 32 = 89
a) 60 − 43   b) 33 − 22   c) 91 − 49   d) 104 − 92
e) 275 − 125   f) 200 − 77   g) 423 − 135   h) 573 − 285

8 Addiere immer die Zahlen von zwei Steinen, die nebeneinander liegen. Schreibe das Ergebnis in den Stein, der darüber liegt.
a) Übertrage die Additionsmauer und ergänze die fehlenden Zahlen.
b) Arbeitet zu zweit. Denkt euch eigene Additionsmauern aus und löst sie gegenseitig.

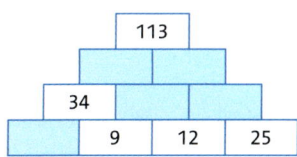

2.1 Addieren und Subtrahieren   51

Weiterführende Aufgaben

Zwischentest

9 Stolperstelle: Überprüfe Bens Ergebnisse. Beschreibe seine Fehler und berichtige sie.
a) 121 − 12 − 20
   121 − 12 = 109 − 20 = 89
b) 256 − 138
   256 − 140 = 116; 116 − 2 = 114
c) 133 − 35
   133 − 35 = 133 − 30 + 5 = 108
d) 24 − ■ = 8
   8 + 24 = 32, also ■ = 32

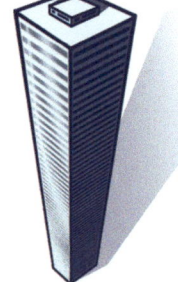

10 Im letzten Schuljahr besuchten 842 Schüler die Carl-Friedrich-Gauß-Schule. Am Ende des Schuljahrs verließen 97 die Schule und 87 kamen zum neuen Schuljahr hinzu. Berechne, wie viele Schüler im neuen Schuljahr an der Schule sind.

11 New York ist bekannt für seine vielen Hochhäuser. Herr Müller steigt in einem dieser Hochhäuser in den Aufzug. Der Aufzug fährt zunächst 67 Stockwerke nach oben und dann 48 Stockwerke abwärts. Herr Müller steigt im 35. Stock aus. Berechne, in welchem Stockwerk er in den Aufzug eingestiegen ist.

Hinweis zu 12

Siehe Methodenkarte 5 G auf Seite 237.

12 Berechne.
a) 50 + 14   b) 49 + 14   c) 48 + 13   d) 48 − 13
e) 48 − 15   f) 48 − 19   g) 48 − 20   h) 24 − 10
i) 12 − 5   j) 12 + 5   k) 36 + 15   l) 360 + 150
m) 150 + 360 n) 1501 + 3601 o) 1501 + 3601 − 1501 p) 1509 + 3601 − 1501

Hilfe

13 Gib an, wie sich das Ergebnis ändert.
a) Bei der Differenz 100 − 20 wird der Subtrahend um 5 vergrößert.
b) Bei der Differenz 45 − 12 wird der Minuend um 8 verkleinert.
c) Bei der Summe 55 + 27 wird jeder Summand um 6 erhöht.
d) Bei einer Summe wird ein Summand um 30 erhöht und der andere um 10 verringert.
e) Bei einer Differenz vergrößern sich Minuend und Subtrahend um die gleiche Zahl.

14 Stelle, falls möglich, eine zur Situation passende Aufgabe zum Addieren oder Subtrahieren. Berechne dann die Lösung.
a) Aishe geht mit 33 Euro und 50 Cent einkaufen und kommt mit 5 € und 20 Cent zurück.
b) Jonas und sein Vater gehen in den Zoo. Der Eintritt kostet 6 € für Erwachsene und 3 € für Kinder bis zu 16 Jahren.
c) Ein Getränk kostet 1,50 €. Der Freundschaftspreis für 5 Getränke beträgt 5 €. Merle lädt ihre drei Freundinnen ein.
d) Beim 25-km-Staffellauf müssen in einem Team 5 Personen laufen.

15 Beschreibe das Muster der Folge und setze sie mit drei weiteren Zahlen fort.
a) 1; 5; 9; 13; 17; …   b) 3; 10; 17; 24; 31; …   c) 2; 3; 5; 8; 12; …

Hinweis zu 16

Es gibt zwei Lösungen für a) und neun Lösungen für b).

16 Ausblick:
Jedes Zeichen steht für eine andere Ziffer. Finde möglichst viele Lösungen. Erfinde dann ähnliche Aufgaben.

a)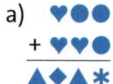

b)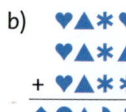

2.2 Multiplizieren und Dividieren

Kolja kommt an einer Baustelle vorbei. Ein Blick genügt, um zu wissen, dass dort nicht mehr als 35 Bauarbeiter arbeiten können, obwohl scheinbar noch nicht alle da sind.
Erkläre, wie Kolja die Anzahl der Arbeiter berechnet hat, ohne jeden einzelnen zu zählen.

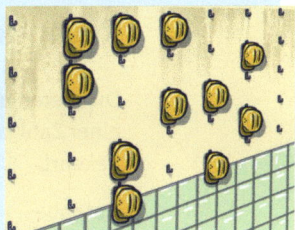

Hinweis

Man unterscheidet zwischen dem Produkt 4·12 und dem Wert des Produkts 48.

Wissen

Faktor mal Faktor
4 · 12
Produkt

Dividend durch Divisor
48 : 12
Quotient

Multiplizieren und Dividieren im Kopf

Erklärfilm

Beispiel 1 Berechne geschickt im Kopf.
a) 4·16   b) 29·13   c) 91:7   d) 114:6

Lösung:

Zerlegen eines Faktors:
a) Zerlege die 16 in Zehner und Einer und multipliziere jeweils mit 4.

$4·16 = 4·10 + 4·6$
$\quad\quad = 40 + 24 = 64$

Ergänzen:
b) Statt 29·13 kannst du 30·13 rechnen. Danach musst du 1·13 subtrahieren.

$29·13 = 30·13 - 1·13$
$\quad\quad = 390 - 13 = 377$

Zerlegen des Dividenden:
c) Zerlege 91 in Summanden, die durch 7 teilbar sind (70 + 21). Dividiere jeden Summanden durch 7.

$91:7 = 70:7 + 21:7$
$\quad\quad = 10 + 3 = 13$

d) Zerlege 114 in eine Differenz (120 − 6) und dividiere jeweils durch 6.

$114:6 = 120:6 - 6:6$
$\quad\quad\;\; = 20 - 1 = 19$

Basisaufgaben

1 Schreibe als Produkt und berechne.
a) 7 + 7 + 7 + 7 + 7 + 7
b) 9 + 9 + 9 + 9 + 9 + 9 + 9 + 9
c) 12 + 12 + 12 + 12 + 12
d) 25 + 25 + 25 + 25 + 25 + 25

2 Multipliziere im Kopf. Zerlege einen Faktor oder ergänze.
a) 4·43   b) 5·62   c) 85·6   d) 73·8
e) 12·41   f) 6·120   g) 19·6   h) 38·7
i) 5·88   j) 6·48   k) 198·3   l) 7·297

Lösungen zu 3

19, 32, 19, 34, 19, 49, 12, 14, 19, 9, 18, 12

3 Dividiere im Kopf. Zerlege den Dividenden.
a) 68:2   b) 96:3   c) 84:7   d) 126:9
e) 144:8   f) 168:14   g) 95:5   h) 76:4
i) 171:9   j) 147:3   k) 270:30   l) 228:12

2

Rechnungen umkehren

Dividieren und Multiplizieren sind entgegengesetzte Rechenarten. Das Multiplizieren mit einer Zahl kann durch das Dividieren durch diese Zahl rückgängig gemacht werden und umgekehrt.

Aufgabe: 4 · 12 = 48

Umkehraufgabe: 48 : 12 = 4

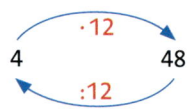

> **Beispiel 2** Ersetze den Platzhalter ■ so durch eine Zahl, dass die Rechnung stimmt.
> a) ■ · 6 = 48   b) ■ : 5 = 6   c) 63 : ■ = 7
>
> **Lösung:**
> a) Hier kannst du mit der Umkehraufgabe 48 : 6 rechnen.
>   Die gesuchte Zahl ist 8.
>   Aufgabe: ■ · 6 = 48
>   Umkehraufgabe: 48 : 6 = ■
>   48 : 6 = 8
>
> b) Die Umkehrung macht aus der Division die Multiplikation 6 · 5.
>   Die gesuchte Zahl ist 30.
>   Aufgabe: ■ : 5 = 6
>   Umkehraufgabe: 6 · 5 = ■
>   6 · 5 = 30
>
> c) Mit der Umkehraufgabe kannst du das Ergebnis noch nicht direkt berechnen.
>   Zähle ab, wie oft 7 in 63 enthalten ist.
>   Die gesuchte Zahl ist 9.
>   Aufgabe: 63 : ■ = 7
>   Umkehraufgabe: 7 · ■ = 63
>   7 · 9 = 63

Basisaufgaben

Lösungen zu 4

70, 11, 200, 2800, 9, 12, 99, 51, 15, 344, 10, 403, 72, 12, 119, 8

4 Ersetze den Platzhalter ■ so durch eine Zahl, dass die Rechnung stimmt.
- a) 8 · ■ = 64
- b) 7 · ■ = 84
- c) ■ · 23 = 230
- d) ■ · 1 = 2800
- e) ■ : 10 = 7
- f) ■ : 6 = 12
- g) 60 : ■ = 5
- h) 110 : ■ = 10
- i) ■ : 7 = 17
- j) 200 : ■ = 1
- k) ■ : 8 = 43
- l) 408 : ■ = 8
- m) ■ · 8 = 792
- n) 20 · ■ = 300
- o) 918 : ■ = 102
- p) ■ : 13 = 31

5 Berechne im Kopf. Überprüfe dein Ergebnis mit der Umkehraufgabe.
Beispiel:
Aufgabe: 56 : 7 = 8   Umkehraufgabe: 8 · 7 = 56
- a) 54 : 6
- b) 33 : 3
- c) 49 : 7
- d) 100 : 10
- e) 99 : 11
- f) 175 : 25
- g) 480 : 40
- h) 84 : 4
- i) 147 : 7
- j) 237 : 3
- k) 143 : 13
- l) 289 : 17

6 Prüfe mit der Umkehraufgabe, ob das Ergebnis richtig ist. Berichtige die falschen Ergebnisse.
- a) 51 : 3 = 17
- b) 52 : 13 = 4
- c) 96 : 8 = 12
- d) 105 : 7 = 14
- e) 162 : 9 = 18
- f) 153 : 17 = 8
- g) 132 : 12 = 13
- h) 550 : 25 = 22

7 Multiplizieren und Dividieren mit der Null: Dividiert man null durch eine Zahl (ungleich null), so ist das Ergebnis immer null. Dividieren durch null ist aber nicht möglich. Die Umkehraufgabe von zum Beispiel 5 : 0 = ■ wäre 0 · ■ = 5. Dafür gibt es aber keine Lösung, denn es gilt immer 0 · ■ = 0.
Ersetze die Platzhalter ■ durch passende Zahlen, falls möglich.
- a) 7 · 0 = ■
- b) 0 · 23 = ■
- c) 0 : 10 = ■
- d) 60 : 0 = ■
- e) ■ · 500 = 0
- f) 0 · ■ = ■
- g) ■ : 5 = 0
- h) 0 : ■ = ■

Weiterführende Aufgaben

Zwischentest

8 Schreibe die Rechnung mit einem Platzhalter ■. Berechne dann wie in Beispiel 2.
a) Der Dividend ist 42 und der Wert des Quotienten ist 6.
b) Ein Faktor ist 7 und der Wert des Produkts ist 91.
c) Der Divisor ist 8 und der Wert des Quotienten ist 88.
d) Der Wert des Produkts ist 72 und der zweite Faktor ist 8.

9 Stolperstelle: Finde, beschreibe und korrigiere den Fehler.
a) 17 · 12 = 17 · 10 + 2 = 170 + 2 = 172
b) 60 : 12 = 60 : 10 + 60 : 2 = 6 + 30 = 36
c) 39 : ■ = 3
   Die fehlende Zahl ist 117, da 3 · 39 = 117.
d) 5 · 4 · 7
   5 · 4 = 20 · 7 = 140

Hinweis zu 10
Siehe Methodenkarte 5 G auf Seite 237.

10 Berechne, falls möglich.
a) 17 · 0 b) 17 · 1 c) 17 · 2 d) 17 · 5 e) 17 · 10
f) 17 · 11 g) 11 · 17 h) 20 · 17 i) 20 · 20 j) 20 : 20
k) 40 : 20 l) 80 : 20 m) 800 : 40 n) 0 : 40 o) 40 : 0
p) 40 · 0 q) 0 · 40 r) 10 · 40 s) 11 · 41 t) 9 · 39

Hilfe

11 Multiplikation und Division mit Vielfachen von 10:
a) Löse die Aufgaben und vergleiche die Ergebnisse. Beschreibe, was dir auffällt.
b) Formuliere für die Multiplikation und Division eine Regel. Überprüfe sie mit Beispielen.
c) Berechne geschickt.
   ① 500 · 3   ② 600 · 130   ③ 5600 : 800   ④ 7200 : 90

3 · 20	1200 : 4
3 · 200	1200 : 40
30 · 2000	1200 : 400
300 · 2000	120 : 40

12 Die Klasse 5b macht einen Ausflug ins Freibad. Für die Lehrerin ist der Eintritt frei. Ein Einzelticket für Kinder kostet 4 €, ein Gruppenticket bis 25 Personen kostet 100 €. Bestimme, ob sich ein Gruppenticket für die 22 Kinder lohnt.

13 Linda möchte heute 1000 m schwimmen. Eine Bahn ist 25 m lang. 17 Bahnen ist sie schon geschwommen.
a) Berechne, wie viele Bahnen Linda heute insgesamt schwimmen muss.
b) Berechne, wie viele Meter sie bereits zurückgelegt hat.
c) Berechne, wie viele Meter sie noch schwimmen muss.
d) Berechne, wie viele Minuten sie braucht, wenn sie jede Bahn etwa in 42 s schwimmt.

14 Beschreibe das Muster der Folge und ergänze die nächsten beiden Zahlen.
a) 1; 4; 16; 64; 256; …   b) 3; 6; 12; 24; 48; …   c) 1; 1; 2; 6; 24; …

Hilfe

15 „Null der Multiplikation": Mara behauptet: *„Die 1 ist die Null der Multiplikation."* Was meint Mara damit? Nimm Stellung zu ihrer Aussage.

16 Ausblick: Anna und Jakub möchten aus einer großen Kugel und vier kleinen Kugeln Anhänger basteln. Die großen Kugeln gibt es in gelb, rot und orange, die kleinen in grün, blau, rot, lila und türkis. Bestimme, wie viele verschiedene Anhänger sie basteln können,
a) wenn die große Kugel rot ist,
b) wenn die große Kugel rot ist und keine Farbe doppelt vorkommt,
c) wenn keine Farbe doppelt vorkommt.

2.3 Überschlagsrechnung

Ein Lkw-Fahrer muss auf seiner nächsten Route zunächst von Frankfurt nach München fahren. Danach fährt er über Leipzig und Bremen zurück nach Frankfurt. Er weiß, dass sein Benzin für etwa 1500 km reicht. Erkläre, wie du schnell entscheiden kannst, ob das Benzin für die Route ausreicht.

In vielen Situationen ist es nicht nötig oder möglich, exakt zu rechnen. Man benötigt oft nur eine Vorstellung von der Größenordnung eines Ergebnisses. Es genügt deshalb, das Ergebnis einer Rechnung ungefähr zu bestimmen.

Beim Überschlagen werden die Zahlen so gerundet, dass die Rechnung möglichst einfach wird. Anders als beim Runden in Kapitel 1 gibt es beim Überschlagen keine festen Regeln.

Hinweis
Man kann die Überschlagsrechnung auch zur Kontrolle von Rechnungen verwenden.

Erklärfilm

	Addition	Subtraktion	Multiplikation	Division
Aufgabe:	1289 + 3505	2580 − 460	594 · 18	10 965 : 23
Überschlag:	1300 + 3500 = 4800	2500 − 500 = 2000	600 · 20 = 12 000	10 000 : 20 = 500

Beispiel 1 Führe eine Überschlagsrechnung durch.
a) 4534 + 763   b) 3167 − 512   c) 3297 · 19   d) 5778 : 9

Lösung:
Runde jede Zahl so, dass die Rechnung einfach wird.
a) 4500 + 800 = 5300   b) 3000 − 500 = 2500   c) 3000 · 20 = 60 000   d) 5800 : 10 = 580

Basisaufgaben

1 Führe eine Überschlagsrechnung durch.
a) 847 + 129   b) 1249 + 3872   c) 1269 + 112   d) 8967 + 137
e) 78 910 − 451   f) 4790 − 231   g) 7641 − 248   h) 8967 − 721

2 Ordne der Aufgabe das passende Ergebnis aus der Randspalte zu. Entscheide durch eine Überschlagsrechnung.
a) 531 + 628   b) 819 − 145   c) 7066 + 815
d) 803 − 58   e) 14 858 − 3150 − 2128   f) 2291 + 1839 + 7258

745	674
1159	7881
9580	11 388

3 Führe eine Überschlagsrechnung durch.
a) 243 · 12   b) 1360 · 9   c) 184 · 14   d) 18 · 2105
e) 855 : 9   f) 5940 : 11   g) 4184 : 122   h) 17 780 : 2540

4 Welche Ergebnisse sind auf jeden Fall falsch? Prüfe durch eine Überschlagsrechnung.
a) 356 + 259 = 915   b) 6523 − 568 = 5704   c) 72 · 354 = 25 488   d) 31 · 235 = 7285
e) 54 · 69 = 8726   f) 286 : 13 = 22   g) 8765 : 15 = 195   h) 3328 : 13 = 256

5 Jeweils zwei Rechnungen haben das gleiche Ergebnis. Entscheide durch Überschlag.

| 8 · 123 | 367 · 94 | 532 + 452 | 652 + 369 + 2195 |
| 8023 + 17 332 + 9143 | | 1082 − 934 | 3848 : 26 | 12 · 268 |

Weiterführende Aufgaben

Zwischentest

6 Setze für den Platzhalter ■ das richtige Zeichen < oder > ein. Entscheide durch Überschlag.
a) 67 + 59 − 63 ■ 75
b) 288 − 45 + 805 ■ 950
c) 759 + 624 − 1216 ■ 200
d) 660 : 33 ■ 18
e) 1234 · 12 ■ 16 000
f) 4809 · 211 ■ 1 000 000

7 Stolperstelle: Herr Behling sieht ein Urlaubsangebot. Er überschlägt die Kosten und freut sich, dass das Angebot weniger als 1000 € kostet.
a) Erkläre, wie Herr Behling die Kosten überschlagen hat.
b) Beurteile Herrn Behlings Überschlag. Gib einen sinnvolleren Überschlag an. Begründe, welcher Überschlag sich am besten eignet.

Eine Woche Sardinien
(für 2 Personen)
Flug: 539 €
Hotel: 349 €
Mietauto: 145 €

8 Ein Mitarbeiter in der Spedition berichtet: „Auf jeden unserer 127 Lkws passen 38 Transportkisten und in jede Kiste passen 144 Fußbälle."
Überschlage, wie viele Fußbälle die Spedition gleichzeitig transportieren kann.

9 Im Einkaufswagen liegen Käse (3,95 €), ein Baguette (1,49 €), Äpfel (2,22 €) und Orangensaft (1,89 €). Simon, Sophie und Raphael überschlagen unterschiedlich.
Simon: 4 + 1 + 2 + 2 = 9   Sophie: 4 + 2 + 3 + 2 = 11   Raphael: 4 + 1,50 + 2,50 + 2 = 10
Der Einkauf kostet insgesamt 9,55 €. Welcher Überschlag ist am besten geeignet? Begründe.

10 Amelia ist 562 Wochen alt und geht in die fünfte Klasse. Prüfe, ob das stimmen kann.

11 Die Schüler der Klasse 5d machen für die Division 819 : 13 eine Überschlagsrechnung.
Silas: 1000 : 20   Valentina: 800 : 10   Romy: 1000 : 10   Domenico: 900 : 15
Juri: 780 : 13   Merle: 800 : 20   Antonia: 720 : 12   Vincent: 800 : 8
a) Wie gut findest du die einzelnen Überschläge? Begründe, ohne zu rechnen.
b) Berechne die Überschläge und vergleiche mit dem exakten Ergebnis 63.
c) Beurteile die Überschläge. Nutze deine Erkenntnisse aus b). Vergleiche dann mit deinen Einschätzungen aus a).

12 Ausblick: Khalid, Martin und Andrea machen ganz unterschiedliche Überschlagsrechnungen der Aufgabe 5435 + 108 324 + 548 619.

6000 + 100 000 + 500 000 = 606 000

10 000 + 110 000 + 550 000 = 670 000

100 000 + 500 000 = 600 000

a) Ordne jedem Schüler die entsprechende Rechnung zu.
b) Überschlage die folgenden Aufgaben jeweils wie Khalid, Martin und Andrea, wenn dies möglich ist: ① 1234 + 94 123   ② 65 · 84 · 3618   ③ 73 325 − 4342
c) Erkläre, welche Vorteile und welche Nachteile jede Strategie hat.

2.4 Schriftliches Addieren und Subtrahieren

Ein Fußballstadion hat vier Tribünen mit Sitz- und Stehplätzen. Insgesamt passen genau 34 276 Zuschauer in das Stadion.
Berechne, wie viele Sitzplätze es insgesamt gibt. Berechne dann, wie viele Stehplätze das Stadion hat.

Schriftliches Addieren

Beispiel 1 Addiere schriftlich.
a) 3167 + 512
b) 129 + 457 + 1788

Lösung:
Schreibe die Zahlen stellengerecht untereinander. Addiere dann stellenweise.
Achte bei b) auf die Überträge.
Überträge werden in die nächste Spalte eintragen.

a)
	T	H	Z	E
		3	1	6	7
+			5	1	2
		3	6	7	9

b)
	T	H	Z	E
			1	2	9
+			4	5	7
+		1	7	8	8
			1	1	2
		2	3	7	4

Hinweis

Ein **Übertrag** entsteht, wenn das Ergebnis einer Spalte mindestens zweistellig ist. Als Ergebnis wird nur der Einer aufgeschrieben. Der Zehner, Hunderter ... (Übertrag) wird in die nächste Spalte geschrieben.

Basisaufgaben

1 Addiere schriftlich. Überprüfe dein Ergebnis mit einer Überschlagsrechnung.
a) 812 + 147
b) 5183 + 3016
c) 1598 + 281
d) 8057 + 9253
e) 16970 + 20872
f) 796607 + 9063

Lösungen zu 2

142 827   2377
869   314 973
11 597   19 203
3210   2345

2 Überschlage zuerst das Ergebnis und addiere dann schriftlich.
a) 516 + 52 + 301
b) 1807 + 895 + 508
c) 736 + 3970 + 6891
d) 73 + 908 + 841 + 555
e) 313 000 + 1200 + 699 + 74
f) 23 855 + 16 792 + 80 672 + 21 508
g) 790 + 99 + 925 + 75 + 456
h) 7905 + 4216 + 273 + 6006 + 803

3 Familie Meyer fuhr auf ihrer Städtereise von Hannover nach Amsterdam 374 km, von dort nach Brüssel 202 km, dann nach Paris 295 km und anschließend nach Hause 757 km. Wie viele Kilometer waren es insgesamt? Berechne die Länge der Städtereise schriftlich.

4 Prüfe, ob das Ergebnis richtig ist. Manchmal kannst du ohne schriftliche Addition begründen, warum ein Ergebnis nicht stimmen kann.
a) 674 + 3512 = 5187
b) 16 582 + 4413 = 20 995
c) 76 023 + 18 662 = 94 587
d) 95 + 988 + 87 = 1170
e) 332 + 679 + 559 = 1407
f) 4013 + 5701 + 9614 = 19 378
g) 42 521 + 6668 = 50 489
h) 17 + 483 + 59 + 1011 = 1570

5 Übertrage die Rechenschlange und ergänze die fehlenden Zahlen.

257 →+104→ ☐ →+586→ ☐ →+215→ ☐ →+429→ ☐

Schriftliches Subtrahieren

Erklärfilm

Beispiel 2 Subtrahiere schriftlich.
a) 686 − 514
b) 5485 − 812 − 1234 − 492

Lösung:
a) Schreibe die Zahlen stellengerecht untereinander und subtrahiere dann:
Einer: 2, denn 4 + 2 = 6
Zehner: 7, denn 1 + 7 = 8
Hunderter: 1, denn 5 + 1 = 6

	T	H	Z	E
		6	8	6
−		5	1	4
		1	7	2*

Von 4 bis 6 sind es 2.

b) Subtrahiere stellenweise:
Einer: 7, denn 2 + 4 + 2 + 7 = 15
(7 Einer, 1 Zehner im Übertrag)
Zehner: 4, denn 1 + 9 + 3 + 1 + 4 = 18
(4 Zehner, 1 Hunderter im Übertrag)
Hunderter: 9, denn 1 + 4 + 2 + 8 + 9 = 24
(9 Hunderter, 2 Tausender im Übertrag)
Tausender: 2, denn 2 + 1 + 2 = 5

	T	H	Z	E
	5	4	8	5
−		8	1	2
−	1	2	3	4
−		4	9	2
	2	1	1	
	2	9	4	7*

Von 2 + 4 + 2 = 8 bis 15 sind es 7.

Basisaufgaben

6 Subtrahiere schriftlich. Überprüfe dein Ergebnis mit einer Überschlagsrechnung.
a)   345   b) 2489   c)   981   d) 4035   e) 12971   f) 231089
   − 125   − 1375   − 79   − 2781   − 8017   − 121126

7 Überschlage zuerst das Ergebnis und subtrahiere dann schriftlich.
a) 438 − 278   b) 971 − 87   c) 879 − 699   d) 2398 − 1689
e) 43 572 − 21 312 f) 67 113 − 9787   g) 232 111 − 129 887   h) 476 385 − 11 989

Lösungen zu 8

220   342
    1632
987
    71 835
4758

8 Überschlage das Ergebnis und subtrahiere schriftlich.
a) 478 − 242 − 16   b) 3035 − 781 − 622
c) 5023 − 331 − 3705   d) 987 − 112 − 212 − 321
e) 6783 − 472 − 1458 − 95   f) 81 097 − 2918 − 431 − 5913

9 Für ein Livekonzert stehen 32 500 Plätze zur Verfügung. 17 281 Eintrittskarten wurden bereits verkauft. Berechne, wie viele Plätze noch frei sind.

10 Schreibe die Rechnung mit einem Platzhalter ■ und berechne.
a) Welche Zahl muss man von 761 subtrahieren, um 389 zu erhalten?
b) Zu welcher Zahl muss man 31 005 addieren, um 42 189 zu erhalten?
c) Von welcher Zahl muss man 132 276 subtrahieren, um 87 564 zu erhalten?

11 Übertrage die Rechnung und ergänze die fehlenden Zahlen so, dass sie stimmt.

a)
		2	1	2
+		1	6	
+		1		3
			8	9

b)
		3	7	2	6
+			1		4
+		1	8	8	
				9	2

c)
		6		3	8
−		2	7		
				8	7	1

d)
		4	0	1	0	8
−		1		7		
				3		2	5

Weiterführende Aufgaben

Zwischentest

Hinweis zu 12

Siehe Methodenkarte 5 G auf Seite 237.

12 Berechne schriftlich.

a) 3456
  + 1111

b) 3456
  + 1112

c) 3456
  + 1119

d) 3455
  + 1120

e) 23455
  + 1120

f) 23455
  + 1120

g) 23455
  + 11200

h) 11200
  + 23455

i) 22400
  + 46910

j) 22409
  + 46919

k) 22499
  + 46919

l) 99999
  + 46999

13 Stolperstelle: Finde und erkläre die Fehler. Führe die Rechnung dann richtig durch.

a)
	2	0	7	9
+		5	9	4
+	1	0	9	9
		1	2	1
	9	1	1	8

b)
		2	9	1
+		5	3	2
+		4	5	8
				1
	1	1	7	1

c)
	3	2	6
−	1	5	9
	2	3	3

d)
	6	2	1
−	4	5	9
	2	7	2

Hilfe

14 Maike und Lisa haben 750 €. Davon kaufen sie ein Tablet für 499 €, eine Tastatur für 29 € und einen Drucker für 85 €. Sie wollen wissen, wie viel Geld noch übrig ist.

Maike: Ausgaben: 499 + 29 + 85 = …; übriggebliebenes Geld: 750 − … = …
Lisa: Übriggebliebenes Geld: 750 − 499 − 29 − 85 = …

a) Beschreibe, wie Maike und Lisa vorgehen, und führe ihre Rechnungen schriftlich aus.
b) Berechne auf Maikes und auf Lisas Art. Vergleiche die Ergebnisse.
  ① 5688 − 442 − 1033   ② 5000 − 250 − 2060 − 315
  ③ 28 460 − 597 − 128 − 634 − 98   ④ 610 058 − 377 − 480 226 − 5811

Hinweis zu 15

Höhenmeter werden bergauf und bergab überwunden.

15 Malik hat mit seinem Vater eine Bergwanderung unternommen und dabei drei Gipfel bestiegen.

a) Berechne, wie viele Höhenmeter sie dabei überwunden haben.
b) Entscheide ohne Rechnung, ob mehr Höhenmeter bergauf oder bergab überwunden wurden.
c) Bis zur Tiroler Hütte haben sie 1425 Höhenmeter überwunden. Gib an, in welcher Höhe die Tiroler Hütte liegt.

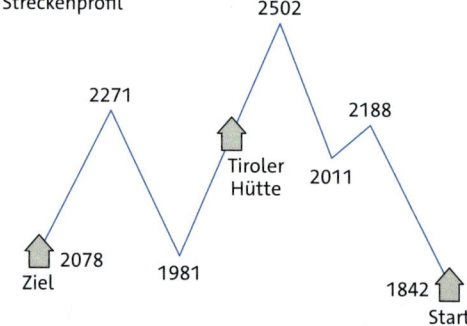

16 Ausblick: In den Aufgaben wurden ANNA-Zahlen verwendet.

a) Erkläre, was ANNA-Zahlen sind.
b) Berechne die Ergebnisse. Beschreibe, was dir auffällt. Überprüfe an weiteren Beispielen.
c) Gib eine Aufgabe mit ANNA-Zahlen an, die das Ergebnis 2673 hat. Gibt es Aufgaben mit ANNA-Zahlen, die das Ergebnis 2000 haben? Begründe.
d) Gib an, welche Ergebnisse Aufgaben mit ANNA-Zahlen haben können. Begründe.

① 5445 − 4554
② 4334 − 3443
③ 4224 − 2442
④ 8228 − 2882
⑤ 9009 − 990
⑥ 7557 − 5775

2.5 Schriftliches Multiplizieren

Christiane hat die Multiplikationsaufgabe schriftlich gelöst.
Erkläre ihre Rechnung.
Löse die Multiplikationsaufgabe auf dieselbe Weise.
a) 72 · 8   b) 253 · 6   c) 1136 · 3

```
  142 ·  7 =
  100 ·  7 = 700
+  40 ·  7 = 280
+   2 ·  7 =  14
              994
```

Erklärfilm

Hinweis

Das schriftliche Multiplizieren beruht auf dem Distributivgesetz (siehe Lerneinheit 2.9).

Hinweis

Du kannst auch schreiben:

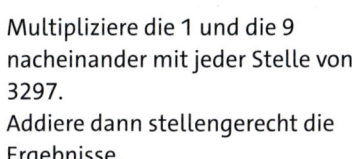

Beispiel 1 — Multipliziere schriftlich.

a) 165 · 8   b) 3297 · 19

Lösung:

a) Multipliziere 8 mit jeder Stelle von 165.
Einer: 8 · 5 = 40
(0 Einer, 4 Zehner im Übertrag)
Zehner: 8 · 6 + 4 = 52
(2 Zehner, 5 Hunderter im Übertrag)
Hunderter: 8 · 1 plus 5 = 13

b) Multipliziere die 1 und die 9 nacheinander mit jeder Stelle von 3297.
Addiere dann stellengerecht die Ergebnisse.

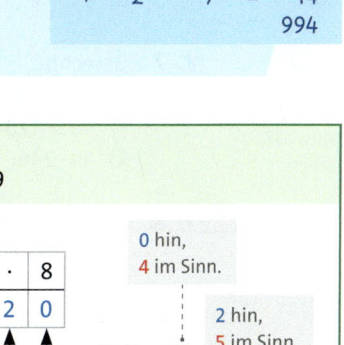

Basisaufgaben

1 Multipliziere schriftlich. Überprüfe dein Ergebnis mit einer Überschlagsrechnung.
a) 122 · 4   b) 76 · 7   c) 301 · 8   d) 624 · 6   e) 8132 · 9

Lösungen zu 2

81 270   402 400
5 714 592   7990
9250   1368
24 320   116 600
713   7157

2 Multipliziere schriftlich. Mache vorher eine Überschlagsrechnung.
a) 23 · 31   b) 19 · 72   c) 85 · 94   d) 421 · 17   e) 37 · 250
f) 608 · 40   g) 530 · 220   h) 80 · 5030   i) 258 · 315   j) 624 · 9158

3 a) Führe die beiden Rechnungen schriftlich aus und vergleiche.
① 1612 · 8 und 8 · 1612   ② 89 · 3597 und 3597 · 89
③ 834 · 444 und 444 · 834   ④ 1009 · 695 und 695 · 1009
b) Formuliere Tipps, welche Zahl du als zweiten Faktor wählen solltest.
c) Multipliziere schriftlich. Überlege vorher, ob es sinnvoll ist, die Faktoren zu vertauschen.
① 7 · 3285   ② 555 · 374   ③ 216 · 3030   ④ 4911 · 41

4 In einem Kino gibt es 26 Sitzreihen. Jede Sitzreihe hat 18 Sitzplätze.
a) Berechne, wie viele Sitzplätze das Kino insgesamt hat.
b) Bestimme, wie viele Besucher das Kino am Sonntag hat, wenn alle vier Vorstellungen ausverkauft sind.

5 Übertrage die Rechenschlange und ergänze die fehlenden Zahlen.

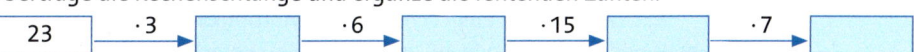

Weiterführende Aufgaben

Zwischentest

6 Sortiere die Aufgaben nach Schwierigkeit und erkläre deine Entscheidung. Beginne dann mit der einfachsten Rechnung. Rechne – falls sinnvoll – schriftlich wie in Beispiel 1.
a) 855 · 2 b) 74 · 59 c) 50 · 500 d) 9 · 77 e) 3333 · 3 f) 33 · 333

Hinweis zu 7
Siehe Methodenkarte 5 G auf Seite 237.

7 Berechne.
a) 1234 · 0 b) 1234 · 1 c) 1234 · 5 d) 1234 · 10 e) 10 · 1234
f) 105 · 1234 g) 105 · 123 h) 210 · 123 i) 1050 · 246 j) 9 · 246
k) 11 · 246 l) 11 · 11 m) 11 211 · 11 n) 112 211 · 11 o) 1 122 211 · 11

8 Stolperstelle: Finde und beschreibe die Fehler. Führe die Rechnung dann richtig durch.

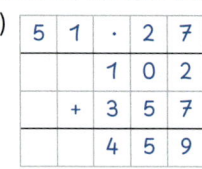

Hilfe

9 a) Berechne die Produkte 24 · 43 und 8 · 850.
b) Bestimme die Ergebnisse, ohne schriftlich zu multiplizieren. Erkläre, wie du vorgegangen bist. Nimm die Ergebnisse von a) zur Hilfe.
① 240 · 43 ② 8 · 85 ③ 8500 · 80 ④ 430 · 240
⑤ 800 · 85 ⑥ 43 000 · 24 ⑦ 48 · 43 ⑧ 850 · 4

10 Bei einem Spendenlauf kann man sich für zwei verschiedene Strecken anmelden. Die Tabelle zeigt die Anmeldegebühren.
Auf der 20-km-Strecke gab es dieses Jahr 444 Teilnehmer, davon waren 156 jünger als 18 Jahre. Auf der 10-km-Strecke traten diesmal 879 Läufer an.
Berechne, auf welcher Strecke dieses Jahr mehr Geld eingenommen wurde.

Strecke	bis 17 Jahre	ab 18 Jahre
20 km	19 €	25 €
10 km	12 €	

Hilfe

11 Das Produkt der beiden unteren Steine ist der Wert des darüber liegenden Steins.
a) Übertrage die Multiplikationsmauern und ergänze die fehlenden Zahlen.
b) Beschreibe, wie sich das Ergebnis an der Spitze der Mauer verändert, wenn alle Zahlen in der untersten Reihe verdoppelt (verzehnfacht) werden.

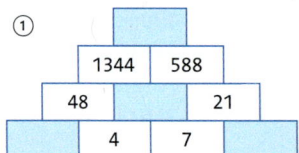
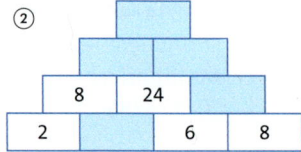

12 Ausblick: Die Abbildung zeigt die Gittermethode von John Napier, mit der man das Produkt zweier Zahlen berechnen kann. Dargestellt ist die Rechnung 321 · 564 = 181 044.
a) Beschreibe, wie die Methode funktioniert. Überprüfe das Ergebnis mit einer schriftlichen Multiplikation.
b) Wende die Methode an, um 979 · 446 zu berechnen. Überprüfe mit einer schriftlichen Multiplikation.

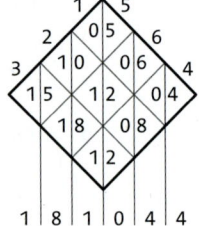

2.6 Schriftliches Dividieren

Für ein Schulfest sollen Getränke gekauft werden. Die Schule sammelt dafür von jedem der 820 Schüler 2 € ein. Berechne, wie viele Kisten Limonade zum Preis von je 8 € für das eingesammelte Geld gekauft werden können.

Erklärfilm

Beispiel 1 Dividiere schriftlich.
a) 1584 : 6
b) 3774 : 12

Lösung:

a) Dividiere alle Stellen von 1584 nacheinander durch 6. Beginne mit der Tausenderstelle.

Tausender: 1 : 6 ist 0 Rest 1. Zähle den Tausender zu den Hundertern, also 15 Hunderter.
Hunderter: In 15 steckt 2 · 6 = 12. Den Rest 3 schreibe darunter, die 8 Zehner ziehe herunter.
Zehner: In 38 steckt 6 · 6 = 36. Den Rest 2 schreibe darunter, die 4 Einer ziehe herunter.
Einer: In 24 steckt 4 · 6 = 24. Es bleibt kein Rest. Die Division geht auf.

b) Hier bleibt am Ende der Rechnung eine 6 stehen, da in 54 nur 4 · 12 = 48 steckt. Diesen Rest kannst du nicht mehr durch 12 teilen.
Schreibe als Ergebnis 314 Rest 6 auf.

Basisaufgaben

Lösungen zu 1

341, 412, 136, 7163, 317, 152, 234, 43, 34, 1642, 41, 2035, 56, 306, 703, 621

1 Dividiere schriftlich. Überprüfe dein Ergebnis mit einer Überschlagsrechnung.
a) 682 : 2
b) 287 : 7
c) 1648 : 4
d) 1088 : 8
e) 2109 : 3
f) 6105 : 3
g) 14 778 : 9
h) 35 815 : 5
i) 374 : 11
j) 896 : 16
k) 3978 : 13
l) 10 557 : 17
m) 7925 : 25
n) 6232 : 41
o) 16 146 : 69
p) 5375 : 125

2 Dividiere schriftlich und bestimme den Rest. Mache vorher eine Überschlagsrechnung.
a) 665 : 3
b) 2371 : 5
c) 10 000 : 9
d) 5500 : 60
e) 8306 : 20
f) 9453 : 47
g) 920 : 75
h) 25 319 : 15

3 Am Abend hat ein Zirkus 6828 € für vier Vorstellungen eingenommen. Jede Karte kostet 12 €. Berechne, wie viele Besucher an diesem Tag im Zirkus waren.

Weiterführende Aufgaben

Zwischentest

Hilfe

4 Achte auf die Nullen am Ende und vereinfache, bevor du dividierst. Überprüfe das Ergebnis durch eine Multiplikation.
a) 7050 : 50
b) 8120 : 40
c) 35 700 : 20
d) 34 800 : 600
e) 72 800 : 700
f) 4560 : 120
g) 8400 : 150
h) 944 000 : 2000

Hinweis zu 5
Siehe Methodenkarte 5 G auf Seite 237.

5 Berechne, falls möglich.
a) 9876 : 1
b) 9876 : 2
c) 9876 : 3
d) 98 760 : 3
e) 98 760 : 30
f) 0 : 30
g) 30 : 0
h) 30 : 2
i) 60 : 4
j) 240 : 16
k) 240 : 24
l) 2424 : 24
m) 240 480 : 24
n) 24 048 : 24
o) 240 480 : 24
p) 480 : 24
q) 428 : 25
r) 5248 : 25

 6 Stolperstelle: Finde und beschreibe die Fehler. Führe die Rechnung dann richtig durch.

a)
9	1	0	:	7	=	1	3
−	7						
	2	1					
−	2	1					
		0					

b)
4	5	2	0	:	5	=	9	4
−	4	5						
		0	2	0				
	−	2	0					
			0					

7 Chihuahuas sind die kleinsten Hunde der Welt, Doggen zählen mit zu den größten. Ein Chihuahua frisst am Tag etwa 75 g Futter. Eine Dogge frisst etwa 600 kg pro Jahr. Berechne, wie lange ein Chihuahua von der jährlichen Futtermenge einer Dogge leben könnte.

8 Bei einem Gewitter kann man den Blitz immer sofort sehen. Den folgenden Donner hört man erst später. Der Schall legt in jeder Sekunde etwa 333 m zurück.
a) Berechne, wie weit ein Gewitter entfernt ist, wenn der Donner 12 Sekunden nach dem Blitz zu hören ist.
b) Bestimme den zeitlichen Abstand zwischen Blitz und Donner bei 20 km Entfernung.

9 Erkläre, wie sich das Ergebnis verändert, wenn man bei einem Quotienten
a) den Divisor verdoppelt,
b) den Dividenden verdoppelt,
c) den Divisor und den Dividenden verdoppelt.
Schreibe zu jedem der drei Fälle ein Beispiel auf.

Hilfe

10 Bestimme die größtmögliche Zahl für ■ und dann die Zahl ●. Erkläre den Zusammenhang mit der Division mit Rest.
a) 12 = ■ · 5 + ●
b) 94 = ■ · 10 + ●
c) 29 = 6 · ■ + ●
d) 200 = 9 · ■ + ●
e) 783 = ■ · 3 + ●
f) 112 = ■ · 12 + ●
g) 256 = 11 · ■ + ●
h) 1070 = 33 · ■ + ●

11 Bei Puzzles sind die Puzzleteile oft in Reihen angeordnet.
a) Ein Puzzle hat 828 Teile. Alle Puzzleteile sind ungefähr gleich groß. In jeder Reihe liegen 36 Puzzleteile. Berechne, wie viele Reihen das Puzzle hat.
b) Bei einem Puzzle mit 6708 Teilen ist die Anzahl der Teile in jeder Reihe größer als 40 und kleiner als 50. Bestimme, wie viele Teile in einer Reihe liegen.

12 Ausblick: Begründe, wie die letzte Ziffer einer Zahl lauten muss, die bei der Division
a) durch 10 den Rest 6,
b) durch 5 den Rest 3,
c) durch 2 den Rest 1 hat.

2.7 Rechnen mit allen Grundrechenarten

Laura und Fynn haben die Aufgaben unterschiedlich gelöst.
Gib an, welche Rechnungen richtig sind und welche falsch sind. Setze in den Rechnungen so Klammern, dass alle Rechnungen von Laura und Fynn richtig sind.

Laura: a) 4 + 6 · 7 = 4 + 42 = 46
b) 39 − 27 + 3 = 39 − 30 = 9

Fynn: a) 4 + 6 · 7 = 10 · 7 = 70
b) 39 − 27 + 3 = 12 + 3 = 15

Eine sinnvolle Folge von Zahlen, Rechenzeichen und Klammern nennt man einen **Rechenausdruck** oder auch **Zahlterm**. Für die Reihenfolge beim Berechnen gibt es feste Regeln.

Merke

Eselsbrücke für die Reihenfolge beim Berechnen „KlaPS":
- **Kla**mmer
- **P**unktrechnung
- **S**trichrechnung

> **Wissen** — Vorrangregeln
>
> 1. **Klammern** werden zuerst berechnet. Man beginnt bei mehreren Klammern immer innen und geht dann schrittweise nach außen.
> 2. Danach gilt: **Punktrechnung geht vor Strichrechnung**.
> 3. In allen anderen Fällen rechnet man **von links nach rechts**.

Beispiel 1 — Berechne. Achte dabei auf die Vorrangregeln.
a) 28 − (6 + 14) b) 12 + 8 · 11 c) 36 − 16 − 6

Lösung:
a) Klammern rechnet man zuerst aus. Berechne also zuerst 6 + 14.
28 − (6 + 14) = 28 − 20 = 8

b) Punktrechnung geht vor Strichrechnung. Berechne also zuerst das Produkt 8 · 11.
12 + 8 · 11 = 12 + 88 = 100

c) Es gibt weder Klammern noch Punktrechnungen. Berechne 36 − 16.
36 − 16 − 6 = 20 − 6 = 14

Basisaufgaben

1 Berechne. Beachte dabei die Klammern.
a) 30 − (28 − 14) b) 141 − (62 + 43) c) (12 + 7) − (8 + 5) d) (96 − 15) + (33 − 18)
e) (16 − 3) · 3 f) 9 · (27 − 15) g) (16 − 4) · (18 − 12) h) (56 − 14) : (6 + 15)

2 Berechne. Achte dabei auf die Vorrangregeln.
a) 12 · 5 − 13 b) 10 + 150 : 10 c) 61 − 9 − 7 d) 50 : 5 · 2
e) 3 · 14 + 4 · 13 f) 70 : 7 − 35 : 7 h) 100 − 8 · 9 + 32 h) 57 − 17 + 36 : 3

3 Berechne und vergleiche die Ergebnisse.
a) 16 − 13 − 2
16 − (13 − 2)
b) 68 − 37 + 13
68 − (37 + 13)
c) 94 − 63 − 21
94 − (63 − 21)
d) 57 − 22 + 14
57 − (22 + 14)
e) 7 · (4 + 6)
7 · 4 + 6
f) 36 − 16 · 2
(36 − 16) · 2
g) 4 · 55 + 45
4 · (55 + 45)
h) 51 − 17 · 3
(51 − 17) · 3

Lösungen zu 4

350   50
  122
  39
        60
116

4 Berechne. Achte auf die richtige Reihenfolge der Rechenschritte.
a) 5 · 25 + 2 · 75 + 5 · 15 b) 3 · 16 − 4 · 12 + 13 · 3 c) 12 + 22 · 4 − 66 + 2 · 44
d) 10 + 30 : 3 · 5 e) 12 + (12 + 1) · 8 f) (49 − 8 · 3) · 2

Rechenbäume und Rechenausdrücke in Worten

Mit **Rechenbäumen** kann man die Reihenfolge beim Rechnen anschaulich darstellen. Rechenausdrücke können mithilfe der Fachbegriffe auch in Worten geschrieben werden.

Aufgabe: 5 + 2 · 3

1. Rechenschritt: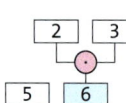

2. Rechenschritt: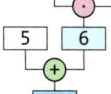

Ergebnis: 11

Aufgabe: 2 · [3 + (5 − 1)]

1. Rechenschritt: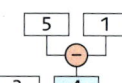

2. Rechenschritt: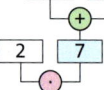

3. Rechenschritt:

Ergebnis: 14

Erklärfilm

Beispiel 2

a) „Multipliziere die Summe von 5 und 2 mit 3." Schreibe als Rechenausdruck. Berechne.
b) Schreibe den Rechenausdruck 5 + 2 · 3 in Worten auf. Berechne.

Lösung:

a) Da die Summe von 5 und 2 multipliziert werden soll, muss diese in Klammern stehen. Die Summe soll mit dem Faktor 3 multipliziert werden, schreibe also „mal 3" hinter die Klammer. Berechne.

   (5 + 2)
   (5 + 2) · 3
   (5 + 2) · 3 = 7 · 3 = 21

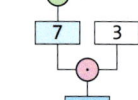

b) Da keine Klammern gesetzt sind, gilt zuerst Regel 2: Punkt- vor Strichrechnung.

   Addiere 5 und das Produkt aus 2 und 3.
   5 + 2 · 3 = 5 + 6 = 11

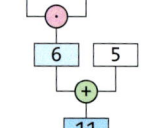

Basisaufgaben

5 Schreibe die zum Rechenausdruck passende Wortformulierung auf. Berechne.

a) 11 · 3 + 20
   11 · (3 + 20)

b) 65 − 25 − 24
   65 − (25 − 24)

c) 3 · 22 − 2 · 9
   3 · (22 − 2) · 9

d) 82 − 19 + 7 · 3
   82 − (19 + 7 · 3)

6 Übertrage den Rechenbaum und ergänze die fehlenden Zahlen. Schreibe den zugehörigen Rechenausdruck auf.

a)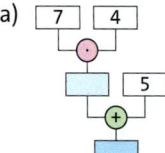

b)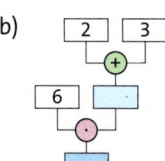

c)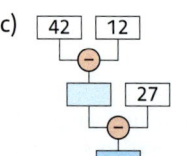

d)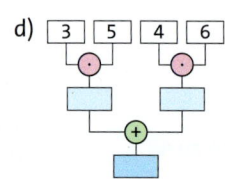

7 Schreibe den Rechenausdruck oder eine passende Wortformulierung auf. Berechne dann.

20 − 7 + 5

Subtrahiere die Summe aus 7 und 5 von 20.

7 − 5 + 20

7 + 20 · 5

(7 + 20) · 5

20 : 5 + 7

Addiere 7 zur Differenz aus 20 und 5.

Addiere 7 und das Produkt aus 20 und 5.

Weiterführende Aufgaben

Zwischentest

 8 Stolperstelle:
a) Überprüfe Elifs Rechnungen. Beschreibe und korrigiere die Fehler.
① 27 − 5 · 3 = 22 · 3 = 66   ② 12 · (2 + 7) = 24 + 7 = 31   ③ 46 − 22 − 12 = 46 − 10 = 36
b) Timo soll 23 + 55 + 34 berechnen. Er schreibt: 23 + 55 = 78 + 34 = 112
Nimm Stellung zu Timos Rechnung.

9 Übertrage den Rechenbaum und ergänze die fehlenden Zahlen. Schreibe den zugehörigen Rechenausdruck auf.

a) 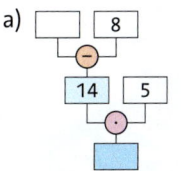   b) 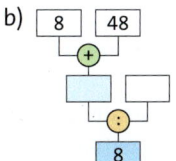   c)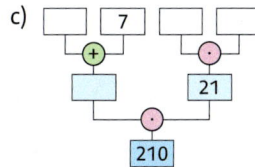

10 Berechne. Beginne mit der inneren Klammer.
Beispiel: 6 · [12 − (5 + 3)] = 6 · [12 − 8] = 6 · 4 = 24
a) 3 · [27 − (19 − 3)]   b) [23 − (8 + 6)] · 5   c) [6 : (2 · 3) + 7] · 9   d) 18 · [9 − 5 − (1 + 2)]

Hinweis zu 11
Siehe Methodenkarte 5 G auf Seite 237.

11 Berechne.
a) 12 + 11 + 10
b) 10 + 11 + 12
c) 10 · 11 + 12
d) 10 + 11 · 12
e) 10 + (11 · 12)
f) 10 · (11 + 12)
g) 10 · (12 + 11)
h) 10 · (12 − 11)
i) 10 · (32 − 11)
j) 10 · [32 − (10 + 1)]
k) [32 − (10 + 1)] · 10
l) [32 − (10 + 2)] · 10
m) (32 − 10 · 2) · 10
n) (320 − 10 · 20) · 100
o) (3200 − 100 · 20) · 1000

12 Berechne mithilfe der Vorrangregeln. Gib an, welche Klammern man weglassen kann, ohne dass sich das Ergebnis ändert. Begründe.
a) (51 + 29) · (10 − 3)
b) (45 : 3) − (6 · 2)
c) (50 + 350) − (210 − 90)
d) 130 + (12 · 9 − 12)
e) 130 − (12 · 9 − 12)
f) (16 · 8) : 2 + (142 − 98)

Hilfe

13 Setze Klammern so, dass das Ergebnis eine der drei Zahlen ist, die auf den Kärtchen stehen.
a) 2 · 8 + 10
b) 140 − 12 : 2
c) 3 · 4 · 2 + 4
d) 2 + 6 · 16 − 1
e) 70 − 10 − 3 − 1
f) 36 − 11 · 2 + 2 · 10

120   64   36

14 Schreibe als Rechenausdruck und berechne.
a) Multipliziere die Zahlen 6 und 9 und dividiere das Produkt durch 2.
b) Dividiere die Summe aus 5 und 22 durch 3.
c) Subtrahiere den Quotienten aus 78 und 13 von 20.
d) Addiere das Produkt von 5 und 60 zur Summe von 5 und 60.
e) Multipliziere die Differenz der Zahlen 18 und 14 mit ihrer Summe.

15 In der Klasse 5c sind 30 Schüler. Jedes Kind bezahlt 20 € für den Wandertag. Die Zugfahrt kostet 254 € und das Mittagessen 106 €. Dazu kommt das Eintrittsgeld für den Zoo von 180 €. Berechne, wie viel Geld jedes Kind zurückbekommt.

2.7 Rechnen mit allen Grundrechenarten

16 In der Pension Schönblick gibt es auf jeder Etage sechs Zweibettzimmer und vier Einbettzimmer. Die Pension hat drei Etagen. Stelle einen passenden Rechenausdruck auf, um die Gesamtzahl der Betten zu bestimmen. Berechne die Anzahl der Betten.

17 Marie kauft mit ihrem Vater Süßigkeiten für ihren Geburtstag ein. In ihrer Klasse sind 24 Kinder. Jedes Kind und 4 Lehrer sollen je zwei Süßigkeiten bekommen.
a) Stelle einen möglichen Einkauf zusammen. Berechne, wie viel der Einkauf kostet.
Gib an, wie viele Süßigkeiten am Schluss übrigbleiben.
b) Wähle die Packungen so aus, dass möglichst wenig Süßigkeiten übrigbleiben. Erkläre dein Vorgehen.
c) Wähle die Packungen so aus, dass der Einkauf möglichst wenig kostet. Begründe.

Hilfe

18 Anna und ihre Eltern möchten vom 26.08. bis zum 09.09. an die Ostsee in den Urlaub fahren. Für die Unterkunft haben sie ein Ferienhaus ausgesucht.
a) Berechne die Gesamtkosten für die Familie, wenn sie das angebotene Ferienhaus bucht.
b) Berechne, wie viel Geld Annas Familie bei diesem Ferienhaus spart, wenn sie erst eine Woche später fährt.
c) In einem anderen Ferienhaus kostet die Endreinigung 45 €, dafür gibt es keine Unterscheidung nach Saison. Berechne, was ein Tag dort kosten muss, damit es für die Familie ein genauso gutes Angebot ist.

Preise für das Ferienhaus

Hauptsaison (01.07. – 31.08.): 70 € pro Tag
Nebensaison: 55 € pro Tag
Endreinigung: 30 €
Kurtaxe: 1,50 € pro Erwachsener und Tag

19 Aus den Kärtchen sollen verschiedene Rechenaufgaben gelegt werden. Jedes Kärtchen muss vorkommen. Finde jeweils die Aufgabe mit dem größten und dem kleinsten Ergebnis. Erkläre dein Vorgehen.

a) | + | · | 8 |
   | 4 | 0 | 1 |

b) | – | : | 7 |
   | 3 | 2 | 6 |

c) | – | · | 9 | 1 |
   | (|) | 4 | 5 |

20 Ausblick: In jeder Streichholzschachtel befinden sich gleich viele Streichhölzer und auf jeder Seite liegen insgesamt gleich viele Hölzer.
Bestimme die Anzahl der Streichhölzer in einer Schachtel. Beschreibe dein Vorgehen.

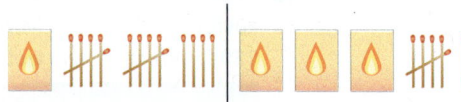

Streifzug

Rechnen mit natürlichen Zahlen **2**

Variablen und Terme

Ersetze die Zeichen ●, ■, ▼ und ◀ so durch Buchstaben, dass sinnvolle deutsche Wörter entstehen. Finde mehrere Möglichkeiten.

M●ND
R■ND
H▼RZ
◀EICH

Rechenausdrücke können Platzhalter für Zahlen enthalten. Anstelle der Platzhalter kann man auch Buchstaben schreiben. Man nennt sie **Variablen**.

> **Wissen**
>
> **Variablen** sind Symbole, die für Zahlen oder Größen stehen.
> Häufig verwendet man Kleinbuchstaben als Variablen. Beispiel: a
>
> Ein Rechenausdruck ist eine sinnvolle Folge von Zahlen, Rechenzeichen, Klammern und Variablen. Eine andere Bezeichnung für Rechenausdruck ist **Term**. Beispiel: $2 \cdot a + 3$
>
> Wenn man für die Variablen eines Terms Zahlen oder Größen einsetzt, dann lässt sich der **Wert des Terms** berechnen.
> Beispiel: Ist a = 1, dann hat der Term $2 \cdot a + 3$ den Wert $2 \cdot 1 + 3$, also 5.

Hinweis

Auch Rechenausdrücke ohne Variablen nennt man Terme, zum Beispiel $(5 - 3) \cdot 7$.

Terme mit einer Variablen aufstellen

> **Beispiel 1**
>
> Anissa denkt sich eine Zahl und multipliziert sie mit 5. Dann addiert sie 3 und subtrahiert die gedachte Zahl. Stelle einen Term auf, der Anissas Vorgehen beschreibt.
>
> **Lösung:**
> Wähle eine Variable, die für die gedachte Zahl steht.   Variable: x
> Führe schrittweise Anissas Rechenoperationen durch.
>   Multiplikation mit 5: $x \cdot 5$
>   Addition von 3: $x \cdot 5 + 3$
>   Subtraktion von x: $x \cdot 5 + 3 - x$

Aufgaben

1 Jos denkt sich eine Zahl und multipliziert sie mit 7. Dann subtrahiert er 5 und addiert die gedachte Zahl. Stelle einen Term auf, der Jos' Vorgehen beschreibt.

2 Schreibe als Term mit einer Variablen.
    a) das Doppelte einer Zahl   b) das Fünffache einer Zahl
    c) die Summe aus einer Zahl und 7   d) 6 addiert zum Vierfachen einer Zahl

3 Schreibe als Term mit einer Variablen.
    a) Eine Zahl wird verdoppelt. Dann wird 20 addiert und die Zahl subtrahiert.
    b) Eine Zahl wird zu 5 addiert. Diese Summe wird verdreifacht.
    c) Von einer Zahl wird 12 subtrahiert. Diese Differenz wird durch 2 geteilt. Dann wird die Zahl addiert.
    d) Eine Zahl wird von 15 subtrahiert. Das Ergebnis wird mit 5 multipliziert. Dann wird das Doppelte der Zahl abgezogen.

4 Ordne jedem Text den passenden Term zu. Gib die Bedeutung der Variablen und des Terms an.

| Ben kauft mehrere Hefte für je 45 Cent. | ① 2 · m | ② x · 0,45 | Azra ist doppelt so alt wie Max. |

| Yara hat 3 € mehr als Julia. | ③ x + 3 | ④ 16 · n | In der Aula gibt es 16 Plätze in jeder Reihe. |

5 In der Tabelle sind die ersten drei Figuren einer Figurenfolge zu sehen.

Figur	:.	:··	:···		
x (Nummer der Figur)	1	2	3	4	5
Anzahl der Punkte					

a) Ergänze die fehlenden Figuren und bestimme die Anzahl der Punkte jeder Figur.
b) Gib einen Term für die Anzahl der Punkte einer beliebigen Figur Nr. x an.

6 Bei einem Tennisturnier erhält jeder Teilnehmer ein T-Shirt im Wert von 7 €. Außerdem gewinnt der Erstplatzierte einen Gutschein über 50 €. Der Zweitplatzierte bekommt einen Gutschein über 25 €.
a) Berechne die Gesamtkosten für die Preise, wenn 8 Spieler (16 Spieler) am Turnier teilnehmen.
b) Gib einen Term an, mit dem man die Gesamtkosten für x Spieler berechnen kann.

Werte von Termen berechnen

Erklärfilm

Beispiel 2 Berechne den Wert des Terms.
a) 5 · a + 3 für a = 4
b) 3 · b + b für b = 5

Lösung:
a) Setze im Term 5 · a + 3 für a die Zahl 4 ein. Berechne dann.
 5 · 4 + 3
 = 20 + 3 = 23

b) Setze im Term 3 · b + b für beide b die Zahl 5 ein. Berechne dann.
 3 · 5 + 5
 = 15 + 5 = 20

Aufgaben

7 Berechne den Wert des Terms.
a) c + 7 für c = 3
b) 2 · x − x für x = 6
c) (v − w) : 2 für v = 10 und w = 2

8 Setze für die Variable die Zahl 7 ein. Berechne den Wert des Terms.
a) 9 − y
b) x · 5
c) 3 + 5 · x
d) (12 + 2) : a
e) 2 · (b + 3)
f) x + 8 + x
g) z · z
h) 3 · a + 2 · a
i) 56 : a + a
j) 11 + z − 2 · z

9 Berechne die Werte der Terme.

	a = 5; b = 3	a = 2; b = 4	a = 10; b = 5	a = 22; b = 9
2 · a − b				
3 · (b + a)				
a · b + 2 · a				

2.8 Rechengesetze der Addition und Multiplikation

Ein Spiel am Flipper kostet 1 €. Eddi wirft fünf 20-ct-Stücke in den Automaten. Carolin hat viele kleine Münzen dabei. Sie wirft zwanzig 5-ct-Stücke ein.
Erkläre den Unterschied. Betrachte dazu die Anzahl und den Wert der Münzen.

Rechengesetze der Addition

Ein 100 cm langer Stab wird in vier unterschiedlich lange Teilstücke zerteilt. Legt man die Teilstücke anschließend wieder aneinander, so ergibt sich unabhängig von der Reihenfolge die Gesamtlänge von 100 cm.

27 + 16 + 33 + 24 = 100

27 + 33 + 16 + 24 = 100

Hinweis

Diese Rechengesetze gelten **nur** für die Addition, **nicht** für die Subtraktion.
Zum Kommutativgesetz sagt man auch **Vertauschungsgesetz**, zum Assoziativgesetz auch **Verbindungsgesetz**.

Erklärfilm

Wissen

Kommutativgesetz
Beim Addieren dürfen Summanden beliebig vertauscht werden.
Für beliebige Zahlen a und b gilt immer: **a + b = b + a**
                                              12 + 35 = 35 + 12

Assoziativgesetz
Beim Addieren dürfen Klammern beliebig gesetzt oder weggelassen werden.
Für beliebige Zahlen a, b und c gilt immer: **(a + b) + c = a + (b + c) = a + b + c**
                                              (6 + 12) + 8 = 6 + (12 + 8) = 6 + 12 + 8

Beispiel 1

Berechne 39 + 28 + 11 + 16 + 12 geschickt.

Lösung:
Vertausche Summanden so, dass sich Rechnungen vereinfachen (Kommutativgesetz).
Setze Klammern (Assoziativgesetz) und berechne sie.
Addiere zum Schluss.

   39 + 28 + 11 + 16 + 12
= 39 + 11 + 28 + 12 + 16
= (39 + 11) + (28 + 12) + 16
=   50   +   40   + 16
= 106

Basisaufgaben

1 Setze geschickt Klammern. Addiere dann.
   a) 15 + 25 + 18
   b) 73 + 21 + 29
   c) 10 + 89 + 11 + 7
   d) 32 + 6 + 2 + 25
   e) 15 + 24 + 16 + 33 + 17
   f) 41 + 29 + 27 + 32 + 28

2 Berechne geschickt wie in Beispiel 1.
   a) 38 + 49 + 22
   b) 69 + 125 + 375
   c) 17 + 12 + 13 + 18
   d) 55 + 29 + 5 + 11
   e) 34 + 29 + 16 + 21
   f) 187 + 36 + 11 + 54 + 2

Rechengesetze der Multiplikation

Die Anzahl der Würfel kann unterschiedlich berechnet werden.

 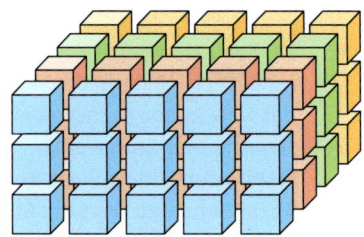

Es sind fünf Würfel-Schichten zu sehen, die nebeneinander angeordnet sind. In jeder Schicht sind 3·4 = 12 Würfel. Es sind also insgesamt 5·(3·4) = 5·12 = 60 Würfel.

In der vorderen Schicht sind 5·3 = 15 Würfel zu sehen. Es gibt vier solche Schichten. Es sind also insgesamt (5·3)·4 = 15·4 = 60 Würfel.

Hinweis

Diese Rechengesetze gelten **nur** für die Multiplikation, **nicht** für die Division.

Wissen

Kommutativgesetz
Beim Multiplizieren dürfen Faktoren beliebig vertauscht werden.
Für beliebige Zahlen a und b gilt immer: **a·b = b·a**
12·3 = 3·12

Assoziativgesetz
Beim Multiplizieren dürfen Klammern beliebig gesetzt oder weggelassen werden.
Für beliebige Zahlen a, b und c gilt immer: **(a·b)·c = a·(b·c) = a·b·c**
(7·4)·5 = 7·(4·5) = 7·4·5

Erklärfilm

Beispiel 2
Berechne 25·12·4·3 geschickt.

Lösung:
Vertausche Faktoren so, dass sich Rechnungen vereinfachen (Kommutativgesetz).
Setze Klammern (Assoziativgesetz) und berechne sie.
Multipliziere zum Schluss.

    25·12·4·3
  = 12·3·25·4
  = (12·3)·(25·4)
  = 36·100
  = 3600

Basisaufgaben

3 Berechne 6 + 6 + 6 + 6 und 4 + 4 + 4 + 4 + 4 + 4 und vergleiche die Ergebnisse. Erkläre mithilfe der Multiplikation, warum die Ergebnisse gleich sind. Finde weitere Beispiele.

4 Setze geschickt Klammern. Multipliziere dann.
a) 17·5·2   b) 2·50·14   c) 11·12·5   d) 25·11·4·5   e) 3·5·20·7   f) 52·9·11

5 Berechne geschickt wie in Beispiel 2.
a) 2·16·50   b) 20·9·5·3   c) 37·25·4   d) 8·2·5·125

6 Multiplizieren großer Zahlen: Schreibe zuerst als Produkt mit Stufenzahlen. Wende dann die Rechengesetze der Multiplikation an.
Beispiel: 6·400 = 6·(4·100) = (6·4)·100 = 24·100 = 2400
70·30 = (7·10)·(3·10) = (7·3)·(10·10) = 21·100 = 2100
a) 3·400   b) 5000·7   c) 20·80   d) 180·700

Hinweis

Die Zahlen 10, 100, 1000 ... werden **Stufenzahlen** genannt.

Weiterführende Aufgaben

Zwischentest

7 Addiere und multipliziere geschickt. Erkläre dein Vorgehen und nenne die Rechengesetze, die du angewendet hast.
a) 15 + 28 + 25 + 12 + 4
b) 9 + 24 + 13 + 11 + 16
c) 37 + 21 + 14 + 29 + 16
d) 8 + 96 + 21 + 31 + 44
e) 27 + 52 + 37 + 38 + 13
f) 120 + 330 + 170 + 180
g) 25 · 7 · 4
h) 40 · 9 · 25
i) 8 · 125 · 18
j) 200 · 89 · 5
k) 2 · 20 · 5 · 50
l) 75 · 11 · 20

8 Stolperstelle: Beschreibe die Fehler. Rechne dann richtig.
a) 17 + 9 + 13 + 4 = 30 + 9 + 39 + 4 = 43
b) (17 − 6) − 5 = 17 − (6 − 5) = 16
c) 25 · 12 · 4 + 3 = 25 · 4 · 12 + 3 = 100 · 15 = 1500

9 Zerlege einen Faktor geschickt in ein Produkt und berechne.
Beispiel: 175 · 4 = (7 · 25) · 4 = 7 · (25 · 4) = 7 · 100 = 700
a) 18 · 50
b) 24 · 25
c) 40 · 75
d) 375 · 8

10 An der Schillerschule darf auf Klassenfahrten als Taschengeld maximal 7,50 € pro Tag mitgenommen werden. Die Klasse 5c fährt auf eine zweitägige Kennenlernfahrt. Berechne, ohne schriftlich zu multiplizieren, wie viel Taschengeld alle 27 Schüler der Klasse auf der Fahrt zusammen höchstens ausgeben können.

11 Jeweils zwei Aufgaben haben die gleiche Lösung. Ordne zunächst begründet die Aufgaben zu und berechne dann.

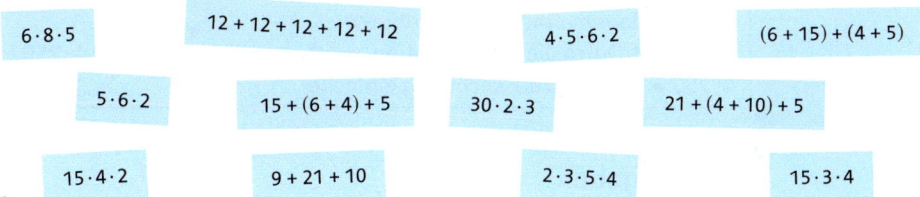

12 Nenne das Rechengesetz, das in der Abbildung dargestellt wird. Überprüfe deine Antwort mit einer Rechnung.

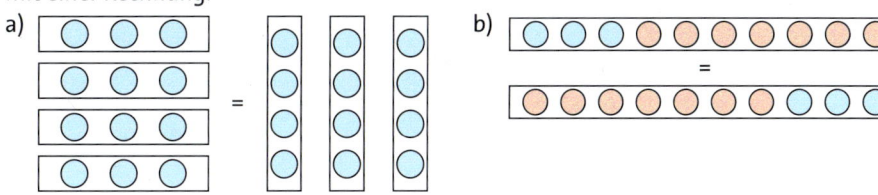

13 Das Assoziativgesetz gilt nicht für die Subtraktion und Division. Berechne und vergleiche die Ergebnisse. Gib weitere Beispiele an.
a) (15 − 7) − 3 und 15 − (7 − 3)
b) (36 : 6) : 2 und 36 : (6 : 2)

14 Ausblick: Eva, Till und Marie sollen möglichst schnell alle Zahlen von 1 bis 20 addieren.

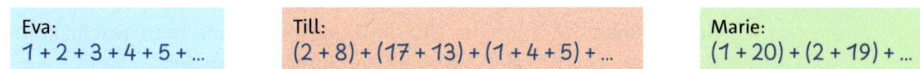

a) Erkläre die verschiedenen Lösungswege.
b) Für welches Vorgehen würdest du dich entscheiden? Begründe deine Wahl und berechne die Lösung.
c) Berechne auf die gleiche Weise die Summe der Zahlen von 1 bis 200.

2.9 Distributivgesetz

Vincent hat beim Kartenspiel 6 blaue Chips und 9 rote Chips gesetzt. Er hat gute Karten und sagt: „Ich verdreifache meinen Einsatz!" Berechne die Gesamtzahl der gesetzten Chips mithilfe einer einzigen Multiplikation.

Hinweis

Zum Distributivgesetz sagt man auch **Verteilungsgesetz**.

> **Wissen**
>
> Bei der Multiplikation mit einer Summe oder einer Differenz gilt das **Distributivgesetz**. Für beliebige Zahlen a, b und c gilt immer:
>
> $a \cdot (b + c) = a \cdot b + a \cdot c$ $\qquad\qquad$ $a \cdot (b - c) = a \cdot b - a \cdot c$
> $4 \cdot (3 + 2) = 4 \cdot 3 + 4 \cdot 2$ $\qquad\qquad$ $6 \cdot (8 - 5) = 6 \cdot 8 - 6 \cdot 5$

Ausmultiplizieren

Beim Ausmultiplizieren wendet man das Distributivgesetz „von links nach rechts" an.

Erklärfilm

> **Beispiel 1**
>
> Multipliziere $4 \cdot (250 - 12)$ aus und berechne anschließend.
>
> **Lösung:**
> Löse die Klammer mit dem Distributivgesetz auf. Durch die Multiplikation $4 \cdot 250 = 1000$ wird die Rechnung einfacher.
>
> $4 \cdot (250 - 12) = 4 \cdot 250 - 4 \cdot 12$
> $\qquad\qquad\qquad = 1000 - 48 = 952$

Basisaufgaben

1 Multipliziere aus und berechne dann.
   a) $4 \cdot (30 + 8)$
   b) $9 \cdot (50 + 6)$
   c) $12 \cdot (100 - 1)$
   d) $5 \cdot (80 - 2)$
   e) $3 \cdot (900 + 21)$
   f) $15 \cdot (30 + 6)$
   g) $12 \cdot (300 - 5)$
   h) $16 \cdot (400 - 8)$

2 Multipliziere aus und berechne dann.
   Beispiel: $(60 + 8) \cdot 2 = 60 \cdot 2 + 8 \cdot 2 = 120 + 16 = 136$
   a) $(20 + 7) \cdot 9$
   b) $(300 + 11) \cdot 4$
   c) $(200 - 9) \cdot 5$
   d) $(10 - 1) \cdot 36$

3 Man kann auch ausmultiplizieren, wenn in der Klammer mehr als zwei Zahlen stehen. Multipliziere aus und berechne dann.
   Beispiel: $5 \cdot (100 + 8 + 7) = 5 \cdot 100 + 5 \cdot 8 + 5 \cdot 7 = 500 + 40 + 35 = 575$
   a) $3 \cdot (100 + 40 + 7)$
   b) $8 \cdot (200 + 20 - 1)$
   c) $(1000 + 30 + 5) \cdot 4$
   d) $(100 - 10 - 1) \cdot 15$
   e) $5 \cdot (9 + 90 + 900 + 9000)$
   f) $(2000 - 100 - 30 - 7) \cdot 6$

4 **Kopfrechnen:** Mithilfe des Distributivgesetzes kann man geschickt im Kopf rechnen. Bilde eine Summe oder Differenz und multipliziere aus.
   Beispiele: $3 \cdot 92 = 3 \cdot (90 + 2) = 3 \cdot 90 + 3 \cdot 2 = 270 + 6 = 276$
   $\qquad\qquad 6 \cdot 38 = 6 \cdot (40 - 2) = 6 \cdot 40 - 6 \cdot 2 = 240 - 12 = 228$
   a) $4 \cdot 32$
   b) $54 \cdot 8$
   c) $5 \cdot 93$
   d) $13 \cdot 101$
   e) $7 \cdot 29$
   f) $98 \cdot 6$
   g) $6 \cdot 597$
   h) $199 \cdot 25$

Ausklammern

Beim Ausklammern wendet man das Distributivgesetz „von rechts nach links" an.

Beispiel 2 Berechne 3 · 17 + 3 · 13, indem du einen Faktor ausklammerst.

Lösung:
Den gemeinsamen Faktor 3 kannst du ausklammern. Durch die Addition 17 + 13 = 30 wird die Rechnung einfacher.

3 · 17 + 3 · 13 = 3 · (17 + 13)
= 3 · 30 = 90

Erklärfilm

Basisaufgaben

5 Klammere einen Faktor aus und berechne dann.
a) 6 · 13 + 6 · 7   b) 9 · 42 – 9 · 33   c) 4 · 24 + 4 · 27   d) 12 · 188 + 12 · 12
e) 14 · 5 + 16 · 5   f) 51 · 17 – 49 · 17   g) 129 · 9 – 29 · 9   h) 22 · 15 + 79 · 15
i) 8 · 65 – 45 · 8   j) 77 · 3 + 3 · 23   k) 25 · 25 + 25 · 25   l) 95 · 85 – 85 · 95

6 Klammere den gemeinsamen Faktor aus. Berechne dann das Ergebnis.
a) 6 · 17 + 6 · 9 + 6 · 24   b) 4 · 198 + 4 · 19 + 4 · 3
c) 77 · 8 – 30 · 8 – 7 · 8   d) 217 · 7 – 28 · 7 – 9 · 7

7 Addieren und Subtrahieren großer Zahlen: Berechne durch Ausklammern.
Beispiel: 36 000 + 12 000 = (36 + 12) · 1000 = 48 · 1000 = 48 000
a) 5400 + 1800   b) 9000 + 77 000   c) 6000 – 2600   d) 50 000 – 1500

Weiterführende Aufgaben

Zwischentest

8 Welcher der beiden Rechenwege ist vorteilhafter? Begründe deine Wahl und berechne.
a) 3 · (200 – 6) = 3 · 200 – 3 · 6 = …   3 · (200 – 6) = 3 · 194 = …
b) 4 · (37 + 33) = 4 · 37 + 4 · 33 = …   4 · (37 + 33) = 4 · 70 = …
c) 6 · 17 – 6 · 14 = 6 · (17 – 14) = …   6 · 17 – 6 · 14 = 102 – 84 = …

Hilfe

9 Ist es sinnvoll, das Distributivgesetz anzuwenden? Berechne geschickt.
a) 4 · (62 – 22)   b) 23 · (3 + 10)   c) 15 · (50 – 1)   d) (63 + 38) · 7
e) 9 · 8 + 9 · 11   f) 28 · 5 + 12 · 5 g) 12 · 90 – 78 · 12 h) 99 · 18

10 Stolperstelle: Kontrolliere Justins Hausaufgaben. Beschreibe und berichtige die Fehler.
a) (3 · 4) · 7 = 3 · 7 · 4 · 7   b) 7 · 12 – 7 · 6 – 7 = 7 · (12 – 6) = 7 · 6 = 42
c) 54 · 4 – 4 = 4 · (54 – 4) = 200   d) 6 · (8 + 5 + 7) = 6 · 8 + 6 · 5 + 7 = 85

11 Ausblick: Man kann Zahlen auch grafisch multiplizieren.
a) Beschreibe, wie das Produkt 21 · 32 mithilfe der Striche berechnet wurde.
b) Mirjam meint: „Das ist ja eigentlich nur das Distributivgesetz doppelt angewendet. Man rechnet
21 · 32 = (20 + 1) · 32 = 20 · 32 + 1 · 32 =
20 · (30 + 2) + 1 · (30 + 2) = 20 · 30 + 20 · 2 + 1 · 30 + 1 · 2."
Erkläre ihren Rechenweg.
c) Berechne 12 · 22 mithilfe der Strichrechnung. Überprüfe die Lösung mithilfe von Mirjams Erklärung.

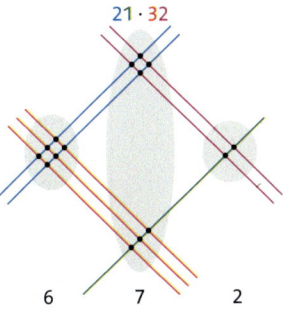

21 · 32

6   7   2

Strategien zum Lösen von Sachproblemen

a) Löse das Zahlenrätsel.
b) Vergleicht eure Lösungswege in der Klasse. Haben alle das Problem auf dieselbe Weise gelöst?

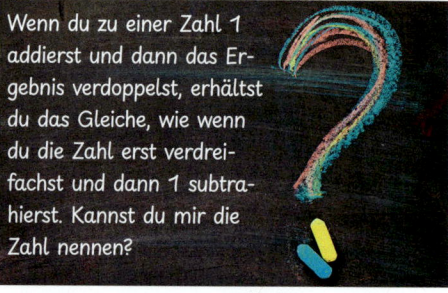

Wenn du zu einer Zahl 1 addierst und dann das Ergebnis verdoppelst, erhältst du das Gleiche, wie wenn du die Zahl erst verdreifachst und dann 1 subtrahierst. Kannst du mir die Zahl nennen?

Beispiel 1 — **Systematisches Probieren und Zeichnungen**

In einer Tüte sind dreimal so viele weiße wie rosafarbige Schokolinsen. Es sind 44 weiße Linsen mehr als rosafarbige Linsen. Ermittle, wie viele Linsen es insgesamt sind.

Lösung durch systematisches Probieren:
Lege eine Tabelle an.
Probiere systematisch verschiedene Werte aus.
Entscheide, ob die ausprobierten Werte Lösungen für die Problemaufgabe sind.
Berechne die Gesamtzahl der Linsen.

Anzahl Linsen		Differenz (Anzahl weiß minus Anzahl rosa)	
rosa	weiß		
10	3 · 10 = 30	30 − 10 = 20	zu klein
20	3 · 20 = 60	60 − 20 = 40	zu klein
25	3 · 25 = 75	75 − 25 = 50	zu groß
22	3 · 22 = 66	66 − 22 = 44	passt

22 Linsen + 66 Linsen = 88 Linsen

Lösung mithilfe einer Zeichnung:
Die erste Aussage führt zu einer Einteilung in vier gleich große Gruppen. Die zweite Aussage ergibt, dass es 44 weiße Linsen mehr sind als rosafarbige Linsen.
Berechne, wie viele Linsen in einer Gruppe sind. Berechne dann die Gesamtzahl.

rosa weiß weiß weiß
44 Linsen

Anzahl weiß = Anzahl rosa + 44
44 Linsen : 2 = 22 Linsen
4 · 22 Linsen = 88 Linsen

Beispiel 2 — **Vorwärts- und Rückwärtsarbeiten**

Janina sagt: „Denke dir eine Zahl, addiere 5, multipliziere das Ergebnis mit 4 und subtrahiere 7. Wenn du mir das Ergebnis sagst, kann ich dir deine gedachte Zahl nennen."
a) Aydin hat sich die Zahl 13 gedacht. Gib das Ergebnis an, das er nennen muss.
b) Janina bekommt das Ergebnis 73 genannt. Bestimme die gedachte Zahl.

a) **Lösung mit Vorwärtsarbeiten:**
Hier ist die Ausgangssituation bekannt.
Das Ergebnis ist gesucht.
Beginne mit der Ausgangssituation und rechne Schritt für Schritt Richtung Ziel.

gedachte Zahl
13 →(+5)→ 18 →(·4)→ 72 →(−7)→ 65

Das Ergebnis ist 65.

b) **Lösung mit Rückwärtsarbeiten:**
Hier ist das Ergebnis bekannt. Die Ausgangssituation ist gesucht.
Beginne beim Ergebnis. Rechne Schritt für Schritt mithilfe der Umkehrrechnungen zurück.

Ergebnis
15 ←(−5)← 20 ←(:4)← 80 ←(+7)← 73

Die gedachte Zahl ist 15.

Aufgaben

1. Auf einem Parkplatz stehen Autos und Motorräder. Es sind viermal so viele Autos wie Motorräder. Es gibt 24 Autos mehr als Motorräder.
   Bestimme, wie viele Fahrzeuge insgesamt auf dem Parkplatz stehen.

2. Zu einer Feier kommen 52 Gäste. Es werden Tische für 6 Personen und für 8 Personen aufgestellt. Jeder Gast soll einen Platz erhalten. Es sollen keine Plätze frei bleiben.
   Prüfe, ob dies möglich ist. Begründe deine Entscheidung.

3. Janis stellt das folgende Zahlenrätsel:
   „Denke dir eine Zahl. Verdopple die Zahl. Addiere zum Ergebnis die Zahl 10. Multipliziere diese Summe mit 3. Subtrahiere zum Schluss vom Ergebnis die Zahl 8. Wenn du mir das Ergebnis sagst, kann ich dir deine gedachte Zahl nennen."
   a) Die gedachte Zahl ist 6 (ist 0; ist 8). Berechne das Ergebnis.
   b) Das Ergebnis ist 52 (ist 40; ist 70). Bestimme die gesuchte Zahl.

 4. Arbeitet zu zweit. Stellt euch gegenseitig Zahlenrätsel und löst sie.

5. Max stellt Yordanka ein Zahlenrätsel: „Ich denke mir eine Zahl und addiere zunächst die Zahl 2. Die Summe multipliziere ich mit 2. Ich erhalte als Ergebnis 24."
   Finde möglichst verschiedene Wege, um die gedachte Zahl zu ermitteln.

6. Elena fährt den 3 km langen Schulweg mit dem Fahrrad. Ihre Durchschnittsgeschwindigkeit beträgt 15 km/h. Elena hat verschlafen und fährt erst 10 Minuten vor Unterrichtsbeginn los. Schätze ein, ob sie pünktlich kommen wird. Beurteile, wie genau dein Ergebnis ist.

7. Prüfe, ob du die Figur am Rand in einem Zug zeichnen kannst, ohne abzusetzen und ohne eine Strecke zweimal zu durchlaufen. Begründe.

8. In der Additionsaufgabe SEND + MORE = MONEY stehen gleiche Buchstaben für gleiche Ziffern. Schreibe eine passende Aufgabe auf.

Info

Fermi-Aufgaben sind nach dem italienischen Naturwissenschaftler Enrico Fermi benannt, der im 20. Jahrhundert lebte. Er stellte seinen Studenten solche Aufgaben.

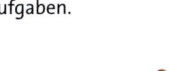

9. **Forschungsauftrag: Fermi-Aufgaben**
   Eine Fermi-Aufgabe kann man nicht genau lösen, weil dafür Informationen fehlen. Es ist aber möglich, zum Beispiel durch passende Abschätzungen näherungsweise Lösungen zu finden.
   a) Bestimme näherungsweise die Anzahl der Menschen im Bild.
   b) Präsentiere deine Vorgehensweise und deine Lösung in der Klasse.
   c) Arbeitet zu zweit. Erfindet eigene Fermi-Aufgaben und stellt sie euch gegenseitig.

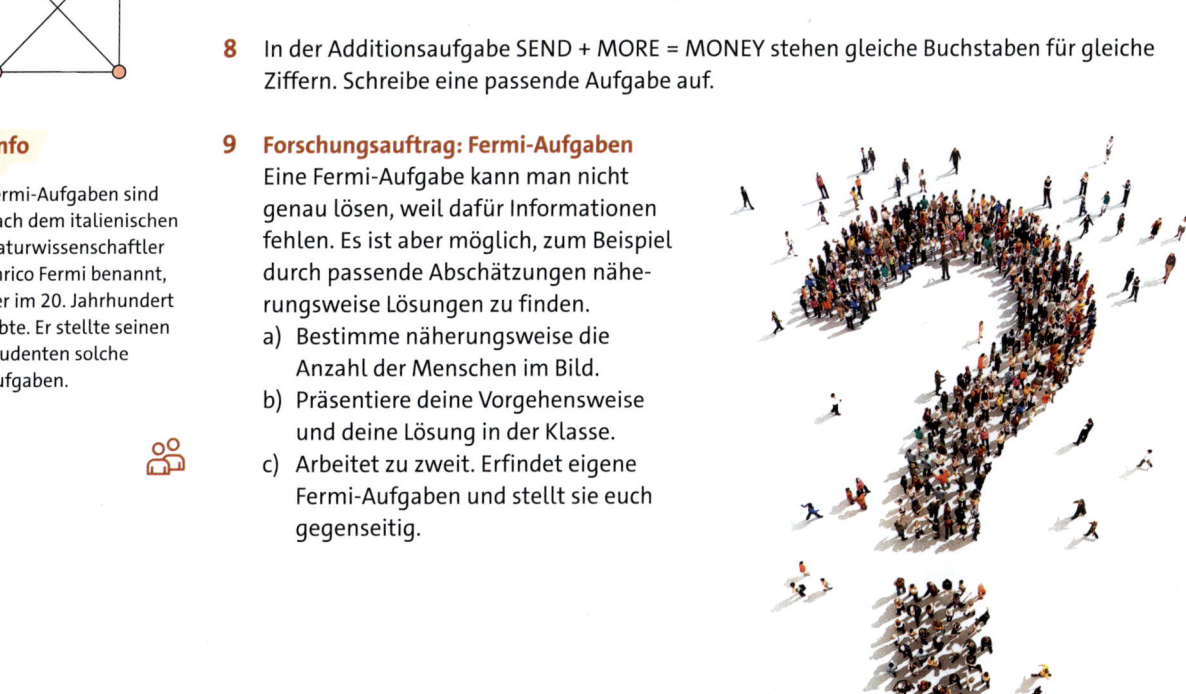

2.10 Potenzieren

Berechne die Ergebnisse der Aufgaben, die auf dem Zettel stehen. Gib, wenn möglich, kürzere Schreibweisen für die Aufgaben an.

Produkte als Potenzen schreiben

Eine Summe mit gleichen Summanden kann man als Produkt schreiben: $5 + 5 + 5 = 3 \cdot 5$
Auch für Produkte mit gleichen Faktoren gibt es eine Kurzschreibweise, die **Potenz**.

Hinweis

Statt Basis sagt man auch **Grundzahl**.
Statt Exponent sagt man auch **Hochzahl**.

> **Wissen**
>
> Eine **Potenz** a^n besteht aus einer Basis a und einem Exponenten n. Die **Basis** gibt den Faktor an. Der **Exponent** gibt die Anzahl der Faktoren an.
>
> $2 \cdot 2 \cdot 2 \;=\; 2^3$ Potenz
>   „2 hoch 3"
> 3 Faktoren   Basis   Exponent
>
> Für eine beliebige Zahl a gilt immer: $a^0 = 1$ und $a^1 = a$
> $3^0 = 1$ $5^1 = 5$
>
> Eine **Quadratzahl** ist eine Zahl, die sich als Potenz mit dem Exponenten 2 schreiben lässt.

Erklärfilm

> **Beispiel 1**
>
> a) Schreibe $4 \cdot 4 \cdot 4$ als Potenz.
> b) Schreibe 3^5 als Produkt und berechne dann den Wert der Potenz.
>
> **Lösung:**
>
> a) Die Zahl 4 (Basis) tritt als Faktor dreimal (Exponent) auf. $4 \cdot 4 \cdot 4 = 4^3$
>
> b) Der Exponent 5 gibt an, wie oft die Basis 3 als Faktor auftritt. Es gibt mehrere Möglichkeiten, den Wert des Produkts zu berechnen.
> $3^5 = 3 \cdot 3 \cdot 3 \cdot 3 \cdot 3$ $= 9 \cdot 3 \cdot 3$
> $= 243$ $= 27 \cdot 3$
> $= 81 \cdot 3$
> $= 243$

Basisaufgaben

1 Schreibe als Potenz. Gib die Basis und den Exponenten an.
    a) $9 \cdot 9 \cdot 9$ b) $10 \cdot 10 \cdot 10 \cdot 10$ c) $2 \cdot 2 \cdot 2 \cdot 2 \cdot 2$ d) $5 \cdot 5 \cdot 5 \cdot 5$

2 Schreibe als Produkt und berechne dann den Wert der Potenz.
    a) 4^3 b) 8^2 c) 5^3 d) 10^2 e) 7^3 f) 3^3 g) 10^5 h) 6^4
    i) 2^{10} j) 25^2 k) 11^2 l) 50^4 m) 9^3 n) 20^2 o) 30^3 p) 12^2

Hinweis

Potenzieren mit dem Exponenten 2 nennt man auch **Quadrieren**.

3 Quadratzahlen: Durch das Potenzieren einer natürlichen Zahl mit dem Exponenten 2 erhält man Quadratzahlen. Erkläre mithilfe der Abbildung, warum diese Zahlen so heißen.

  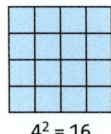

$1^2 = 1$ $2^2 = 4$ $3^2 = 9$ $4^2 = 16$

4 Berechne alle Quadratzahlen von 1^2 bis 20^2. Schreibe sie auf und lerne sie auswendig.

Rechnen mit natürlichen Zahlen

Zehnerpotenzen

Die Zahlen 10, 100, 1000 ... kann man besonders einfach als Potenzen schreiben. Die Basis ist 10, der Exponent entspricht der Anzahl der Nullen: $10 = 10^1$, $100 = 10^2$, $1000 = 10^3$ ...

Wissen
Eine Potenz mit der Basis 10 heißt **Zehnerpotenz**.

Beispiel 2
a) Schreibe 50 000 mithilfe einer Zehnerpotenz.
b) Schreibe $8 \cdot 10^3$ ohne Zehnerpotenz.

Lösung:
a) Schreibe als Produkt mit einer Stufenzahl.
Schreibe die Stufenzahl als Zehnerpotenz, indem du als Basis 10 verwendest und als Exponent die Anzahl der Nullen.

$50\,000 = 5 \cdot 10\,000 = 5 \cdot 10^4$
4 Nullen

b) Schreibe die Zehnerpotenz 10^3 um, indem du eine 1 mit 3 Nullen schreibst. Berechne dann den Wert des Produkts.

$8 \cdot 10^3 = 8 \cdot 1000 = 8000$
3 Nullen

Erinnere dich
Die Zahlen 10, 100, 1000 ... werden Stufenzahlen genannt.

Basisaufgaben

5 Schreibe als Zehnerpotenz.
a) 1000
b) 100 000
c) 1 000 000 000
d) 10
e) zehntausend
f) 10 Millionen
g) 100 Millionen
h) 10 Milliarden

6 Schreibe mithilfe einer Zehnerpotenz.
a) 500
b) 300
c) 70 000
d) 200 000
e) 3 Millionen
f) neunzigtausend
g) zwölftausend
h) hundertfünfzigtausend

7 Schreibe ohne Zehnerpotenz.
a) 10^6
b) 10^3
c) 10^0
d) 10^9
e) 10^{12}
f) 10^1
g) $8 \cdot 10^2$
h) $4 \cdot 10^3$
i) $7 \cdot 10^5$
j) $9 \cdot 10^2$
k) $16 \cdot 10^2$
l) $37 \cdot 10^4$

Vorrangregeln beim Rechnen mit Potenzen

Wissen
Wo keine Klammern stehen, werden Potenzen zuerst berechnet
(Potenzrechnung geht vor Punktrechnung und Strichrechnung.)

Merke
Eselsbrücke für die Vorrangregeln
„KlaPoPS":
Klammer
Potenz
Punktrechnung
Strichrechnung

Beispiel 3 Berechne $14 + 5 \cdot 2^3$.

Lösung:
Berechne die Potenz zuerst.
Beachte dann Punkt- vor Strichrechnung.

$14 + 5 \cdot 2^3 = 14 + 5 \cdot (2 \cdot 2 \cdot 2)$
$= 14 + 5 \cdot 8$
$= 14 + 40 = 54$

2.10 Potenzieren

Basisaufgaben

Lösungen zu 8

10, 24, 51, 80 000, 256, 148, 810, 102

8 Berechne.
a) $5^2 - 15$
b) $8 + 2^4$
c) $10 \cdot 9^2$
d) $4^3 \cdot 4$
e) $2 \cdot 3^3 + 48$
f) $150 - 72 : 6^2$
g) $2 + 7^3 : 7$
h) $10^4 \cdot 2^3$

9 Berechne mithilfe der Vorrangregeln.
a) $(9 - 6)^3 - 15$
b) $7 \cdot (2^3 + 3)$
c) $10 - (2^5 : 4)$
d) $(4 \cdot 2 - 5)^3 : 9$

Weiterführende Aufgaben

Zwischentest

Hinweis zu 10

Siehe Methodenkarte 5 G auf Seite 237.

10 Berechne.
a) 2^3
b) 3^2
c) 3^3
d) 4^3
e) 4^2
f) 2^4
g) 2^5
h) 5^2
i) 50^2
j) 500^2
k) 0^2
l) 2^0
m) 2^1
n) 2^2
o) $2^2 \cdot 2$
p) $2^3 : 2$
q) $2^4 : 2^2$
r) $5^2 \cdot 2^2$
s) 10^2
t) $10^2 \cdot 10^2$
u) 10^4
v) $10^4 \cdot 10^0$
w) $10^4 \cdot 10^1$
x) $10^4 \cdot 10^{10}$

⚠ **11 Stolperstelle:** Anton hat entdeckt, dass $2^4 = 4^2$ ist. Er behauptet, dass man Basis und Exponent vertauschen kann, ohne dass sich das Ergebnis ändert. Nimm dazu Stellung und begründe deine Antwort mithilfe von Beispielen.

Hilfe

12 Schreibe die Zahlen auf den Kärtchen als Summe oder Differenz zweier Quadratzahlen.

| 9 | 12 | 24 | 27 | 15 | 360 | 29 |

13 a) Die Basis ist 6, der Exponent ist 3. Berechne den Wert der Potenz.
b) Die Basis ist 5, der Wert der Potenz ist 625. Bestimme den Exponenten.
c) Der Exponent ist 3, der Wert der Potenz ist 8000. Bestimme die Basis.

14 Ein Blatt Papier wird mehrere Male nacheinander in der Mitte gefaltet.
a) Gib an, wie viele Lagen Papier bei jedem Falten hinzukommen. Begründe.
b) Falte ein DIN-A4-Blatt, so oft du kannst. Berechne die Anzahl der Lagen Papier, die dabei entstanden sind. Überprüfe dein Ergebnis, indem du die Lagen zählst.
c) Ein Bogen Bastelkarton mit der Stärke 0,2 cm wird fünfmal gefaltet. Bestimme, wie hoch der gefaltete Stapel ist.

15 Ersetze den Platzhalter ■ durch eine Zahl, sodass die Rechnung stimmt.
a) $2^■ = 64$
b) $16 \cdot ■ = 64$
c) $■^3 = 64$
d) $■^2 : 4 = 64$
e) $■^2 = 625$
f) $■^4 = 625$
g) $■^2 : 4 = 625$
h) $■^2 : 25 = 625$

16 Prüfe die Rechnungen. Korrigiere falsche Ergebnisse.
a) $8 \cdot 3^2 + 3 = 20$
b) $39 - 4^2 \cdot 2 = 46$
c) $6^2 : 3 + 27 : 3^2 = 6$
d) $2^2 \cdot 3^2 - 4 = 20$
e) $5^2 \cdot 2^2 = 50$
f) $10^2 : 2^2 = 50$
g) $10^2 : 5^2 = 20$
h) $10^2 : 10^2 = 10$

17 Ausblick: Schreibe – wenn möglich – die Zahlen auf den Kärtchen als Potenzen mit dem Exponenten 2, 3 oder 4. Beispiel: $36 = 6^2$

| 36 | 128 | 64 | 100 | 81 | 216 | 265 |
| 169 | 27 | 1000 | 200 | 125 | 900 | 60 |

2.11 Teiler, Vielfache und Teilbarkeitsregeln

Leon hat von seiner Geburtstagsfeier noch 36 Kekse übrig. Diese möchte er gerecht an seine Freunde verteilen.
Erkläre, an wie viele Freunde er die Kekse gerecht verteilen kann und wie viele Kekse dann jeder bekommt. Finde alle Möglichkeiten.

Die Division durch eine natürliche Zahl kann entweder aufgehen oder es bleibt dabei ein Rest.

30 : 2 = 15 (ohne Rest)	Man sagt: „30 **ist teilbar** durch 2."
30 : 3 = 10 (ohne Rest)	„30 **ist teilbar** durch 3."
30 : 4 = 7 Rest 2	„30 **ist nicht teilbar** durch 4."

Dividieren und Multiplizieren sind entgegengesetzte Rechenarten. Deshalb gilt:
Dividieren: 30 : 5 = 6   Man sagt: **„5 ist ein Teiler von 30."**
Multiplizieren: 30 = 6 · 5   Man sagt: **„30 ist ein Vielfaches von 5."**

Es gilt: Ist eine Zahl a ein Teiler einer Zahl b, dann ist b ein Vielfaches von a.

> **Wissen**
>
> Ein **Teiler** einer Zahl ist eine natürliche Zahl, welche diese Zahl ohne Rest teilt: 30 : **3** = 10
> Man schreibt kurz 3 | 30 (lies „3 teilt 30") oder 4 ∤ 30 (lies „4 teilt nicht 30").
>   ↑
>   Teiler
> Multipliziert man eine Zahl mit 1, 2, 3, 4 … , so erhält man ein **Vielfaches** der ersten Zahl.

> **Beispiel 1**
>
> a) Prüfe, ob 4 ein Teiler von 48 und 38 ist.
> b) Bestimme die ersten drei Vielfachen von 7.
>
> **Lösung:**
> a) Dividiere die Zahl durch 4 und prüfe, ob dabei ein Rest bleibt oder nicht. 48 : 4 = 12 (ohne Rest)   Also: 4 | 48
>   38 : 4 = 9 Rest 2   Also: 4 ∤ 38
> b) Multipliziere 7 mit 1, 2 und 3.   1 · 7 = 7;   2 · 7 = 14;   3 · 7 = 21

Basisaufgaben

1 Entscheide, ob die erste Zahl ein Teiler der zweiten ist. Ersetze den Platzhalter ■ durch das richtige Zeichen | oder ∤.
a) 3 ■ 15   b) 7 ■ 24   c) 8 ■ 62   d) 2 ■ 36   e) 4 ■ 60   f) 12 ■ 60

2 Bestimme alle Teiler von 16 (von 14; von 18).

3 Bestimme die ersten fünf Vielfachen der Zahl.
a) 8   b) 12   c) 25   d) 34   e) 75   f) 220

4 Untersuche, ob
a) 82 ein Vielfaches von 24 ist,
b) 168 ein Vielfaches von 14 ist,
c) 96 ein Vielfaches von 12 ist,
d) 136 ein Vielfaches von 16 ist.

Teilbarkeit durch 2, 5 und 10

Aus den Vielfachen von 2, 5 und 10 lassen sich Regeln für die Teilbarkeit erkennen.

- Alle Vielfachen von 2 sind die geraden Zahlen: 2; 4; 6; 8; 10; 12; 14; 16; 18; 20; ...
- Bei den Vielfachen von 5 sind die Endziffern immer 0 oder 5: 5; 10; 15; 20; 25; ...
- Bei den Vielfachen von 10 ist die Endziffer immer eine 0: 10; 20; 30; 40; ...

> **Wissen** **Endziffernregeln**
> Eine Zahl ist ...
> ... durch 2 teilbar, wenn sie auf 2, 4, 6, 8 oder 0 endet,
> ... durch 5 teilbar, wenn sie auf 5 oder 0 endet,
> ... durch 10 teilbar, wenn sie auf 0 endet.

> **Beispiel 2**
> a) Untersuche, ob die Zahlen 672, 150, 125 durch 2, 5, 10 teilbar sind.
> b) Gib eine dreistellige Zahl an, die durch 2 und durch 5 teilbar ist.
>
> **Lösung:**
> a) Betrachte die Endziffern. Dann kannst du entscheiden, welche Teilbarkeit vorliegt.
>   672 endet auf 2, ist also durch 2 teilbar.
>   150 endet auf 0, ist also durch 2, 5 und 10 teilbar.
>   125 endet auf 5, ist also durch 5 teilbar.
>
> b) Eine Zahl, die durch 2 teilbar ist, endet auf 2, 4, 6, 8 oder 0.
>   Eine Zahl, die durch 5 teilbar ist, endet auf 5 oder 0.
>   Eine Zahl, die durch 2 und durch 5 teilbar ist, muss daher auf 0 enden: 120; 990; 870; ...

Basisaufgaben

5 Untersuche, ob die Zahl durch 2, 5 oder 10 teilbar ist.
   a) 265   b) 476   c) 1390   d) 457   e) 656   f) 675   g) 123   h) 12 438   i) 23 340

6 Ordne zu, welche der Zahlen teilbar sind
   a) durch 2,
   b) durch 5,
   c) durch 2 und durch 5,
   d) weder durch 2 noch durch 5.

   224   635   207   1000   441   515   370   8484

7 Bestimme alle zweistelligen Zahlen, die sowohl durch 2 als auch durch 5 teilbar sind. Erkläre das Ergebnis.

Teilbarkeit durch 3 und durch 9

Ob eine Zahl durch 3 oder durch 9 teilbar ist, kann man anhand ihrer **Quersumme** erkennen. Die Quersumme ist die Summe aller Ziffern der Zahl: die Zahl 9123 hat zum Beispiel die Quersumme 9 + 1 + 2 + 3 = 15.

> **Wissen** **Quersummenregeln**
> Eine Zahl ist durch 3 teilbar, wenn ihre Quersumme durch 3 teilbar ist.
> Eine Zahl ist durch 9 teilbar, wenn ihre Quersumme durch 9 teilbar ist.

2 Rechnen mit natürlichen Zahlen

> **Beispiel 3** Prüfe, ob die Zahl durch 3 oder durch 9 teilbar ist.
> a) 3177   b) 2931   c) 2806
>
> **Lösung:**
> a) Berechne die Quersumme von 3177. $3+1+7+7=18$ $3\,|\,18$ $9\,|\,18$
>   Die Quersumme ist sowohl durch 3 als   3177 ist durch 3 und durch 9 teilbar.
>   auch durch 9 teilbar.
>
> b) Die Quersumme ist nur durch 3 teilbar. $2+9+3+1=15$ $3\,|\,15$ $9\nmid 15$
>   2931 ist durch 3, aber nicht durch 9 teilbar.
>
> c) Die Quersumme ist weder durch 3 noch $2+8+0+6=16$ $3\nmid 16$ $9\nmid 16$
>   durch 9 teilbar.   2806 ist weder durch 3 noch durch 9 teilbar.

Basisaufgaben

8 Prüfe, ob die Zahl durch 3 teilbar ist. Benutze die Quersummenregel.
a) 345   b) 78   c) 1347   d) 5556   e) 111 111

9 Ersetze den Platzhalter ■ durch eine Ziffer, sodass die Zahl durch 9 teilbar ist.
a) 35■   b) 45■1   c) 42■7   d) 8■23   e) 3■96

Weiterführende Aufgaben   Zwischentest

10 Bilde aus den Ziffern 0, 1, 2, 3, 4, 5 alle zweistelligen Zahlen, die teilbar sind
a) durch 2,   b) durch 5,   c) durch 10,   d) durch 3.

11 Bilde aus den Ziffern möglichst viele
a) dreistellige Zahlen, die durch 3 teilbar sind,
b) vierstellige Zahlen, die durch 9 teilbar sind,
c) fünfstellige Zahlen, die durch 3 und 9 teilbar sind.

Ziffern: 0 1 2 3 4 5 6 7 8 9

⚠ 12 Stolperstelle: Prüfe die Aussagen. Korrigiere, wenn nötig.
a) „0 ist Teiler von 10, da bei 10 : 0 = 0 kein Rest bleibt."
b) „Jeder Teiler einer Zahl ist kleiner als die Zahl selbst."
c) „Nichts kann man nicht aufteilen, deshalb hat 0 keinen Teiler."

Hilfe

13 Gib drei Zahlen an, die gleichzeitig Vielfache aller angegebenen Zahlen sind.
a) 2 und 5   b) 5 und 10   c) 2, 4 und 6   d) 3, 6 und 9

14 Teilbarkeit durch 6:
a) Markiere auf einem Zahlenstrahl bis 30 alle geraden Zahlen blau und alle durch 3 teilbaren Zahlen grün. Kennzeichne dann alle Vielfachen von 6 rot.
b) Formuliere eine Regel, mit der man die Teilbarkeit durch 6 überprüfen kann.

15 Überprüfe, ob die Zahl durch 6 teilbar ist.
a) 33   b) 96   c) 462   d) 4561   e) 2736

16 Untersuche, welche der Zahlen teilbar sind.
a) durch 3   b) durch 5   c) durch 6   d) durch 9

234   9126   4218   324   255   1713   6228   1342   308   7107

2.11 Teiler, Vielfache und Teilbarkeitsregeln

17 Es sind drei aufeinanderfolgende Vielfache gegeben.
① ...; 28; 35; 42; ...
② ...; 64; 72; 80; ...
③ ...; 48; 60; 72; ...
④ ...; 143; 156; 169; ...
a) Gib an, welche Zahl vervielfacht wurde. Erkläre, wie du die Antwort gefunden hast.
b) Ergänze die nächsten drei Vielfachen.

18 Die Eintrittskarte für ein Museum kostet 3 Euro. Die Kassiererin sagt, dass heute insgesamt 715 Euro eingenommen wurden.
a) Erkläre, warum ein Fehler vorliegen muss.
b) Die Kassiererin stellt fest, dass sie sich um einen 5-Euro-Schein verzählt hat. Gib an, wie hoch die Einnahmen waren. Begründe.

19 Die Leonhard-Euler-Schule veranstaltet ein Volleyballturnier unter den fünften Klassen. Eine Mannschaft besteht aus 6 Spielern.

a) Es gibt 96 Fünftklässler an der Schule. Prüfe, ob sie ihre Mannschaften so zusammenstellen können, dass niemand übrigbleibt.
b) Am Tag des Turniers sind 16 Fünftklässler krank. Untersuche, ob jetzt Mannschaften gebildet werden können, ohne dass jemand übrigbleibt.
c) Der Sportlehrer sagt: „Wir spielen einfach auf kleineren Feldern. Dann reichen 5 Spieler pro Mannschaft." Ist das eine gute Idee? Begründe.

20 Finde Zahlenpaare, die durch dieselbe Zahl teilbar sind, sodass keine Zahlen übrig bleiben.

| 40 | 81 | 51 | 32 | 48 | 39 | 55 | 54 | 58 | 70 | 75 | 96 |

21 Überprüfe, ob die Aussage wahr ist. Begründe.
a) Wenn eine Zahl durch 10 teilbar ist, dann ist sie auch durch 5 teilbar.
b) Wenn eine Zahl durch 3 teilbar ist, dann ist sie auch durch 9 teilbar.
c) Wenn eine Zahl durch 2 und durch 6 teilbar ist, dann ist sie auch durch 12 teilbar.

22 Summenregel: Jonas kann schnell prüfen, ob eine Zahl durch 7 teilbar ist.
Beispiel: 175 ist durch 7 teilbar, da 140 durch 7 teilbar und 35 durch 7 teilbar ist.
a) Erkläre, wie Jonas rechnet. Gib auch das Ergebnis von 175 : 7 an.
b) Zeige mit der Summenregel, dass die Zahlen durch 7 teilbar sind: 84, 161, 364, 1435

23 Die Mitglieder des Schulchors (maximal 50 Personen) sollen sich für ihren Auftritt in gleich langen Reihen aufstellen. Sie versuchen es in Reihen mit 2, 3, 4 und 6 Personen. Jedes Mal bleibt eine Person übrig. Bestimme, wie viele Mitglieder der Schulchor hat. Es gibt mehrere Möglichkeiten.

24 Ausblick: Untersuche die Teilbarkeit durch 4.
a) Begründe, dass alle Vielfachen von 100 durch 4 teilbar sind.
b) Erkläre, warum man bei 116, 2028, 10032, 400084, 478158 nur eine zweistellige Zahl auf Teilbarkeit durch 4 prüfen muss. Gib diese Zahl an und prüfe auf Teilbarkeit durch 4.
c) Formuliere eine Regel, mit der man die Teilbarkeit durch 4 überprüfen kann.
d) Überprüfe, ob die Zahl durch 4 teilbar ist.
① 32   ② 141   ③ 184   ④ 273 822   ⑤ 1 028 304

2.12 Primzahlen

Die Kinder der Klasse 5a sollen sich in gleich große Gruppen aufteilen. Edi meint: „Aber das ist unmöglich, denn wir sind 29 Kinder." Entscheide begründet, ob Edi recht hat.

Hinweis

1 ist keine Primzahl, da 1 nur einen Teiler hat.

Wissen

Eine Zahl ist immer teilbar durch 1 und durch sich selbst. Hat eine Zahl nur diese beiden Teiler, so heißt sie **Primzahl**. Die ersten Primzahlen sind 2, 3, 5, 7, 11, 13 ...

Beispiel 1

Prüfe, ob es sich um eine Primzahl handelt.
a) 23　　　　　　　　　　　　　　　　b) 27

Lösung:
a) 23 hat nur die Teiler 1 und 23.　　　　　23 ist eine Primzahl.

b) 27 hat mehr als zwei Teiler.　　　　　　27 ist keine Primzahl, da zum Beispiel 3 | 27.

Basisaufgaben

1 Prüfe, welche Zahlen Primzahlen sind.

a)
1	3	6
9	4	7
2	8	5

b)
13	21	39
25	19	16
31	43	49

c)
83	29	63
61	48
77	71

d)
97	121
201	123	101
149	151

2 Gib alle Primzahlen an, die zwischen 20 und 30 liegen.

3 Gib alle Primzahlen an.
a) zwischen 30 und 50　　　b) zwischen 50 und 75　　　c) zwischen 75 und 100

Primfaktorzerlegung

Wissen

Natürliche Zahlen, die keine Primzahlen sind, lassen sich eindeutig als Produkt von Primzahlen schreiben. Solch ein Produkt heißt **Primfaktorzerlegung** der Zahl.

Erklärfilm

Beispiel 2

Zerlege die Zahl 120 in Primfaktoren.

Hinweis

Primfaktorzerlegungen schreibt man auch mit Potenzen:
120 = 2·2·2·3·5
　　= 2^3 ·3·5

Lösung:
Schreibe die Zahl 120 als Produkt.　　　　　120 = 10 · 12
Zerlege die Faktoren so lange weiter, bis du
nur noch Primfaktoren hast. Verwende　　　　= 2·5·3·4
nicht den Faktor 1.
　　　　　　　　　　　　　　　　　　　　　= 2·5·3·2·2
Sortiere die Primfaktoren.　　　　　　　　　= 2·2·2·3·5

Basisaufgaben

4 Ersetze den Platzhalter ■ durch eine Zahl, sodass die Primfaktorzerlegung stimmt.
 a) 22 = 2 · ■   b) 50 = 2 · ■ · 5   c) 63 = 3 · 3 · ■   d) 104 = 2 · 2 · 2 · ■

5 Zerlege die Zahl in Primfaktoren.
 a) 24   b) 57   c) 660   d) 348   e) 735

6 Zerlege die Zahl in Primfaktoren und schreibe gleiche Faktoren als Potenzen.
 a) 72   b) 125   c) 360   d) 1024   e) 567

7 Schreibe die Zahl, wenn möglich, als Produkt von Primzahlen.
 a) 81   b) 93   c) 57   d) 29   e) 121

Weiterführende Aufgaben   Zwischentest

8 Erkläre, wie man ohne auszumultiplizieren prüfen kann, ob die Produkte gleichwertig sind.
 a) 2 · 8 · 25 und 4 · 5 · 20   b) 2 · 4 · 8 und $2^2 \cdot 4^2$ c) 6 · 8 · 27 und $3^3 \cdot 4 \cdot 24$
 d) 7 · 9 · 15 und 21 · 45   e) 6 · 12 · 16 und $2^2 \cdot 144$ f) 4 · 12 · 35 und 5 · 14 · 22

9 Stolperstelle: Malek behauptet: „Alle Primzahlen müssen ungerade sein, da gerade Zahlen immer durch 2 teilbar sind." Was meinst du dazu? Nimm Stellung.

10 Bestimme den Wert des Rechenausdrucks. Gib dann alle seine Teiler an.
 a) 2 · 3 · 7   b) 2 · 5 · 7   c) $2^2 \cdot 3^2$ d) $2^3 \cdot 3$ e) 7 · 11

11 Sieb des Eratosthenes: Schreibe alle Zahlen von 1 bis 100 auf. Streiche zuerst die 1. Streiche dann alle Vielfachen von 2 außer der 2 selbst. Die nächste nicht durchgestrichene Zahl ist die 3. Streiche alle Vielfachen von 3 außer der 3 selbst. Fahre mit der nächsten nicht durchgestrichenen Zahl fort, bis du keine Vielfachen mehr streichen kannst. Welche Zahlen bleiben übrig? Erkläre warum.

12 Die Primfaktorzerlegung der Zahl 84 ist 84 = 2 · 2 · 3 · 7. Die Teiler von 84 sind 1, 2, 3, 4, 6, 7, 12, 14, 21, 28, 42 und 84.
 a) Finde heraus, wie man die Teiler von 84 aus den Primfaktoren von 84 berechnen kann.
 b) Bestimme die Primfaktorzerlegung und mit ihrer Hilfe alle Teiler der Zahl.
  ① 42   ② 130   ③ 44   ④ 54   ⑤ 210

13 Mirpzahlen: Mirpzahlen sind Primzahlen, die rückwärts gelesen auch Primzahlen sind. „Mirp" bedeutet rückwärts gelesen „prim". Die Mirpzahl 13 ist rückwärts gelesen die Primzahl 31. Finde weitere Mirpzahlen.

14 Ausblick: Untersuche die Primfaktorzerlegung von Produkten und Quotienten.
 a) Zerlege beide Zahlen in Primfaktoren.
  ① 4 und 20   ② 6 und 18   ③ 10 und 80   ④ 30 und 90   ⑤ 210 und 15
 b) Bestimme die Primfaktorzerlegung des Produkts der beiden Zahlen.
 c) Bestimme die Primfaktorzerlegung des Quotienten der beiden Zahlen.

Begründen und Widerlegen

Entscheide zuerst, welche der Aussagen wahr und welche falsch ist. Erkläre dann, wie du nachweisen kannst, dass die Aussage wahr oder falsch ist.

Mathematische Aussagen beziehen sich oft auf unendlich viele Objekte, wie zum Beispiel auf alle natürlichen Zahlen oder alle geometrischen Figuren. Um die Wahrheit einer solchen Aussagen nachzuweisen, reichen Beispiele nicht aus. Sie muss begründet werden, indem mit Definitionen, Rechnungen oder Rechengesetzen Schlussfolgerungen gezogen werden.
Nur wenn die Aussage falsch ist, genügt ein einziges Gegenbeispiel, um sie zu widerlegen.

Hinweis

Eine **Definition** ist die Bestimmung eines Begriffs. Der Begriff und seine Eigenschaften werden erklärt.

> **Wissen**
>
> Wenn eine Aussage, die sich auf unendlich viele Objekte bezieht, **falsch** ist, dann kann sie mit einem **Gegenbeispiel** widerlegt werden.
> Wenn eine Aussage, die sich auf unendlich viele Objekte bezieht, **wahr** ist, dann muss **begründet** werden, dass sie in jedem möglichen Fall zutrifft, Beispiele reichen nicht aus.

> **Beispiel 1   Begründen von Aussagen**
>
> Begründe die Aussage
> a) Jedes Quadrat ist ein Rechteck.
> b) Jedes Vielfache einer geraden Zahl ist gerade.
>
> **Lösung:**
> a) Gib zuerst die Definition der Begriffe „Quadrat" und „Rechteck" an. Prüfe dann, ob jedes Quadrat die Eigenschaften eines Rechtecks besitzt.
>
> Ein Quadrat ist ein Viereck, bei dem alle Seiten gleich lang sind und benachbarte Seiten senkrecht zueinander sind.
> Ein Rechteck ist ein Viereck, bei dem benachbarte Seiten senkrecht zueinander sind.
> Also ist jedes Quadrat ein Rechteck.
>
> b) Gib zuerst an, was durch die Aussage bekannt ist. Erkläre, was diese Voraussetzung mathematisch bedeutet. Verwende die Definition der Begriffe „gerade Zahl" und „Vielfaches", um daraus Schlüsse zu ziehen.
>
> Die Zahl ist ein Vielfaches einer geraden Zahl. Eine gerade Zahl hat den Primfaktor 2. Das Vielfache dieser Zahl ist ihr Produkt mit einer natürlichen Zahl. Das Produkt hat somit auch den Primfaktor 2. Also ist das Vielfache einer geraden Zahl gerade.

> **Beispiel 2   Widerlegen von Aussagen**
>
> Widerlege die Aussage: Jedes Vielfache einer ungeraden Zahl ist ungerade.
>
> **Lösung:**
> Gib ein Gegenbeispiel an.
> Finde also eine ungerade Zahl und ein Vielfaches dieser Zahl, welches gerade ist.
>
> 3 ist eine ungerade Zahl.
> Ihr Vielfaches $2 \cdot 3 = 6$ ist eine gerade Zahl. Also gibt es ein Vielfaches einer ungeraden Zahl, das nicht ungerade ist.

2 Mathematisch arbeiten

Aufgaben

1. Jakob meint: „Wenn eine Zahl durch 2 und durch 3 teilbar ist, dann ist sie auch durch 12 teilbar. Das sieht man zum Beispiel an der 24." Nimm Stellung.

2. a) Bringe die Kärtchen in die richtige Reihenfolge, sodass eine Begründung für die Aussage „Eine Zahl, die durch 2 und durch 3 teilbar ist, ist auch durch 6 teilbar." entsteht.
   b) Schreibe eine Begründung auf für die Aussage „Eine Zahl, die durch 3 und durch 5 teilbar ist, ist auch durch 15 teilbar."

   ① Die Zahl kann als das Produkt 2 · 3 · ■ geschrieben werden.

   ② 6 ist ein Teiler der Zahl und daher ist sie durch 6 teilbar.

   ③ Eine durch 2 und durch 3 teilbare Zahl hat die Primfaktoren 2 und 3.

   ④ Nach dem Assoziativgesetz gilt 2 · 3 · ■ = 6 · ■.

3. Leon, Timo und Hanna haben die Aussage begründet: „Das Produkt aus zwei geraden Zahlen ist immer gerade.". Entscheide, welche Begründung am geeignetsten ist.
   Leon: „Die Aussage stimmt, da, 2 · 2 = 4, 2 · 4 = 8 und 2 · 6 = 12 ist."
   Timo: „Eine gerade Zahl hat den Primfaktor 2. Multipliziert man zwei gerade Zahlen, dann hat das Produkt zweimal den Primfaktor 2 und ist somit wieder eine gerade Zahl."
   Hanna: „Ist doch klar: Anstatt zu multiplizieren, kann man ja auch addieren. Wenn man gerade oft eine gerade Zahl zusammenzählt, kommt eine gerade Zahl raus."

4. Widerlege die Aussage.
   a) Jede Primzahl ist ungerade.
   b) Wenn eine Zahl gerade ist, dann ist sie durch 4 teilbar.
   c) Jedes Vielfache von 9 ist durch 6 teilbar.
   d) Eine Zahl, die durch 10 und durch 5 teilbar ist, ist auch durch 15 teilbar.
   e) Eine Summe ist durch 6 teilbar, wenn beide Summanden durch 3 teilbar sind.

5. Begründe die Aussage.
   a) Wenn er regnet, werden die Bäume nass.
   b) Kein Grundschüler besitzt einen gültigen Führerschein.
   c) Wenn Laura älter als Alex und Alex älter als Merle ist, dann ist Merle jünger als Laura.

6. Begründe die Aussage.
   a) Eine Zahl, die durch 10 teilbar ist, ist auch durch 2 teilbar.
   b) Wenn man beide Faktoren verdoppelt, dann vervierfacht sich der Wert des Produkts.
   c) Wenn man beide Summanden verdoppelt, dann verdoppelt sich der Wert der Summe.

7. Begründe oder widerlege die Aussage.
   a) Das Produkt aus einer geraden und einer ungeraden Zahl ist immer ungerade.
   b) Das Produkt aus zwei ungeraden Zahlen ist immer gerade.
   c) Wenn man beide Faktoren verdreifacht, dann versechsfacht sich der Wert des Produkts.
   d) Wenn man einen Faktor verdoppelt und den anderen Faktor halbiert, bleibt der Wert des Produkts gleich.

 8. Diskutiert in der Gruppe, warum es praktisch unmöglich ist, Aussagen wie „Es existieren lebende Einhörner." zu widerlegen. Findet weitere solche Aussagen, die sich praktisch nicht widerlegen lassen.

2.13 Vermischte Aufgaben

1 Die Länge des Äquators beträgt ungefähr 40 000 km.
   a) Berechne, wie viele Tage ein Radfahrer für diese Strecke benötigt, wenn er täglich 10 Stunden fährt und in jeder Stunde 16 km zurücklegt.
   b) Berechne, wie viele Kilometer ein Radfahrer in einer Stunde fahren müsste, wenn er täglich 8 Stunden fährt und die 40 000 km in 250 Tagen schaffen möchte.
   c) Berechne, wie viele Tage ein Fußgänger für diese Strecke benötigen würde, wenn er täglich 40 km zurücklegt.

2 Lisa verhandelt mit ihren Eltern das Taschengeld für einen Monat und schlägt verschiedene Optionen vor:
   ① „Ihr gebt mir jeden Tag 1 € und 50 ct."
   ② „Ihr gebt mir am ersten Tag 1 ct und verdoppelt jeden Tag den Betrag."
   ③ „Ihr gebt mir am ersten Tag 10 ct, am zweiten 20 ct, am dritten 30 ct und so weiter."
   a) Schreibe für jede Option auf, wie viel Geld Lisa an den ersten 5 Tagen erhalten würde. Beschreibe, nach welchem Muster sich diese Folgen fortsetzen ließen.
   b) Lisas Eltern schließen Option ② sofort aus. Erkläre warum.
   c) Berechne, ob Lisa bei Option ① oder ③ mehr Taschengeld bekommen würde.

3 Mara versteht nicht, warum $5 \cdot 0 = 0$ ist. Ihre drei Freunde versuchen es ihr zu erklären. Erkläre ihre Ansätze.
   Michael: Schau mal: $5 \cdot 4 = 20$, $5 \cdot 3 = 15$, $5 \cdot 2 = 10$, $5 \cdot 1 = 5$, ...
   Yasin: $5 \cdot (1-1) = 5 \cdot 1 - 5 \cdot 1 = 5 - 5 = 0$
   Nele: $5 \cdot 3$ bedeutet $5 + 5 + 5$. Also bedeutet $5 \cdot 1$ einmal die 5. Somit ist $5 \cdot 0$ ...

4 In einer Schokoladenfabrik kann ein Verpackungsautomat Pralinen in großen Kartons abpacken. Ein Karton enthält 24 Geschenkpackungen mit jeweils vier kleinen Pralinenschachteln. In jeder der kleinen Pralinenschachteln sind 12 etwa gleich schwere Pralinen zu insgesamt 125 g.
   a) Bestimme, wie viele Pralinen in 100 dieser großen Kartons enthalten sind.
   b) Bestimme, wie viele kleine Pralinenschachteln der Verpackungsautomat mit 2566 Pralinen vollständig füllen kann.
   c) Gib das Gewicht von 1152 dieser Pralinen an.

5 Bei Zauberquadraten ist die Summe in allen Zeilen, Spalten und Diagonalen immer gleich. Diese Summe wird Zauberzahl genannt, die Zahl in der Mitte heißt Mittelzahl.
   a) Löse die Zauberquadrate, indem du die fehlenden Zahlen ergänzt.

①
25	21	14
	19	

②
72		30
	62	
		52

③
92		
	84	
	157	46

   b) Gib an, wie die Zauberzahl mit der Mittelzahl zusammenhängt.
   c) Addiere beim ausgefüllten Zauberquadrat ① zu jedem Eintrag 3 (multipliziere jeden Eintrag mit 2). Zeige, dass es sich immer noch um ein Zauberquadrat handelt. Erkläre mithilfe der Rechengesetze, warum das so ist. Gib die neue Zauberzahl an.

6 Rechnen mit Geburtstagen:
   a) Noah ist am 13.11.2008 geboren, Jana am 03.05.2009. Bestimme, wie viele Tage der Altersunterschied zwischen den beiden beträgt.
   b) Schreibt die Geburtstage aller Schüler eurer Klasse auf, zum Beispiel an die Tafel.
      ① Berechnet den Altersunterschied zwischen dem jüngsten und dem ältesten Schüler eurer Klasse in Tagen.
      ② Findet heraus, bei welchen Schülern aus eurer Klasse der Altersunterschied in Tagen möglichst nah an der Zahl 100 liegt.
   c) Denkt euch eigene Aufgaben zu euren Geburtstagen aus und stellt sie euch gegenseitig.

7 Eine Kuh gibt durchschnittlich etwa 10 Liter Milch am Tag. Um 1 kg Butter herzustellen, werden etwa 20 Liter Milch benötigt. Ein Butterpäckchen wiegt 250 g.
   a) Berechne, wie viele Liter Milch benötigt werden, um ein Päckchen Butter herzustellen.
   b) Auf eine Palette passen 1000 Päckchen Butter. Berechne, wie viele Kühe an einem Tag gemolken werden müssen, um eine Palette Butter zu produzieren.
   c) Der Butterverbrauch pro Kopf in Deutschland beträgt im Jahr etwa 6 kg. Berechne, wie viele Liter Milch für die Herstellung benötigt werden und wie viele Tage eine Kuh dafür gemolken werden muss.
   d) Berechne, wie viele Liter Milch eine Kuh pro Jahr gibt und wie viele Päckchen Butter daraus hergestellt werden können.

8 Wer bin ich? Gib an, welche Zahl gemeint ist.
   a) Ich bin ein Teiler von 18 und von 48 und bin ungerade.
   b) Ich habe 8 Teiler, bin größer als 40 und kleiner als 50.
   c) Ich bin ein Vielfaches von 6 und 9 und bin kleiner als 20.
   d) Ich bin ein Vielfaches von 7, kleiner als 50 und habe 3 verschiedene Primfaktoren.
   e) Ich habe 5 Teiler und bin kleiner als 40.

9 Blütenaufgabe:
In der Klasse von Irina, Benjamin und Süleyman steht diese Aufgabe an der Tafel.

Berechne, indem du zuerst die Vorrangregel für Klammern beachtest und die Rechengesetze anwendest.

$3 \cdot (20 - 10) - (4 - (3 - 1) + 2 \cdot (8 - 4)) =$

Irina sagt: „Wenn ich Klammern einfach wegwische, komme ich auf 40."
Gib an, welche Klammern sie weggelassen hat, um auf 40 zu kommen.

Benjamin sagt: „Wenn ich Klammern wegwischen darf, komme ich sogar auf ein größeres Ergebnis als 50."
Bestimme das größtmögliche Ergebnis, wenn Klammern einfach weggewischt werden können. Untersuche, welche Ergebnisse vorkommen können.

Süleyman rechnet so weiter:
$= 3 \cdot 20 - 3 \cdot 10 - (4 - 2 + 2 \cdot 8 - 2 \cdot 4)$
$= \ldots$
Beurteile, ob Süleyman recht hat. Gib an, welches Rechengesetz er angewendet hat.

10 Frau Klaro kauft für ihre Tochter eine Hose für 49€, ein Shirt für 19€ und eine Jacke für 9€. Sie zahlt mit einem 100-€-Schein. Formuliere eine Rechenaufgabe, mit der du berechnen kannst, wie viel Euro sie als Wechselgeld zurückbekommt. Gib auch die Lösung an.

11 Bei einem Staffellauf teilen sich die Läufer eine Strecke zu gleichen Teilen, ihre Zeiten werden addiert. Das Team mit der besten Zeit gewinnt. Die Gesamtstrecke einer Schulstaffel beträgt 28 km.
 a) Die Staffel der Klasse 5b hat 14 Mitglieder. Berechne die Länge der Strecke, die jedes Teammitglied laufen muss.
 b) Die Streckenlänge für Achtklässler beträgt jeweils 4 km. Bestimme die Anzahl der Mitglieder dieses Teams.

12 Das Buch „Märchen aus aller Welt" hat 120 Druckseiten. Auf jeder dieser Seiten sind durchschnittlich 48 Zeilen mit 75 Schriftzeichen. Bei einer Neuauflage des Buchs sind aufgrund eines anderen Formats und anderer Schriftgrößen auf jeder Seite durchschnittlich 32 Zeilen mit 51 Schriftzeichen. Berechne die Anzahl der Druckseiten für die Neuauflage.

13 Weltweit werden etwa jede Sekunde vier Kinder geboren. Berechne, wie viele Kinder etwa in einer Minute, in einer Stunde, an einem Tag und in einem Jahr geboren werden.

14 Fiona, Karol und Robin wollen die Zahl 180 in Primfaktoren zerlegen. Sie rechnen auf unterschiedliche Weise.

Fiona:
$180 = 2 \cdot 90 = ...$

Karol:
$180 = 18 \cdot 10 = ...$

Robin:
$180 = 30 \cdot 6 = ...$

Zeige, dass sich bei Fiona, Karol und Robin am Ende die gleiche Primfaktorzerlegung ergibt, indem du die Zerlegungen fortsetzt.

15 Benutze die Ziffern 1, 2, 3, 4, 5 und 6 für folgende Multiplikationsaufgabe jeweils genau einmal: ■■■ · ■■■
 a) Gib das größte Ergebnis an, das du so erreichen kannst. Begründe deine Wahl.
 b) Gib das kleinste Ergebnis an, das du so erreichen kannst. Begründe deine Wahl.

Erinnere dich

Die Zahlen einer Zahlenkette sind entweder aufsteigend (>) oder absteigend (<) sortiert.

16 a) Ordne die Ergebnisse jeweils nach Größe. Beginne mit dem kleinsten.
 ① $27 \cdot 59; 17 \cdot 9; 10^7$
 ② $18 \cdot 10 \cdot 5; 23 \cdot 2 \cdot 5 \cdot 4; 25 \cdot 36 \cdot 3$
 ③ $12 \cdot 10^3; 5^3 \cdot 9; 12^5 \cdot 8; 73 \cdot 58$
 ④ $723 \cdot 13; 3^4 \cdot 2^3; 24 \cdot 71 \cdot 3; 2^8 \cdot 7$
 b) Arbeitet zu zweit. Erfindet selbst solche Aufgaben und stellt sie euch gegenseitig. Löst sie auch selbst. Erhaltet ihr die gleichen Ergebnisse?

17 Ersetze den Platzhalter ■ durch eine Zahl, sodass die Rechnung stimmt.
 a) 824 : ■ = 8   b) ■ · 9 = 702   c) 847 : ■ = 77   d) 12 · ■ = 972
 e) 288 : ■ = 24 f) ■ : 37 = 22   g) ■ : 92 = 8   h) 101 · ■ = 1313

18 Ersetze den Platzhalter ■ so durch eine Ziffer, dass die Zahl durch 2 (3; 5; 6; 9) teilbar ist. Gib möglichst viele Lösungen an. Es gibt nicht immer eine Lösung.
 ① 74■   ② ■36   ③ ■2■   ④ 1■5■   ⑤ ■29■

2 Prüfe dein neues Fundament

Lösungen
→ S. 242/243

1 Berechne im Kopf.
a) 94 + 9
b) 138 + 41
c) 113 − 49
d) 408 − 26
e) 8 · 18
f) 29 · 15
g) 183 : 3
h) 91 : 7

2 Ersetze den Platzhalter ■ so durch eine Zahl, dass die Rechnung stimmt.
a) ■ + 26 = 77
b) 68 + ■ = 123
c) ■ − 17 = 67
d) 480 − ■ = 120
e) ■ · 10 = 120
f) 4 · ■ = 84
g) ■ : 9 = 12
h) 51 : ■ = 3

3 Berechne, wenn möglich.
a) 13 − 0
b) 4 : 0
c) 16 · 0
d) 0 : 10

4 Berechne.
a) (13 + 19) · 2
b) 24 − 6 · 3
c) 2 · (100 − 14 − 4)
d) 12 + 4 : 4
e) (2 · 6 + 4) : (1 + 3)
f) 531 + 9 : (12 − 9)

5 Übertrage die Rechnung und setze Klammern so, dass sie stimmt.
a) 3 + 6 · 5 = 45
b) 5 − 18 : 6 + 3 = 3
c) 19 − 3 : 3 + 5 = 2

6 Schreibe als Rechenaufgabe mit Rechenzeichen. Zeichne einen passenden Rechenbaum.
a) Addiere die Zahl 14 zum Produkt von 12 und 6.
b) Dividiere die Differenz von 67 und 11 durch die Summe von 3 und 5.

7 Berechne vorteilhaft.
a) 15 + 740 + 260 + 430
b) 4 · 79 · 25
c) 12 · 28 − 12 · 18
d) 48 · 5 · 2
e) (73 − 53) · 13
f) 199 · 5

8 Berechne vorteilhaft.
a) 7000 + 6000
b) 5700 + 18 000
c) 15 000 − 800
d) 39 100 − 7100
e) 200 · 700
f) 60 · 500
g) 900 : 20
h) 24 000 : 600

9 Rechne schriftlich. Führe zuerst einen Überschlag durch.
a) 3456 + 11 347
b) 7863 − 3673
c) 32 · 5609
d) 9708 : 6

10 Gib an, welche Ziffern du für ■ einsetzen kannst, damit die Zahl 79■
a) durch 2 teilbar ist,
b) durch 3 teilbar ist,
c) durch 5 teilbar ist,
d) durch 2 und 3 teilbar ist.

11 Ines hat einige Aufgaben gelöst. Erkläre ihre Fehler.

a)
```
  234609
+ 376011
  510620
```
b)
```
   45609
+  94091
  139700
```
c)
```
  10962
−  7753
  23209
```
d)
```
  746 · 42
    2984
  + 1492
    4476
```

12 Gib an, welche der Zahlen Primzahlen sind.

27   11   47   57   68   69   85   91   94   97   103

13 Berechne.
a) 9^2
b) 6^3
c) $5 \cdot 10^2$
d) $12 \cdot 10^3$
e) $3^3 - 1$
f) $2 + 2^5$
g) $9^3 : 9$
h) $2^3 \cdot 3^2$
i) $(7 - 3)^2$
j) $3 \cdot 5^2 + 15$
k) $(2^5 - 2^4) : 4$
l) $(1 + 3)^3 - 4$

2 Rechnen mit natürlichen Zahlen

Lösungen → S. 243

14 Zerlege die Zahl in Primfaktoren.
a) 36 b) 84 c) 99 d) 128 e) 150 f) 225

15 Eine einzelne Fahrt mit der Straßenbahn kostet 1,50 €. Eine Schülermonatskarte kostet 35 €. Berechne, ab wie vielen Fahrten sich der Kauf einer Monatskarte lohnt.

16 Die 18-Uhr-Vorstellung im Kino „Capitol" war nahezu ausverkauft. Es wurden insgesamt 1592 € eingenommen. Eine Karte für einen der 60 verkauften Logenplätze kostete 14 €. Für alle übrigen Plätze mussten jeweils 8 € bezahlt werden. Bestimme, wie viele Besucher in der Vorstellung waren.

17 Bei einem Zwölfjährigen schlägt das Herz etwa 90-mal in einer Minute. Berechne, wie viele Herzschläge das Herz eines Zwölfjährigen an einem Tag macht.

18 Prüfe, ob die Zahlen in der ersten Spalte die Zahlen in der obersten Zeile teilen oder nicht teilen. Trage das richtige Zeichen ein (| = teilt oder † = teilt nicht).

	198	444	890	1234	4455	42 120	56 403
4							
5							
6							
9							

Wo stehe ich?

	Ich kann ...	Aufgabe	Schlag nach
2.1 2.2	... die Fachbegriffe der Addition, Subtraktion, Multiplikation und Division verwenden. ... Zahlen geschickt addieren, subtrahieren, multiplizieren und dividieren, die Umkehrung anwenden und mit 0 rechnen.	1, 2, 3	S. 50 Beispiel 1 S. 51 Beispiel 2 S. 53 Beispiel 1 S. 54 Beispiel 2
2.3	... Überschlagsrechnungen durchführen.	9	S. 56 Beispiel 1
2.4 2.5 2.6	... schriftlich addieren, subtrahieren, multiplizieren und dividieren.	9, 11, 17	S. 58 Beispiel 1 S. 59 Beispiel 2 S. 61 Beispiel 1 S. 63 Beispiel 1
2.7	... Vorrang- und Klammerregeln beim Rechnen mit allen Grundrechenarten anwenden.	4, 5, 6, 16	S. 65 Beispiel 1 S. 66 Beispiel 2
2.8	... das Kommutativgesetz und das Assoziativgesetz der Addition und Multiplikation zur Vereinfachung von Rechnungen verwenden.	7, 8, 15	S. 71 Beispiel 1 S. 72 Beispiel 2
2.9	... das Distributivgesetz anwenden: Ausmultiplizieren und Ausklammern.	5	S. 74 Beispiel 1 S. 75 Beispiel 2
2.10	... Produkte als Potenzen schreiben und mit Potenzen rechnen.	13	S. 78 Beispiel 1 S. 79 Beispiel 2 S. 79 Beispiel 3
2.11	... Teiler und Vielfache bestimmen und Teilbarkeitsregeln anwenden.	10, 18	S. 81 Beispiel 1 S. 82 Beispiel 2 S. 83 Beispiel 3
2.12	... prüfen, ob eine Zahl eine Primzahl ist, und Zahlen in Primfaktoren zerlegen.	12, 14	S. 85 Beispiel 1 S. 85 Beispiel 2

2 Zusammenfassung

Addition und Subtraktion

Summand plus **Summand**
8 + 7 = 15   **Summe**

Minuend minus **Subtrahend**
15 − 7 = 8   **Differenz**

	1	3	6	7
+		6	8	1
		1	1	
	2	0	4	8

	2	3	4	5
−		5	3	6
		1		1
	1	8	0	9

Multiplikation und Division

Faktor mal **Faktor**
4 · 12 = 48   **Produkt**

Für jede Zahl a ≠ 0 gilt:
a · 0 = 0 und a · 1 = a

Dividend durch **Divisor**
48 : 12 = 4   **Quotient**

Für jede Zahl a ≠ 0 gilt:
0 : a = 0 und a : a = 1

Achtung: Division durch 0 ist nicht möglich!

$3 \cdot 7 \cdot 8 : 1 \cdot 4 = 2 \cdot 7$ (Division)

Potenzieren

Ein Produkt mit gleichen Faktoren kann man kürzer als **Potenz** schreiben.

a · a · a · a = a⁴ ← Exponent
              ↑ Basis
(sprich: a hoch 4)

Eine Potenz mit dem Exponenten 2 heißt **Quadratzahl**. Eine Potenz mit der Basis 10 heißt **Zehnerpotenz**.

$3 \cdot 3 \cdot 3 \cdot 3 \cdot 3 = 3^5$
Basis: 3, Exponent: 5

$2^4 = 2 \cdot 2 \cdot 2 \cdot 2 = 16$

$1^2 = 1;\ 2^2 = 4;\ 3^2 = 9;\ 4^2 = 16;\ 5^2 = 25\ ...$
$10^1 = 10;\ 10^2 = 100;\ 10^3 = 1000\ ...$

Rechengesetze

	Addition	Multiplikation
Kommutativgesetz	a + b = b + a	a · b = b · a
Assoziativgesetz	(a + b) + c = a + (b + c)	(a · b) · c = a · (b · c)
Distributivgesetz	a · (b + c) = a · b + a · c und a · (b − c) = a · b − a · c	

Vorrangregeln: Die Merkregel „KlaPoPS" gibt die Reihenfolge beim Rechnen an: Klammer, Potenz, Punktrechnung, Strichrechnung. Ansonsten rechnet man von links nach rechts.

Teilbarkeitsregeln

Endziffernregeln
Eine Zahl ist genau dann
- **durch 2 teilbar**, wenn sie auf 2, 4, 6, 8 oder 0 endet,
- **durch 5 teilbar**, wenn sie auf 5 oder 0 endet,
- **durch 10 teilbar**, wenn sie auf 0 endet,

12, 310, 18, 36 sind durch 2 teilbar.

870 und 985 sind durch 5 teilbar.

70 und 920 sind durch 10 teilbar.

Quersummenregel
Eine Zahl ist genau dann **durch 3 (durch 9) teilbar**, wenn ihre Quersumme durch 3 (durch 9) teilbar ist.

162 ist durch 3 (durch 9) teilbar, denn die Quersumme 1 + 6 + 2 = 9 ist durch 3 (durch 9) teilbar.

Eine Zahl ist genau dann durch 6 teilbar, wenn sie durch 2 und durch 3 teilbar ist.

342 ist durch 6 teilbar, da 342 sowohl durch 2 als auch durch 3 teilbar ist.

Primzahlen

Eine Zahl, die keine Teiler außer 1 und sich selbst hat, heißt **Primzahl**.

Die ersten Primzahlen lauten:
2, 3, 5, 7, 11, 13, 17, 19, 23, 29, 31 ...

3 Grundbegriffe der Geometrie

Nach diesem Kapitel kannst du
→ Lagebeziehungen von Geraden erkennen,
→ besondere Vierecke charakterisieren und zeichnen,
→ achsen- und punktsymmetrische Figuren erkennen und zeichnen,
→ Achsen- und Punktspiegelungen durchführen,
→ Figuren im Koordinatensystem darstellen,
→ Körper identifizieren und charakterisieren,
→ Netze und Schrägbilder von Quadern und Würfeln zeichnen.

Dein Fundament

Lösungen
→ S. 243

Gerade Linien messen und zeichnen

1 Bestimme die Länge der geraden Linie von
a) 0 bis A, b) 0 bis C, c) A bis D, d) B bis C.

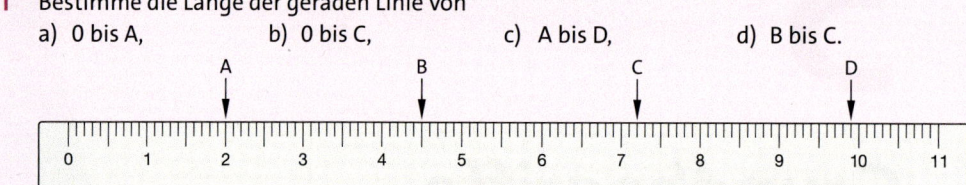

2 Miss die Länge der geraden Linie.
a) b) c)

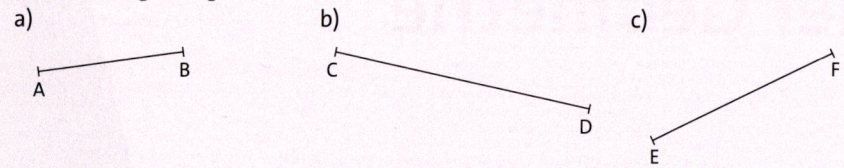

3 Zeichne eine gerade Linie mit den Endpunkten A und B und einer Länge von
a) 3 cm, b) 25 mm, c) 5,7 cm.

4 Zeichne zwei gerade Linien mit einer Länge von 3 cm,
a) die sich in einem Punkt schneiden, b) die keinen Punkt gemeinsam haben.

5 Gib an, welche der beiden geraden Linien augenscheinlich länger ist. Miss nach.

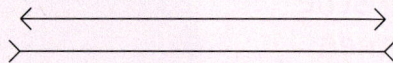

6 Übertrage die Punkte und zeichne alle geraden Verbindungslinien ein.
a) b) c)

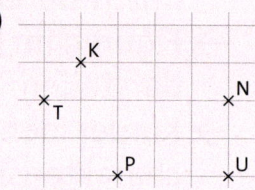

Figuren und Körper erkennen und zeichnen

7 Entscheide, ob die Figur ein Dreieck (Viereck, Quadrat, Rechteck) ist.
a) b) c) d) e)

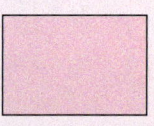 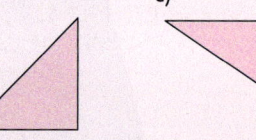 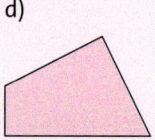

f) g) h) i) j)

 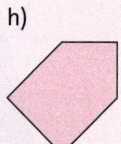 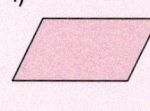

8 Zeichne ein Dreieck und ein Viereck.

Lösungen
→ S. 243/244

9 Gib an, wie viele Dreiecke und Vierecke die Figur enthält.

a) 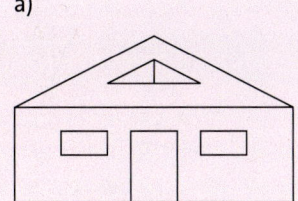 b) 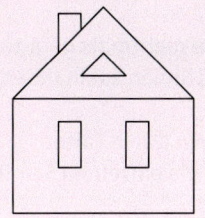 c)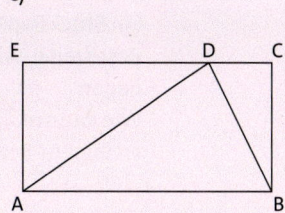

10 Entscheide, ob der Körper ein Quader (Kegel, Würfel, Zylinder, eine Kugel, eine Pyramide) ist.

a) b) c) d) e)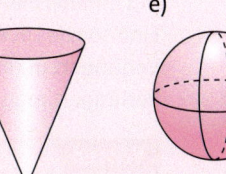

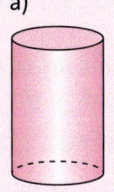 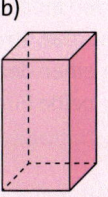 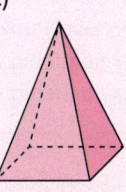

f) g) h) i) j)

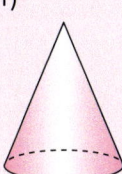 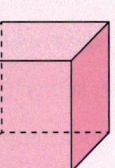 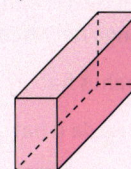 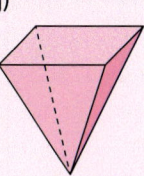

11 Zeichne ein Dreieck und ein Viereck so, dass die beiden Figuren genau
   a) zwei Punkte gemeinsam haben,
   b) drei Punkte gemeinsam haben.

Erklärfilm

Zahlen an einem Zahlenstrahl ablesen und markieren

12 Gib an, welche Zahlen durch die Buchstaben markiert sind.

a) 0, 1, 2, A, B, C, D

b) 0, 10, A, 20, B, C, D

13 a) Zeichne einen Zahlenstrahl wie in 12a). Der Abstand von 0 bis 1 beträgt 2 Kästchen.
   Markiere die Zahlen 3, 4, 8, 10, 12.
   b) Zeichne einen Zahlenstrahl wie in 12b). Der Abstand von 0 bis 5 beträgt 2 Kästchen.
   Markiere die Zahlen 10, 15, 25, 40, 50.

14 Markiere auf einem Zahlenstrahl die Zahlen.
   a) 1, 3, 5, 7, 11,   b) 0, 10, 20, 40, 70   c) 100, 150, 300, 800

15 Gib an, welche Zahlen durch die Buchstaben markiert sind.

a) 0, A, 50, 100, B, C, D

b) A, 92, B, 104, C

3

3.1 Senkrecht und parallel zueinander

Ein Stück Papier wurde mehrmals gefaltet. Beschreibe, wie die Faltlinien zueinander liegen.
Wie kann man die Linien durch Falten erzeugen? Beschreibe die einzelnen Schritte.

Strecke, Strahl und Gerade

Mit einem Lineal kann man eine gerade Linie von einem Punkt A zu einem Punkt B zeichnen. Eine solche Linie zwischen zwei Punkten nennt man **Strecke**.
Verlängert man die Strecke beliebig weit über einen der Punkte hinaus, so entsteht ein **Strahl**.
Verlängert man die Strecke beliebig weit über beide Punkte hinaus, so entsteht eine **Gerade**.

Hinweis

Geraden werden mit Kleinbuchstaben bezeichnet.

> **Wissen**
>
> Die **Strecke** $\overline{AB}$ ist die kürzeste geradlinige Verbindung zwischen zwei Punkten A und B.
> Die Länge der Strecke $\overline{AB}$ ist der **Abstand** der Punkte A und B.
>
> Ein **Strahl s** hat einen Anfangspunkt, aber keinen Endpunkt.
>
> Eine **Gerade g** hat weder Anfangspunkt noch Endpunkt.
>
> Strahlen und Geraden haben keine Länge. Man kann also immer nur Teile einer Gerade und eines Strahls zeichnen.

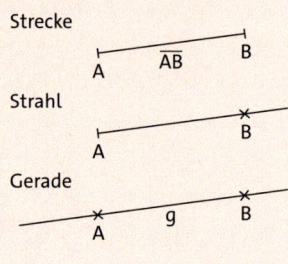

Basisaufgaben

1 a) Schätze zuerst die Länge der Strecken. Miss dann mit dem Geodreieck.

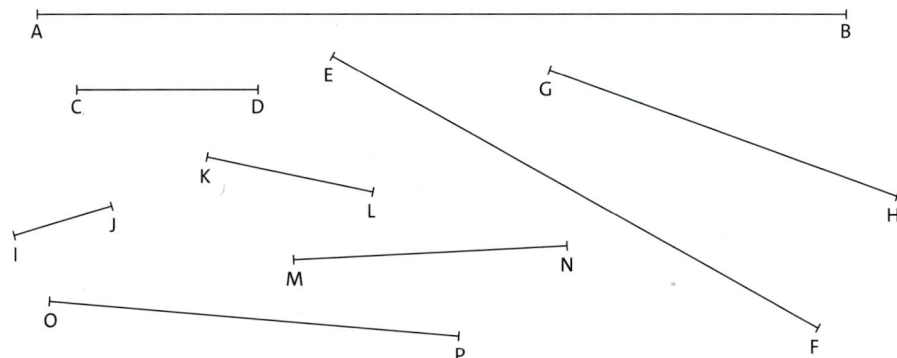

Erinnere dich

10 mm = 1 cm

b) Zeichne Strecken der Länge 2 cm, 5 cm, 35 mm, 11,7 cm, 1,5 cm, 63 mm, 0,7 cm.

2 a) Zeichne drei Punkte. Zeichne drei Geraden g, h und i, die durch je zwei dieser Punkte verlaufen.
b) Zeichne vier Punkte. Zeichne alle Geraden, die je zwei dieser Punkte verbinden.
c) Bestimme, wie viele Geraden sich bei fünf Punkten ergeben, wenn diese durch
① genau zwei Punkte verlaufen, ② mindestens zwei Punkte verlaufen.

3 Zeichne ausgehend von einem Punkt Z fünf Strahlen, sodass ein Stern entsteht.

Senkrecht und parallel

Wissen

Zwei Geraden f und g verlaufen **senkrecht** zueinander, wenn sie in ihrem Schnittpunkt einen rechten Winkel bilden.
Man schreibt: f ⊥ g

Zwei Geraden h und k verlaufen **parallel** zueinander, wenn sie an allen Stellen den gleichen Abstand haben, sich die Geraden also nicht schneiden.
Man schreibt: h ∥ k

Der **Abstand** von parallelen Geraden ist die Länge der kürzesten (also der senkrechten) Verbindung zwischen den Geraden. Dies gilt ebenso für den **Abstand** eines **Punktes zu einer Gerade**.

Erklärfilm

Beispiel 1 — Senkrechte Geraden

Zeichne mit einem Geodreieck zwei Geraden, die senkrecht zueinander stehen.

Lösung:
Zeichne zuerst eine beliebige Gerade g. Lege dann das Geodreieck so, dass die mittlere Hilfslinie genau auf der Gerade liegt. Zeichne nun die Gerade f an der langen Seite des Geodreiecks entlang.
Die Gerade f steht im rechten Winkel zur Gerade g. Die Geraden sind senkrecht zueinander: f ⊥ g

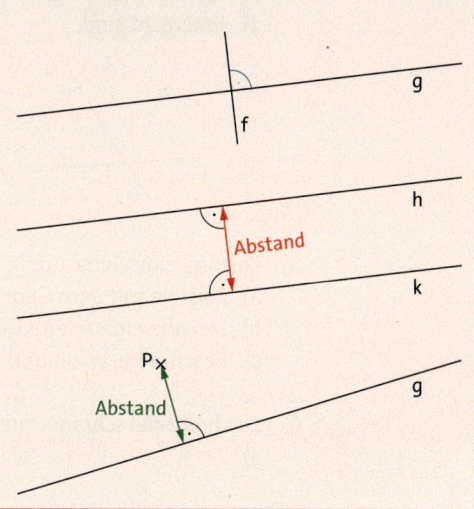
Nutze die Mittellinie.

Erklärfilm

Beispiel 2 — Parallele Geraden

Zeichne mit einem Geodreieck zwei parallele Geraden mit einem Abstand von
a) 3 cm,   b) 6 cm.

Lösung:

a) Zeichne zuerst eine beliebige Gerade g. Bei kleinen Abständen kannst du die parallelen Linien auf dem Geodreieck nutzen. Lege das Geodreieck wie im Bild an die Gerade g an und zeichne die parallele Gerade f am Rand entlang.

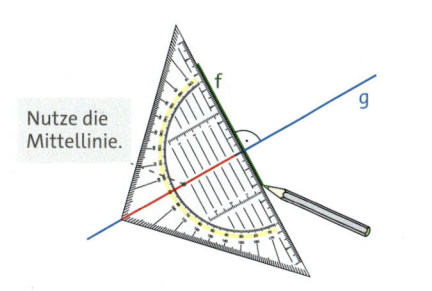
Nutze parallele Linien.

b) Zeichne bei großen Abständen zuerst eine senkrechte Gerade h als Hilfslinie. Markiere auf der Hilfslinie den Punkt P, der von g den Abstand 6 cm hat. Zeichne eine zu h senkrechte Gerade f durch den Punkt P.
f ist parallel zur Gerade g: f ∥ g

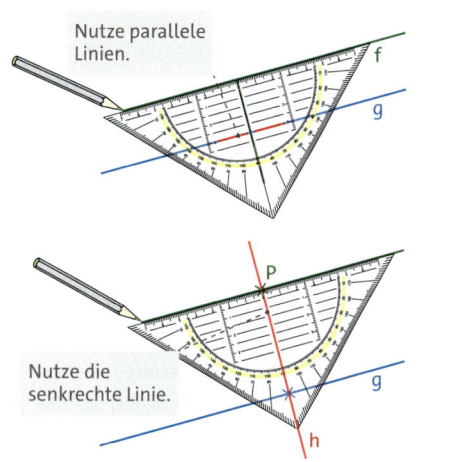
Nutze die senkrechte Linie.

Basisaufgaben

4 Bestimme mit dem Geodreieck, welche der Geraden zueinander
   a) senkrecht sind,
   b) parallel sind. Miss auch deren Abstände.

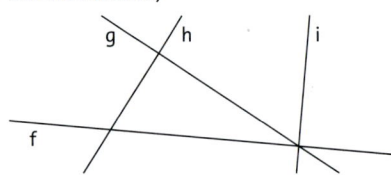
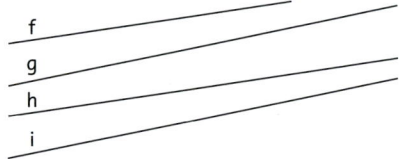

5 Zeichne eine Gerade g.
   a) Zeichne mit dem Geodreieck eine Gerade h, die senkrecht auf der Gerade g steht.
   b) Zeichne eine zweite Gerade k, die senkrecht auf g steht.
   c) Beschreibe, wie h und k zueinander liegen.

6 Zeichne zwei schräge, zueinander parallele Geraden mit einem Abstand von
   a) 2 cm,   b) 3,5 cm,   c) 5,5 cm,   d) 7 cm.

7 **Abstand Punkt – Gerade:**
   a) Zeichne eine schräge Gerade g und einen beliebigen Punkt P, der nicht auf der Gerade liegt. Zeichne dann die zu g senkrechte Gerade, die durch den Punkt P verläuft.
   b) Bestimme den Abstand des Punktes P zur Gerade g, indem du den Abstand von P zum Schnittpunkt der Geraden misst.

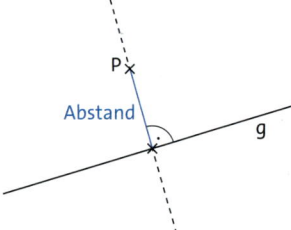

> **Hinweis zu 8**
> Du kannst die Aufgabe auch ohne zu zeichnen lösen, indem du die Abstände mit dem Geodreieck direkt im Buch misst.

8 Bestimme die Abstände der Punkte A, B, C und D zur Gerade g.

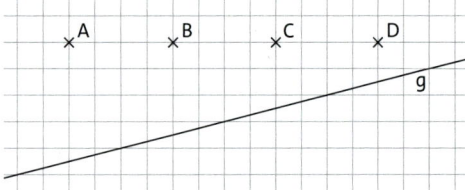

Weiterführende Aufgaben

Zwischentest

9 Übertrage die Zeichnung.
   a) Zeichne die Senkrechte h zur Gerade g durch den Punkt A.
   b) Zeichne die Senkrechte k zur Gerade g durch den Punkt B.
   c) Zeichne die Parallele f zur Gerade g durch den Punkt C.
   d) Beurteile die gegenseitige Lage der Geraden h und k.

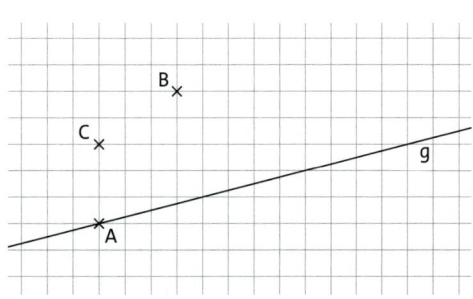

⚠ **10 Stolperstelle:** Theo meint:
„g und h liegen parallel zueinander, da sich die Geraden nicht schneiden."
Nimm Stellung zu Theos Behauptung.

Hilfe

11 Von vier Geraden f, g, h und k ist bekannt: f ∥ g, f ⊥ h und g ⊥ k. Alle zueinander parallelen Geraden haben einen Abstand von 2 cm. Zeichne die vier Geraden.

Hinweis zu 12

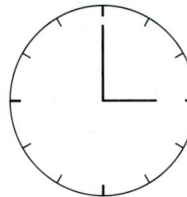

12 Auf einer Uhr stehen der Stunden- und der Minutenzeiger zu bestimmten Uhrzeiten senkrecht zueinander.
 a) Gib einige Beispiele an, zu welchen Uhrzeiten die Zeiger senkrecht zueinander stehen.
 b) Avalon behauptet: *„Das ist jede Stunde genau einmal der Fall."* Beurteile die Aussage.

13 Senkrecht und lotrecht:
 a) Gib an, wo in der Abbildung Linien senkrecht und parallel zueinander sind.
 b) Erkläre die Funktion einer Wasserwaage und eines Senklots. Erkläre, was mit den Begriffen horizontal, vertikal und lotrecht gemeint ist.
 c) Gib Beispiele an, in denen Linien zueinander senkrecht, aber nicht lotrecht sind.

Hilfe

14 a) Zeichne die Dreiecke. Beginne mit dem inneren Dreieck. Zeichne dann zu jeder Dreiecksseite eine Parallele, die durch den gegenüberliegenden Eckpunkt geht.
 b) Miss parallele Seiten und vergleiche ihre Längen.

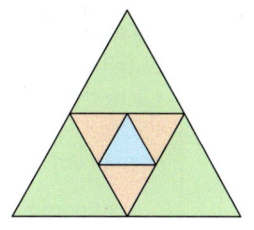

15 a) Zeichne das Muster. Beginne mit den Strecken $\overline{AB}$ und $\overline{BC}$, die je 10 mm lang sind. Setze die Figur fort bis zur Strecke $\overline{MN}$. Beschreibe, wie du vorgegangen bist.
 b) Bestimme die Länge des Streckenzugs von A bis N.

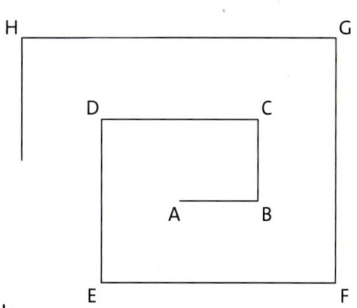

16 Begründe, welche der drei Aussagen richtig ist.
 a) ① Parallele Geraden haben keinen Schnittpunkt.
   ② Parallele Geraden müssen waagerecht sein.
   ③ Parallele Geraden dürfen nicht schräg verlaufen.
 b) ① Zwei Geraden sind immer entweder senkrecht oder parallel zueinander.
   ② Es gibt eine Gerade, die zu zwei parallelen Geraden senkrecht ist.
   ③ Zueinander senkrechte Geraden müssen keinen Schnittpunkt haben.

17 Ausblick: Livia meint:
 „Auf dem Bild erkennt man deutlich, dass die Bahnschienen nicht parallel sind!"
 a) Begründe, ob Livia recht hat.
 b) Gib weitere Beispiele für dieses Phänomen an.

3.2 Koordinaten

Die roten Kreuze auf der Karte markieren Orte, an denen Schätze versteckt sind. Max möchte die Positionen der Schätze einem Freund mitteilen. Erkläre, wie er das tun kann.

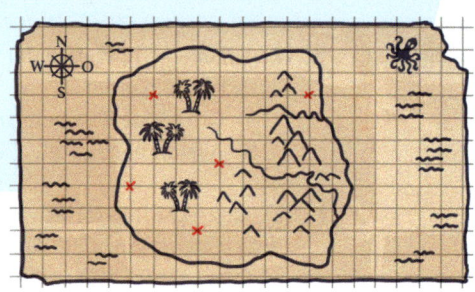

In einem **Koordinatensystem** kann man die Lage eines Punktes durch zwei Zahlen eindeutig beschreiben. Diese Zahlen nennt man die **Koordinaten** des Punktes.

Hinweis

Ein Schritt entspricht einer Einheit, in diesem Fall also zwei Kästchen. Man kann aber auch andere Einteilungen der Achsen wählen, zum Beispiel ein Kästchen für eine Einheit.

Wissen

Ein **Koordinatensystem** hat zwei Strahlen, die senkrecht aufeinander stehen. Sie heißen **x-Achse** und **y-Achse** und beginnen im **Ursprung**.

Die Achsen haben eine gleichmäßige Einteilung. Geht man vom Ursprung aus
3 Schritte nach rechts (x-Richtung) und
4 Schritte nach oben (y-Richtung), so ist man am Punkt A(3|4).

    x-Koordinate   y-Koordinate

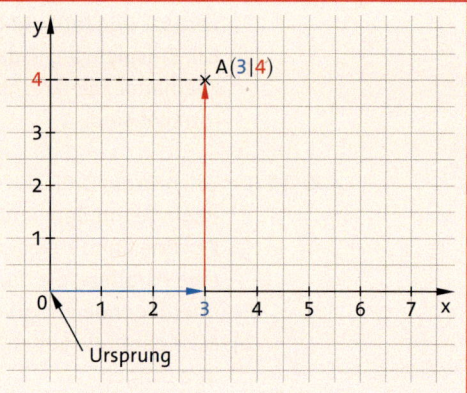

Koordinaten ablesen

Erklärfilm

Beispiel 1

Lies die Koordinaten der Punkte A und B ab.

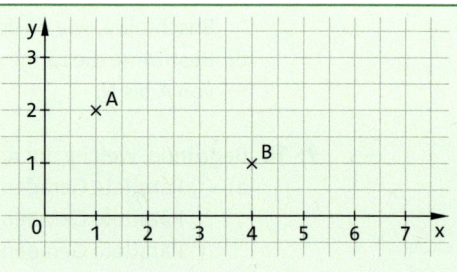

Lösung:
Um vom Koordinatenursprung aus zum Punkt A zu kommen, musst du
1 Schritt nach rechts (x-Richtung) und
2 Schritte nach oben (y-Richtung) gehen.
Also A hat die Koordinaten A(1|2).

Du kannst die x- und y-Koordinate auch ablesen, indem du mit dem Geodreieck vom Punkt A aus zu den Koordinatenachsen parallele Linien einzeichnest.

Ebenso erhältst du die Koordinaten von B.   A(1|2); B(4|1)

Grundbegriffe der Geometrie 3

Basisaufgaben

Lösungen zu 1

(5|3) (5|5) (0|5)
(1|0) (4|0) (1|0)
(1|3) (3|5)
(4|4) (5|0) (0|0)
(1|4) (5|0)

1 Lies die Koordinaten der Punkte ab.

a)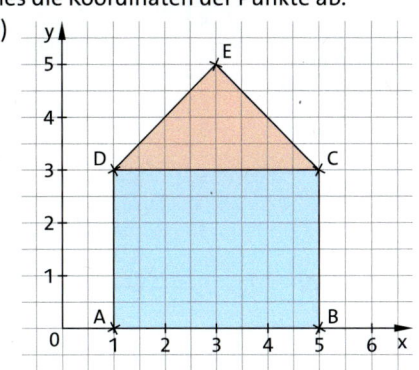

b)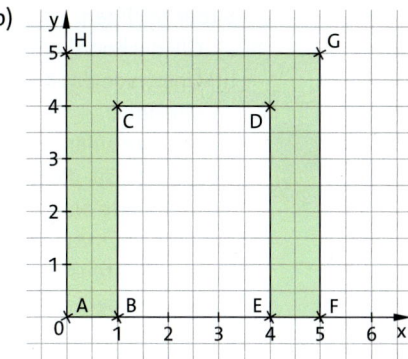

Koordinaten eintragen

 Erklärfilm

Beispiel 2

Trage die Punkte A(2|1), B(4|0), C(5|2) und D(3|3) in ein Koordinatensystem ein. Verbinde sie in alphabetischer Reihenfolge und D mit A.

Lösung:
Die Koordinaten A(2|1) bedeuten, dass du vom Ursprung aus 2 Schritte nach rechts und 1 Schritt nach oben gehen musst. Trage dann den Punkt A ein.

Für den Punkt B(4|0) gehst du 4 Schritte nach rechts und keinen Schritt nach oben. Der Punkt B liegt auf der x-Achse.

Ebenso verfährst du bei C und D. Verbindest du die Punkte der Reihe nach, erhältst du ein Quadrat.

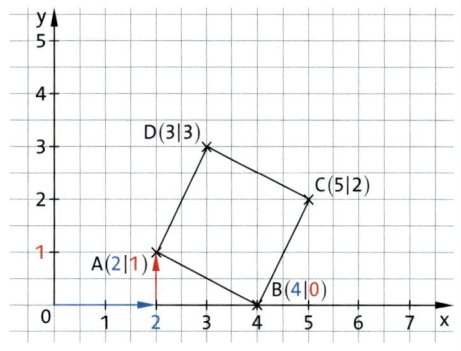

Basisaufgaben

2 Zeichne ein Koordinatensystem mit 8 cm langen Achsen. Trage die Punkte ein. Verbinde sie in alphabetischer Reihenfolge und den letzten Punkt mit A.
A(2|0); B(4|0); C(6|3); D(6|0); E(3|3); F(1|3); G(0|2)

3 Trage die Punkte in ein Koordinatensystem ein. Verbinde sie in alphabetischer Reihenfolge und den letzten Punkt mit A. Beschreibe die Figur, die dabei entsteht.
A(1|3); B(3|1); C(9|1); D(13|3); E(7|3); F(7|4); G(11|4); H(6|10); I(6|3); J(5|3); K(5|9); L(2|4); M(4|4); N(4|3)

4 Zeichne drei Punkte in ein Koordinatensystem, sodass die Bedingung erfüllt ist. Gib die Koordinaten der Punkte an.
a) Die Punkte A, B und C liegen auf der x-Achse.
b) Die Punkte D, E und F liegen auf der y-Achse.
c) Die Punkte G, H und I liegen von der x-Achse und der y-Achse gleich weit entfernt.

3.2 Koordinaten

Weiterführende Aufgaben

Zwischentest

5 Mithilfe von Koordinaten kann man Bilder zeichnen.
a) Gib die Koordinaten aller Punkte an.
b) Übertrage das Koordinatensystem mit der Figur.
c) Ergänze einen Schornstein und ein Fenster. Gib die Koordinaten der Eckpunkte an.
d) Zeichne eine eigene Figur in ein Koordinatensystem und gib die Koordinaten der Eckpunkte an.

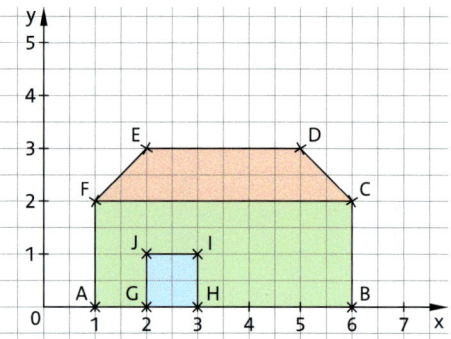

6 a) Zeichne eine Figur (wie zum Beispiel einen Buchstaben oder eine geometrische Form) in ein Koordinatensystem.
b) Stelle eine Aufgabe wie im Beispiel 2, sodass eine andere Person die Figur zeichnen kann.
c) Arbeitet zu zweit. Tauscht eure Aufgabenstellungen aus b) untereinander und zeichnet die Figur nach diesen Vorgaben. Vergleicht dann gegenseitig mit der Figur aus a).

Hinweis zu 7
Siehe Methodenkarte 5 G auf Seite 237.

7 Zeichne ein Koordinatensystem (Achsenlänge 12 cm). Trage dann die Punkte in alphabetischer Reihenfolge ein. Überlege vor dem Einzeichnen jeweils, welche Koordinaten sich verändern und was das für die Lage des nächsten Punktes bedeutet.

A(0|0)   B(2|0)   C(0|2)   D(2|2)   E(3|2)   F(5|2)
G(10|2) H(10|0) I(10|10) J(8|10) K(2|10)
L(0|10) M(0|7)   N(5|7)   O(5|5)   P(3|3)   Q(3|9)

8 Gitternetze werden auch in anderen Zusammenhängen verwendet.
a) Beschreibe, was C2 in der Stadtkarte von Düsseldorf bedeutet.
b) Vergleiche den Stadtplan mit einem Koordinatensystem und nenne die Unterschiede.
c) Nenne Vor- und Nachteile der Verwendung von Buchstaben.
d) Arbeitet zu zweit. Gebt euch gegenseitig die Koordinaten von auffälligen Orten wie den Hauptbahnhof an. Sucht dann diese Orte auf der Karte.

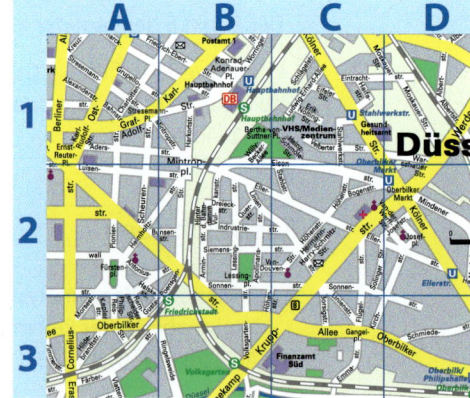

Hilfe

9 a) Zeichne das Viereck mit den Eckpunkten A(1|2), B(2|1), C(4|2) und D(2|3) in ein Koordinatensystem (Längeneinheit 1 cm, Achsenlänge 10 cm). Verändere das Viereck jeweils:
① Erhöhe alle x-Koordinaten der Punkte A, B, C und D um 4. Zeichne das neue Viereck.
② Erhöhe alle y-Koordinaten der Punkte A, B, C und D um 3. Zeichne das neue Viereck.
③ Erhöhe die x- und y-Koordinaten von A, B, C und D um 5. Zeichne das neue Viereck.
b) Beschreibe, wie sich jeweils die Lage des Vierecks im Koordinatensystem verändert.
c) Die Punkte A und B des Vierecks sollen jeweils auf einer Koordinatenachse liegen. Erkläre, wie du die Koordinaten der Punkte verändern musst.

10 Stolperstelle: Alicia und Peter haben in ihren Hausaufgaben nicht alles richtig gemacht. Beschreibe, was sie falsch gemacht haben, und zeichne richtig.

a) Alicia soll die Punkte A(0|0), B(1|5) und C(2|2) in ein Koordinatensystem eintragen und verbinden.

b) Peter soll die Punkte A(1|0) und B(1|5) in ein Koordinatensystem eintragen. Aber schon beim Zeichnen des Koordinatensystems ist ein Fehler passiert.

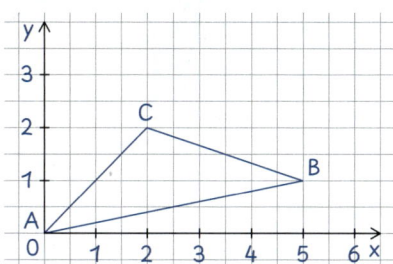
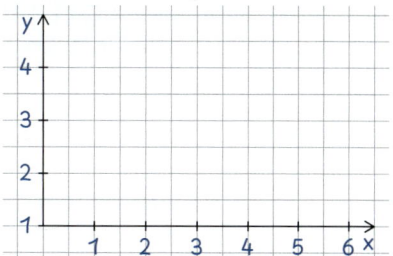

11 Auf der Erde kann man sich mithilfe von Koordinaten orientieren. Das Gitternetz besteht aus Längengraden und Breitenkreisen.

a) Der Punkt A besitzt die Koordinaten 40° n. B., 20° ö. L.. Erkläre, wie man die Koordinaten abliest, und gib für die Punkte B bis H die Koordinaten an.

b) Schätze mithilfe des Bildes, in welchem Land sich der Ort mit den Koordinaten 40° n. B., 8° w. L. befindet. Bestimme dann mithilfe eines Atlas den genauen Ort.

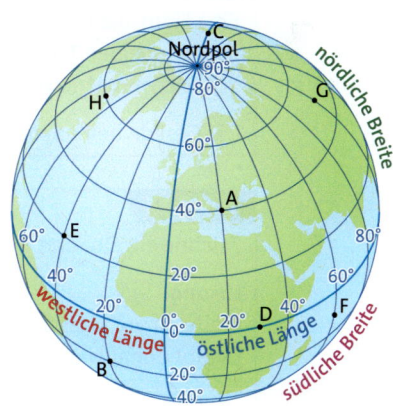

Hilfe

12 Im abgebildeten Koordinatensystem sind die drei Geraden g, h und i eingezeichnet.

a) Gib an, was alle Punkte auf der x-Achse (der y-Achse) gemeinsam haben. Begründe deine Aussagen.
b) Gib an, was alle Punkte der Gerade g (der Gerade h) gemeinsam haben. Begründe.
c) Erkläre, welche besondere Eigenschaft alle Punkte der Gerade i haben.
d) Beschreibe, wo alle Punkte liegen, bei denen die Summe der x- und y-Koordinate 10 ergibt.

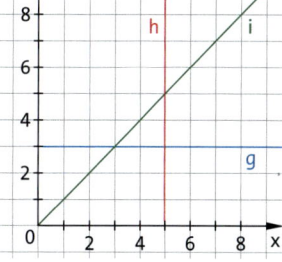

13 Ausblick: In einem dreidimensionalen Koordinatensystem bestehen die Koordinaten eines Punktes aus drei Zahlen.

a) Erkläre, wie man einen Punkt in dieses Koordinatensystem einträgt.
b) Zeichne ein dreidimensionales Koordinatensystem und trage die Punkte A(1|2|3), B(0|2|4) und C(5|0|6) ein.
c) Anna hat für den Punkt P im Bild die Koordinaten P(0|1|3) abgelesen. Erkläre, zu welchem Problem es beim Ablesen im dreidimensionalen Koordinatensystem kommen kann.

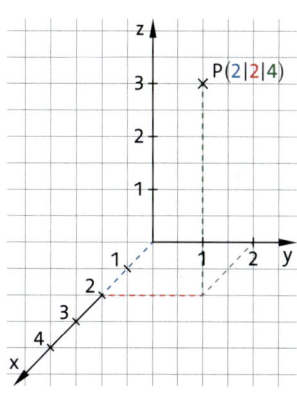

3.3 Achsensymmetrie

Maria hat einen Notizzettel einmal in der Mitte gefaltet und mit der Schere bearbeitet. Nach dem Auseinanderklappen erhält sie den Buchstaben O. Prüfe, ob sich auch die Buchstaben A, C, J, L, T, U und Y auf diese Weise erstellen lassen.

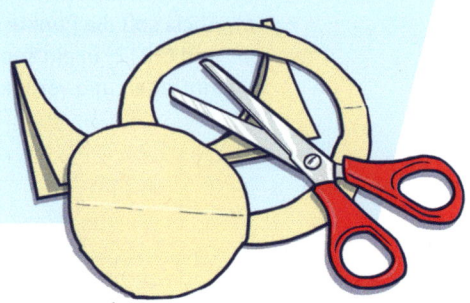

Achsensymmetrie erkennen

Hinweis

Wenn zwei Flächen genau aufeinanderpassen, nennt man diese Flächen **deckungsgleich**.

Erklärfilm

Wissen

Eine Figur, die man entlang einer Gerade so falten kann, dass die beiden Teile deckungsgleich sind, nennt man **achsensymmetrisch**.

Die Gerade heißt **Symmetrieachse**.

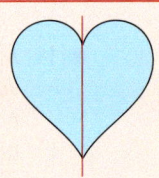

Beispiel 1

Zeichne ein Quadrat mit der Seitenlänge 3 cm. Zeichne alle Symmetrieachsen ein.

Lösung:
Stelle dir vor, dass du das Quadrat so faltest, dass die beiden Teile genau aufeinanderpassen. Es gibt genau vier Möglichkeiten:

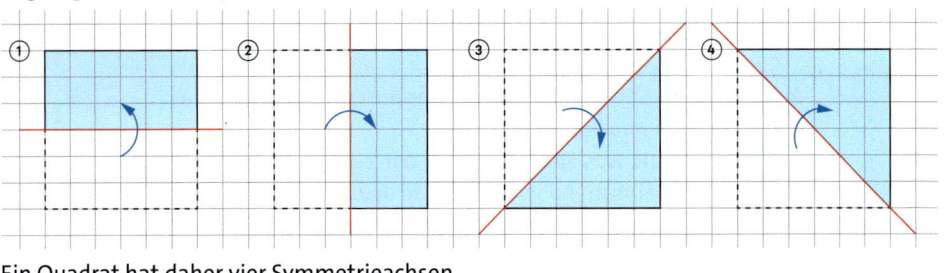

Ein Quadrat hat daher vier Symmetrieachsen.

Basisaufgaben

1 Zeichne zuerst ein Rechteck mit den Seitenlängen 3 cm und 4 cm. Zeichne dann alle Symmetrieachsen ein.

2 Übertrage die Figur und zeichne alle Symmetrieachsen ein.
a) b) c) d)

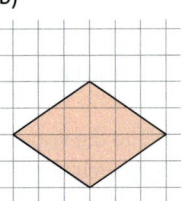 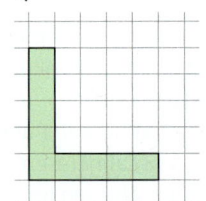 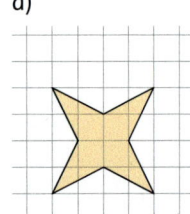

Achsenspiegelung

Hinweis

Abgebildete Punkte bezeichnet man zusätzlich mit einem Strich (zum Beispiel A').

Beim Spiegeln einer Figur an einer Gerade ergibt sich zu jedem **Punkt** auf der einen Seite der Gerade ein **Bildpunkt** auf der anderen Seite.
Diesen Vorgang nennt man **Achsenspiegelung**. Dabei entsteht eine achsensymmetrische Figur.

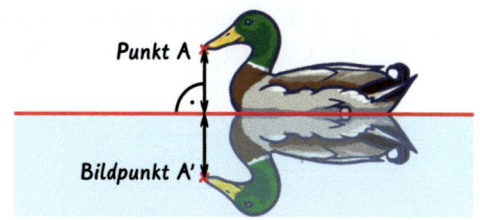

Wissen

Bei einer **Achsenspiegelung** wird jeder Punkt so an einer Gerade (**Spiegelachse**) gespiegelt, dass sein Bildpunkt denselben Abstand zur Spiegelachse hat. Punkt und Bildpunkt liegen auf einer Gerade, die senkrecht zur Spiegelachse steht.

Bei einer Achsenspiegelung entsteht immer eine achsensymmetrische Figur. Die Symmetrieachse ist die Spiegelachse.

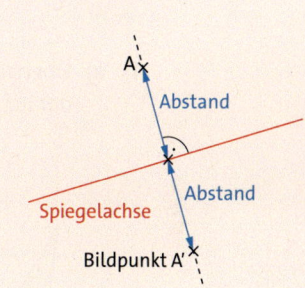

Erklärfilm

Beispiel 2 Spiegle die Figur an der roten Gerade.

a)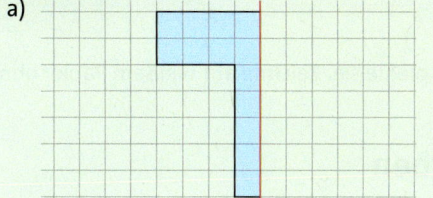

b)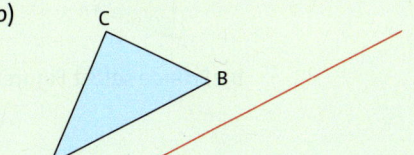

Lösung:

a) Hier kannst du die Lage der Bildpunkte an den Kästchen abzählen. Zähle, wie viele Kästchen ein Eckpunkt von der roten Gerade entfernt liegt. Zeichne seinen Bildpunkt in der gleichen Entfernung auf der anderen Seite der roten Gerade ein.

Wenn alle Eckpunkte der Figur gespiegelt sind, zeichnest du die zugehörigen Strecken.

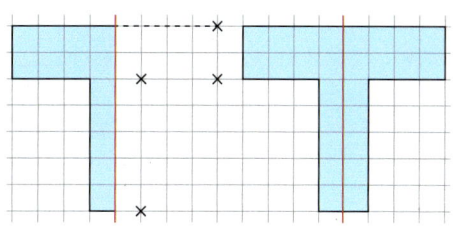

b) Lege die Mittellinie des Geodreiecks auf die rote Gerade.

Miss den Abstand von Punkt B zur roten Gerade und markiere den Bildpunkt B' im selben Abstand zur Gerade.

Verfahre mit A und C genauso.

Verbinde zum Schluss die Bildpunkte A', B' und C'.

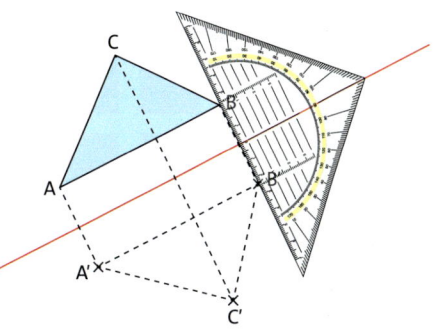

Basisaufgaben

3 Übertrage die Figur und spiegle sie an der roten Gerade.

a) 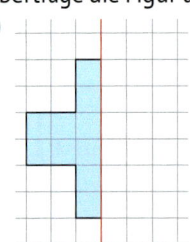 b) 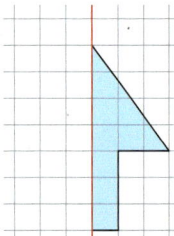 c) 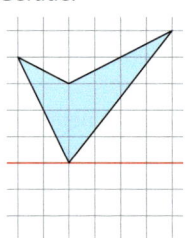 d)

4 a) Übertrage die Figur auf Kästchenpapier und spiegle sie an der roten Gerade. Achte darauf, zwischen den einzelnen Figuren genug Platz für die Spiegelung zu lassen.

① 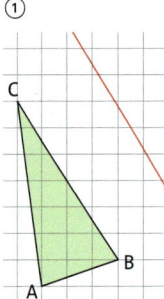 ② 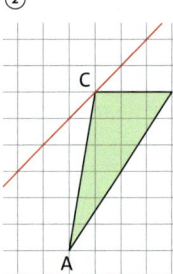 ③ 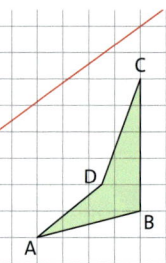 ④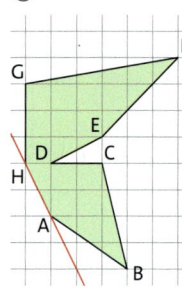

b) Erfinde selbst Figuren und spiegle sie. Zeichne auf weißem Papier ohne Kästchen.

Weiterführende Aufgaben

Zwischentest

Hilfe

5 Übertrage die Figuren.

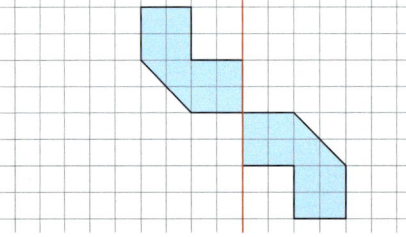 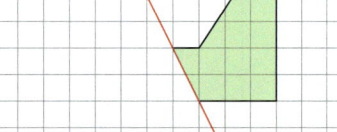

a) Spiegle die Figuren an den roten Gerade. Ist dafür ein Geodreieck nötig? Begründe.
b) Gib an, wie viele Symmetrieachsen jede Figur nach der Spiegelung hat.

6 Prüfe, ob die Flagge achsensymmetrisch ist. Bestimme die Anzahl der Symmetrieachsen. Gib an, zu welchem europäischen Land die Flagge gehört.

a)  b)  c)

7 Arbeitet zu zweit. Zeichnet Figuren, die eine oder mehrere Symmetrieachsen haben. Tragt gegenseitig die Symmetrieachsen in die Figuren ein. Kontrolliert dann gemeinsam.

8 Gib an, wie viele Symmetrieachsen ein Kreis hat. Begründe deine Aussage.

3 Grundbegriffe der Geometrie

⚠ **9 Stolperstelle:** Marek hat Symmetrieachsen in die Vierecke eingezeichnet. Nimm Stellung.

a) 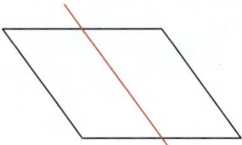   b) 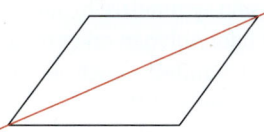   c)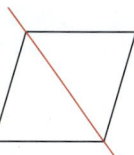

Hilfe 👇

10 a) Trage die Punkte A(6|6), B(12|8), C(9|9) und D(8|12) in ein Koordinatensystem ein und verbinde sie zum Viereck ABCD. Zeichne dann in das Koordinatensystem die Gerade g durch die Punkte (6|1) und (6|4) sowie die Gerade h durch die Punkte (3|6) und (5|6) ein.

b) Spiegle das Viereck ABCD an der Gerade g. Spiegle das Bildviereck A'B'C'D' an der Gerade h und das so entstandene Viereck A''B''C''D'' dann an der Gerade g.

11 a) Gib die Koordinaten der Eckpunkte A bis G der Figur an.

b) Übertrage die Figur und die rote Gerade in ein Koordinatensystem (Länge der y-Achse: 12 cm). Spiegle die Figur an der Gerade und gib die Koordinaten der Bildpunkte an. Beschreibe, was dir auffällt.

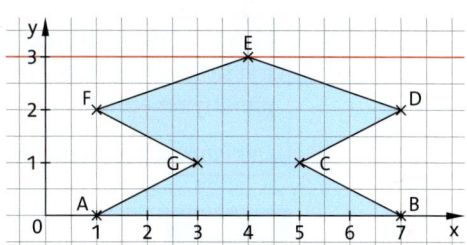

c) Zeichne eine weitere Gerade in das Koordinatensystem, die parallel zur ersten Gerade und zwei Einheiten weiter oben liegt. Gib die Koordinaten der Bildpunkte an, wenn die Figur an dieser Gerade gespiegelt wird.

12 Übertrage die Figur und die beiden Geraden.

a) Spiegle die Figur sowohl an der roten Gerade als auch an der blauen Gerade.

b) Betrachte die beiden entstandenen Bildfiguren. Untersuche, ob sie eine Symmetrieachse besitzen. Beschreibe, wie die Bildfiguren zueinander liegen.

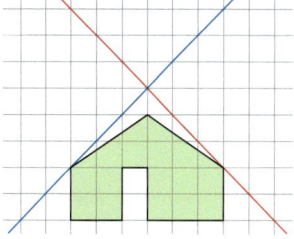

13 In der Natur ist nicht alles perfekt – aber fast. Untersuche, ob das Tier oder die Pflanze achsensymmetrisch ist. Beschreibe die Abweichungen. Finde selbst weitere Beispiele.

a)    b)    c)

14 Ausblick: Es gibt Figuren mit einer Symmetrieachse (wie den Buchstaben U), mit zwei Symmetrieachsen (wie das Rechteck) oder mit vier Symmetrieachsen (wie das Quadrat).

a) Zeichne eine Figur mit der angegebenen Anzahl an Symmetrieachsen.

① genau 3   ② genau 5   ③ genau 6

b) Könntest du, wenn du genug Zeit hättest, auch eine Figur mit 12 Symmetrieachsen zeichnen? Beschreibe, wie du dabei vorgehen würdest.

3.3 Achsensymmetrie

3

3.4 Punktsymmetrie

Viele Spielkarten sind symmetrisch, damit man beim Ziehen oder Ablegen erkennt, um welche Karte es sich handelt – auch, wenn die Karte „auf dem Kopf steht".
Erkläre, warum Spielkarten aber nicht achsensymmetrisch sind.
Beschreibe die Symmetrie von Spielkarten in eigenen Worten.

Punktsymmetrie erkennen

Wissen

Eine Figur, die nach einer halben Drehung um einen Punkt Z mit sich selbst zur Deckung kommt, heißt **punktsymmetrisch**.

Der Punkt Z heißt **Symmetriezentrum**.

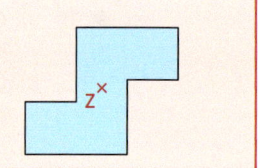

Beispiel 1

Prüfe, ob der Buchstabe N punktsymmetrisch ist.

Lösung:

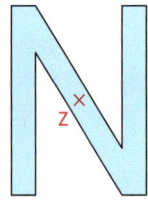 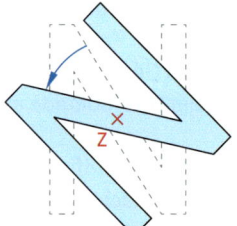 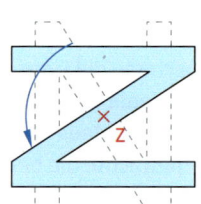 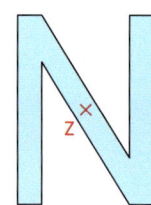

Ausgangsfigur   Drehung entgegen dem Uhrzeigersinn   Vierteldrehung   Halbe Drehung

Die Figur sieht nach einer halben Drehung genauso aus wie die Ausgangsfigur. Daher ist die Figur punktsymmetrisch.

Basisaufgaben

1   Entscheide, ob das Verkehrszeichen punktsymmetrisch ist.

a)    b)    c)    d)    

2   Gib an, welche der Buchstaben A bis Z (der Ziffern 0 bis 9) punktsymmetrisch sind. Begründe mithilfe von Skizzen, in denen du das Symmetriezentrum markierst.

Grundbegriffe der Geometrie 3

3 Entscheide, ob die Figuren punktsymmetrisch sind. Übertrage die punktsymmetrischen Figuren und zeichne ihr Symmetriezentrum ein.

a) 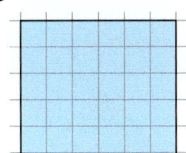   b) 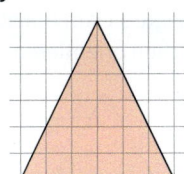   c) 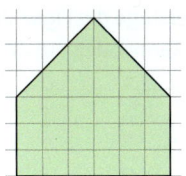   d)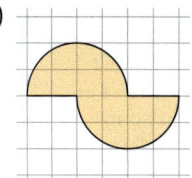

Punktspiegelung

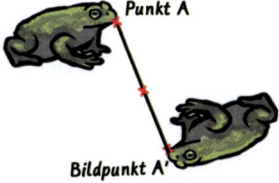

Erinnere dich

Bildpunkte bezeichnet man zusätzlich mit einem Strich.

Beim Spiegeln einer Figur an einem Punkt ergibt sich zu jedem Punkt der Figur ein Bildpunkt gegenüber des Spiegelpunktes. Diesen Vorgang nennt man **Punktspiegelung**. Dabei entsteht eine punktsymmetrische Figur.

Wissen

Bei einer **Punktspiegelung** wird jeder Punkt so an einem Punkt (**Spiegelpunkt**) gespiegelt, dass sein Bildpunkt auf der Gerade liegt, die durch den Punkt und den Spiegelpunkt verläuft. Punkt und Bildpunkt haben denselben Abstand vom Spiegelpunkt.

Bei einer Punktspiegelung entsteht immer eine punktsymmetrische Figur. Das Symmetriezentrum ist der Spiegelpunkt.

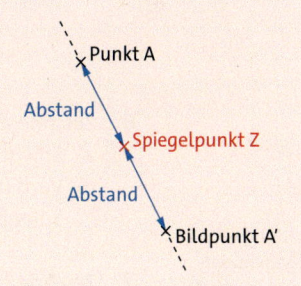

Beispiel 2 — Spiegle die Figur am Punkt Z.

a) 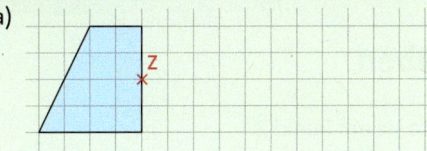   b)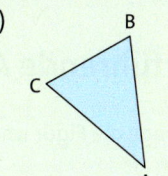

Lösung:

a) Es genügt, die Eckpunkte der Figur am Punkt Z zu spiegeln. Hier lässt sich die Lage der Bildpunkte an den Kästchen abzählen. Zeichne die zugehörigen Strecken, wenn alle Eckpunkte der Figur gespiegelt sind.

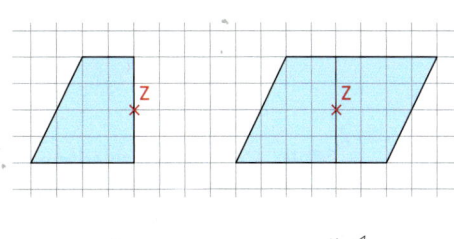

b) Lege das Geodreieck mit dem Nullpunkt auf den Punkt Z. Lies den Abstand zwischen A und Z ab und markiere gegenüber den Bildpunkt A' mit demselben Abstand zu Z.
Verfahre ebenso mit den Punkten B und C.

Verbinde die Bildpunkte A', B' und C' zu einem Dreieck.

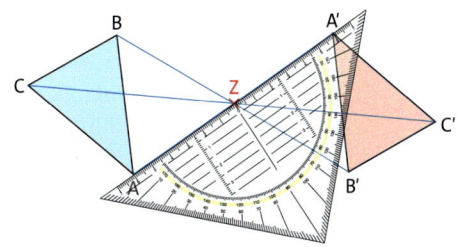

3.4 Punktsymmetrie

Basisaufgaben

Hinweis

Ist der Spiegelpunkt Z Teil der Figur, so wird er bei einer Punktspiegelung auf sich selbst abgebildet.

4 Übertrage die Figur und spiegle sie am Punkt Z. Du kannst dich an den Kästchen orientieren.

a) 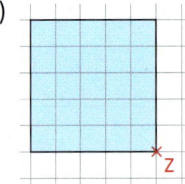 b) 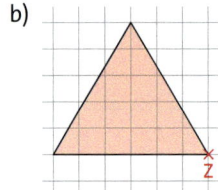 c) 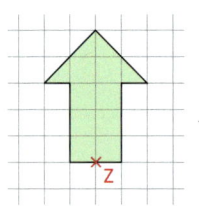 d)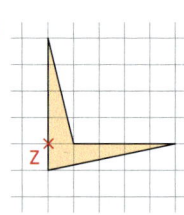

5 Übertrage die Figur und spiegle sie am Punkt Z.

a) 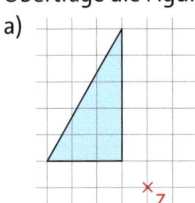 b) 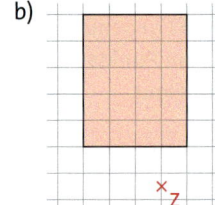 c) 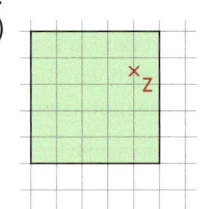 d)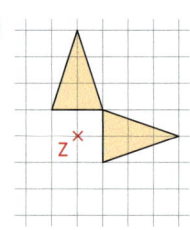

6 Zeichne auf weißem Papier ein 4,2 cm langes und 3,4 cm breites Rechteck.
a) Spiegle das Rechteck an einem seiner Eckpunkte.
b) Verbinde die gegenüberliegenden Eckpunkte des Rechtecks jeweils mit einer Strecke. Spiegle das Rechteck am Schnittpunkt der beiden Strecken.

Hinweis

Die Verbindungsstrecke von zwei gegenüberliegenden Ecken heißt **Diagonale**.

7 Zeichne die Figur in ein Koordinatensystem. Spiegle sie am Punkt Z(6|4). Gib dann die Koordinaten der Eckpunkte der Bildfigur an.
a) A(1|2); B(5|1); C(2|5) b) A(2|3); B(7|2); C(7|6) c) A(5|5); B(9|5); C(9|8); D(5|8)

Weiterführende Aufgaben   Zwischentest

8 Übertrage die Figur und spiegle sie am Punkt Z.

a) 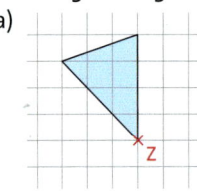 b) 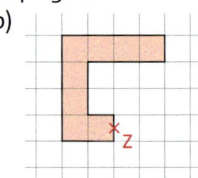 c) 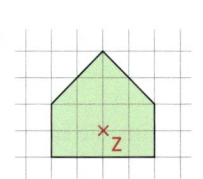 d)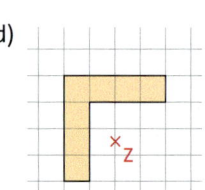

9 Zeichne verschiedene Vierecke und Dreiecke. Untersuche jede Figur auf Punktsymmetrie und zeichne gegebenenfalls das Symmetriezentrum ein.

10 Matteo sagt: „Jede Gerade ist punktsymmetrisch."
Charlotte sagt: „Auch jede Strecke ist punktsymmetrisch."
Sebastian meint: „Dann ist auch jeder Strahl punktsymmetrisch."
Überprüfe mithilfe von Zeichnungen, wer recht hat und wer nicht.

11 Stolperstelle: Jesco hat das blaue Dreieck am Punkt Z gespiegelt. Erkläre seinen Fehler und zeichne die korrekte Spiegelung.

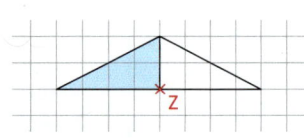

3 Grundbegriffe der Geometrie

12 Untersuche die Flagge auf Punktsymmetrie und auf Achsensymmetrie.

a)    b)    c)    d)

13 Übertrage die Figur und ergänze sie zu einer punktsymmetrischen Figur. Färbe möglichst wenige Kästchen blau.

a)   b)   c)   d)

14 Die abgebildete Zeitangabe auf einer Digitaluhr ist punktsymmetrisch. Gib eine weitere Uhrzeit an, die auf einer Digitaluhr punktsymmetrisch dargestellt wird. Gib auch an, wo das Symmetriezentrum liegt.

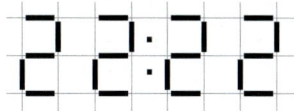

Hilfe

15 Übertrage die Figur und ergänze sie zu einer punktsymmetrischen Figur (zu einer achsensymmetrischen Figur).
Gib jeweils zwei verschiedene Möglichkeiten an. Markiere das Symmetriezentrum (die Symmetrieachse) rot.

a) 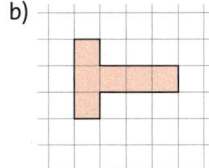   b) 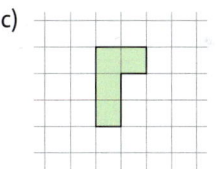   c)   d)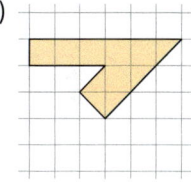

Erinnere dich

Punkt und Bildpunkt einer Achsenspiegelung liegen auf einer Gerade, die senkrecht zur Spiegelachse steht. Sie haben beide denselben Abstand zur Spiegelachse.

16 Übertrage die Figur sowie die rote und blaue Linie. Färbe die Figur grün.
 a) Spiegle die Figur an der roten Linie.
 b) Spiegle das erhaltene Bild an der blauen Linie. Färbe auch die nun erhaltene Figur grün.
 c) Entscheide, ob die grünen Dreiecke punktsymmetrisch zueinander sind.
 d) Nachdem Umut die Aufgabe gelöst hat, meint er:
  „Man muss also nur zwei Achsenspiegelungen durchführen, um eine Punktspiegelung zu erhalten."
  Überprüfe Umuts Aussage an einem weiteren Beispiel.

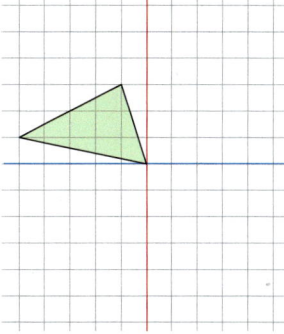

17 Ausblick: „Eine achsensymmetrische Figur mit zwei aufeinander senkrecht stehenden Symmetrieachsen ist auch punktsymmetrisch."
 a) Zeichne ein 6 cm langes und 4 cm breites Rechteck. Zeige, dass die Aussage für dieses Rechteck stimmt. Beschreibe die Lage des Symmetriezentrums bezüglich der Symmetrieachsen.
 b) Überprüfe die Aussage an mindestens drei weiteren Figuren. Überlege vorher, welche Figuren dafür geeignet sind.
 c) Was passiert bei drei Symmetrieachsen? Zeichne ein Dreieck mit drei Symmetrieachsen. Untersuche die Figur auf Punktsymmetrie.

3.4 Punktsymmetrie

3 Streifzug

Parallelverschiebung

Pyrgí ist ein Dorf auf der griechischen Insel Chios. Die Häuser dort werden traditionell mit sogenannten „Bandornamenten" verziert. Dadurch erhält Pyrgí einen ganz eigenen Charakter, der es von den Nachbardörfern unterscheidet.
Beschreibe, wie du das unten abgebildete Bandornament herstellen würdest.

Wissen

Bei einer **Parallelverschiebung** werden alle Punkte einer Figur um Strecken mit gleicher Länge in die gleiche Richtung parallel verschoben.
Die Pfeilspitzen und die Lage der zueinander parallelen Verschiebungspfeile geben die **Verschiebungsrichtung** an. Die Länge der Pfeile ist die **Verschiebungslänge**.

Hinweis

Bei einer Parallelverschiebung bleiben Streckenlängen und die Form der Figur, also ihr Aussehen, erhalten.

Es genügt, einen einzigen Verschiebungspfeil für eine Parallelverschiebung einzuzeichnen, um eine Parallelverschiebung eindeutig zu kennzeichnen.

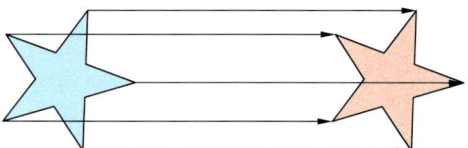

Beispiel 1

Gegeben sind das Dreieck ABC und der Bildpunkt C'.
Zeichne den Verschiebungspfeil ein und gib seine Länge an.
Verschiebe das Dreieck ABC anschließend entlang des Verschiebungspfeils.

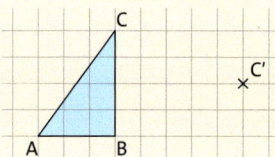

Lösung:

① Zeichne die Strecke $\overline{CC'}$, indem du die Punkte C und C' verbindest. Markiere den Verschiebungspfeil mit einem farbigen Stift. Miss die Länge der Strecke $\overline{CC'}$ und schreibe sie auf.

② Zeichne weitere Verschiebungspfeile von den Eckpunkten A und B ausgehend parallel zu $\overline{CC'}$ ein. Nutze dazu dein Geodreieck. Bezeichne die neuen Punkte an den Pfeilspitzen mit A' und B'.

③ Verbinde die Bildpunkte A', B' und C'. Dadurch entsteht das verschobene Dreieck.

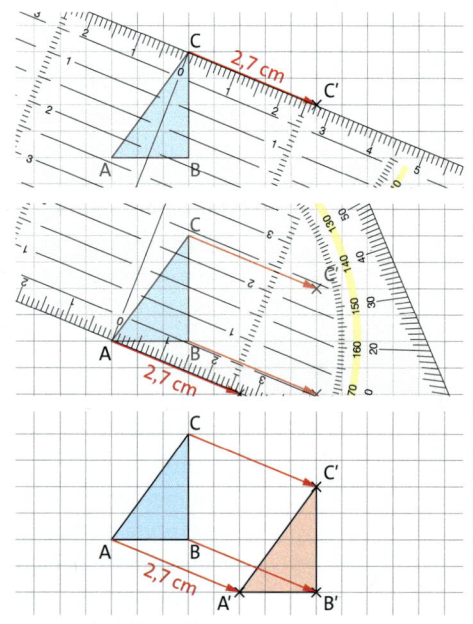

Aufgaben

1 Übertrage die Zeichnung. Verschiebe das Quadrat mit dem Geodreieck so, dass der Punkt D' zum linken oberen Eckpunkt des neuen Quadrats wird.
Markiere einen Verschiebungspfeil und gib seine Länge an.

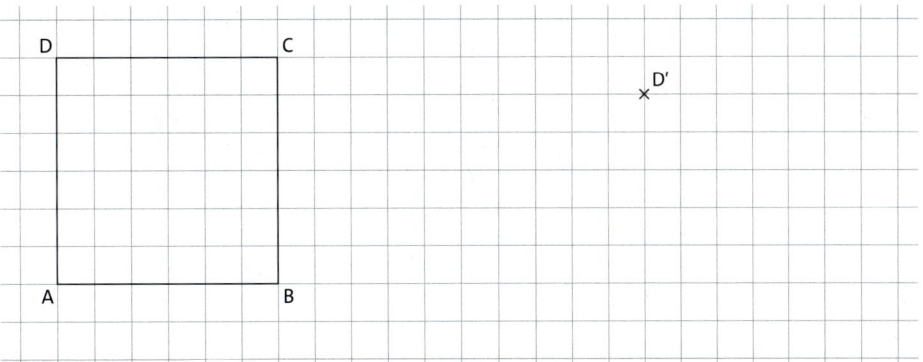

2 Zeichne ein Koordinatensystem (Achsenlänge 9 cm). Zeichne die Figur ABCD mit den Eckpunkten A(6|0), B(4|1), C(6|3) und D(8|1) in das Koordinatensystem ein. Verschiebe die Figur so, dass der Punkt A auf den Punkt A'(2|1) verschoben wird. Gib die Koordinaten der Bildpunkte B', C' und D' an. Gib auch die Verschiebungslänge an.

3 Wenn man Figuren direkt nebeneinandersetzt, spricht man von „Bandornamenten".
Diese kann man durch Parallelverschiebungen erhalten.
a) Gib die Grundfigur und die Länge der Verschiebung an, durch die das Bandornament entsteht.

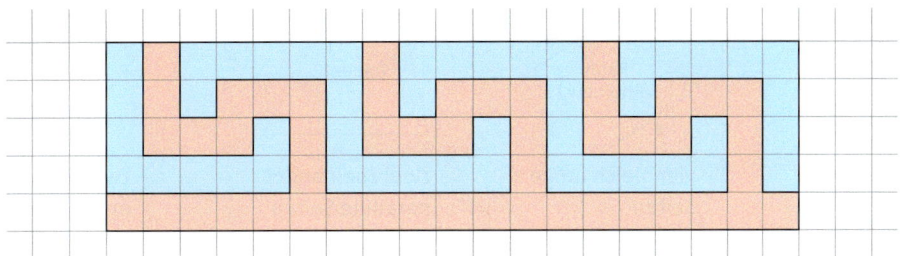

b) Denke dir Grundfiguren aus und erzeuge selbst Bandornamente durch Parallelverschiebungen.

4 Forschungsauftrag:
Parallelverschiebungen können auch mit einer doppelten Achsenspiegelung an zwei parallelen Geraden erzeugt werden.

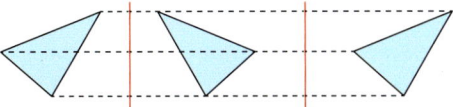

a) Zeichne zwei Koordinatensysteme (Länge der x-Achse: 12 cm). Trage in beide Koordinatensysteme die Punkte A(1|0), B(0|2), C(0|4) und D(3|1) ein und verbinde sie jeweils zur Figur ABCD.
b) Verschiebe die Figur im ersten Koordinatensystem um 8 cm nach rechts.
c) Trage im zweiten Koordinatensystem die senkrechte Gerade g ein, die durch den Punkt (3|0) verläuft. Spiegle die Figur an der Gerade g. Spiegle dann die Bildfigur an einer zu g parallelen Gerade h, sodass sich die verschobene Figur aus b) ergibt. Gib an, welchen Abstand die parallelen Geraden dafür haben müssen.
d) Formuliere eine allgemeine Regel, wie der Abstand der parallelen Geraden mit der Verschiebungslänge zusammenhängt. Überprüfe die Regel an einem eigenen Beispiel.

3.5 Vierecke

Begründe, welches der drei Vierecke nicht zu den anderen passt.

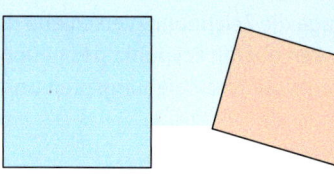

Figuren, die von Strecken (**Seiten**) begrenzt werden, heißen **Vielecke**. Wo sich zwei Seiten treffen, hat die Figur eine **Ecke**. Man unterscheidet Vielecke nach der **Anzahl der Ecken**: Dreiecke, Vierecke, Fünfecke ...
Vierecke kann man nach weiteren Eigenschaften unterscheiden.

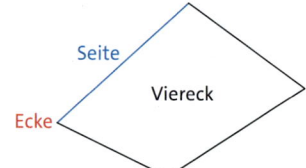

Hinweis

Seiten mit gleichem Buchstaben sind gleich lang.

Wissen — Besondere Vierecke

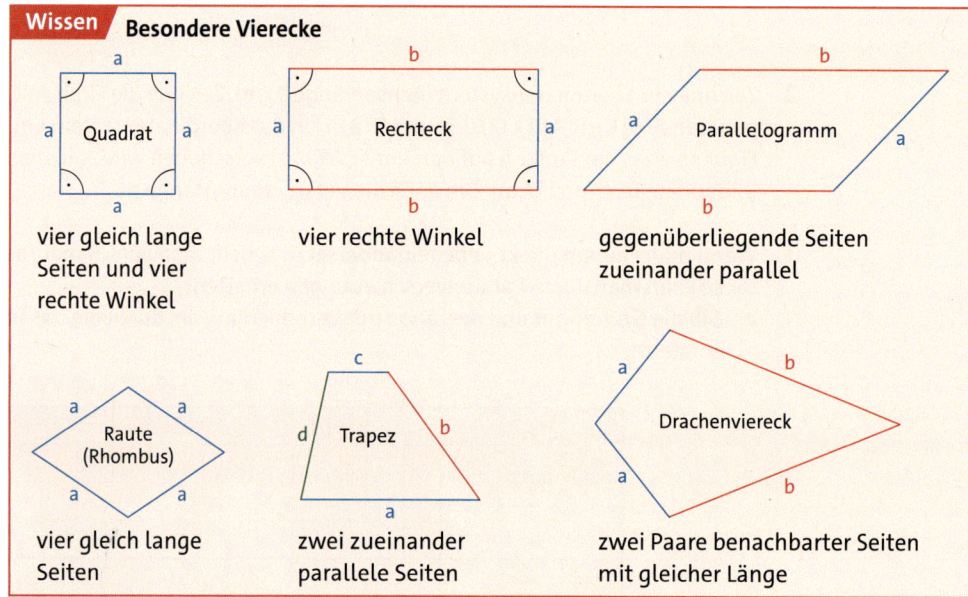

- **Quadrat**: vier gleich lange Seiten und vier rechte Winkel
- **Rechteck**: vier rechte Winkel
- **Parallelogramm**: gegenüberliegende Seiten zueinander parallel
- **Raute (Rhombus)**: vier gleich lange Seiten
- **Trapez**: zwei zueinander parallele Seiten
- **Drachenviereck**: zwei Paare benachbarter Seiten mit gleicher Länge

Erklärfilm

Beispiel 1

Übertrage die gegebenen Strecken und ergänze sie zu einem Parallelogramm.

Lösung:

Die obere Seite ist 3,5 cm lang. Die untere Seite muss daher auch 3,5 cm lang und parallel zur oberen Seite sein.

Verbinde die zwei Eckpunkte. Zur Kontrolle kannst du mit dem Geodreieck überprüfen, dass die rechte Seite parallel zur linken ist.

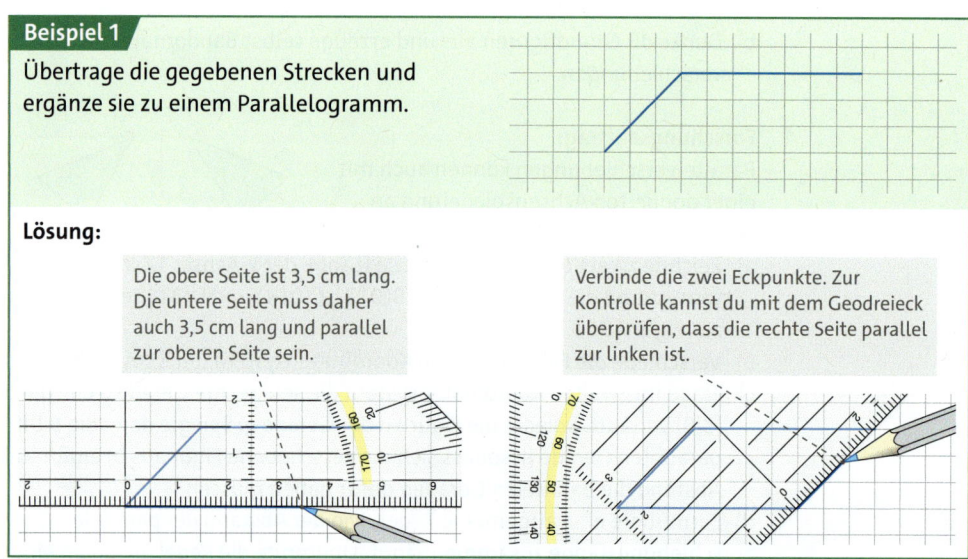

116

Grundbegriffe der Geometrie 3

Basisaufgaben

1 Fachwerkhäuser bestehen aus einem hölzernen Gerüst. Die Zwischenräume sind mit Stein und Lehm gefüllt.
   a) Gib alle Viereckarten an, die auf der abgebildeten Fassade eines Fachwerkhauses zu sehen sind.
   b) Erfinde selbst ein Fachwerkhaus mit verschiedenen Vierecken. Zeichne die Fassade.

2 Übertrage die Strecken und ergänze sie zu
   a) einem Parallelogramm,   b) einem Rechteck,   c) einem Quadrat,

   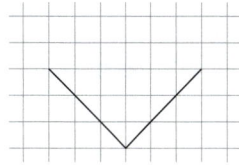

   d) einer Raute,   e) einem Drachenviereck,   f) einem Trapez.

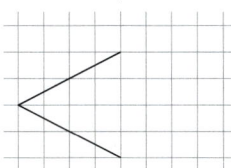   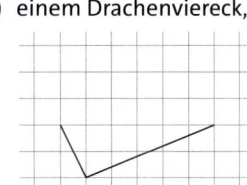   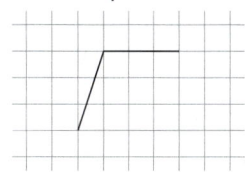

3 Zeichne die Figur auf kariertem und auf weißem Papier. Erkläre, was dabei zu beachten ist.
   a) ein Quadrat   b) ein Rechteck   c) ein Parallelogramm   d) eine Raute

Weiterführende Aufgaben   Zwischentest

4 Zeichne das Viereck.
   a) ein Rechteck mit den Seitenlängen 3 cm und 5 cm
   b) ein Parallelogramm mit den Seitenlängen 3 cm und 5 cm
   c) eine Raute mit einer Seitenlänge von 4 cm

5 a) Entscheide, welche Aussage richtig ist. Begründe.

   „Jedes Quadrat ist ein Rechteck."   „Jedes Rechteck ist ein Quadrat."

   b) Entscheide, ob einer der Begriffe allgemeiner als der andere ist. Beschreibe, was das mit Viereckarten zu tun hat.

   Hund – Tier   Obst – Apfel   Hund – Katze   Fisch – Forelle

   Tier – Vogel – Wellensittich   Kleidung – Hose – Socken

6 Stolperstelle: Max sollte ein Parallelogramm und eine Raute zeichnen. Überprüfe seine Lösung.

   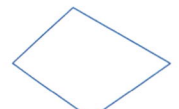

3.5 Vierecke   117

7 Ordne der Figur passende Begriffe zu und begründe deine Entscheidung.

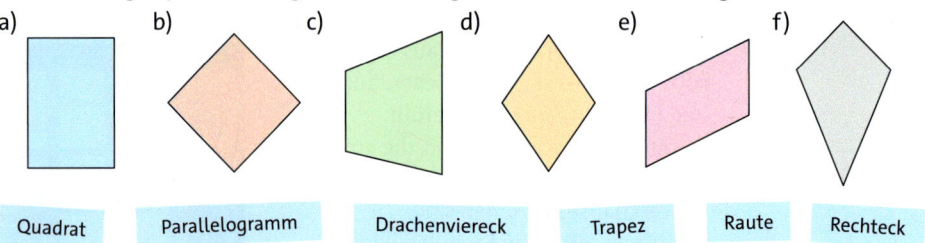

Quadrat   Parallelogramm   Drachenviereck   Trapez   Raute   Rechteck

8 Begründe, ob die Aussage richtig oder falsch ist.
a) Jedes Rechteck ist ein Parallelogramm.
b) Jedes Parallelogramm ist ein Rechteck.
c) Jedes Rechteck ist ein Drachenviereck.
d) Jedes Quadrat ist ein Trapez.
e) Jede Raute ist ein Rechteck.
f) Jedes Rechteck ist eine Raute.
g) Jedes Parallelogramm ist ein Trapez.
h) Jede Raute ist ein Drachenviereck.

9 Nenne alle Viereckarten, die man aus den vier Stäben bauen kann. Fertige dazu eine Zeichnung an.

a) 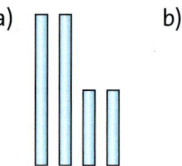 b) 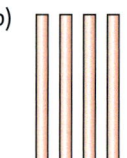 c)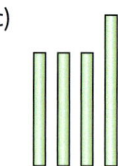

10 Erkläre, welche besonderen Vierecke hier abgedeckt sein könnten. Finde möglichst viele Lösungen.

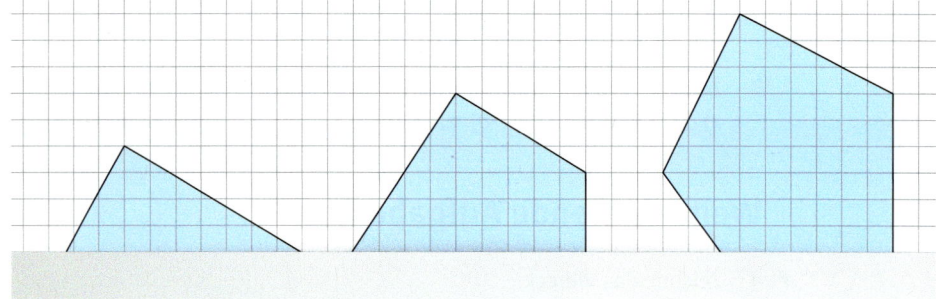

11 a) Zeichne verschiedene Vierecke (Quadrat, Rechteck, Trapez, Drachenviereck ...). Markiere dann die Mittelpunkte der Seiten und verbinde sie zu einem neuen Viereck.
b) Vergleiche die so entstandenen neuen Vierecke miteinander, und gib an, was alle gemeinsam haben.
c) Recherchiere, was Pierre de Varignon mit dieser Aufgabe zu tun hat, und bereite eine kurze Präsentation dazu vor.

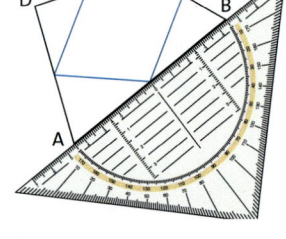

Hilfe

12 Zeichne die Punkte A, B und C in ein Koordinatensystem. Ergänze einen Punkt D so, dass das angegebene Viereck entsteht. Gib die Koordinaten von D an.
a) A(3|1), B(1|5), C(5|7)   ABCD ist ein Quadrat.
b) A(1|0), B(2|4), C(6|5)   ABCD ist eine Raute.
c) A(2|1), B(3|4), C(7|3)   ABCD ist ein Parallelogramm.
d) A(6|1), B(2|0), C(0|3)   ABCD ist ein Trapez.
e) A(8|7), B(9|3), C(2|1)   ABCD ist ein Drachenviereck.

13 Haus der Vierecke: Das Haus der Vierecke stellt die besonderen Vierecke und ihre Beziehungen zueinander dar. Dabei hat ein Viereck, das über einem anderen Viereck steht, dieselben Eigenschaften wie sein unterer Nachbar und zusätzliche weitere Eigenschaften.

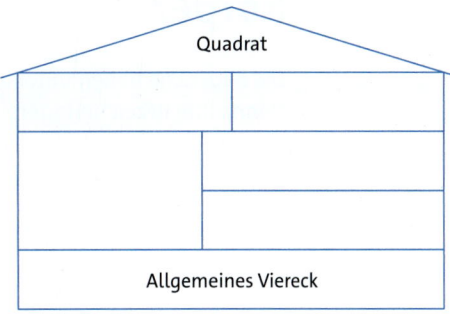

a) Übertrage die Darstellung und ergänze die fehlenden Vierecksarten. Begründe.
b) Untersuche alle besonderen Vierecke auf Achsensymmetrie und Punktsymmetrie. Zeichne die Vierecke und trage die Symmetrieachsen und das Symmetriezentrum ein, falls es diese gibt.
c) Vergleiche das Haus der Vierecke mit deinen Ergebnissen aus b). Beschreibe, was dir dabei auffällt.

Hinweis

Die Verbindungsstrecke von zwei nicht benachbarten Ecken heißt **Diagonale**.

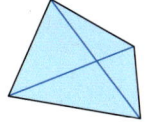

14 Diagonalen in besonderen Vierecken:
a) Zeichne alle besonderen Vierecke (Quadrat, Rechteck, Parallelogramm, Raute, Trapez und Drachenviereck). Zeichne jeweils die beiden Diagonalen ein.
b) Untersuche, auf welche der Vierecke die Aussagen zutreffen:
① Die Diagonalen stehen senkrecht zueinander.
② Die Diagonalen sind gleich lang.
③ Die Diagonalen halbieren sich. Der Schnittpunkt der beiden Diagonalen ist also die Mitte der Diagonalen.
c) Präsentiere die Ergebnisse deiner Klasse.

15 a) Zeichne ein Viereck mit der angegebenen Eigenschaft.
① Alle Diagonalen liegen vollständig innerhalb des Vierecks.
② Eine Diagonale liegt außerhalb des Vierecks.
b) Überlege, ob es auch Vierecke gibt, bei denen beide Diagonalen außerhalb liegen. Begründe deine Antwort.

Hilfe

16 Vielecke: Ein Dreieck hat keine Diagonalen, ein Viereck hat zwei, ein Fünfeck hat fünf.
a) Übertrage die Tabelle und fülle sie aus.
b) Gib an, wie viele Diagonalen ein 10-Eck und ein 20-Eck haben. Beschreibe, wie du bei der Ermittlung der Anzahl der Diagonalen vorgegangen bist.
c) Bestimme, wie viele Diagonalen ein 100-Eck hat.

Anzahl Ecken	Anzahl Diagonalen
3	0
4	2
5	5
6	
7	

17 Ausblick: Löse die Knobelaufgabe und zeichne die Lösung.

a) Lege drei Streichhölzer um, sodass du drei Quadrate erhältst.

b) Lege ein Streichholz um, sodass du ein Dreieck und drei Vierecke erhältst.

c) Lege drei Streichhölzer um, sodass du drei Rauten erhältst.

 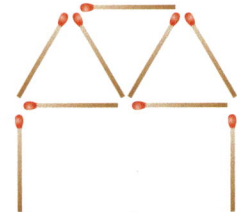 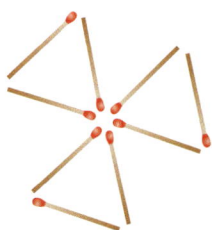

3.6 Körper

Die Bausteine haben unterschiedliche Formen. Welche davon kennst du? Nenne ihre Bezeichnungen.

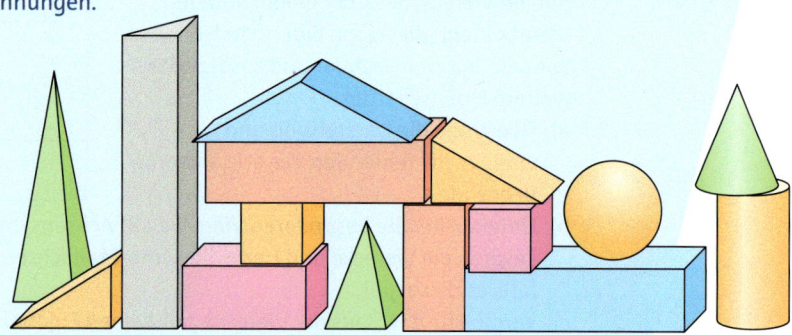

In der Mathematik nennt man räumliche Figuren **Körper**. Mit den wichtigsten Grundkörpern kann man viele Gegenstände aus dem Alltag beschreiben.
Alle **Körper** werden durch **Flächen** begrenzt. Wo sich zwei Flächen treffen, hat der Körper eine **Kante**.
Wo Kanten aufeinandertreffen, hat der Körper eine **Ecke**.

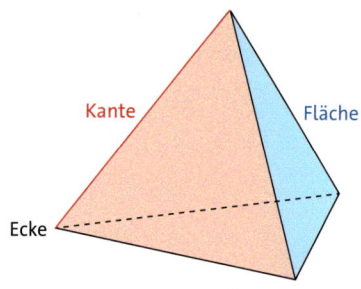

> **Wissen**
>
> Körper kann man nach der Anzahl und der Form ihrer Begrenzungsflächen ordnen. Die Fläche, auf der der Körper steht, wird **Grundfläche** genannt.

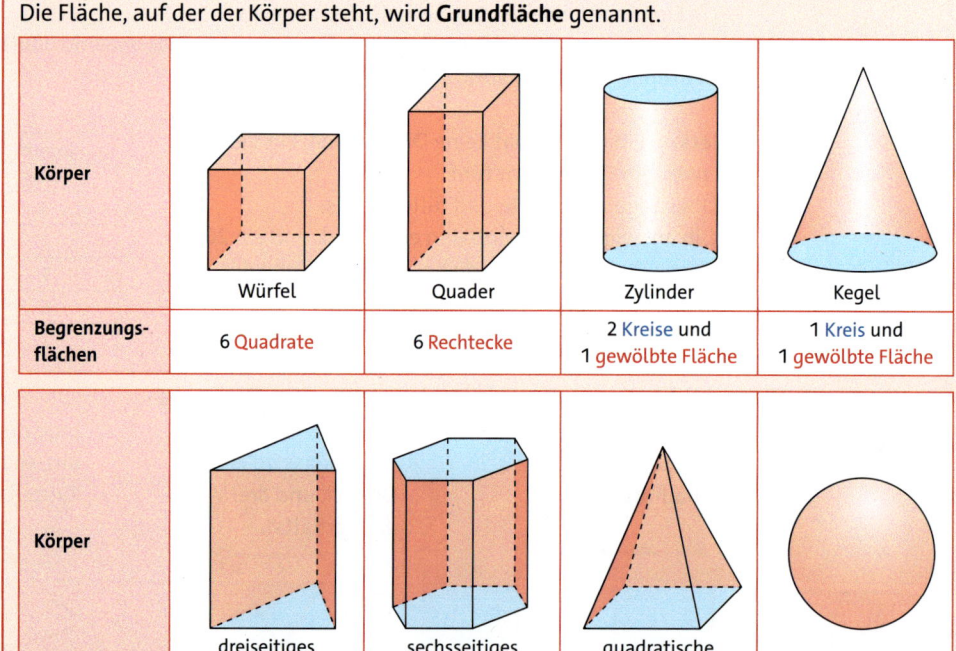

Körper	Würfel	Quader	Zylinder	Kegel
Begrenzungsflächen	6 Quadrate	6 Rechtecke	2 Kreise und 1 gewölbte Fläche	1 Kreis und 1 gewölbte Fläche

Körper	dreiseitiges Prisma	sechsseitiges Prisma	quadratische Pyramide	Kugel
Begrenzungsflächen	2 Dreiecke und 3 Rechtecke	2 Sechsecke und 6 Rechtecke	1 Quadrat und 4 Dreiecke	1 gewölbte Fläche

Hinweis

Es gibt auch Prismen und Pyramiden mit anderen Grundflächen. Zum Beispiel hat ein fünfseitiges Prisma ein Fünfeck und eine Dreieckspyramide ein Dreieck als Grundfläche.

Grundbegriffe der Geometrie 3

Beispiel 1

a) Gib an, um welche Körper es sich bei den bunten Bauteilen der Burg handelt.
b) Gib jeweils an, welche Flächen den Körper begrenzen.
c) Gib auch die Anzahl der Ecken und Kanten an.

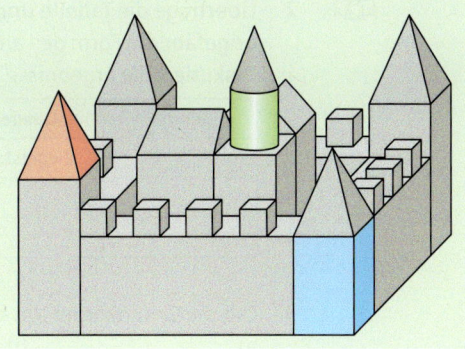

Lösung:

a)   Quader   quadratische Pyramide   Zylinder

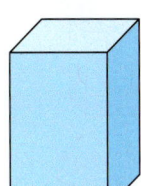  

b)   6 Rechtecke   4 Dreiecke, 1 Quadrat   2 Kreise, 1 gewölbte Fläche

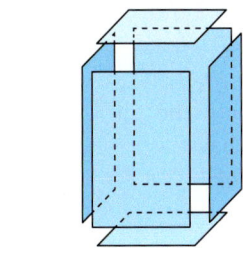 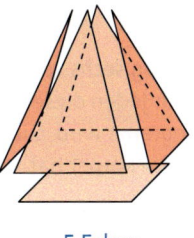

c)   8 Ecken   5 Ecken   keine Ecken
      12 Kanten   8 Kanten   2 Kanten

 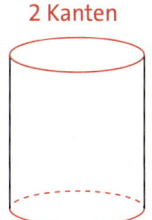

Basisaufgaben

1 Gib an, um welchen Körper es sich handelt. Gib die Form und die Anzahl der Begrenzungsflächen an. Zähle auch die Ecken und Kanten.

a) 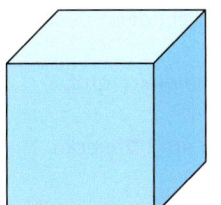   b) 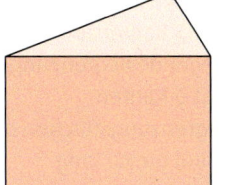   c)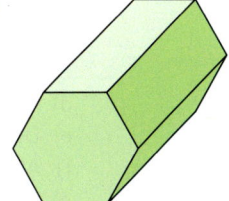

3.6 Körper

2 Übertrage die Tabelle und trage in jede Spalte Beispiele für dir bekannte Objekte ein, die ungefähr die Form des angegebenen Körpers haben.
Diskutiert die Ergebnisse in der Klasse, um möglichst viele gute Beispiele zu finden.

Würfel	Quader	Prisma	Pyramide	Kegel	Kugel
	Ziegelstein	Hausdach			Glasmurmel

3 Gib die Grundkörper an, aus denen das abgebildete Objekt zusammengesetzt ist.

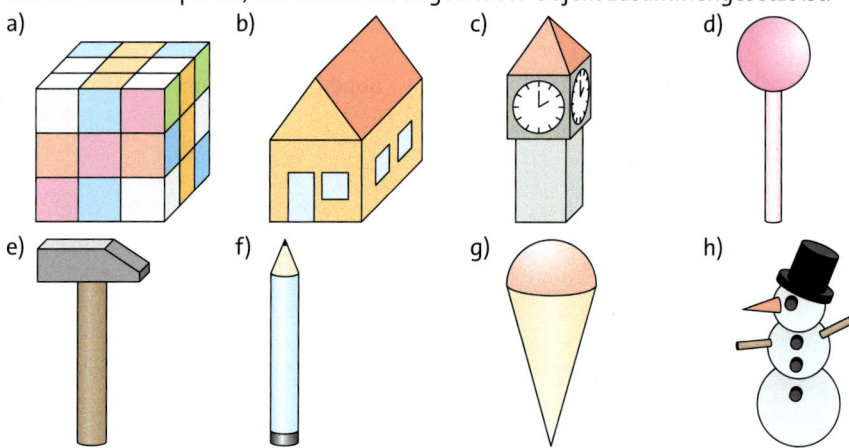

4 Finde in der Abbildung sechs verschiedene geometrische Grundkörper. Gib für jeden dieser Körper an, durch wie viele Flächen er begrenzt wird. Gib auch an, wie viele Kanten und Ecken der Körper hat.

5 a) Nenne Grundkörper, deren Begrenzungsflächen nur aus Rechtecken bestehen.
b) Nenne Grundkörper, die mindestens eine kreisförmige Begrenzungsfläche haben. Gib für diese Körper auch die Form ihrer anderen Begrenzungsflächen an.
c) Nenne Grundkörper, die eine Spitze haben. Gib die Begrenzungsflächen dieser Körper an.
d) Nenne Grundkörper, die keine Ecken haben.

Weiterführende Aufgaben

Zwischentest

6 Gib für jede Aussage an, auf welche der Körper sie zutreffen kann.

Würfel   Quader   Prisma   Pyramide

a) Der Körper wird aus 6 rechteckigen Flächen gebildet.
b) Der Körper hat 5 Begrenzungsflächen.
c) Gegenüberliegende Begrenzungsflächen sind gleich groß.
d) Der Körper hat 9 Kanten.
e) Unter den Begrenzungsflächen gibt es mehr als 2 Dreiecke.
f) Alle Kanten sind gleich lang.
g) Der Körper hat eine ungerade Anzahl an Ecken.

Hilfe

7 a) Gib an, welcher Körper die angegebene Eigenschaft hat.

① nur 2 Flächen   ② keine Ecke   ③ nur eine Kante   ④ nur eine Fläche

⑤ 4 Flächen, 6 Kanten und 4 Ecken   ⑥ 6 Flächen, 12 Kanten und 8 Ecken

b) Arbeitet zu zweit. Erstellt eigene Beschreibungen und stellt euch die Aufgaben gegenseitig.

8 Stolperstelle: Nimm Stellung zu den Aussagen.
a) Jana: „Jeder Würfel ist auch ein Prisma."
b) Paul: „Jeder Würfel ist auch ein Quader."
c) Timo: „Jeder Quader ist auch ein Würfel."
d) Lea: „Jeder Kegel ist auch eine Kugel."

9 Platonische Körper:
a) Beschreibe die gemeinsame Eigenschaft der fünf abgebildeten Körper.
b) Recherchiere, ob es weitere Körper mit dieser Eigenschaft gibt.
c) Recherchiere, was die Namen der Körper bedeuten.

Tetraeder	Hexaeder	Oktaeder	Dodekaeder	Ikosaeder
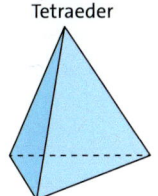	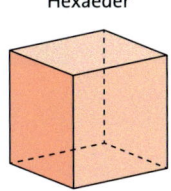	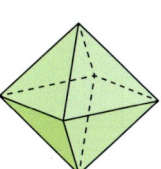	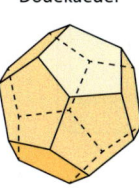	

Hinweis

Kantenmodell einer quadratischen Pyramide

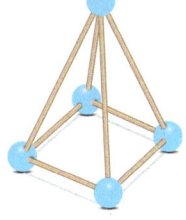

10 Kantenmodell: Kantenmodelle lassen sich aus Holzstäbchen und Knetkügelchen basteln.
a) Gib an, wie viele Stäbchen und Knetkügelchen man benötigt, um das Kantenmodell eines Würfels zu basteln. Erkläre, worauf man dabei achten muss.
b) Es soll das Kantenmodell eines Quaders gebaut werden. Gib an, was dabei die Gemeinsamkeiten und Unterschiede zum Bau eines Würfels sind.
c) Erfinde eigene Körperformen und zeichne das zugehörige Kantenmodell.

11 Maria hat 15 gleich lange Holzstäbe und Knetmasse zur Verfügung.
a) Beschreibe, für welche Körper Maria damit ein Kantenmodell basteln kann.
b) Erkläre, wie viele weitere Holzstäbe sie benötigt, um die Kantenmodelle anderer Körper herzustellen.

Hilfe

12 Zeichne mögliche Schnittflächen, die entstehen können, wenn man den Körper in zwei gleiche Teile zerschneidet.

a) 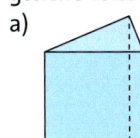   b)    c) 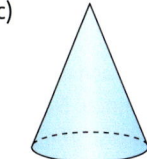   d)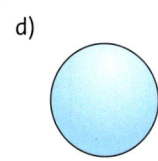

13 Ausblick: Betrachte den abgebildeten Stapel aus Quadern. Versuche, die Anzahl der Ecken, Flächen und Kanten des Stapels anzugeben.
Beschreibe, was dir dabei auffällt, und erkläre deine Erkenntnisse.

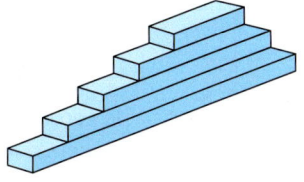

3.7 Körpernetze

Übertrage die Figuren und schneide sie aus.
Versuche, jede Figur zu einem Würfel zusammenzufalten.
Erkläre, warum das nicht bei jeder Figur funktioniert.

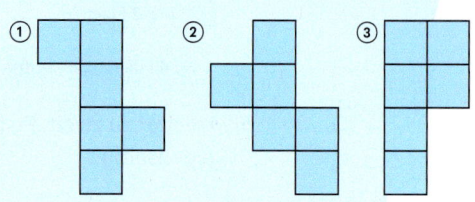

Wissen

Die meisten Körper kann man an den Kanten so aufschneiden und aufklappen, dass eine ebene Figur entsteht. Diese Figur nennt man das **Netz** des Körpers.

Netz eines Quaders: **Netz eines Würfels:**

Quadernetze zeichnen

Erklärfilm

Beispiel 1

Zeichne ein Netz eines Quaders mit den Kantenlängen
a = 3 cm, b = 2 cm und c = 1 cm. Färbe die gegenüberliegenden Begrenzungsflächen gleichfarbig.

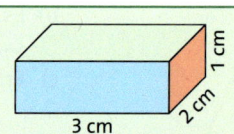

Lösung:

① Zeichne zunächst die Fläche, auf der der Körper steht (Grundfläche).

② Ergänze nun alle angrenzenden Flächen (blaue und rote Flächen).
Achte darauf, dass gegenüberliegende Begrenzungsflächen gleich groß sind.

③ Füge nun noch den „Deckel" des Quaders hinzu. Der Deckel hat die gleiche Größe wie die Grundfläche (grüne Fläche).

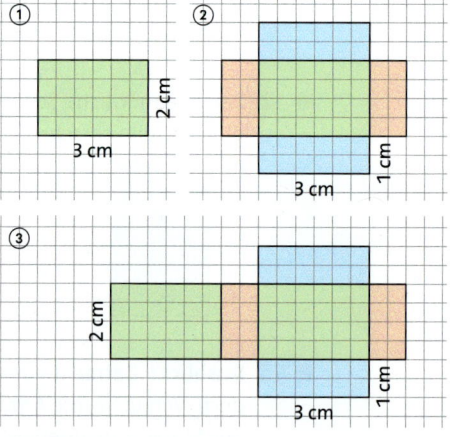

Hinweis

Weiteres mögliches Netz des Quaders:

Je nachdem, wie ein Quader aufgeklappt wird, entsteht ein anderes Netz des Quaders. Zu einem Quader mit drei verschiedenen Kantenlängen gibt es 54 unterschiedliche Netze.

Basisaufgaben

1 Zeichne ein Netz eines Quaders mit den Kantenlängen a = 4 cm, b = 3 cm und c = 1 cm.

2 Zeichne zwei mögliche Netze eines Quaders mit den angegebenen Kantenlängen.
   a) a = 4 cm, b = 2 cm, c = 3 cm   b) a = 3 cm, b = 2 cm, c = 2 cm

3 Übertrage die Figur und ergänze sie zu einem Quadernetz. Vergleicht die Ergebnisse in der Klasse und tragt möglichst viele unterschiedliche Lösungen zusammen.

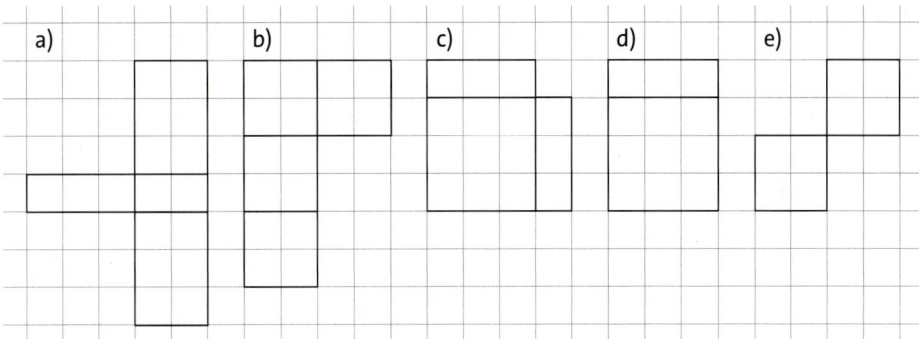

Hinweis zu 4

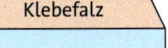
Klebefalz

4 Bastle aus Pappe oder Papier einen Würfel mit einer Kantenlänge von 5 cm. Zeichne zuerst das Körpernetz und ergänze dann alle Klebefalze. Die Klebefalze sollten angeschrägt werden. Schneide dann aus und klebe zusammen.

Quadernetze erkennen

Erklärfilm

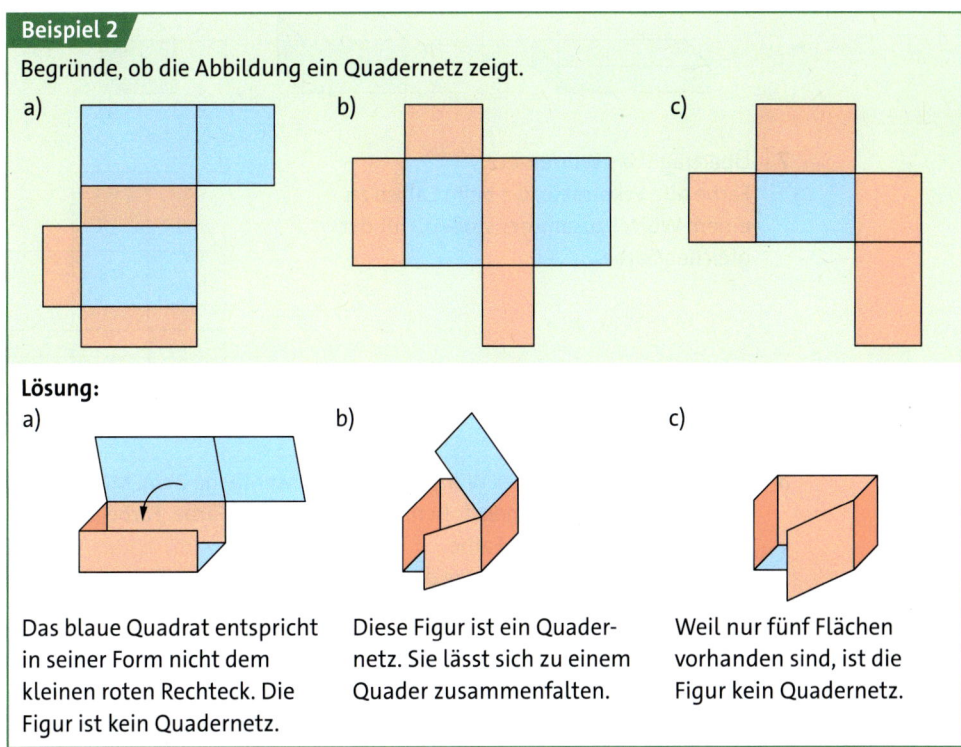

Beispiel 2
Begründe, ob die Abbildung ein Quadernetz zeigt.

Lösung:
a) Das blaue Quadrat entspricht in seiner Form nicht dem kleinen roten Rechteck. Die Figur ist kein Quadernetz.

b) Diese Figur ist ein Quadernetz. Sie lässt sich zu einem Quader zusammenfalten.

c) Weil nur fünf Flächen vorhanden sind, ist die Figur kein Quadernetz.

Basisaufgaben

5 a) Prüfe, welche der Abbildungen Quadernetze sind.
b) Übertrage die Quadernetze. Markiere mit der gleichen Farbe diejenigen Strecken, die beim Falten zusammenstoßen.

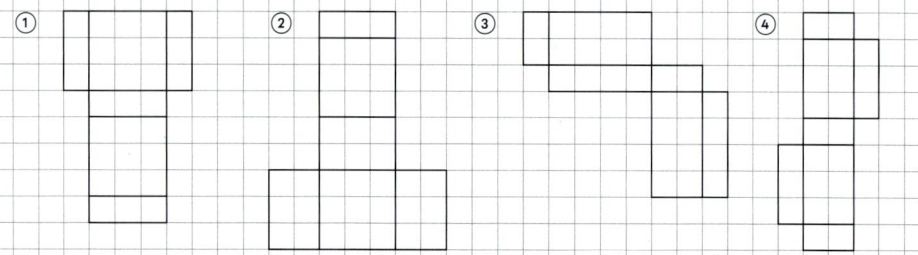

6 Ordne jedem Netz einen passenden Quader zu.

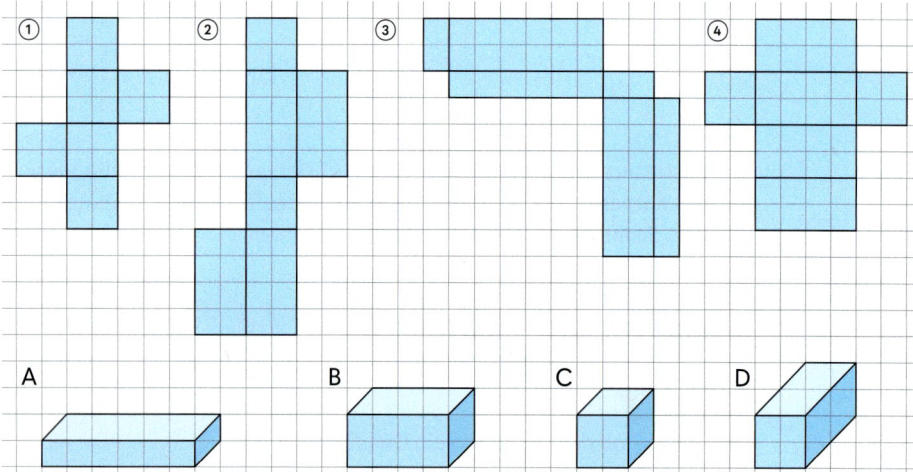

7 Übertrage das Würfelnetz.
Färbe alle Eckpunkte, die beim Falten zu einem Würfel zusammenstoßen, mit der gleichen Farbe.

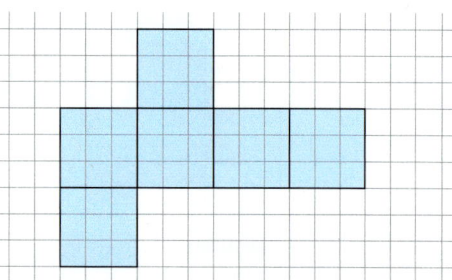

8 a) Zeichne ein Netz eines Würfels mit der Kantenlänge 2 cm. Markiere alle Strecken, die beim Falten zusammenstoßen, mit der gleichen Farbe. Färbe auch gegenüberliegende Flächen in derselben Farbe.
b) Zeichne zwei weitere Netze dieses Würfels und färbe wie in a).
c) Finde möglichst viele weitere Würfelnetze und zeichne diese.
d) Vergleicht die Ergebnisse in der Klasse. Gebt an, wie viele verschiedene Würfelnetze es gibt.

9 Arbeitet zu zweit. Erklärt euch gegenseitig mit eigenen Worten, woran ihr erkennen könnt, ob eine Figur ein Quadernetz ist.

Grundbegriffe der Geometrie

Weiterführende Aufgaben   Zwischentest

10 Stolperstelle: Die Schüler der Klasse 5b sollten ein Würfelnetz zeichnen. Kontrolliere, ob die Netze zu einem Würfel gehören. Begründe, warum die Ergebnisse richtig oder falsch sind.

Fatima   Paul   Ole   Tanja   Maria

11 Kann man ein Netz eines Quaders mit den Kantenlängen 5 cm, 4 cm und 3 cm auf einen rechteckigen Papierbogen mit den Seitenlängen 16 cm und 14 cm zeichnen? Begründe.

Hilfe

12 a) Entscheide, zu welchem Körper das Netz gehört.

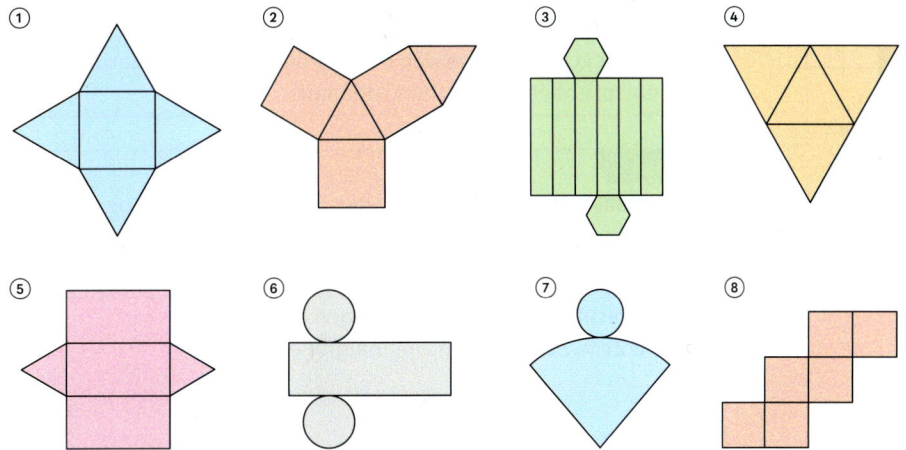

b) Zeichne auf Pappe oder Papier das Netz eines Quaders mit einer quadratischen Grundfläche und einer aufgesetzten Pyramide. Vergiss die Klebefalze nicht. Schneide das Netz aus und bastle den Körper. Erkläre, in welchen Fällen das nicht möglich ist.

13 Ausblick: Ein Würfel wird entlang der vorgegebenen roten Ebene durchgeschnitten.
Zeichne das Netz eines Würfels. Zeichne dann wie im Beispiel die Schnittkanten in rot in das Würfelnetz ein.

Beispiel: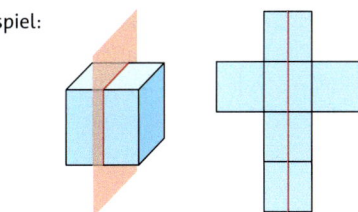

a) 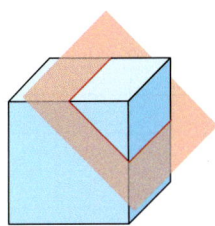   b) 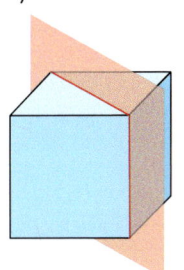   c)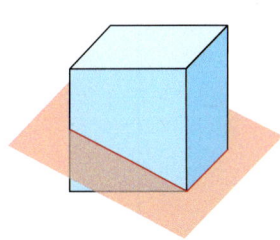

3.7 Körpernetze

3.8 Schrägbild eines Quaders

Mia möchte einen Würfel darstellen und hat dafür einige Zeichnungen erstellt.
Entscheide und begründe, welche Zeichnung am ehesten einen Würfel darstellen könnte.

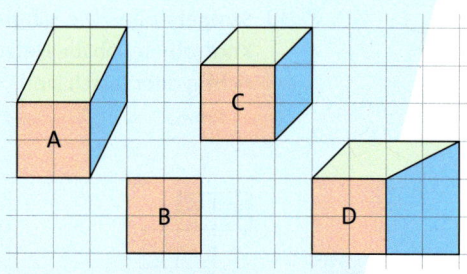

Mit einem **Schrägbild** kann man räumliche Figuren auf Papier darstellen. Durch die schräg nach hinten verlaufenden Kanten entsteht ein räumlicher Eindruck. Dabei sind Regeln zu beachten, um ein Bild zu erhalten, das die Form und die Größe des Körpers richtig wiedergibt.

Hinweis

Kästchendiagonale

Wissen

Beim **Schrägbild** werden Breite und Höhe der Vorderfläche wirklichkeitsgetreu gezeichnet. Die Kanten in die Tiefe werden entlang der Kästchendiagonalen und verkürzt gezeichnet.
1 cm entspricht einer Kästchendiagonalen.

Beispiel 1

Zeichne das Schrägbild eines Quaders mit den Kantenlängen 4 cm, 3 cm und 2 cm.

Lösung:

① Wähle eine Vorderseite, zum Beispiel das Rechteck mit den Seitenlängen 4 cm und 2 cm. Zeichne es in Originalgröße.

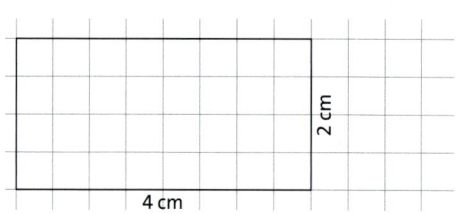

② Zeichne die Kanten, die nach hinten verlaufen, entlang der Kästchendiagonalen. Die Tiefe 3 cm entspricht 3 Kästchendiagonalen. Nicht sichtbare Kanten werden dabei gestrichelt gezeichnet.

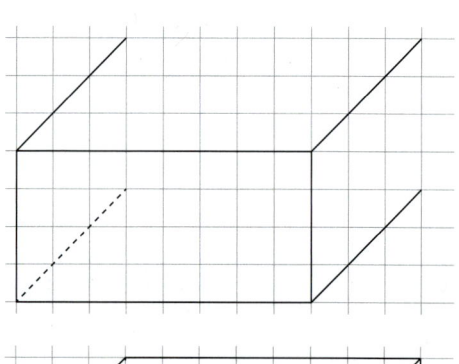

③ Verbinde die übrigen Eckpunkte. Zeichne auch hier nicht sichtbare Kanten gestrichelt.

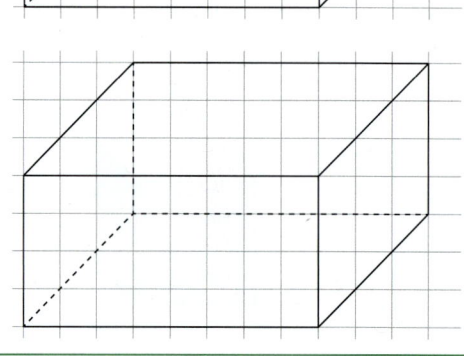

Basisaufgaben

1 Übertrage das Schrägbild. Gib die Maße des Körpers in der Wirklichkeit an.

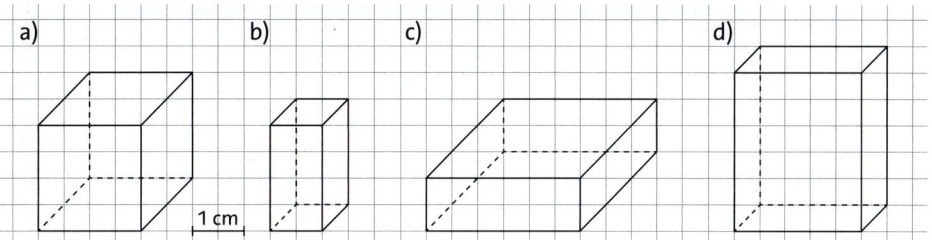

2 Zeichne das Schrägbild
  a) eines Würfels mit der Kantenlänge 3 cm,
  b) eines Quaders mit den Kantenlängen 5 cm, 4 cm und 3 cm,
  c) eines Quaders mit den Kantenlängen 2 cm, 2 cm und 5 cm. Zeichne ihn einmal so, dass die quadratische Seite nach vorne zeigt, und einmal so, dass sie zur Seite zeigt.

3 Ordne den Schrägbildern die entsprechenden Maße in der Wirklichkeit zu.
Begründe deine Entscheidung.

① 1 cm; 2 cm; 3 cm   ② 2 cm; 2 cm; 4 cm   ③ 2 cm; 3 cm; 4 cm   ④ 2 cm; 2 cm; 3 cm

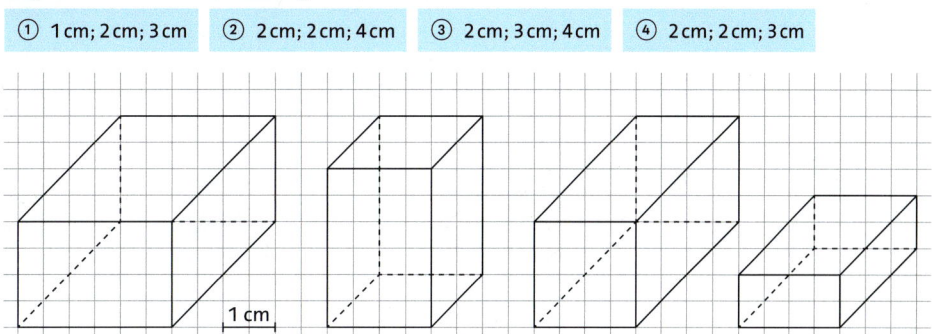

4 Im Schrägbild sieht einiges anders aus als in Wirklichkeit.
  a) Gib die wirklichen Maße des Quaders an.
  b) Vergleiche die Form der Begrenzungsflächen des Schrägbildes mit einem Quader in der Wirklichkeit. Beschreibe, was dir auffällt.
  c) Vergleiche die Lage der Kanten im Schrägbild mit der wirklichen Lage. Beschreibe, was dir auffällt.

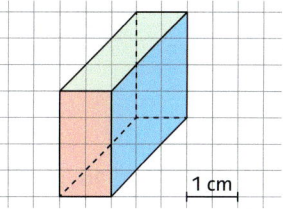

5 Zeichne zwei weitere Schrägbilder des Quaders aus Beispiel 1, indem du jeweils eine andere Quaderfläche als Vorderseite benutzt.

6 Übertrage die Zeichnung und ergänze sie zum Schrägbild eines Quaders. Gib die Maße des Quaders an.

a) 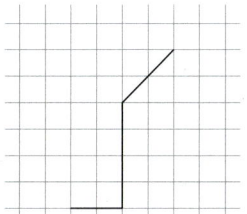   b) 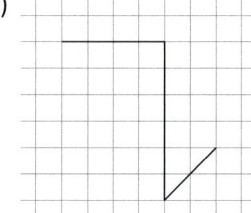   c)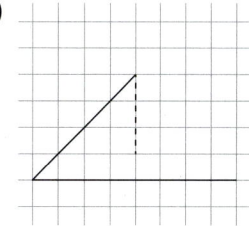

3.8 Schrägbild eines Quaders

Weiterführende Aufgaben

Zwischentest

7 Stolperstelle: Sören hat das Schrägbild eines Würfels gezeichnet. Erkläre, welchen Fehler er dabei gemacht hat.

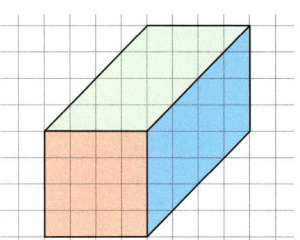

8 Übertrage den Buchstaben als Schrägbild.
Die rote Fläche soll auch in deinem Schrägbild die Vorderseite sein. (Alle Angaben in cm.)

a)  b) 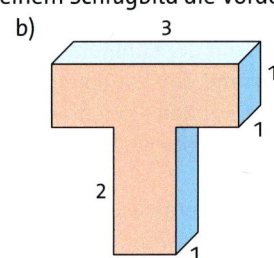 c)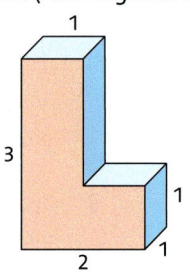

9 a) Schätze die Maße der quaderförmigen Objekte auf den Bildern.
b) Zeichne die Objekte in einem geeigneten Maßstab im Schrägbild. Gib den von dir gewählten Maßstab an.

①  ②  ③

Hilfe

10 a) Stelle die Streichholzschachteln aus zwei verschiedenen Blickrichtungen im Schrägbild dar.
Eine Streichholzschachtel hat die Länge 5 cm, die Breite 3,5 cm und die Höhe 1,5 cm.
b) Eine dritte Streichholzschachtel wird nun von oben so auf die Schachtel gelegt, dass ein sogenanntes „Doppel-T" entsteht. Zeichne auch diese Figur im Schrägbild.

11 Anna hat die Würfel des Körpers gezählt und ist auf 15 gekommen. Markus meint, es wären aber 18.
a) Begründe, warum beide recht haben könnten, und erkläre ihre Lösungen.
b) Bestimme, wie viele Würfel es mindestens und höchstens sein können.

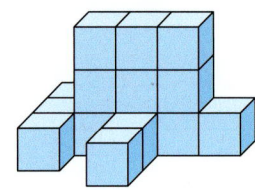

12 Mark hat mit einer 3D-Software ein Schrägbild eines Würfels gezeichnet. Mit dem Programm kann man den Würfel nun von allen Seiten betrachten. Beschreibe, von welcher Richtung aus der Würfel betrachtet wird.

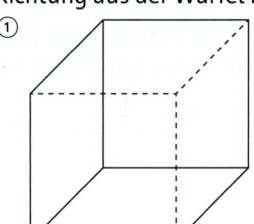 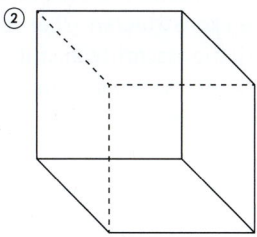 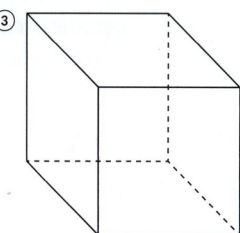

13 Zeichne das Schrägbild des dargestellten Körpers. Nutze dabei die roten Flächen als Vorderseite.

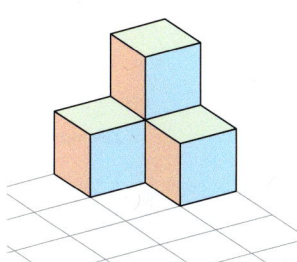

14 Zeichne ein Schrägbild der Körper.
  a) Zylinder
  b) Kegel
  c) quadratische Pyramide
  d) dreiseitiges Prisma

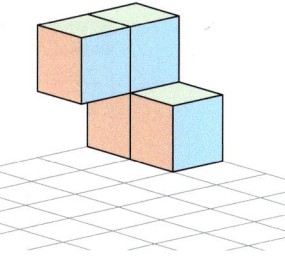

Hilfe

15 Vier kleine Würfel mit der Kantenlänge 1 cm wurden zusammengeklebt.
  a) Zeichne ein Schrägbild der Figur aus einer Perspektive, aus der die roten Begrenzungsflächen nicht mehr zu sehen sind.
  b) Es gibt noch fünf weitere Möglichkeiten, vier gleiche Würfel so zusammenzukleben, dass dabei kein Quader entsteht. Zeichne mindestens zwei dieser Figuren im Schrägbild.

Hinweis

Der Grundriss zeigt ein Objekt aus der Draufsicht, der Aufriss aus der Vorderansicht und der Seitenriss aus der Seitenansicht.

16 Ausblick: Im Schrägbild sieht man einen Körper „schräg" von der Seite. Im Grundriss, Aufriss und Seitenriss sieht man einen Körper genau „mittig".

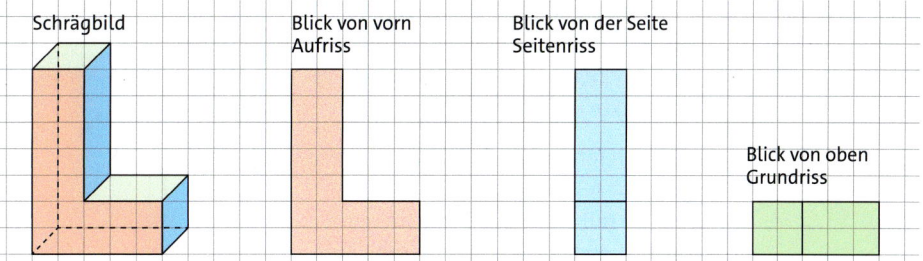

Zeichne den Grundriss, den Aufriss und den Seitenriss des Körpers wie im Beispiel.
a) b) c)

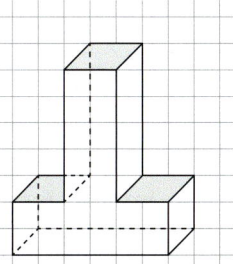 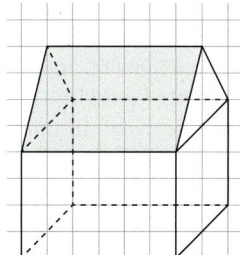 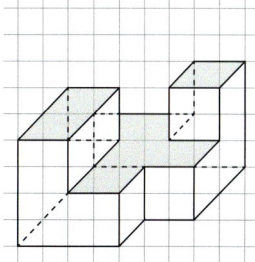

3 Mit Medien arbeiten

Dynamische Geometrie-Software

Mit einer dynamischen Geometrie-Software kann man am Computer oder Tablet geometrische Figuren konstruieren. Über verschiedene Menü-Punkte (Buttons) lassen sich einzelne Konstruktionsschritte ausführen. Häufig wird eine Beschreibung zu dem Button eingeblendet, wenn man mit der Maus rüberfährt. Beachte, dass bei manchen Programmen ähnliche Funktionen unter einem Button zusammengefasst werden.

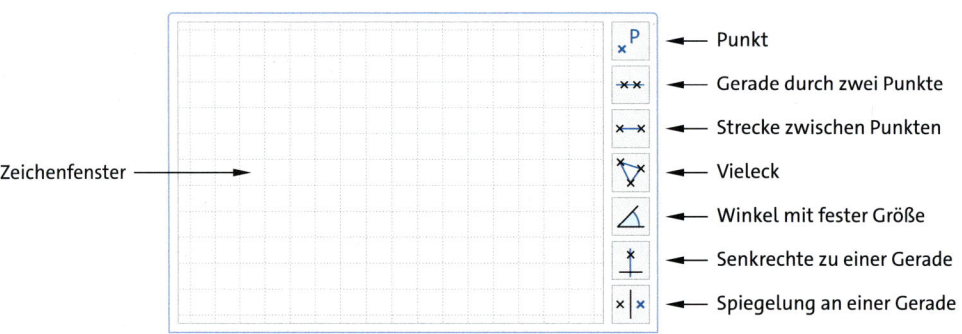

Beispiel 1

Zeichne ein Rechteck mit den Eckpunkten A(4|0), B(6|2) und C(2|6) und gib die Koordinaten des Eckpunktes D an.

Lösung:

① Blende in deiner Geometrie-Software das Koordinatensystem ein, zum Beispiel über einen Rechtsklick.
Wähle nun den Button ⨯ᴾ aus und zeichne die Punkte A(4|0), B(6|2) und C(2|6) in das Koordinatensystem ein.

② Konstruiere dann zwei Strecken zwischen A und B sowie B und C. Wähle dafür ⨯—⨯ aus und klicke die beiden Endpunkte der Strecke an.

③ Die noch fehlenden Seiten stehen senkrecht auf $\overline{AB}$ und $\overline{BC}$.
Zeichne mit ⊥ zwei Senkrechten ein. Klicke zuerst die Strecke $\overline{AB}$ und dann den Punkt A an. So ergibt sich eine Gerade, die senkrecht zu $\overline{AB}$ steht und durch A geht. Wiederhole die Konstruktion für die Senkrechte zu $\overline{BC}$.
Der Schnittpunkt dieser beiden Senkrechten ist der gesuchte Punkt D. Wähle ⨯ᴾ und klicke den Schnittpunkt an. Jetzt kannst du die Koordinaten von D ablesen.

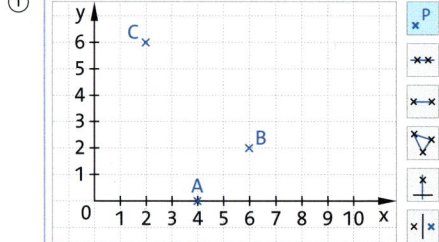

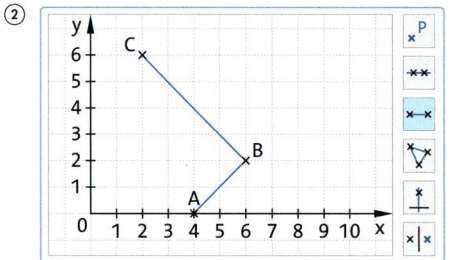

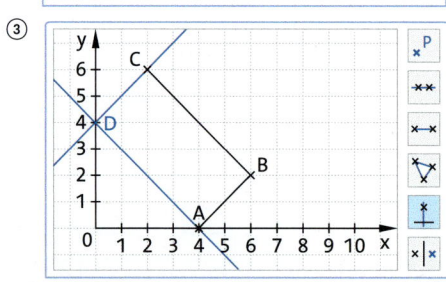

Koordinaten: D(0|4)

Aufgaben

1. Zeichne das Viereck mit den gegebenen Eckpunkten in ein Koordinatensystem. Gib die Koordinaten der fehlenden Eckpunkte an.
   a) Rechteck: A(2|1), B(6|1) und C(6|6)
   b) Quadrat: A(2|1) und B(6|1)
   c) Parallelogramm: A(4|4), B(9|4) und C(11|7)

2. a) Zeichne zwei Punkte A und B sowie eine Gerade g durch die beiden Punkte.
   b) Zeichne einen Punkt C, der nicht auf der Gerade g liegt.
   c) Zeichne eine Gerade h, die senkrecht zu g ist und durch den Punkt C geht.
   d) Zeichne eine Gerade i, die parallel zu g ist und durch den Punkt C geht.
   e) Verschiebe den Punkt C mithilfe des Buttons ▷ und beschreibe, was passiert.

3. Zeichne zuerst alle Punkte mit der Funktion . Verbinde dann die Punkte mit der Funktion Strecke . Färbe die Figuren ein. Suche in deiner dynamischen Geometrie-Software auch nach anderen Möglichkeiten, um die Figur zu zeichnen.

   a) 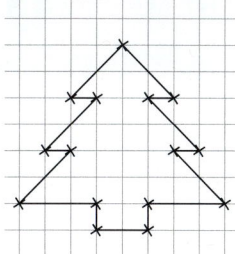   b) 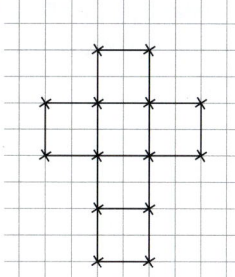   c)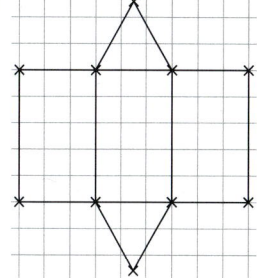

4. Zeichne die abgebildete Figur nach. Finde dazu einen Button, mit dem du regelmäßige Vielecke erzeugen kannst.
   Färbe die Figur dann bunt ein.

   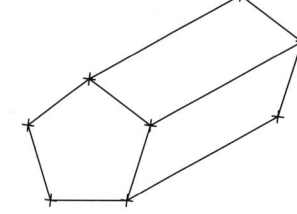

5. Zeichne die Punkte A(4|4), B(3|5), C(2|5), D(1|4), E(1|3) und F(4|1) in ein Koordinatensystem ein und verbinde sie miteinander. Spiegle alle Punkte an der Gerade, die durch die Punkte A und F geht. Nutze dafür das Werkzeug .

6. Zeichne eines der abgebildeten Schrägbilder. Konstruiere dann die anderen drei Ansichten mithilfe von Spiegelungen.

   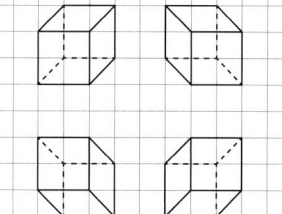

7. **Forschungsauftrag:** Gegeben sind die Punkte A(1|4), B(3|1), C(5|4), D(3|5), E(1|2) und F(5|2).
   a) Zeichne die Punkte in ein Koordinatensystem und verbinde sie zu den Dreiecken ABC und DEF.
   b) Untersuche die entstandene Figur auf Symmetrieachsen. Überprüfe deine Vermutungen, indem du die Symmetrieachsen einzeichnest und die Punkte daran spiegelst.
   c) Untersuche, welche Eigenschaften die Dreiecke ABC und DEF haben müssen, damit die entstandene Figur möglichst viele Symmetrieachsen besitzt.

3.9 Vermischte Aufgaben

Hinweis

Der Begriff „horizontal" bedeutet „parallel zum Horizont". Er ist gleichbedeutend mit „waagerecht". Der Begriff „lotrecht" bedeutet „senkrecht zum Horizont". Er ist gleichbedeutend mit „vertikal".

1 Beim Bau eines Hauses werden die Böden und Zwischendecken parallel zueinander (üblicherweise horizontal) ausgerichtet.
Als Hilfsmittel dazu dienen Wasserwaagen. Die Wände sind dann senkrecht zu den Böden und den Zwischendecken (üblicherweise lotrecht).
Prüfe am Bild des Berliner Hauses.
a) Gib an, welche Linien lotrecht und welche horizontal verlaufen.
b) Gib an, welche Linien senkrecht zueinander, aber weder horizontal noch lotrecht sind.
c) Gib an, wie die Böden und die Wände der Zimmer hinter der roten Fassade ausgerichtet sind, und begründe deine Vermutung.

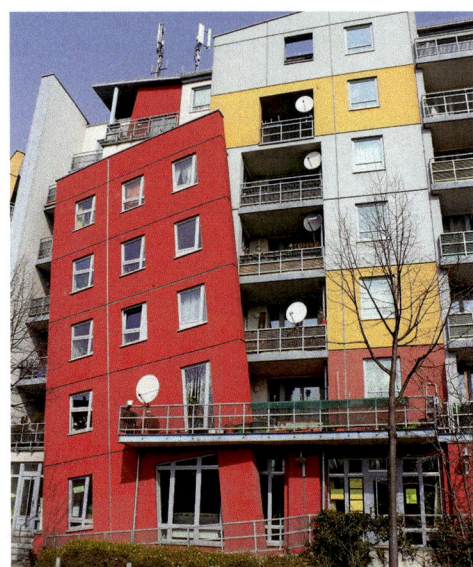

2 In der Abbildung sind zwei Quadrate in verschiedene Einzelfiguren unterteilt.

 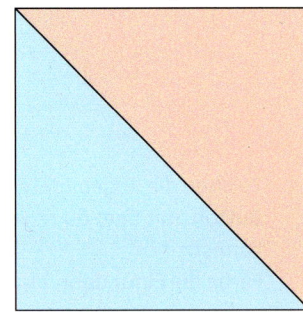

a) Zeichne zwei Quadrate mit 8 cm Seitenlänge. Übertrage die Einteilungen aus der Abbildung möglichst genau.
b) Benenne die einzelnen Figuren, aus denen die beiden Quadrate zusammengesetzt sind.
c) Zeichne ein Quadrat mit 8 cm Seitenlänge und denke dir eine eigene Unterteilung aus, in der du möglichst viele verschiedene geometrische Formen unterbringst.
d) Zeichne ein Quadrat mit 8 cm Seitenlänge und denke dir eine eigene Unterteilung aus, die achsensymmetrisch ist.

3 a) Entscheide, ohne zu messen, welche der Linien zueinander parallel und welche zueinander senkrecht sind.
b) Prüfe nun mit dem Geodreieck, welche Linien tatsächlich zueinander parallel oder zueinander senkrecht sind. Achte besonders auf die Lage der kurzen Linien.

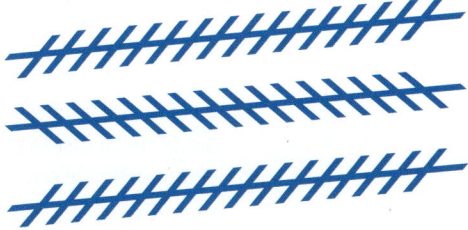

c) Zeichne zwei zueinander parallele Geraden, die beim Beobachten aber nicht als parallel zueinander erscheinen. Es soll also eine optische Täuschung vorliegen.
d) Suche in Büchern oder im Internet weitere optische Täuschungen und stelle diese in deiner Klasse vor.

3 Grundbegriffe der Geometrie

4 Blütenaufgabe: Mit den abgebildeten Magnetstäbchen kann man schöne Figuren und Körper bauen. Zwei Stäbchen werden dabei mit einer Stahlkugel verbunden. Die blauen Stäbchen sind 6 cm lang, die orangefarbenen Stäbchen sind 5 cm lang. Caroline und ihr Bruder Julian bauen gerade damit.

Gib an, welche Arten von Vierecken die zwei Geschwister nicht aus zwei blauen und zwei orangefarbene Stäbchen bauen können. Begründe deine Aussage.

Caroline hat ein Trapez und eine Raute gebaut. Bestimme, wie viele Stäbchen welcher Art sie mindestens dafür braucht.

Bestimme, wie viele Stäbchen von welchen Farben Julian mindestens braucht, wenn er einen Quader bauen will, bei dem Höhe, Länge und Breite unterschiedlich lang sein sollen. Ermittle außerdem, wie viele Kugeln er dazu braucht.

Caroline hat ein Parallelogramm aus zwei orangefarbenen und zwei blauen Stäbchen in ein Koordinatensystem gelegt (1 Einheit entspricht 1 cm). Zwei der vier Eckpunkte haben die Koordinaten A(2|2) und C(11|6). Gib die Koordinaten der anderen beiden Eckpunkte an.

5 a) Wer bin ich? Nenne alle möglichen Vierecke, auf die die Beschreibung zutrifft.
  ① Ich habe vier rechte Winkel. Meine gegenüberliegenden Seiten sind zueinander parallel. Je zwei gegenüberliegende Seiten sind gleich lang.
  ② Meine gegenüberliegenden Seiten sind zueinander parallel. Je zwei gegenüberliegende Seiten sind gleich lang. Ich habe keinen rechten Winkel.
  ③ Ich habe keinen rechten Winkel. Zwei gegenüberliegende Seiten sind zueinander parallel, aber nicht gleich lang.
  ④ Meine Seiten sind alle gleich lang. Je zwei gegenüberliegende Seiten sind zu einander parallel. Ich habe keinen rechten Winkel.
  ⑤ Ich habe vier rechte Winkel. Je zwei gegenüberliegende Seiten sind zueinander parallel. Meine Seiten sind alle gleich lang.
  ⑥ Ich habe jeweils zwei Seiten, die gleich lang sind. Meine Diagonalen stehen senkrecht aufeinander. Der Schnittpunkt von ihnen halbiert die Strecke einer Diagonalen.

b) Arbeitet zu zweit. Vergleicht eure Ergebnisse miteinander.
Ergänzt dann gemeinsam die Beschreibungen aus a) so, dass jede Aussage nur noch zu genau einem Viereck passt.

6 Zeichne ein Koordinatensystem. Wähle 1 cm für eine Einheit.
  a) Trage die Punkte A(3|3), B(9|3) und C(7|6) in das Koordinatensystem ein.
  b) Zeichne einen Punkt D, sodass ein Parallelogramm ABCD entsteht. Gib die Koordinaten von D an.
  c) Gibt es weitere Möglichkeiten für den Punkt D, sodass die vier Punkte ein Parallelogramm bilden? Begründe deine Antwort und gib, wenn möglich, die Koordinaten von D an.

3.9 Vermischte Aufgaben

3 Prüfe dein neues Fundament

Lösungen
→ S. 244/245

1 Prüfe mit dem Geodreieck,
   a) welche Geraden senkrecht zueinander verlaufen,
   b) welche Geraden zueinander parallel verlaufen.

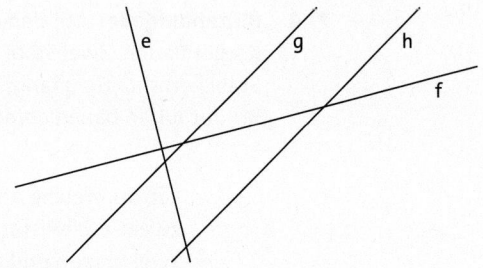

2 Zeichne zwei zueinander parallele Geraden e und f mit dem Abstand 1,5 cm. Zeichne dann eine Gerade g, die zur Gerade f senkrecht verläuft.

3 Zeichne ein Koordinatensystem mit der Einheit 1 cm.
   a) Trage die Punkte A(1|1), B(4|1), C(3|2) und D(3|4) in das Koordinatensystem ein.
   b) Zeichne einen Strahl s mit dem Anfangspunkt A, der durch den Punkt C verläuft.
   c) Zeichne die Strecke $\overline{AB}$ und gib die Länge der Strecke $\overline{AB}$ an.
   d) Die Gerade g, die durch die Punkte C und D verläuft, schneidet die Strecke $\overline{AB}$ im Punkt E. Gib die Koordinaten des Punktes E an.

4 Übertrage die Zeichnung und ergänze sie zur angegebenen Figur. Zeichne in die Figur alle Diagonalen ein.

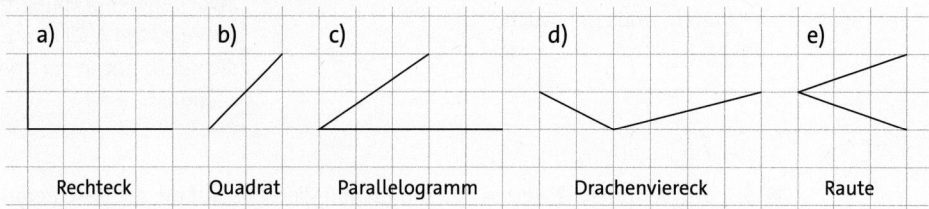

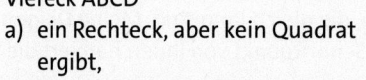

5 Zeichne ein Rechteck ABCD mit den angegebenen Seitenlängen.
   a) a = 3 cm; b = 4 cm   b) a = 2,5 cm; b = 3 cm   c) a = b = 3 cm

6 Übertrage das abgebildete Koordinatensystem mit den eingezeichneten Punkten A und B. Zeichne dann zwei weitere Punkte C und D ein und gib deren Koordinaten an, sodass das entstehende Viereck ABCD
   a) ein Rechteck, aber kein Quadrat ergibt,
   b) ein Trapez, aber kein Parallelogramm ergibt,
   c) ein Drachenviereck ergibt.

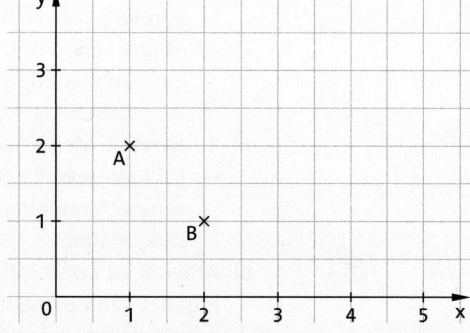

7 Entscheide, auf welche Viereckstart (Trapez, Parallelogramm, Rechteck, Quadrat, Drachenviereck, Raute) die Eigenschaft zutrifft.
   a) Alle benachbarten Seiten des Vierecks stehen senkrecht zueinander.
   b) Alle Seiten des Vierecks sind gleich lang.
   c) Alle benachbarten Seiten des Vierecks stehen senkrecht zueinander und sind gleich lang.
   d) Nur ein Paar gegenüberliegender Seiten des Vierecks verläuft parallel zueinander.
   e) Alle gegenüberliegenden Seiten des Vierecks verlaufen parallel zueinander.

Grundbegriffe der Geometrie

Lösungen
→ S. 245

8 Übertrage alle achsensymmetrischen Vierecke. Zeichne die Symmetrieachsen ein.

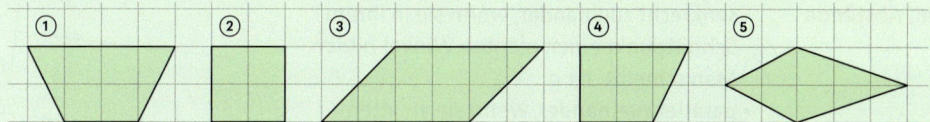

9 Gib an, ob die Figur punktsymmetrisch ist. Wenn ja, übertrage die Figur und markiere die Lage des Symmetriezentrums.

a) 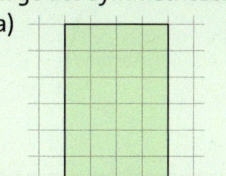 b) 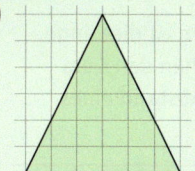 c) 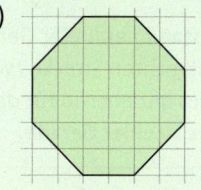 d)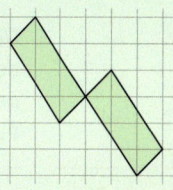

10 Betrachte die Körper.

① 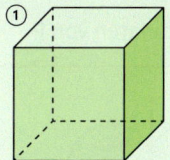 ② 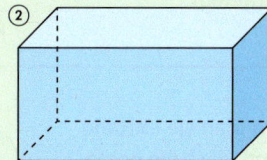 ③ 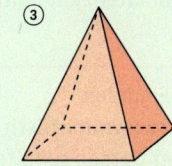 ④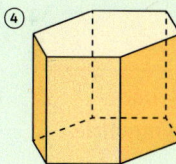

a) Zähle die Ecken und Kanten der einzelnen Körper. Benenne die Körper.
b) Bestimme die Art und die Anzahl der Begrenzungsflächen der einzelnen Körper.
c) Zeichne ein Netz zu jedem Körper.

11 Zeichne ein Netz und das Schrägbild
a) eines Würfels mit der Kantenlänge 4 cm,
b) eines Quaders mit den Kantenlängen 6 cm, 5 cm und 4 cm.

12 Zeichne ein weiteres Schrägbild der Figur.
Wähle dabei die blaue Fläche als Grundfläche. Die roten Kanten sind 2 cm lang.

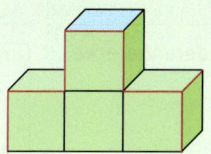

Wo stehe ich?

	Ich kann ...	Aufgabe	Schlag nach
3.1	... senkrechte und parallele Geraden erkennen und zeichnen.	1, 2	S. 99 Beispiel 1 S. 99 Beispiel 2
3.2	... Koordinaten eines Punktes aus einem Koordinatensystem ablesen und Punkte mit gegebenen Koordinaten eintragen.	3, 6	S. 102 Beispiel 1 S. 103 Beispiel 2
3.3	... Achsensymmetrie erkennen, die Symmetrieachsen angeben und Achsenspiegelungen durchführen.	8	S. 106 Beispiel 1 S. 107 Beispiel 2
3.4	... Punktsymmetrie erkennen, das Symmetriezentrum angeben und Punktspiegelungen durchführen.	9	S. 110 Beispiel 1 S. 111 Beispiel 2
3.5	... die Eigenschaften besonderer Vierecke erkennen und diese Vierecke zeichnen.	4, 5, 6, 7	S. 116 Beispiel 1
3.6	... die Eigenschaften der Grundkörper erkennen.	10	S. 121 Beispiel 1
3.7	... Netze eines Körpers erkennen und zeichnen.	11	S. 124 Beispiel 1 S. 125 Beispiel 2
3.8	... Schrägbilder eines Quaders zeichnen.	11, 12	S. 128 Beispiel 1

Prüfe dein neues Fundament

3 Zusammenfassung

Senkrecht und parallel, Abstände

Zwei Geraden f und g verlaufen
- **senkrecht zueinander**, wenn sie in ihrem Schnittpunkt einen rechten Winkel bilden. Man schreibt: f ⊥ g
- **parallel zueinander**, wenn sie an allen Stellen den gleichen Abstand haben, sich die Geraden also nicht schneiden. Man schreibt: f ∥ g

Der **Abstand** paralleler Geraden ist die Länge der senkrechten Strecke zwischen den Geraden. Dies gilt ebenso für den **Abstand** eines **Punktes zu einer Gerade**.

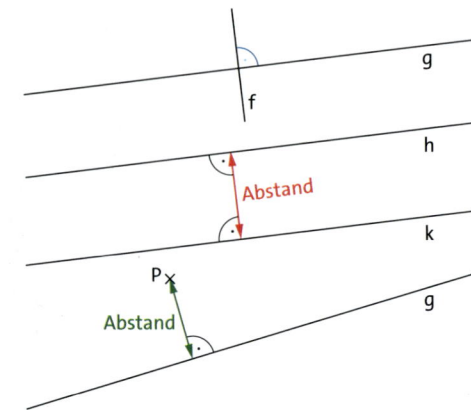

Koordinatensystem

In einem **Koordinatensystem** wird die Lage eines Punktes P durch zwei Zahlen (seine **Koordinaten**) eindeutig festgelegt.

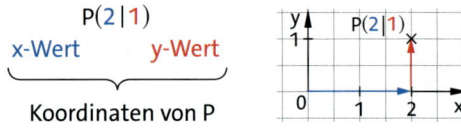

Achsen- und Punktsymmetrie

Eine Figur heißt
- **achsensymmetrisch**, wenn man sie entlang einer Gerade so falten kann, dass die beide Teile deckungsgleich sind. Die Gerade heißt **Symmetrieachse**.
- **punktsymmetrisch**, wenn sie nach einer halben Drehung um einen Punkt Z genauso aussieht wie die Ausgangsfigur. Der Punkt Z heißt **Symmetriezentrum**.

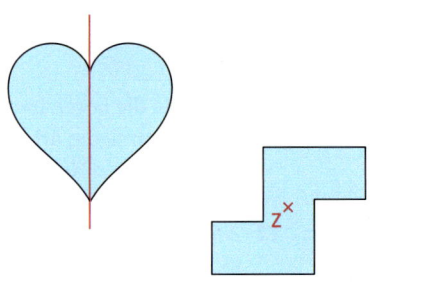

Besondere Vierecke

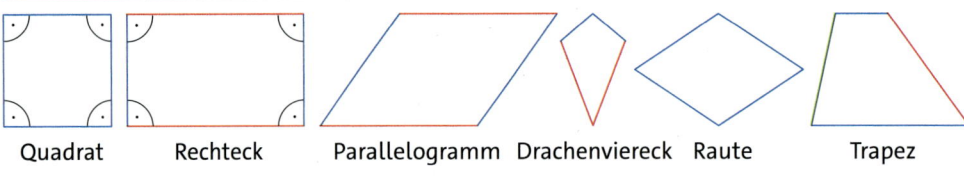

Quadrat — Rechteck — Parallelogramm — Drachenviereck — Raute — Trapez

Körper

Geometrische Körper werden durch Flächen begrenzt. Wo sich zwei Flächen treffen, hat der Körper eine **Kante**. Wo Kanten aufeinandertreffen, hat der Körper eine **Ecke**.

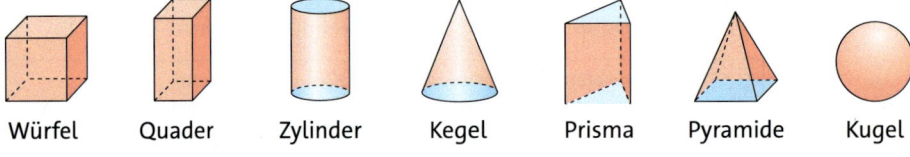

Würfel — Quader — Zylinder — Kegel — Prisma — Pyramide — Kugel

Netze von Körpern

Schneidet man einen Körper an den Kanten auf und klappt ihn dann auf, erhält man eine ebene Figur. Diese heißt **Netz** des Körpers.

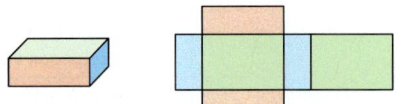

Schrägbilder von Quadern

Beim **Schrägbild** werden Breite und Höhe der Vorderfläche wirklichkeitsgetreu gezeichnet. Die Kanten in die Tiefe werden entlang der Kästchendiagonalen gezeichnet: 1 cm entspricht einer Kästchendiagonalen

Quader:
a = 2 cm,
b = 1 cm,
c = 1 cm

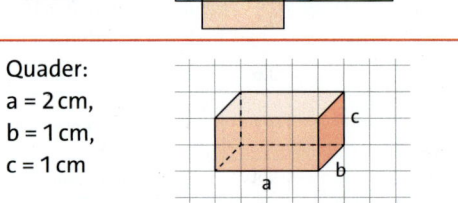

4 Flächeninhalt und Umfang

Nach diesem Kapitel kannst du
→ den Flächeninhalt von Rechtecken und Quadraten berechnen,
→ den Flächeninhalt ebener Figuren durch Zerlegen oder Ergänzen bestimmen,
→ mit Flächeneinheiten umgehen,
→ den Umfang von geradlinig begrenzten Figuren berechnen.

Dein Fundament

Lösungen → S. 246

Flächen auslegen

1. Ein Schachbrett hat 8 waagerechte Reihen und 8 senkrechte Reihen.
   a) Gib an, wie viele Felder ein Schachbrett hat.
   b) Zeige zeichnerisch, dass man aus dem Schachbrett zwölf Rechtecke ausschneiden kann, die jeweils fünf Felder lang und ein Feld breit sind.

2. Die abgebildete rechteckige Terrasse wird mit Platten ausgelegt.
   Berechne, wie viele Platten insgesamt benötigt werden.

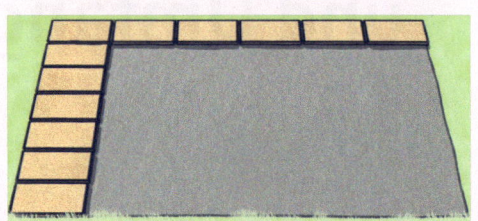

3. Die Figur soll vollständig mit pinkfarbenen Quadraten ausgefüllt werden.
   Gib an, wie viele Quadrate insgesamt in die Figur passen.
   Gib auch an, wie viele Quadrate noch fehlen.

   a) 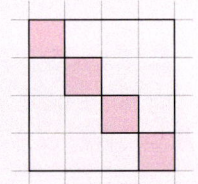   b)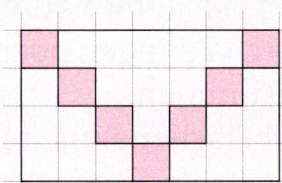

   c)    d)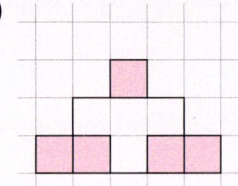

Erklärfilm

Längenangaben umrechnen

4. Rechne in die angegebene Längeneinheit um.
   a) 40 mm (in cm)   b) 3 m (in cm)   c) 1,5 km (in m)   d) 8 m (in dm)

5. Ersetze den Platzhalter ■ durch die richtige Längeneinheit.
   a) 6 cm = 60 ■   b) 5 km = 5000 ■   c) 4,5 m = 450 ■   d) 2000 mm = 2 ■

6. Gib an, welche Angaben die gleiche Länge beschreiben.

   60 cm   60 dm   0,6 km   600 cm   600 m
       600 mm   6 m   6 dm   6000 dm

7. Überprüfe und korrigiere, falls erforderlich.
   a) 6 m = 600 cm   b) 5 cm = 50 dm   c) 20 dm = 200 cm   d) 2,5 km = 250 m

4 Flächeninhalt und Umfang

Lösungen → S. 246

Erklärfilm

Mit Zahlen und Längenangaben rechnen

8 Berechne, indem du die Summanden geschickt vertauschst und zusammenfasst.
  a) 15 + 41 + 25 + 19   b) 63 + 14 + 36 + 27   c) 13 + 12 + 37 + 5   d) 63 + 103 + 47 + 27

9 Berechne im Kopf.
  a) 12 · 6   b) 38 · 4   c) 4 · 5 · 3   d) 7 · 7 · 8

10 Berechne.
  a) 13 cm + 17 cm   b) 12 dm + 3 m   c) 17 km − 90 m   d) 1 m − 50 cm
  e) 8 cm · 4   f) 64 cm : 8   g) 2 · 13 m   h) 72 m : 9
  i) 2 · 8 cm + 3 cm · 2   j) (1 dm + 7 cm) · 2   k) 1 m : 4   l) 6 m : 2 − 130 cm

11 Überschlage zuerst und berechne dann schriftlich.
  a) 134 · 12   b) 346 · 18   c) 140 · 120   d) 11 · 3453
  e) 360 : 18   f) 420 : 12   g) 195 : 15   h) 600 000 : 25 000

12 Ersetze die Platzhalter ■ durch die richtigen Zahlen.
  a) 2100 = 700 · ■ = 70 · ■ = 7 · ■   b) 12 000 = 2 · ■ = 30 · ■ = 400 · ■ = 6000 · ■
  c) 2400 = 200 · ■ = 400 · ■ = 800 · ■   d) 72 000 = 8 · ■ = 80 · ■ = 800 · ■ = 8000 · ■

Erklärfilm

Rechteck und Quadrat erkennen und zeichnen

13 Zeichne
  a) ein Rechteck mit den Seitenlängen a = 4 cm und b = 2 cm,
  b) ein Quadrat mit einer Seitenlänge von 3 cm.

14 Miss die Seitenlängen der Figur.
  a) 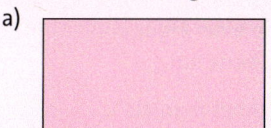   b)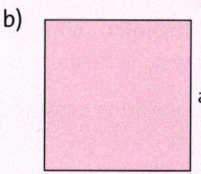

15 Die Länge einer Seite eines Quadrats beträgt 3,7 cm. Gib an, wie lang die anderen Seiten sind.

16 Länge a und Breite b eines Rechtecks sind zusammen 12 cm lang. Bestimme die Länge der Seite a,
  a) wenn die Länge der Seite b genau 3 cm beträgt,
  b) wenn die Seite b doppelt so lang ist wie die Seite a.

17 Zeichne die Eckpunkte in ein Koordinatensystem und verbinde sie in alphabetischer Reihenfolge. Gib an, um welches Viereck es sich handelt.
  a) A(1|2); B(3|2); C(3|4); D(1|4)   b) E(2|5); F(7|5); G(7|7); H(2|7)
  c) P(3|1); Q(6|1); R(8|3); S(5|3)   d) U(5|0); V(7|0); W(7|2); X(6|2)

18 Zeichne die Punkte A(2|2), B(4|0) und C(5|1) in ein Koordinatensystem.
  Trage einen weiteren Punkt D so in das Koordinatensystem ein, dass ein Rechteck mit den Eckpunkten A, B, C, D entsteht. Gib die Koordinaten von D an.

Dein Fundament

4

4.1 Flächen vergleichen

Familie Müller möchte ein möglichst großes Gartengrundstück kaufen. Das Grundstück soll eingezäunt werden. Vergleiche die Gärten und berate die Familie.
Probiere verschiedene Möglichkeiten beim Vergleichen aus. Du kannst die Gärten dazu auch auf Papier übertragen und ausschneiden.

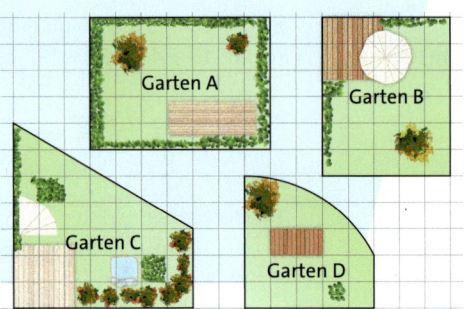

Flächeninhalt und Umfang

Flächen haben verschiedene Größen, die man miteinander vergleichen kann, zum Beispiel die **Form**, die **Länge** und die **Breite**. Wenn man von der Größe einer Fläche spricht, dann meint man meistens den **Flächeninhalt**. Man kann den Flächeninhalt etwa durch Kästchenzählen oder durch Aufeinanderlegen von zwei ausgeschnittenen Flächen vergleichen.

Wenn man eine Schnur um die Fläche legt oder einmal um die Fläche herumläuft, so ist der zurückgelegte Weg genau der **Umfang** der Fläche.

> **Wissen**
>
> Der **Flächeninhalt A** gibt an, wie groß die Fläche einer Figur ist oder welche Ausdehnung ein Gebiet in der Ebene hat.
>
> Die Gesamtlänge des Randes einer Figur bezeichnet man als **Umfang u**.
> Wenn die Figur durch gerade Linien begrenzt ist, dann ist ihr Umfang die Summe aller Seitenlängen.

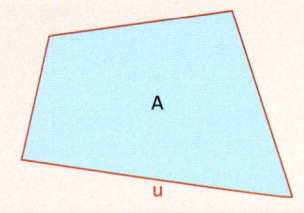

> **Beispiel 1**
>
> Daniels Zimmer wird renoviert und seine Eltern überlegen, wie viel Laminat und Fußleisten sie kaufen müssen. Entscheide für jedes Material, ob es sich um Flächeninhalt oder Umfang handelt. Begründe deine Entscheidung.
>
> **Lösung:**
> Umfang ist eine Längenangabe. Überlege, ob es sich bei den Fußleisten um Material handelt, das sich durch eine Länge oder durch eine Fläche beschreiben lässt.
>
> Stelle die gleiche Überlegung für das Laminat an.
>
> Fußleisten werden entlang des unteren Wandrands angebracht, sie rahmen den Bodenbelag ein. Es handelt sich um den Umfang des Zimmerbodens.
>
> Laminat ist ein Bodenbelag, mit dem die Fußbodenfläche des Zimmers ausgelegt wird. Es geht um den Flächeninhalt des Zimmers.

4 Flächeninhalt und Umfang

Basisaufgaben

1 Entscheide, ob es sich um Flächeninhalt oder Umfang handelt. Begründe.
- a) Länge einer Laufbahn im Stadion
- b) Größe von Berlin
- c) Wohnungsgröße
- d) Länge eines Gürtels
- e) Größe eines Fußballplatzes
- f) Holzleistenlänge für einen Bilderrahmen

2 Gib für jede Abbildung eine Größe an, die berechnet werden kann
- a) mithilfe des Umfangs,
- b) mithilfe des Flächeninhalts.

① 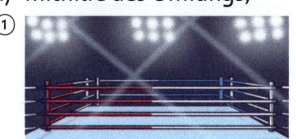   ②    ③

Flächeninhalte vergleichen

Erklärfilm

Beispiel 2 Vergleiche den Flächeninhalt der beiden Figuren.

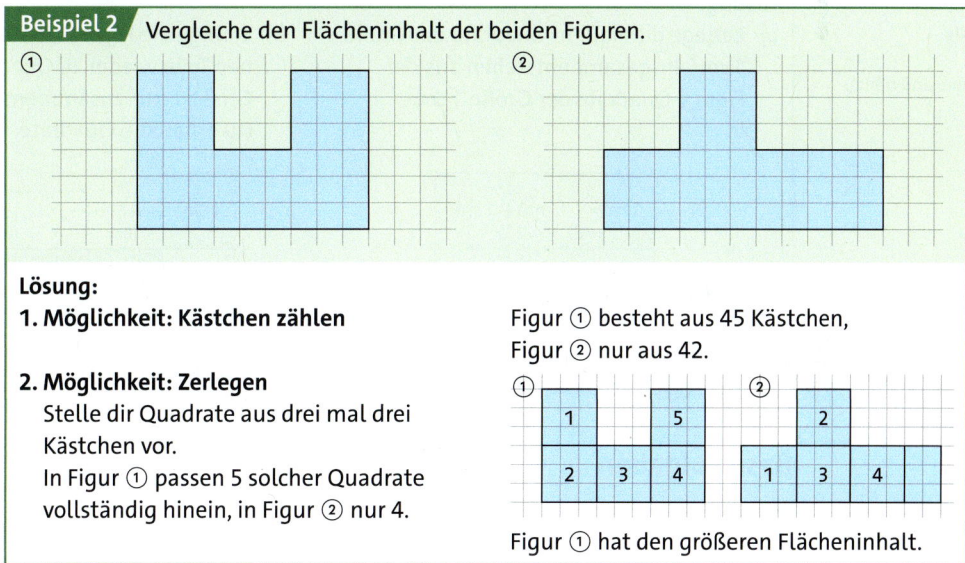

Lösung:

1. Möglichkeit: Kästchen zählen

Figur ① besteht aus 45 Kästchen, Figur ② nur aus 42.

2. Möglichkeit: Zerlegen
Stelle dir Quadrate aus drei mal drei Kästchen vor.
In Figur ① passen 5 solcher Quadrate vollständig hinein, in Figur ② nur 4.

Figur ① hat den größeren Flächeninhalt.

Basisaufgaben

3 Vergleiche den Flächeninhalt der beiden Figuren.

① 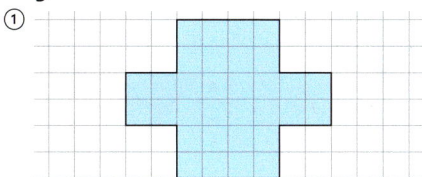   ②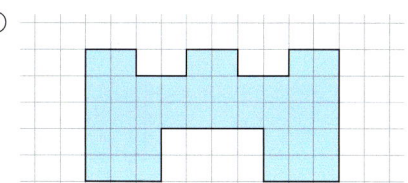

4 Ordne die Figuren aufsteigend nach ihrem Flächeninhalt.

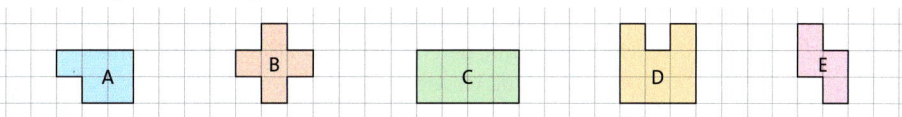

4

Flächeninhalte in cm²

Für den Alltag ist es unpraktisch, die Größe von Flächen in der Einheit „Kästchen" zu vergleichen. Kästchen können nämlich unterschiedlich groß sein. Aus diesem Grund wurden Flächeneinheiten eingeführt und es wurde festgelegt, dass ein Quadrat mit der Seitenlänge 1 cm einen Flächeninhalt von einem **Quadratzentimeter** (1 cm²) hat.

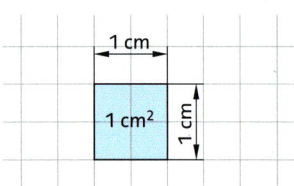

Erklärfilm

Beispiel 3   Bestimme den Flächeninhalt der Figur in cm².
a)   b)

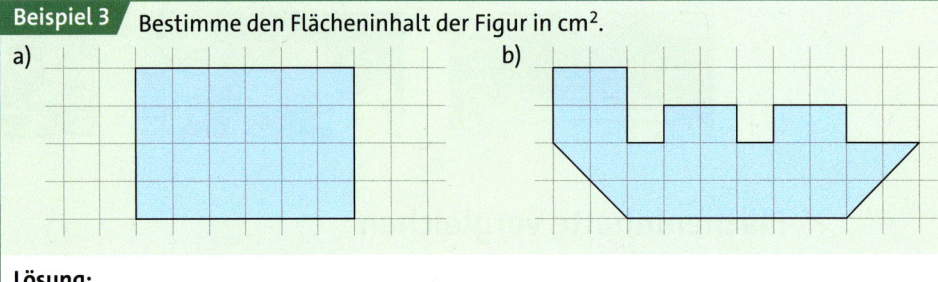

Hinweis

4 Kästchen sind genau 1 cm².

Lösung:

a) Zerlege die Figur in Quadrate der Größe 1 cm². Insgesamt entstehen aus der Figur 6 Quadrate der Größe 1 cm².

b) Zerlege die Figur so, dass du die einzelnen Teile wieder zu Quadraten der Größe 1 cm² zusammensetzen kannst. Du erhältst 6 Quadrate.

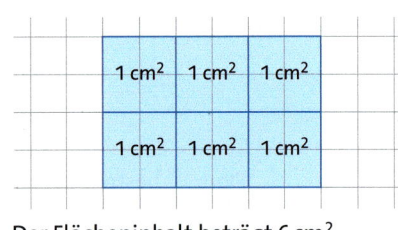   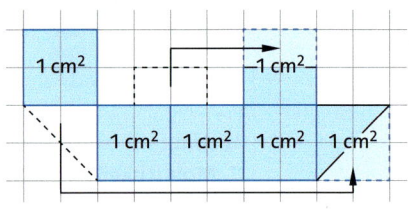

Der Flächeninhalt beträgt 6 cm².   Der Flächeninhalt beträgt 6 cm².

Basisaufgaben

5   Übertrage die Figur und bestimme ihren Flächeninhalt in cm².
a)   b)

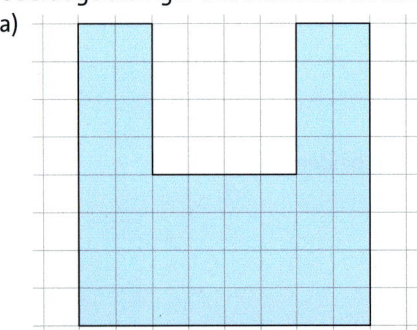

6   a) Zeichne drei verschiedene Rechtecke mit einem Flächeninhalt von 12 cm².
     b) Zeichne drei Flächen, die jeweils 5 cm² groß sind.

7   a) Zeichne eine Figur, deren Flächeninhalt doppelt (viermal; neunmal) so groß ist wie das abgebildete Quadrat.
     b) Entscheide, zu welcher der Aufgaben aus a) eine quadratische Figur existiert.

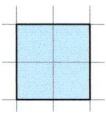

8 Gib den Flächeninhalt der folgenden Figuren in cm² an. Erkläre dein Vorgehen.

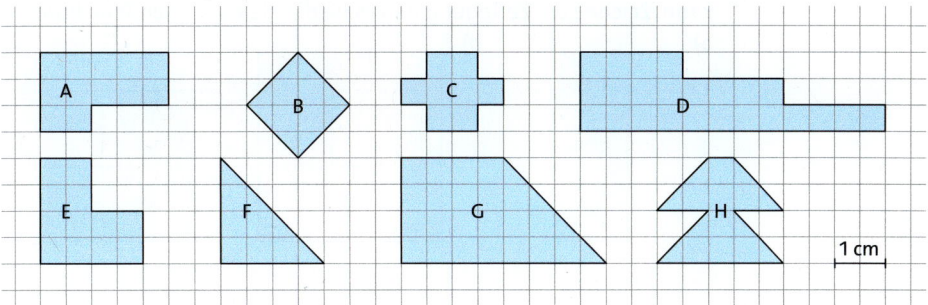

Weiterführende Aufgaben

Zwischentest

9 a) Vergleiche den Flächeninhalt der Zahlen 5 und 6.
b) Zeichne auf dieselbe Art die Zahlen 0 bis 9. Vergleiche den Flächeninhalt aller Zahlen. Gib die Zahl mit dem größten (dem kleinsten) Flächeninhalt an.

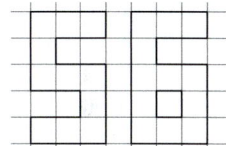

10 Ermittle, welche der abgebildeten ostfriesischen Inseln größer ist, Langeoog oder Norderney. Beschreibe dein Vorgehen.

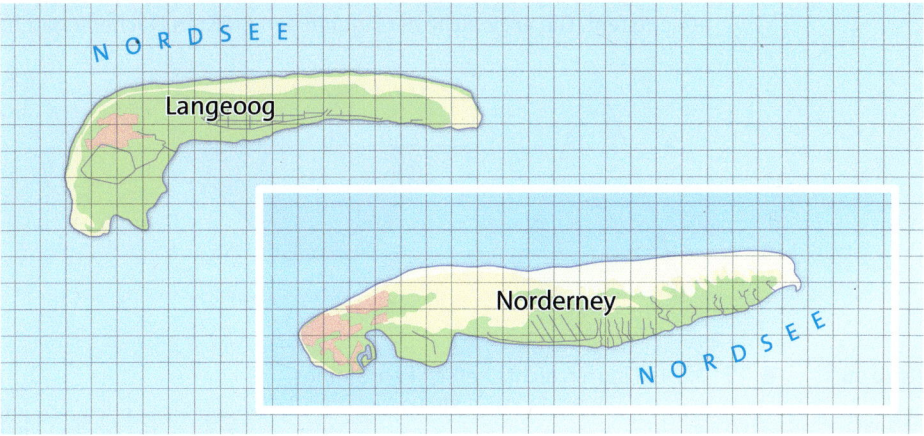

Info

Tangram ist ein altes chinesisches Legespiel, mit dem man aus Drei- und Vierecken Figuren legen kann.

11 Stolperstelle: Leila und Mark haben Tangram-Figuren gelegt.
Leila: „Mein Fuchs ist größer als dein Fisch." Mark: „Dafür hat mein Fisch den größeren Flächeninhalt." Nimm Stellung zu den Aussagen.

4.1 Flächen vergleichen   145

Hilfe 👆 **12** Finde mehrere Möglichkeiten, wie man die Fläche in zwei gleich große Teilflächen zerlegen kann. Zeichne die Zerlegung und male die gleich großen Teile bunt aus.

a) b) c) d)

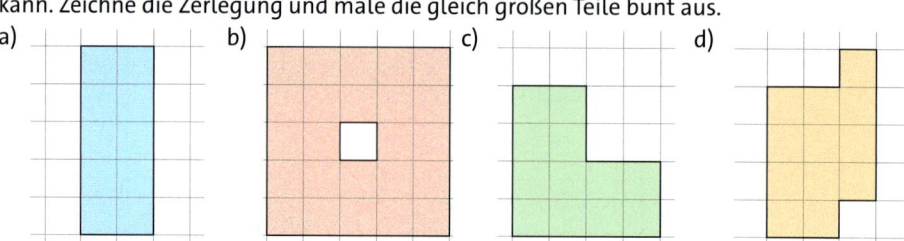

Erinnere dich

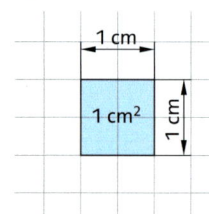

13 Flächeninhalt vergleichen durch Zerlegen:
Zeichne die Figuren auf Kästchenpapier. Schneide die Figuren ② und ③ aus. Zeige durch Zerlegen und Zusammensetzen, dass alle drei Figuren denselben Flächeninhalt haben. Ermittle den Flächeninhalt der Figuren in cm².

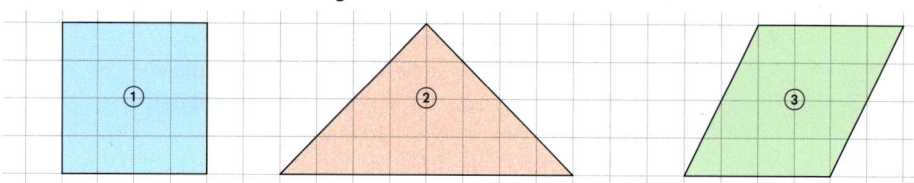

Hilfe 👆 **14** Übertrage die Figuren. Zerlege jede Fläche so, dass nach dem Zusammensetzen ein Rechteck entsteht. Gib an, welche der Figuren den größten Flächeninhalt hat.

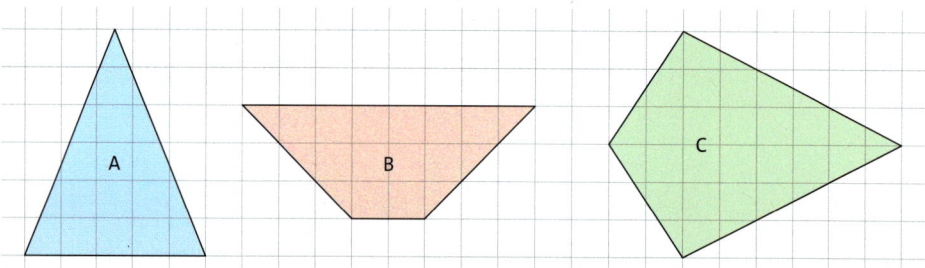

Hinweis zu 15

Es gibt – bis auf Symmetrie – nur diese 12 Figuren, wenn sich die 5 Quadrate immer mit einer ganzen Seite berühren sollen.

15 Die 12 Figuren rechts heißen Pentominos. Jede Figur besteht aus 5 Kästchen-Quadraten. Übertrage die Pentominos auf kariertes Papier und schneide sie aus.
a) Lege aus den 12 Figuren ein Rechteck, das 10 Kästchen lang und 6 Kästchen breit ist. Fertige eine Zeichnung deiner Lösung an.
b) Finde eine weitere Möglichkeit, ein Rechteck wie in a) zu legen. Vergleicht untereinander.

16 Ausblick: Dieses Rechteck lässt sich so in zwei Teile zerschneiden, dass es zu einem Quadrat zusammengesetzt werden kann. Finde weitere Rechtecke, die du so zerlegen kannst. Erkläre, ob das bei allen Rechtecken funktioniert.

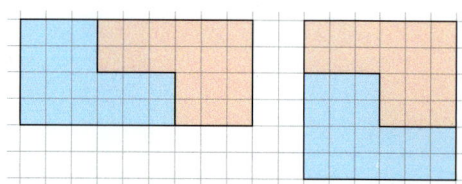

4.2 Flächeninhalt eines Rechtecks

Das Mosaik besteht aus farbigen quadratischen Steinen mit jeweils 1 cm² Flächeninhalt. Die einzelnen Farben bilden Rechtecke oder Quadrate. Gib für jede Farbfläche die Seitenlängen und den Flächeninhalt an. Untersuche, ob man den Flächeninhalt bestimmen kann, ohne die Steine einzeln abzuzählen.

Hinweis
Auf Kästchenpapier sind 4 Kästchen genau 1 cm².

Ein Rechteck ist 4 cm lang und 3 cm breit. Wenn man dieses Rechteck mit Streifen aus 1 cm breiten Quadraten auslegt, dann ergeben sich zwei Möglichkeiten:

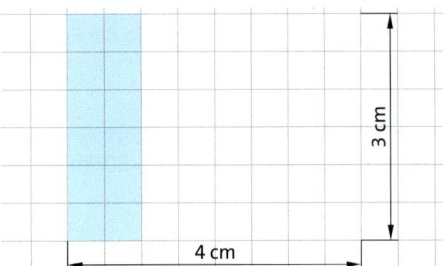

Man erhält 4 Streifen mit 3 Quadraten, also insgesamt 12 Quadrate.
Das Rechteck hat einen Flächeninhalt von
$4 \cdot (3 \cdot 1\,cm^2) = 4 \cdot 3\,cm^2 = 12\,cm^2$

Man erhält 3 Streifen mit 4 Quadraten, also ebenfalls insgesamt 12 Quadrate.
Das Rechteck hat einen Flächeninhalt von
$3 \cdot (4 \cdot 1\,cm^2) = 3 \cdot 4\,cm^2 = 12\,cm^2$

Hinweis
In einem **Quadrat** sind Länge und Breite gleich lang. Siehe Aufgabe 3.

> **Wissen**
>
> Der **Flächeninhalt A eines Rechtecks** ist das Produkt aus Länge und Breite des Rechtecks.
>
> Flächeninhalt = Länge mal Breite
> $A \;=\; a \;\cdot\; b$
>
>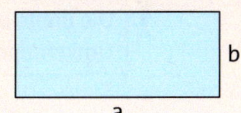

Flächeninhalt berechnen

Erklärfilm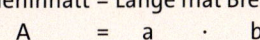

> **Beispiel 1**
>
> Berechne den Flächeninhalt eines Rechtecks mit den Seitenlängen a = 5 cm und b = 2 cm.
>
> **Lösung:**
> Rechne Länge 5 cm mal Breite 2 cm. Das Ergebnis ist ein Flächeninhalt, daher musst du die Einheit cm² verwenden.
>
> $A = 5\,cm \cdot 2\,cm$
> $\;\;\; = (5 \cdot 2)\,cm^2 = 10\,cm^2$
>
>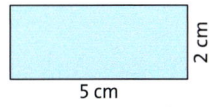

Lösungen zu 1

Maßzahlen der Lösungen:

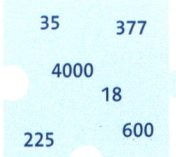

35, 377, 4000, 18, 225, 600

Basisaufgaben

1 Berechne den Flächeninhalt des Rechtecks.
a) a = 5 cm; b = 7 cm
b) a = 3 cm; b = 6 cm
c) a = 20 cm; b = 30 cm
d) a = 50 cm; b = 80 cm
e) a = 13 cm; b = 29 cm
f) a = 15 cm; b = 15 cm

2 Miss die benötigten Seitenlängen und berechne den Flächeninhalt der Rechtecke.

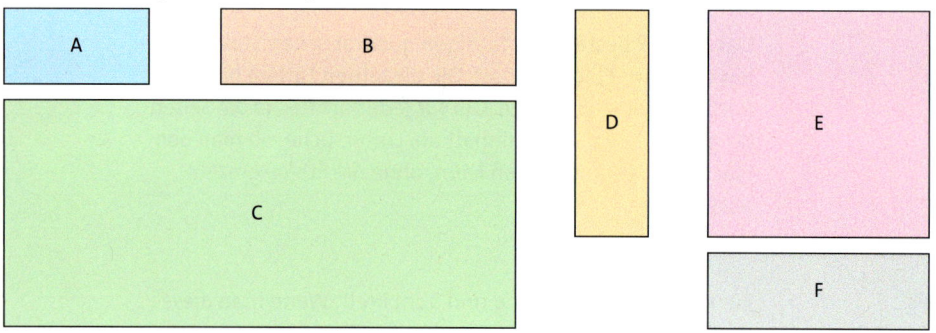

3 **Flächeninhalt eines Quadrats:** Zeichne ein Quadrat mit der Seitenlänge 3 cm. Berechne den Flächeninhalt. Erkläre, wie du dabei vorgehen kannst. Gib die Formel für den Flächeninhalt eines Quadrats mit der Seitenlänge a an.

4 Berechne den Flächeninhalt eines Quadrats mit der Seitenlänge a.
a) a = 4 cm   b) a = 7 cm   c) a = 10 cm   d) a = 20 cm   e) a = 16 cm

Seitenlänge berechnen

> **Beispiel 2** Ein Rechteck hat den Flächeninhalt A = 24 cm². Eine Seite hat die Länge a = 6 cm. Berechne die fehlende Seitenlänge b.
>
> **Lösung:**
> Länge mal Breite soll 24 cm² sein.   6 cm · b = 24 cm²
> Die Länge a = 6 cm ist bekannt.
> Die Breite b kannst du mit der   Da 24 : 6 = 4 ist,
> Umkehroperation 24 : 6 berechnen.   gilt b = 4 cm.

Basisaufgaben

5 Berechne die fehlende Seitenlänge des Rechtecks.
a) A = 36 cm²; a = 4 cm   b) A = 44 cm²; b = 11 cm   c) A = 35 cm²; a = 5 cm

6 Berechne die fehlende Seitenlänge des Rechtecks.

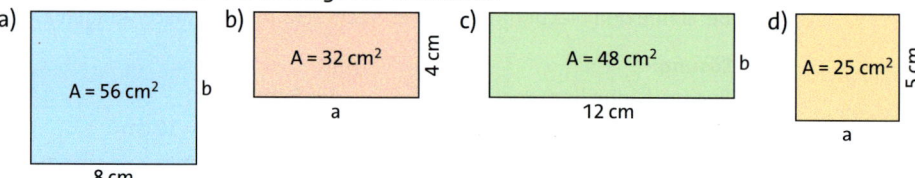

7 Ein Rechteck ist 12 cm breit und hat den angegebenen Flächeninhalt.
Berechne die Länge der anderen Seite.
a) A = 48 cm²   b) A = 96 cm²   c) A = 156 cm²   d) A = 192 cm²   e) A = 264 cm²

8 Ein Quadrat hat den angegebenen Flächeninhalt. Berechne die Länge einer Seite.
Beispiel: A = 25 cm². Die gesuchte Länge ist 5 cm, denn 5 cm · 5 cm = 25 cm².
a) A = 36 cm²   b) A = 81 cm²   c) A = 400 cm²   d) A = 225 cm²   e) A = 144 cm²

Weiterführende Aufgaben

Zwischentest

9 a) Gib die Seitenlängen von vier verschiedenen Rechtecken an, die alle einen Flächeninhalt von 36 cm² haben.
b) Gib die Seitenlängen von möglichst vielen verschiedenen Rechtecken an, die alle einen Flächeninhalt von 48 cm² haben.

Hilfe

10 In der Tabelle sind die Längen, Breiten und Flächeninhalte von Rechtecken eingetragen. Ergänze die Tabelle so, dass kein Rechteck doppelt vorkommt.

	a)	b)	c)	d)	e)	f)	g)
Länge a	12 cm	6 cm	80 cm				
Breite b	6 cm		20 cm	5 cm			
Flächeninhalt A		48 cm²		400 cm²	64 cm²	64 cm²	64 cm²

⚠️ **11 Stolperstelle:** Erkläre den Fehler, der in der Rechnung gemacht wurde.

a)
Flächeninhalt:
A = 5 cm · 7 cm
= 35 cm
5 cm
7 cm

b)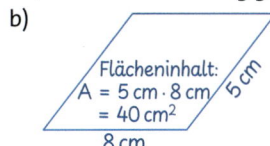
Flächeninhalt:
A = 5 cm · 8 cm
= 40 cm²
5 cm
8 cm

c)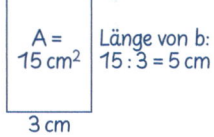
A = 15 cm²
Länge von b:
15 : 3 = 5 cm
3 cm

Hinweis zu 12
Runde die Länge und die Breite auf ganze Zentimeter.

12 Miss die Länge und Breite einer Seite deines Buchs „Fundamente der Mathematik".
a) Berechne den ungefähren Flächeninhalt einer Seite.
b) Stelle dir vor, dass mit allen Blättern des Buchs eine Fläche ausgelegt wird. Überschlage ihren Flächeninhalt.

13 Alexander hält drei Meerschweinchen in einem Stall, der 1,8 m lang und 0,9 m breit ist. Er hätte gern ein viertes Meerschweinchen. Jedes Meerschweinchen muss aber mindestens 3750 cm² Platz haben. Prüfe, ob Alexander ein viertes Tier in seinen Stall einziehen lassen kann oder ob er den Stall vorher vergrößern muss.

Hilfe

14 Flächeninhalt eines rechtwinkligen Dreiecks:
a) Begründe mit einer Zeichnung, dass du den Flächeninhalt eines rechtwinkligen Dreiecks mit der Formel A = a · b : 2 berechnen kannst. Dabei sind a und b die Seiten am rechten Winkel.
b) Berechne den Flächeninhalt eines rechtwinkligen Dreiecks, dessen Seiten am rechten Winkel 5 cm und 6 cm lang sind.

15 Ausblick: Untersuche, ob die folgende Aussage richtig oder falsch ist. Begründe deine Antwort.
a) Verdoppelt man die Länge eines Rechtecks und ändert die Breite nicht, so verdoppelt sich der Flächeninhalt des Rechtecks.
b) Verdoppelt man die Länge und die Breite eines Rechtecks, so vervierfacht sich der Flächeninhalt des Rechtecks.
c) Halbiert man die Länge und die Breite eines Rechtecks, so halbiert sich der Flächeninhalt des Rechtecks.

4

4.3 Flächeneinheiten

Wie viele Quadrate mit dem Flächeninhalt 1 cm² passen in ein Quadrat mit der Seitenlänge 1 dm? Schätze zuerst und berechne dann.

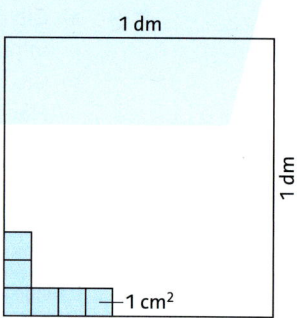

Soll der Flächeninhalt einer Fläche bestimmt werden, kann man sie mit Einheitsquadraten der Seitenlänge 1 mm, 1 cm, 1 dm, 1 m und 1 km auslegen. Zu den Längeneinheiten mm, cm, dm, m und km gehören dann die **Flächeneinheiten** mm², cm², dm², m² und km².

Zusätzlich gibt es die Flächeneinheiten Ar (a) und Hektar (ha), die zur Angabe der Größe von Grundstücken und Äckern benutzt werden. Ein Quadrat mit 10 m Seitenlänge hat den Flächeninhalt 1 Ar, ein Quadrat mit 100 m Seitenlänge den Flächeninhalt 1 Hektar.

Es gilt: 1 a = 10 m · 10 m = 100 m² und 1 ha = 100 m · 100 m = 10 000 m²

Wissen

Flächeneinheit	1 km²	1 ha	1 a	1 m²	1 dm²	1 cm²	1 mm²
Bezeichnung	Quadrat-kilometer	Hektar	Ar	Quadrat-meter	Quadrat-dezimeter	Quadrat-zentimeter	Quadrat-millimeter
Beispiel	Dorf	Fußball-feld	Klassen-raum	Tischplatte	Smart-phone	vier Kästchen	Filzstift-punkt

Basisaufgaben

1 Ordne den Objekten jeweils einen passenden Flächeninhalt zu.
1 ha; 25 mm²; 357 000 km²; 5 mm²; 2 m²

2 Ordne jeder Fläche eine Einheit zu, in der man ihren Inhalt am ehesten angeben würde. Erkläre deine Entscheidung.

Wohnzimmer Europa Tisch

DIN-A4-Seite Handballfeld

mm² cm² dm²

m² a ha km²

Flächeneinheiten anwenden

> **Beispiel 1**
> Berechne den Flächeninhalt einer geradlinigen Straße, die 3 km lang und 25 m breit ist. Wandle die Längen vorher in eine gemeinsame Einheit um.
>
> **Lösung:**
> Schreibe Länge und Breite in derselben Einheit Meter.
> $a = 3\,\text{km} = 3000\,\text{m}$
> $b = 25\,\text{m}$
>
> Erst dann kannst du den Flächeninhalt mit Länge mal Breite berechnen.
> Flächeninhalt:
> $A = 3000\,\text{m} \cdot 25\,\text{m} = 75\,000\,\text{m}^2$

Basisaufgaben

3 Berechne den Flächeninhalt des Rechtecks.
 a) $a = 15\,\text{m}; b = 7\,\text{m}$
 b) $a = 8\,\text{km}; b = 16\,\text{km}$
 c) $a = 20\,\text{mm}; b = 120\,\text{mm}$

4 Berechne die fehlende Seitenlänge des Rechtecks.
 a) $A = 100\,\text{mm}^2; a = 5\,\text{mm}$
 b) $A = 360\,\text{m}^2; b = 12\,\text{m}$
 c) $A = 270\,\text{dm}^2; a = 15\,\text{dm}$

5 Berechne den Flächeninhalt des Rechtecks mit den angegebenen Seitenlängen. Wandle die Seitenlängen vorher in eine gemeinsame Einheit um.
 a) $a = 5\,\text{cm}; b = 8\,\text{mm}$
 b) $a = 120\,\text{cm}; b = 2\,\text{m}$
 c) $a = 6\,\text{km}; b = 500\,\text{m}$
 d) $a = 30\,\text{cm}; b = 5\,\text{dm}$
 e) $a = 7\,\text{m}; b = 11\,\text{dm}$
 f) $a = 1\,\text{m}; b = 1\,\text{cm}$

6 a) Ein Zimmer ist 6 m breit und 12 m lang. Berechne den Flächeninhalt des Zimmers.
 b) Ein Schwimmbecken ist 110 m lang und 30 m breit. Berechne den Flächeninhalt des Beckens.
 c) Ein rechteckiges Hausgrundstück ist 300 m² groß. Die Straßenfront ist 12 m breit. Berechne, wie weit das Grundstück nach hinten reicht.

7 Ein Fußballfeld kann folgende Maße haben: Länge zwischen 90 m und 120 m, Breite zwischen 45 m und 90 m.
Bestimme den Flächeninhalt des größtmöglichen und des kleinstmöglichen Fußballfelds.

8 Ordne jedem Flächeninhalt die passenden Seitenlängen eines Rechtecks zu.

3 m	5 mm	5 km	3 cm	15 m²	1500 mm²	90 cm²	150 mm²	150 cm²
3 dm	3 mm	5 cm	5 m	2500 cm²	90 mm²	900 mm²	25 000 mm²	

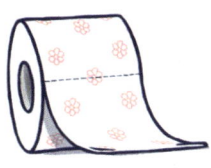

9 Eine Rolle Klopapier hat 200 Blatt. Um einen Quadratmeter Boden mit Klopapier auszulegen, benötigt man etwa 70 Blatt. Berechne, wie viele Rollen Klopapier man braucht, um ein 12 m langes und 7 m breites Klassenzimmer auszulegen.

10 Untersucht euren Klassenraum.
 a) Gib den Flächeninhalt von verschiedenen Gegenständen in eurem Klassenraum an. Wie groß ist die Tafel? Wie groß ist die Tischplatte eurer Tische? ...
 b) Bestimme den Flächeninhalt eures Klassenraums.
 c) Wie viele Kinder würden in euren Klassenraum hineinpassen, wenn keine Möbel im Klassenraum wären? Schätze ab.

Flächeneinheiten umrechnen

Ein Quadrat mit 1 dm Seitenlänge hat einen Flächeninhalt von 1 dm². Schreibt man 1 dm als 10 cm, kann man den Flächeninhalt auch in cm² berechnen:

$A = 10\,\text{cm} \cdot 10\,\text{cm} = 10^2\,\text{cm}^2 = 100\,\text{cm}^2$

In 1 dm² passen also 100 cm². Es gilt:
1 dm² = 100 cm²

Auf diese Art lassen sich Umrechnungszahlen für beliebige Flächeneinheiten bestimmen. Man muss dafür nur die Umrechnungszahl der zugehörigen Längeneinheit quadrieren.

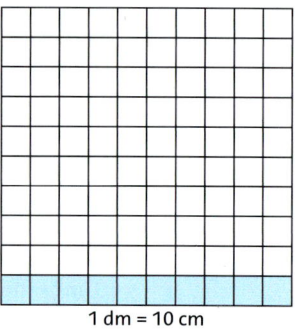

1 dm = 10 cm

Merke

Beim Umrechnen in eine kleinere Einheit wird die Maßzahl größer. Du musst mit der Umrechnungszahl multiplizieren.
Beim Umrechnen in eine größere Einheit wird die Maßzahl kleiner. Du musst durch die Umrechnungszahl dividieren.

Erklärfilm

Wissen

Umrechnungszahl 100

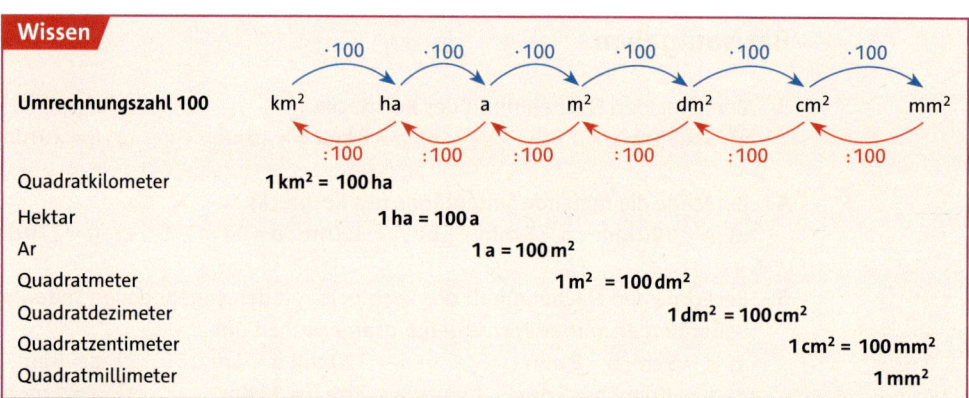

Quadratkilometer	1 km² = 100 ha
Hektar	1 ha = 100 a
Ar	1 a = 100 m²
Quadratmeter	1 m² = 100 dm²
Quadratdezimeter	1 dm² = 100 cm²
Quadratzentimeter	1 cm² = 100 mm²
Quadratmillimeter	1 mm²

Beispiel 2

a) Rechne 45 cm² in die nächstkleinere Einheit um.
b) Rechne 28 600 cm² in die nächstgrößere Einheit um.

Lösung:

a) 1 cm² hat 100 mm². Multipliziere mit der Umrechnungszahl.
45 cm² sind also 45 mal 100 mm².

45 cm² = 45 · 100 mm²
= 4500 mm²

b) 1 dm² hat 100 cm². Berechne, wie oft 100 cm² in 28 600 cm² passen, indem du durch die Umrechnungszahl dividierst.

28 600 : 100 = 286
28 600 cm² = 286 dm²

Basisaufgaben

11 Rechne in die nächstkleinere Einheit um.
a) 11 cm² b) 20 m² c) 10 m² d) 37 dm² e) 5 km²
f) 32 m² g) 17 cm² h) 30 km² i) 6 ha j) 7 a

12 Rechne in die nächstgrößere Einheit um.
a) 800 mm² b) 1900 dm² c) 300 cm² d) 1600 dm² e) 5000 cm²
f) 400 ha g) 700 m² h) 5000 ha i) 10 000 mm² j) 45 000 m²

13 Ersetze den Platzhalter ■ durch die richtige Maßzahl oder Maßeinheit.
a) 600 cm² = ■ dm² b) 7 m² = ■ dm² c) 900 ha = 9 ■ d) 32 cm² = 3200 ■
e) 99 000 m² = ■ a f) 80 ha = ■ a g) 7000 mm² = 70 ■ h) 560 m² = 56 000 ■

14 Ömer und Kai rechnen 9 m² in cm² um. Vergleiche ihre Rechenwege. Erkläre, warum beide zum richtigen Ergebnis kommen.

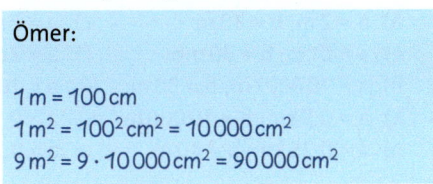

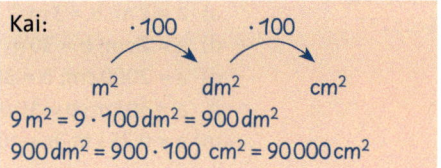

15 Rechne in die angegebene Maßeinheit um.
a) 3 m² (in cm²)
b) 80 dm² (in mm²)
c) 23 ha (in m²)
d) 90 000 m² (in ha)
e) 4 500 000 a (in km²)
f) 1 000 000 mm² (in m²)

16 Ordne der Größe nach: 5 a; 50 m²; 50 000 dm²; 500 000 000 cm²

17 Ermittle, welche Angaben den gleichen Flächeninhalt beschreiben.

708 dm²	708 000 cm²	7 080 000 mm²	78 000 cm²
70 800 cm²	7 800 000 mm²	780 dm²	78 m²

Hinweis zu 18
Siehe Methodenkarte 5 G auf Seite 237.

18 Rechne in die angegebene Maßeinheit um. Schaue genau hin, ob es sich um Flächeneinheiten (Umrechnungszahl 100) oder Längeneinheiten (Umrechnungszahl 10) handelt.
a) 4 cm (in mm)
b) 4 cm² (in mm²)
c) 40 cm² (in mm²)
d) 40 cm (in dm)
e) 40 dm (in cm)
f) 40 dm² (in cm²)
g) 40 m² (in dm²)
h) 400 m² (in dm²)
i) 400 dm² (in m²)
j) 400 dm (in m)
k) 40 000 cm (in m)
l) 40 000 cm² (in m²)
m) 40 000 dm² (in a)
n) 40 000 m² (in ha)
o) 40 000 a (in km²)
p) 40 000 ha (in km²)
q) 4 000 000 ha (in km²)
r) 4 000 000 a (in km²)
s) 4 000 000 m² (in km²)
t) 4 000 000 m (in km)

Weiterführende Aufgaben   Zwischentest

Hilfe

19 Gib den Flächeninhalt der Figuren in mm² und cm² an.

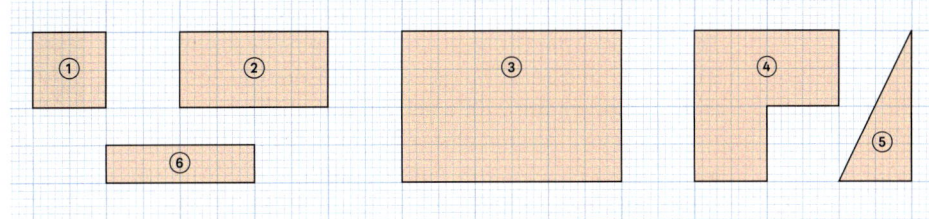

20 Stolperstelle: John ist sich bei den folgenden Aufgaben nicht sicher. Verbessere und erkläre John, worauf er achten muss.
a) Rechne 300 cm² in die nächstgrößere Einheit um.
   Johns Lösung: 300 cm² = 3 m²
b) Rechne 1200 dm² in cm² um.
   Johns Lösung: 1200 dm² = 12 cm²
c) Rechne 1 km² in m² um.
   Johns Lösung: Da 1 km = 1000 m sind, gilt 1 km² = 1000 m².
d) Berechne den Flächeninhalt eines Rechtecks mit a = 150 cm und b = 3 m.
   Johns Lösung: A = 150 · 3 = 450 m²

Hinweis zu 21

Siehe Methodenkarte 5 G auf Seite 237.

21 Berechne den Flächeninhalt des Rechtecks mit den angegebenen Seitenlängen. Rechne, wenn nötig, in dieselbe Maßeinheit um.
- a) a = 2 m; b = 3 m
- b) a = 2 m; b = 30 m
- c) a = 2 m; b = 30 cm
- d) a = 2 cm; b = 30 m
- e) a = 2 cm; b = 30 mm
- f) a = 2 dm; b = 30 mm
- g) a = 2000 cm; b = 30 m
- h) a = 10 000 cm; b = 30 m
- i) a = 10 000 m; b = 30 km
- j) a = 30 km; b = 10 000 m
- k) a = 0,5 km; b = 10 000 m
- l) a = 0,5 km; b = 40 km
- m) a = 0,25 km; b = 40 km
- n) a = 0,25 km; b = 40 m
- o) a = 0,25 km; b = 40 cm

22 Stelle dir vor, dass die ganze Autobahn A1 in eine riesige Eislaufbahn verwandelt werden soll.
- a) Berechne den Flächeninhalt eines Rechtecks der Länge 1 km und Breite 19 m.
- b) Eine Autobahnspur ist 3,50 m breit, der Standstreifen 2,50 m. Formuliere Bedingungen, unter denen das Rechteck aus a) ein geeignetes Modell für die Autobahn A1 sein könnte.
- c) Die A1 ist 749 km lang. Schätze, wie groß die „Eislaufbahn A1" etwa werden könnte.

23 Kann Freds Behauptung wahr sein? Begründe.
- a) „Mein Butterbrot ist 1 500 000 mm^2 groß."
- b) „Düsseldorf hat eine Fläche von 217 000 000 m^2."
- c) „Mein Zimmer ist 14 500 000 mm^2 groß."
- d) „Mein Bett ist 20 000 cm^2 groß."
- e) „Mein Fernseher ist 10 m^2 groß."

24 In einem circa 160 ha großen Park finden regelmäßig Flohmärkte mit etwa 1700 Ständen statt.
- a) Bestimme die gesamte Standfläche, wenn für jeden Stand eine Fläche von 20 m^2 freigehalten werden muss.
- b) Berechne, wie viele Stände maximal in den Park passen, wenn 40 ha des Parks für den Flohmarkt genutzt werden können.

25 Zum Vergnügungspark Disneyland Paris gehören zwei Themenparks: der Disneyland Park mit einer Fläche von 510 000 m^2 und der 27 ha große Walt Disney Studios Park. Eine Golfanlage von 9100 a und der Unterhaltungsbereich Disney Village mit einer Fläche von 150 000 m^2 sind auch Teil des Freizeitparks. Auf den restlichen 2046 ha von Disneyland Paris befinden sich mehrere Hotels, Ferienwohnungen und Geschäfte.
- a) Berechne die Gesamtfläche Disneylands in m^2. Gib den Flächeninhalt auch in Hektar an.
- b) In einem Reiseführer steht, dass die Fläche von Paris knapp dem Fünffachen der Fläche Disneylands entspricht. Schätze die Fläche von Paris in km^2.

26 Wandle die Summanden in die gleiche Einheit um und berechne.
Beispiel: 200 m^2 + 2 a = 200 m^2 + 200 m^2 = 400 m^2
- a) 10 m^2 + 2 a = ■ m^2
- b) 40 cm^2 + 8 mm^2 = ■ mm^2
- c) 26 cm^2 + 65 mm^2 + 3 cm^2
- d) 20 cm^2 + 4 m^2
- e) 8 m^2 + 6 cm^2 + 10 dm^2
- f) 5 km^2 + 45 a + 170 m^2

4 Flächeninhalt und Umfang

27 Eine Solaranlage besteht aus 20 000 einzelnen Solarmodulen zur Erzeugung von Strom. Jedes Solarmodul ist etwa 2 m² groß. Berechne die Größe der gesamten Anlage in Hektar.

Hinweis zu 28
Der Wert der Summe zweier benachbarter Steine steht im darüberliegenden Stein.

28 Übertrage und vervollständige die Additionspyramide.

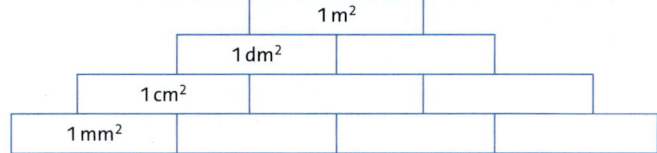

29 Ein Baugrundstück mit einem Flächeninhalt von 6400 a soll bebaut werden. Für den Bau eines Wohnkomplexes wird eine Fläche von 700 m mal 500 m benötigt.
a) Bestimme den Inhalt der Fläche, die für einen Spielplatz und Grünanlagen bleibt.
b) Zeichne einen Bauplan, in dem zusätzlich noch die Fläche für Wege berechnet wird.

30 Der Künstler Christo schuf 2016 sein Kunstwerk „Floating Piers" auf dem Lago d'Iseo in Norditalien. Auf orangefarbenen Stoffbahnen konnte man zwei Wochen lang „über das Wasser gehen".
a) Alle Stoffbahnen zusammen hatten eine Länge von 3 km. Die Bahnen waren 16 m breit. Berechne, wie viel Stoff insgesamt auf dem Wasser lag.
b) Damit der Stoff auf dem Wasser schwimmen konnte, lag er vollständig auf schwimmenden Plastikwürfeln mit einer Seitenlänge von 50 cm. Berechne, wie viele Plastikwürfel insgesamt verbaut wurden.

Hilfe

31 Ein Tierpark wird um 2 ha vergrößert. Wege und Grünanlagen sollen die Hälfte einnehmen, auf der restlichen Fläche sollen neue Gehege für Löwen, Elefanten und Kängurus entstehen. 5 Kängurus brauchen laut Gesetz mindestens 3 a Fläche, jedes weitere Känguru 30 m² zusätzlich. Ein Löwe braucht 150 m², ein Elefant 5 a. Gib an, welche neuen Gehege man anlegen könnte und wie viele Tiere darin leben können.

32 Ausblick: In englischsprachigen Ländern werden oft auch andere Flächeneinheiten verwendet.
a) Ein Quadratzoll (engl. *square inch*) entspricht etwa 645 mm². Entscheide, ob ein Quadratzoll größer oder kleiner als ein 1 cm² ist. Überprüfe deine Einschätzung mithilfe einer Zeichnung.
b) Ein Quadratfuß (engl. *square foot*) sind 144 Quadratzoll. Wandle einen Quadratfuß in eine geeignete Einheit um.
c) In Märchen ist manchmal von „vielen Morgen Land" die Rede. Ein Morgen entspricht 43 560 Quadratfuß. Rechne einen Morgen in eine geeignete Flächeneinheit um.

4.4 Flächeninhalt von zusammengesetzten Figuren

Falte ein rechteckiges Blatt Papier auf die Hälfte. Schneide dann ein kleines Rechteck aus dem gefalteten Blatt heraus. Beschreibe die Figur, die dabei entsteht.
Erkläre, wie du den Flächeninhalt dieser Figur berechnen könntest.

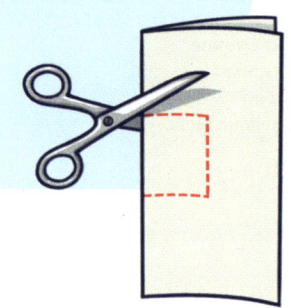

Im Alltag sind Figuren häufig aus mehreren Rechtecken zusammengesetzt. Der Flächeninhalt der zusammengesetzten Figur lässt sich dann ebenfalls berechnen.

Erklärfilm

Beispiel 1
Berechne den Flächeninhalt der Figur.

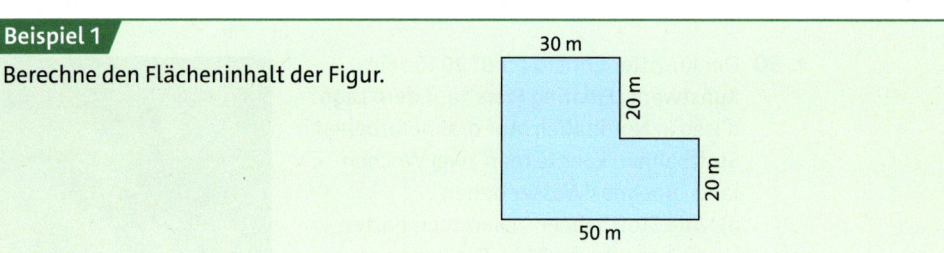

Lösung:

1. Möglichkeit: Zerlegen
Zerlege die Fläche in zwei Rechtecke und und addiere die einzelnen Flächeninhalte.

2. Möglichkeit: Ergänzen
Ergänze die Fläche zu einem Rechteck. Berechne den Flächeninhalt des gesamten Rechtecks und subtrahiere davon den Flächeninhalt des ergänzten roten Quadrats.

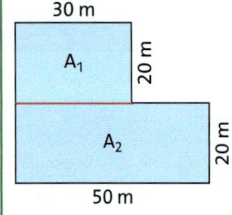
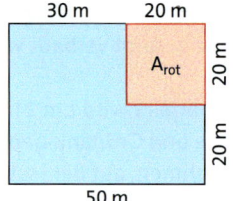

$A_1 = 30\,m \cdot 20\,m = 600\,m^2$
$A_2 = 50\,m \cdot 20\,m = 1000\,m^2$
$A = 600\,m^2 + 1000\,m^2 = 1600\,m^2$

$A_{gesamt} = 50\,m \cdot 40\,m = 2000\,m^2$
$A_{rot} = 20\,m \cdot 20\,m = 400\,m^2$
$A = 2000\,m^2 - 400\,m^2 = 1600\,m^2$

Basisaufgaben

1 Berechne den Flächeninhalt. Zerlege die Flächen dazu in geeignete Rechtecke. Zwei Kästchenlängen entsprechen 1 cm.

a)
b)
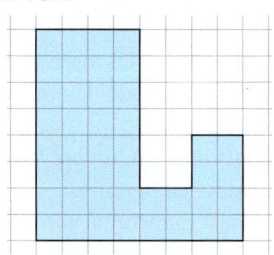
c)
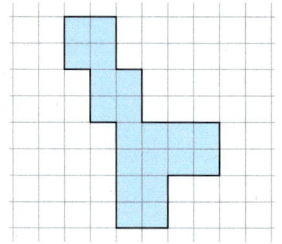

2 Bestimme den Flächeninhalt der Figur, indem du sie zu einem Rechteck ergänzt. (Maße in cm)

a) 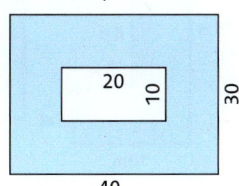 b) 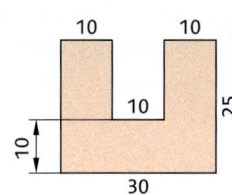 c)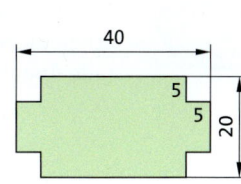

Weiterführende Aufgaben

Zwischentest

Hilfe

3 Bestimme den Flächeninhalt der Figur möglichst geschickt. (alle Angaben in m)

a) 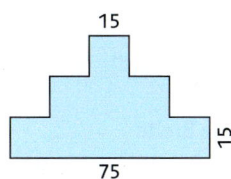 b) 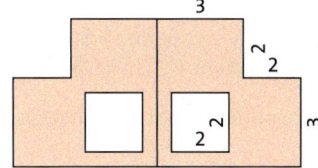 c)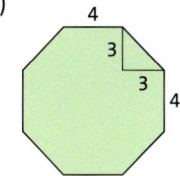

4 Die Tür ist zwei Meter hoch und einen Meter breit. Zwischen den Scheiben ist das Holz überall 10 cm breit. Bestimme den Flächeninhalt der Glasfläche und der Holzfläche.

a) 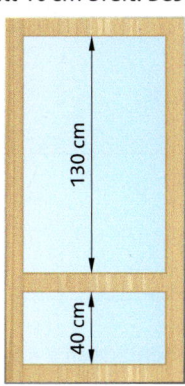 b)  c)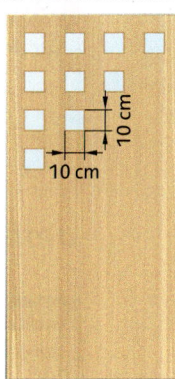

 5 Stolperstelle: Prüfe, welche Fehler in der Rechnung gemacht wurden.
1. Rechteck: $A = 6\,cm \cdot 5\,cm = 30\,cm^2$
2. Rechteck: $A = 15\,cm \cdot 4\,cm = 60\,cm^2$
Insgesamt: $A = 30\,cm^2 + 60\,cm^2 = 90\,cm^2$

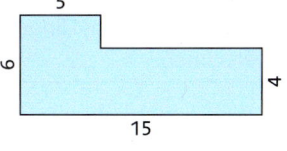

(Alle Maße in cm)

6 Ausblick: Flächeninhalt eines Parallelogramms
a) Übertrage das Parallelogramm. Bestimme seinen Flächeninhalt, indem du es geschickt zerlegst und neu zusammensetzt.
b) Zeichne weitere Parallelogramme und bestimme ihre Flächeninhalte. Kannst du immer auf die gleiche Weise vorgehen? Erkläre.

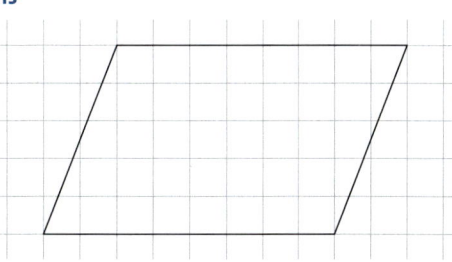

4.5 Umfang

Überlege, an welchem Becken mehr Menschen die Seehunde beobachten können.
(alle Angaben in m)

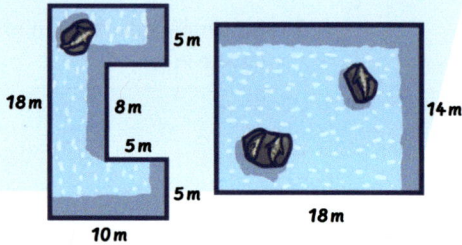

Wenn man einmal den Rand einer Fläche abläuft, so ist der zurückgelegte Weg genau der **Umfang u** der Fläche.
Den Umfang berechnet man, indem man alle Seitenlängen der Figur addiert.

Bei einigen Figuren, wie zum Beispiel einem Rechteck, lässt sich der Umfang einfacher berechnen.

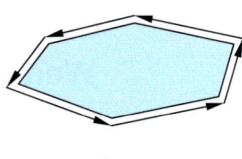

Man kann also alle vier Seiten addieren:
u = 4 cm + 3 cm + 4 cm + 3 cm = 14 cm

Man kann aber auch 2-mal die Länge und 2-mal die Breite addieren.

u = 2 · 4 cm + 2 · 3 cm = 14 cm

Oder man addiert erst die Länge und die Breite, und verdoppelt dann das Ergebnis.

u = (4 cm + 3 cm) · 2 = 14 cm

Hinweis
Beim **Quadrat** geht es noch einfacher. Vergleiche dazu Aufgabe 5.

> **Wissen**
>
> Für den **Umfang u eines Rechtecks** gilt:
>
> Umfang = 2-mal Länge + 2-mal Breite
> u = 2 · a + 2 · b   oder   u = (a + b) · 2

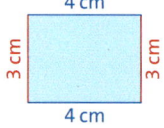

Umfang berechnen

> **Beispiel 1**
> Berechne den Umfang eines Rechtecks mit den Seitenlängen a = 5 cm und b = 3 cm.
>
> **Lösung:**
> Den Umfang eines Rechtecks kannst du mit   u = 2 · 5 cm + 2 · 3 cm
> der Formel „2-mal Länge + 2-mal Breite"   = 10 cm + 6 cm
> berechnen.   = 16 cm

Basisaufgaben

Hinweis zu 1f–h
Rechne die Längen in eine kleinere Einheit um, damit du ohne Komma rechnen kannst.

1 Berechne den Umfang eines Rechtecks mit den Seitenlängen a und b.
   a) a = 5 cm; b = 7 cm
   b) a = 13 m; b = 29 m
   c) a = 3 km; b = 6 km
   d) a = 1 mm; b = 6 mm
   e) a = 1 m; b = 4 m
   f) a = 2,5 cm; b = 2 cm
   g) a = 1,25 km; b = 4 km
   h) a = 3,7 dm; b = 6,3 dm

2 Gegeben ist der Umfang eines Rechtecks. Gib zwei Beispiele für mögliche Seitenlängen an.
   a) u = 10 cm   b) u = 20 cm   c) u = 36 m   d) u = 2 km

Flächeninhalt und Umfang 4

 3 Zeichne drei verschiedene Rechtecke mit einem Umfang von 12 cm. Gib für jedes Rechteck die Seitenlängen an und berechne den Flächeninhalt. Vergleicht dann zu zweit.

4 Herr Reichel und Frau Fröhlich haben Weideland als Auslauf für ihre Pferde erworben. Beide wollen die Weideflächen einzäunen. Berechne, wie viele Meter Zaun für jeden Auslauf benötigt werden.

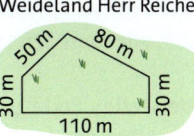
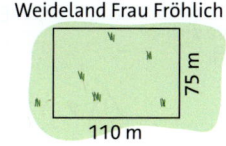

5 **Umfang eines Quadrats:**
a) Zeichne ein Quadrat mit der Seitenlänge 3 cm und ein Quadrat mit der Seitenlänge 5 cm. Berechne jeweils den Umfang. Wie kannst du den Umfang eines Quadrats mit der Seitenlänge a möglichst einfach berechnen? Erkläre und schreibe die Formel auf.
b) Berechne den Umfang eines Quadrats mit der Seitenlänge $a = 4\,\text{cm}$ ($a = 9\,\text{m}$; $a = 1{,}5\,\text{cm}$).

6 Berechne den Umfang der Figur.

a) 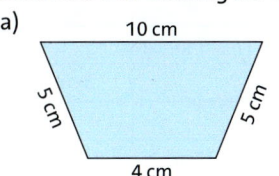   b) 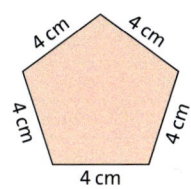   c)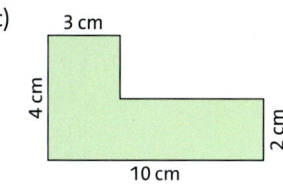

7 a) Zeichne zwei Figuren mit einem Flächeninhalt von $6\,\text{cm}^2$ und einem Umfang von 14 cm. Achtung: Du brauchst dafür mindestens eine Figur, die kein Rechteck ist.
b) Zeichne verschiedene Rechtecke mit einem Flächeninhalt von $16\,\text{cm}^2$. Entscheide, welches Rechteck mit einem solchen Flächeninhalt den kleinsten Umfang hat.

Seitenlänge berechnen

Erklärfilm

Beispiel 2
Ein Rechteck hat den Umfang $u = 16\,\text{cm}$. Die Seite a ist 5 cm lang. Bestimme die Länge der Seite b.

Lösung:
Die Seite a kommt zweimal vor.	$2 \cdot 5\,\text{cm} = 10\,\text{cm}$
Für die anderen zwei Seiten verbleiben 6 cm. Da sie gleich lang sind, teile durch 2.	$16\,\text{cm} - 10\,\text{cm} = 6\,\text{cm}$ $6\,\text{cm} : 2 = 3\,\text{cm}$
So schreibst du alles in einer Rechnung:	$b = (16\,\text{cm} - 2 \cdot 5\,\text{cm}) : 2 = 3\,\text{cm}$

Lösungen zu 8

Maßzahlen der Lösungen:

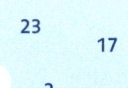

Basisaufgaben

8 Berechne die Länge der anderen Seite b des Rechtecks.
a) $u = 10\,\text{cm}$; $a = 3\,\text{cm}$
b) $u = 36\,\text{m}$; $a = 12\,\text{m}$
c) $u = 84\,\text{mm}$; $a = 25\,\text{mm}$
d) $u = 110\,\text{km}$; $a = 32\,\text{km}$

9 Ein Rechteck ist 8 m lang und hat einen Umfang von 34 m. Welche Lösungen für die Breite b des Rechtecks sind korrekt? Begründe.
Anna: $b = 18\,\text{m}$ Vlad: $b = 90\,\text{dm}$ Sven: $b = 26\,\text{m}$ Celina: $b = 9\,\text{cm}$ Maja: $b = 9\,\text{m}$

Weiterführende Aufgaben

Zwischentest

Hinweis zu 10

Orientiere dich an Beispiel 1.

10 Zeichne ein Rechteck ABCD mit folgenden Koordinaten in ein Koordinatensystem mit der Einheit 1 cm: A(1|1); B(5|1); C(5|3); D(1|3)
Erkläre, wie man den Umfang dieses Rechtecks ermitteln kann.

11 Stolperstelle: Erkläre, was die Schüler falsch gemacht haben. Gib die richtige Lösung an.
a) Sarah hat den Umfang eines Rechtecks mit a = 4 cm und b = 5 cm berechnet:
u = 4 cm + 5 cm · 2 = 18 cm
b) Elena berechnet die Seitenlänge b eines Rechtecks mit a = 8 cm und Umfang 20 cm:
b = 20 cm − 8 cm = 12 cm
c) Fuad berechnet den Umfang eines Rechtecks mit a = 15 cm und b = 5 dm:
u = (15 + 5) · 2 = 40 cm

Erinnere dich

u ist der Umfang und A ist der Flächeninhalt eines Rechtecks mit den Seitenlängen a und b.

12 Übertrage die Tabelle und vervollständige sie.

	a)	b)	c)	d)	e)	f)	g)
a	7 cm	6 m		7 m		25 cm	100 cm
b	9 cm		5 cm		8 cm		
u		20 m	20 cm			1 m	
A				21 m²	16 cm²		1 m²

13 Sortiere die Figuren nach der Größe ihres Umfangs. Vergleiche dann auch die Flächeninhalte der Figuren. Beschreibe, was dir auffällt.

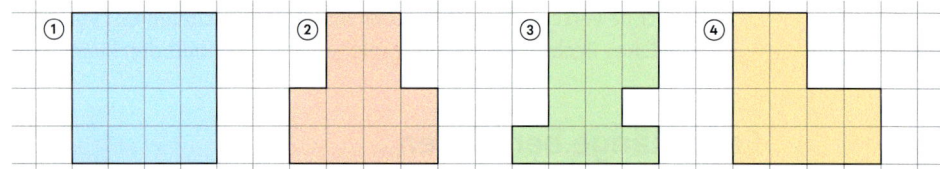

14 Charlotte hat ihrer Freundin zum Geburtstag ein Buch eingepackt, hat aber leider nur noch 95 cm Geschenkband übrig. Das Buch hat die Maße 21 cm × 14 cm und ist 4 cm dick. Für eine Schleife braucht Charlotte mindestens 20 cm Band. Beschreibe verschiedene Möglichkeiten, wie man das binden kann. Prüfe für einzelne Möglichkeiten, ob das Band reicht.

15 a) Zeichne mehrere Rechtecke mit einem Umfang von 40 cm.
b) Gib an, welches Rechteck mit einem solchen Umfang den größten Flächeninhalt hat.
c) „Ich kann ein Rechteck verkleinern und gleichzeitig den Umfang vergrößern."
Erkläre die Aussage anhand eigener Beispiele.

Hilfe

16 Das Bild zeigt den Grundriss eines Parks im Maßstab 1 : 10 000. Entlang des äußeren Randes soll eine Hecke gepflanzt werden. Berechne, wie viele Meter Hecke gepflanzt werden müssen.

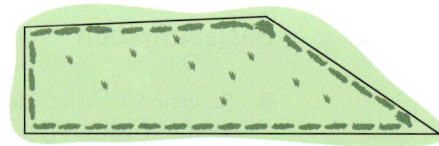

Hinweis zu 17

Überprüfe zunächst an einigen Beispielen.

17 Ausblick: Ist die Behauptung immer wahr? Begründe deine Entscheidung.
a) Wenn man die Seitenlängen a und b eines Rechtecks verdoppelt, dann verdoppelt sich auch dessen Umfang.
b) Wenn man den Umfang u eines Rechtecks verdoppelt, dann verdoppeln sich auch dessen Seitenlängen a und b.

Streifzug
Flächeninhalt und Umfang 4

Modellieren

Die Karte zeigt den Bodensee.
1 cm in der Abbildung entsprechen 10 km in der Wirklichkeit. Bestimme, wie groß die Wasserfläche des Bodensees ungefähr ist.

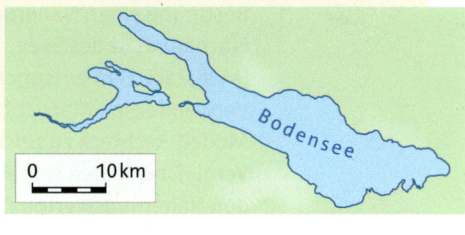

Problem: Den Flächeninhalt von Figuren mit krummliniger Begrenzung kann man nicht direkt bestimmen, weil dafür keine Formel bekannt ist. In der Regel hat man auch keine Kästchen, die man zählen kann.

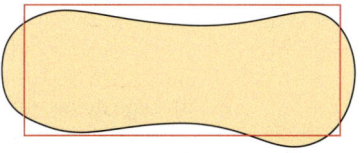

Idee: Man kann ein Rechteck über die Fläche legen, das ungefähr denselben Flächeninhalt wie die ursprüngliche Fläche hat. Das Rechteck ist ein **Modell** für die Fläche. Der Flächeninhalt des Rechtecks ist ein **Näherungswert** für den Flächeninhalt der ursprünglichen Fläche.

Beispiel 1
Bestimme einen Näherungswert für den Flächeninhalt des Stadtparks.
(Maßstab: 1 cm entspricht 60 m)

Lösung Modell 1:
Zeichne möglichst genau ein Rechteck um den Stadtpark. Miss die Länge und die Breite des Rechtecks und gib sie im Maßstab an.

Länge auf der Karte: 6 cm
    in Wirklichkeit: 360 m
Breite auf der Karte: 5 cm
    in Wirklichkeit: 300 m

Berechne den Flächeninhalt:
$A = 360\,m \cdot 300\,m = 108\,000\,m^2 \approx 10\,ha$
Der Näherungswert ist zu groß, da das Rechteck größer als die Fläche des Parks ist.

Lösung Modell 2:
Zeichne das Rechteck so, dass die überstehenden Teile ungefähr so groß sind wie die fehlenden Teile.

Miss wieder und rechne dann:
$A = 300\,m \cdot 240\,m = 72\,000\,m^2 \approx 7\,ha$
Dieser Näherungswert ist besser als bei Modell 1.

Du kannst auch andere Rechtecke als Modelle nehmen oder die Fläche sogar in mehrere Rechtecke aufteilen, um den Näherungswert zu verbessern.

Streifzug

Aufgaben

 1 Bestimme einen Näherungswert für den Flächeninhalt des Sees (Maßstab: 1 cm entspricht 2 km). Verwende eine Klarsichtfolie, um ein Modell-Rechteck zu zeichnen. Vergleiche deinen Näherungswert mit den Näherungswerten deiner Mitschüler.

 2 a) Lege deine Hand auf ein Blatt Papier und zeichne ihrem Umriss nach. Bestimme einen Näherungswert für den Flächeninhalt deiner Hand.
b) Bestimme Näherungswerte für den Flächeninhalt deines Fußes und deines Gesichts. Arbeitet zusammen.

 3 a) Wie viele Schüler können auf einem Quadratmeter stehen? Probiert es aus.
b) Berechnet die ungefähre Größe eures Schulhofs. Bestimmt dann die Anzahl der Personen, die auf den Schulhof passen.
c) Findet heraus, wie viele Schüler auf dem Schulhof liegen könnten.

4 Suche in deinem Atlas verschiedene Seen, Länder oder andere Gebiete. Bestimme Näherungswerte für die Flächeninhalte.

5 a) Zeichne den Umriss einer 2-€-Münze. Bestimme einen Näherungswert für den Flächeninhalt der Münze. Bestimme auch den Flächeninhalt anderer Münzen.
b) Auch für den Umfang von krummlinigen Figuren kann man Näherungswerte bestimmen. Ermittle den Umfang einer 2-€-Münze und beschreibe, wie du vorgegangen bist.

 6 Forschungsauftrag: Findet auf eurem Schulgelände, im Schulhaus oder in der Umgebung verschiedene Flächen, die nicht rechteckig sind. Bestimmt einen Näherungswert für diese Flächeninhalte durch Messen und Rechnen. Vergleicht eure Ergebnisse und diskutiert die Genauigkeit eurer Ergebnisse.

4.6 Vermischte Aufgaben

Hinweis zu 1

Wenn du mit mehreren Farben arbeitest, kannst du besonders gut erkennen, wohin die einzelnen Teile passen.

1 Übertrage beide Vierecke. Unterteile das linke Viereck so, dass alle Teile in das Rechteck passen. Zeichne, wie sich das Rechteck aus den Teilen zusammensetzt.

a)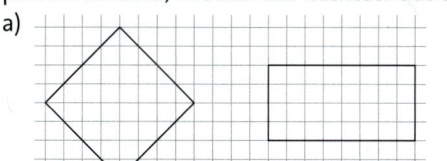
b)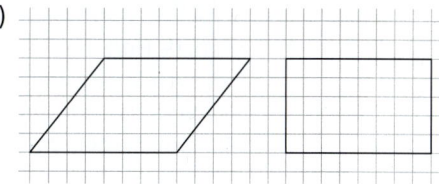

2 Zeichne die Punkte in ein Koordinatensystem und verbinde sie in alphabetischer Reihenfolge zu einer Figur. Bestimme den Flächeninhalt und den Umfang jeder Figur, wenn die Einheit im Koordinatensystem 1 km beträgt. Sortiere die Figuren zuerst aufsteigend nach ihrem Flächeninhalt, dann nach ihrem Umfang. Bleibt die Reihenfolge gleich?
① A(0|0); B(4|0); C(4|4); D(0|4)   ② E(2|3); F(8|3); G(8|6); H(2|6)
③ I(2|7); J(2|5); K(7|5); L(7|3); M(9|3); N(9|7)

 3 Aus vier 1 cm² großen Quadraten lassen sich Figuren legen, bei denen jedes Quadrat mindestens eine Seite mit einem anderen Quadrat gemeinsam hat.
a) Zeichne alle Möglichkeiten auf ein Blatt und ordne die Figuren dem Umfang nach.
b) Schneide nun die Figuren aus Aufgabe a), die kein Rechteck sind, je fünfmal aus.
c) Lege mit diesen Figuren möglichst kleine Quadrate und Rechtecke. Gib den Flächeninhalt und Umfang der Quadrate und Rechtecke an.
d) Lege mit diesen Figuren die folgenden zwei Flächen. Finde mehrere Möglichkeiten. Bestimme ihren Umfang und Flächeninhalt.

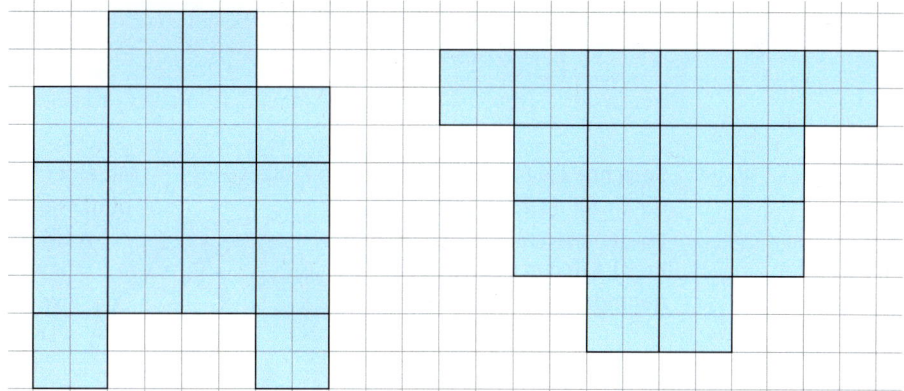

4 Ein Maler will eine Wand im Wohnzimmer neu streichen (siehe Skizze). Eine Dose Farbe reicht für 5 m². Berechne, wie viele Dosen der Maler einkaufen muss.

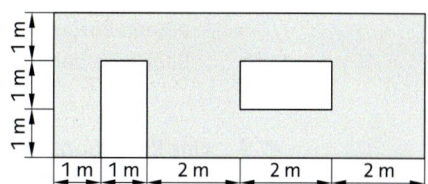

5 a) Zeichne ein Rechteck mit a = 5 cm und b = 3 cm. Berechne den Umfang des Rechtecks. Zeichne dann ein Quadrat mit demselben Umfang.
b) Vergleiche die Flächeninhalte der beiden Vierecke.
c) Maxim sagt: „Unter allen Rechtecken mit gleichem Umfang scheint das Quadrat den größten Flächeninhalt zu haben." Überprüfe Maxims Beobachtung an einigen Beispielen.

6 Familie Blum beabsichtigt, ihr quadratisches Grundstück mit einer Seitenlänge von 36 m mit Maschendraht einzuzäunen. Das Eingangstor soll 3 m breit sein. Maschendraht gibt es in Rollen zu 15 m (21 € je Rolle) und 25 m (33 € je Rolle). Wie viele Rollen Maschendraht von welcher Länge sollte Familie Blum einkaufen? Begründe.

7 Familie Hurzel hat ein rechteckiges Grundstück gekauft, das 486 m² groß ist. Es liegt direkt an einer Straße und erstreckt sich 27 m nach hinten.
  a) Berechne die Länge der Grundstücksseite, die an der Straße liegt.
  b) Ermittle den Umfang des Grundstücks.
  c) In ihrer Stadt kostet 1 m² Grundstück 280 €. Berechne den Kaufpreis.
  d) Herr Hurzel möchte an der Grundstücksgrenze einen Zaun errichten und dabei alle 3 m einen Zaunpfosten setzen. Bestimme, wie viele Zaunpfosten er mindestens kaufen muss, wenn auch in jeder Ecke des Grundstücks ein Pfosten stehen muss.

8 Blütenaufgabe: Ein Rasentennisplatz wie in Wimbledon hat die im Bild angegebenen Maße.

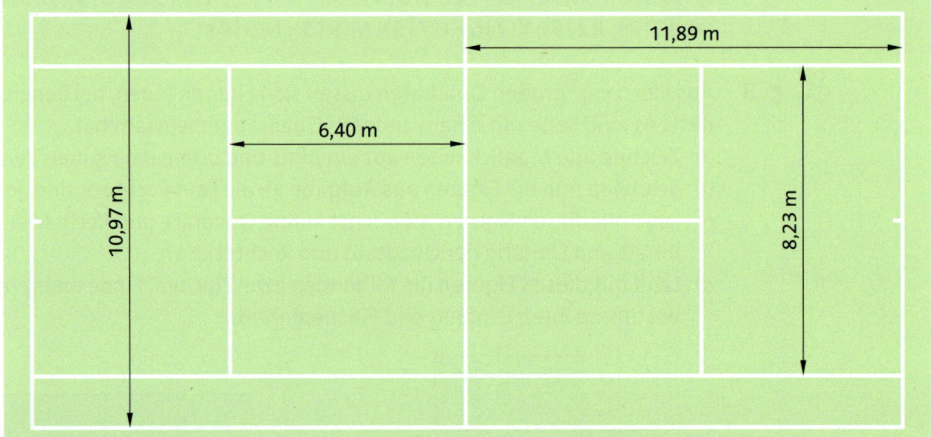

Berechne die Fläche des gesamten Platzes für Einzel- (8,23 m breit) und Doppel-Tennisspielfelder (10,97 m breit). Gib den Flächeninhalt gerundet in m² an.

Mit einer Spraydose des Tennisplatzmarkierungssprays „Strahlweiß" können ca. 180 m Linien geweißt werden. Berechne, wie viele Dosen der Verein „Blau-Weiß" für seine 7 Plätze benötigt.

Ist es möglich, alle Begrenzungslinien so abzulaufen, dass man jede Linie nur genau einmal entlang läuft? Begründe deine Antwort.

Schätze die Anzahl der Grashalme auf einem Rasentennisplatz.

9 Eine Reinigungsfirma wird während der Sommerferien alle Fenster der Schule putzen. Das Reinigen einer Fensterfläche von 10 m² kostet 18 €.
  a) Bestimme die Gesamtfläche der Fenster deines Klassenraums.
  b) Berechne die Kosten für das Reinigen der Fenster deines Klassenraums.
  c) Zählt die Fenster eurer Schule und schätzt ab, wie teuer die Reinigung wird.
  d) Ein guter Fensterputzer schafft pro Stunde 15–20 m². Ermittle, wie viele Fensterputzer die Reinigungsfirma in deine Schule mitbringen muss, damit alle Fenster an einem Arbeitstag (8 h) gereinigt werden können.

10 2012 passten in den Signal-Iduna-Park von Dortmund 80 720 Zuschauer. Die rechteckige Rasenfläche ist 115 m lang und 75 m breit. Nach dem Gewinn der Deutschen Fußballmeisterschaft im Jahr 2012 wollten alle Zuschauer auf den Rasen. Könnte das funktionieren, wenn man annimmt, dass auf eine quadratische Fläche von 1 m mal 1 m fünf Personen passen? Begründe.

11 Ist die Behauptung richtig oder falsch? Gib eine Begründung an.
a) Wenn man den Umfang eines Rechtecks kennt, kennt man auch dessen Flächeninhalt.
b) Der Umfang einer Fläche wird immer in m angegeben.
c) Der Umfang einer Fläche kann in m angegeben werden.
d) Wenn du ein Rechteck in zwei Teile zerschneidest, so ist die Summe der Umfänge dieser beiden Teile immer größer als der Umfang des Rechtecks.
e) Der Flächeninhalt eines Rechtecks ändert sich nicht, wenn man die Länge verdoppelt und die Breite halbiert.
f) Der Umfang eines Rechtecks ändert sich nicht, wenn man die Länge verdoppelt und die Breite halbiert.

12 Der US-Bundesstaat Wyoming erstreckt sich auf einer Breite von 450 km und einer Länge von 580 km. Der Grenzverlauf entspricht ungefähr einem Rechteck.
a) Berechne den Flächeninhalt von Wyoming.
b) Ermittle mithilfe der Grafik näherungsweise den Flächeninhalt der USA. (Hawaii und Alaska sind nicht maßstabsgerecht dargestellt und haben einen Flächeninhalt von rund 28 000 km^2 und 1 700 000 km^2.)
c) Im Jahr 2022 hatten die USA 333 Millionen Einwohner, dies entspricht einer Bevölkerungsdichte von 34 Einwohnern pro Quadratkilometer. Vergleiche damit dein unter b) ermitteltes Ergebnis.
d) Recherchiere die Bevölkerungsdichte deines Bundeslands.
Gib die Fläche in Quadratmetern an, die dir theoretisch allein zur Verfügung steht.

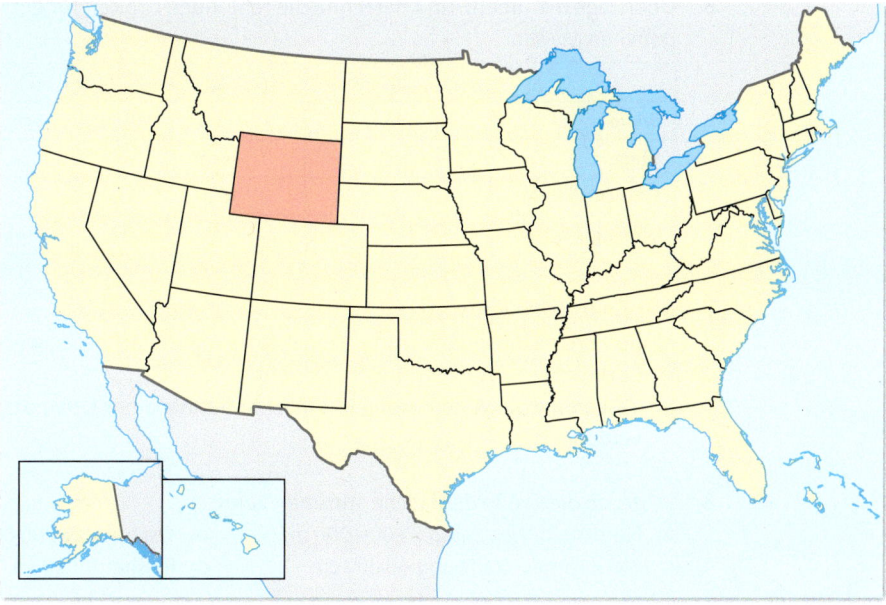

4 Prüfe dein neues Fundament

Lösungen
→ S. 246/247

1 Nenne die Figuren, auf die die Aussage zutrifft.
a) Die Figur hat den größten Flächeninhalt.
b) Die Figur hat den kleinsten Flächeninhalt.
c) Die Figuren haben den gleichen Flächeninhalt.

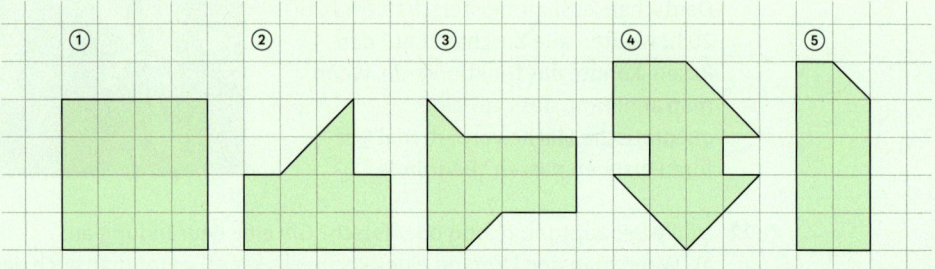

2 Nenne die Figuren, auf die die Aussage zutrifft.
a) Die Figur hat den größten Umfang.
b) Die Figur hat den kleinsten Umfang.
c) Die Figuren haben den gleichen Umfang.

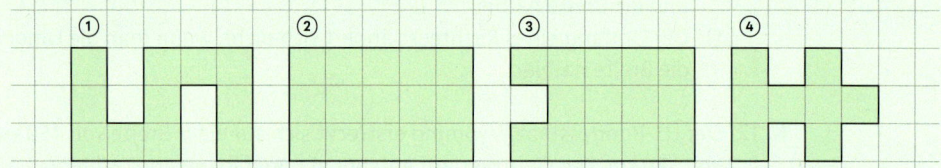

3 Rechne in die angegebene Einheit um.
a) $2\,cm^2$ (in cm^2)   b) $300\,cm^2$ (in dm^2)   c) $1\,ha$ (in m^2)   d) $200\,m^2$ (in a)

4 Ordne der Größe nach: $20\,dm^2$; $50\,000\,mm^2$; $1\,m^2$; $4000\,cm^2$; $300\,dm^2$

5 Berechne den Flächeninhalt und den Umfang des Rechtecks mit den Seitenlängen a und b.
a) a = 4 cm; b = 12 cm   b) a = b = 9 mm   c) a = 2 m; b = 150 cm

6 Übertrage die Tabelle und berechne die fehlenden Größen für ein Rechteck mit den angegebenen Maßen.

	a)	b)	c)	d)
Breite	3 m		2 cm	
Länge	5 m	4 cm		5 dm
Flächeninhalt A		16 cm²		1000 cm²
Umfang u			120 mm	

7 Begründe deine Antworten.
a) Beschreibe die Veränderung des Umfangs eines Rechtecks, wenn alle Seitenlängen des Rechtecks um 3 cm verlängert werden.
b) Beschreibe die Veränderung des Flächeninhalts eines Quadrats, wenn alle Seitenlängen verdoppelt werden.

8 Prüfe, ob die Größe der Fläche stimmen kann.
a) Nordrhein-Westfalen 81 000 000 m²   b) Tischplatte 700 000 mm²
c) Ein-Zimmer-Wohnung 40 000 cm²   d) Fußballfeld 63 a

Flächeninhalt und Umfang 4

Lösungen → S. 247

9 Zeichne zwei verschiedene Rechtecke mit einem Flächeninhalt von 6 cm². Gib den Umfang jedes dieser Rechtecke an.

10 In einem landwirtschaftlichen Simulationsspiel baut Ansgar einen rechteckigen Hühnerauslauf. Der Auslauf ist 5,5 m lang und 4,5 m breit geworden.
 a) Nach Spielregeln sind maximal 70 Hühner auf 10 m² erlaubt. Prüfe, ob Ansgar 120 Hühner halten darf.
 b) Berechne, wie viele Meter Maschendraht Ansgar für die Einzäunung des Auslaufs kaufen muss.
 c) Bestimme, wie sich der Flächeninhalt des Auslaufs verändert, wenn Ansgar mit dem gekauften Maschendraht eine quadratische Fläche einzäunen würde.

11 a) Berechne die Größe der Fläche, die das Gebäude einnimmt. Die Maße sind in Meter angegeben.

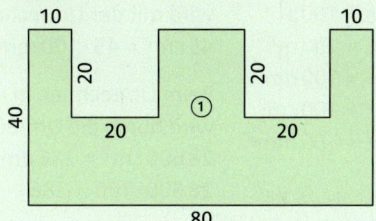
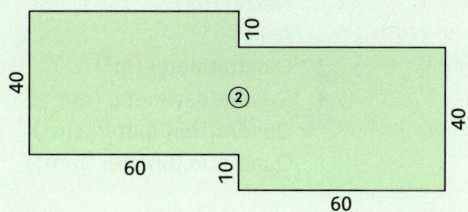

 b) Nenne das Gebäude mit dem größeren Umfang.

12 Familie Knettel möchte im Flur einen Teppichboden auslegen.
 a) Berechne, wie viele Quadratmeter Teppich benötigt werden.
 b) Berechne, wie viele Meter Fußleisten besorgt werden müssen, wenn jede Tür 80 cm breit ist.
 c) Es wird Teppichboden in 4 m und 5 m Breite angeboten. Begründe, welche Stücke du kaufen würdest.

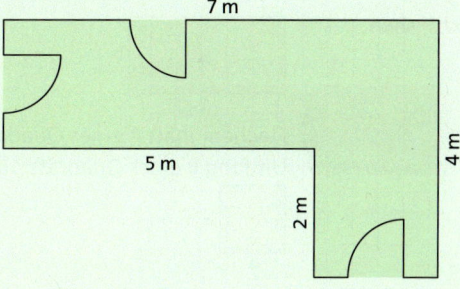

Wo stehe ich?

	Ich kann ...	Aufgabe	Schlag nach
4.1	... den Flächeninhalt in cm² angeben und vergleichen.	1	S. 143 Beispiel 2 S. 144 Beispiel 3
4.2	... den Flächeninhalt eines Rechtecks berechnen. ... die Seitenlänge eines Rechtecks bei gegebenem Flächeninhalt berechnen.	5, 6, 7, 9, 10	S. 147 Beispiel 1 S. 148 Beispiel 2
4.3	... den Flächeninhalt mit unterschiedlichen Längeneinheiten berechnen. ... Flächeneinheiten umrechnen.	3, 4, 5	S. 151 Beispiel 1 S. 152 Beispiel 2
4.4	... durch das Zerlegen und Ergänzen eines Rechtecks den Flächeninhalt zusammengesetzter Figuren bestimmen.	11, 12	S. 156 Beispiel 1
4.5	... den Umfang von Rechtecken und anderen Figuren berechnen. ... die Seitenlänge eines Rechtecks bei gegebenem Umfang berechnen.	2, 5, 6, 7, 9, 10, 11, 12	S. 158 Beispiel 1 S. 159 Beispiel 2

Prüfe dein neues Fundament 167

4 Zusammenfassung

Flächeninhalt und Umfang von Figuren

Der **Flächeninhalt A** gibt an, wie groß eine Fläche ist. Den Flächeninhalt kannst du messen, indem du die Fläche mit gleich großen Teilflächen (zum Beispiel Quadraten mit der Seitenlänge 1 cm) vollständig auslegst.

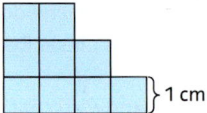

Die blaue Fläche hat den Flächeninhalt $A = 9\,cm^2$.

Der **Umfang u** einer ebenen Figur ist die Gesamtlänge seiner äußeren Umrandung. Der **Umfang u eines Vielecks** ergibt sich als Summe aller Seitenlängen des Vielecks.

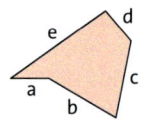

$a = d = 1\,cm$
$b = c = 2\,cm$
$e = 3\,cm$

$u = a + b + c + d + e$
$= 1\,cm + 2\,cm + 2\,cm + 1\,cm + 3\,cm = 9\,cm$

Flächeneinheiten

Quadratkilometer (km²) $1\,km^2 = 100\,ha$
Hektar (ha) $1\,ha = 100\,a$
Ar (a) $1\,a = 100\,m^2$
Quadratmeter (m²) $1\,m^2 = 100\,dm^2$
Quadratdezimeter (dm²) $1\,dm^2 = 100\,cm^2$
Quadratzentimeter (cm²) $1\,cm^2 = 100\,mm^2$
Quadratmillimeter (mm²)

Umrechnungszahl

Beim Umrechnen in die nächstkleinere Einheit wird mit der Umrechnungszahl multipliziert.
$45\,cm^2 = 45 \cdot 100\,mm^2 = 4500\,mm^2$

Beim Umrechnen in die nächstgrößere Einheit wird durch die Umrechnungszahl dividiert.
$28\,600\,cm^2 = 286\,dm^2$, denn
$28\,600 : 100 = 286$

Flächeninhalt und Umfang von Rechtecken

Flächeninhalt A eines Rechtecks: **$A = a \cdot b$**
Umfang u eines Rechtecks: **$u = 2 \cdot a + 2 \cdot b$**

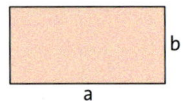

Rechteck mit $a = 5\,cm$, $b = 4\,cm$:
$A = a \cdot b$ $\qquad$ $u = 2 \cdot a + 2 \cdot b$
$ = 5\,cm \cdot 4\,cm$ $\qquad$ $ = 2 \cdot 5\,cm + 2 \cdot 4\,cm$
$ = 20\,cm^2$ $\qquad$ $ = 10\,cm + 8\,cm$
$\qquad\qquad\qquad\qquad = 18\,cm$

Flächeninhalt A eines Quadrats: **$A = a \cdot a = a^2$**
Umfang u eines Quadrats: **$u = 4 \cdot a$**

Quadrat mit $a = 6\,cm$:
$A = a \cdot a$ $\qquad$ $u = 4 \cdot a$
$ = 6\,cm \cdot 6\,cm$ $\qquad$ $ = 4 \cdot 6\,cm$
$ = 36\,cm^2$ $\qquad$ $ = 24\,cm$

Flächeninhalt von zusammengesetzten Figuren

Um den Flächeninhalt einer zusammengesetzten Fläche zu berechnen, gibt es zwei Möglichkeiten:

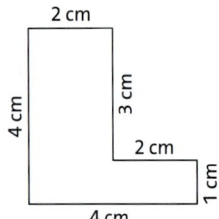

Zerlegungsmethode:

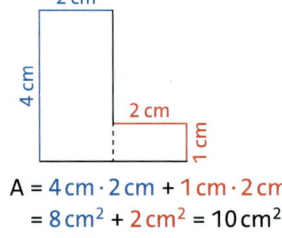

$A = 4\,cm \cdot 2\,cm + 1\,cm \cdot 2\,cm$
$ = 8\,cm^2 + 2\,cm^2 = 10\,cm^2$

Ergänzungsmethode:

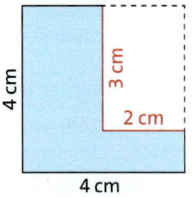

$A = 4\,cm \cdot 4\,cm - 3\,cm \cdot 2\,cm$
$ = 16\,cm^2 - 6\,cm^2 = 10\,cm^2$

5 Volumen und Oberflächeninhalt

Nach diesem Kapitel kannst du
→ das Volumen und den Oberflächeninhalt von Quadern und Würfeln berechnen,
→ das Volumen und den Oberflächeninhalt zusammengesetzter Körper berechnen,
→ mit Volumeneinheiten umgehen.

5 Dein Fundament

Lösungen → S. 247

Würfelbauten

Hinweis zu 1–3

Die Rückseiten der Würfelbauten sind jeweils vollständig mit kleinen Würfeln gefüllt.

1 Alle abgebildeten Würfelbauten sind aus gleich großen Würfeln zusammengesetzt. Bestimme die Anzahl der kleinen Würfel, die dafür benötigt wurden.

a)  b) 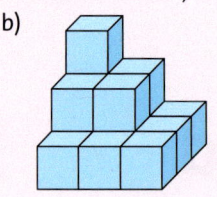 c) 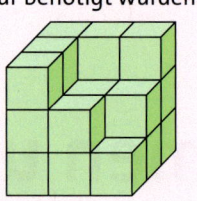 d)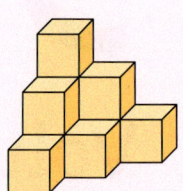

2 In einem Bauplan für Würfelbauten geben die Zahlen an, wo wie viele Würfel übereinander stehen.

a) Welcher ist der passende Bauplan?

 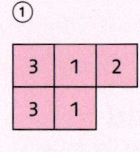 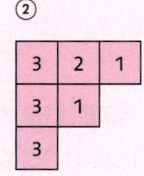 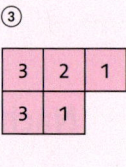

b) Zeichne zu jedem Würfelgebäude der Aufgabe 1 einen passenden Bauplan.

3 Gib die Anzahl der fehlenden Würfel an, damit ein großer Würfel entsteht. Der große Würfel soll insgesamt möglichst wenige kleine Würfel enthalten.

a)  b)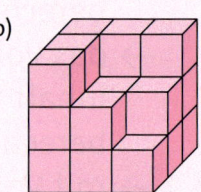

Erklärfilm

Größenangaben umrechnen

4 Rechne in die in Klammern angegebene Längeneinheit um.
a) 3 cm (mm) b) 50 dm (cm) c) 1 m (cm) d) 5 km (m)
e) 30 mm (cm) f) 35 000 m (km) g) 200 cm (m) h) 500 dm (m)

5 Rechne in die in Klammern angegebene Flächeneinheit um.
a) 67 cm² (mm²) b) 9 dm² (cm²) c) 1 m² (cm²) d) 11 m² (cm²)
e) 500 mm² (cm²) f) 37 000 dm² (m²) g) 500 cm² (dm²) h) 1 km² (m²)

6 Übertrage die Gleichung und ersetze den Platzhalter ■ durch die richtige Einheit.
a) 13 cm = 130 ■ b) 2 ■ = 20 dm c) 1200 cm = 12 ■ d) 17 dm = 1700 ■
e) 1 m² = 100 ■ f) 2 cm² = 200 ■ g) 2200 cm² = 22 ■ h) 20 000 mm² = 2 ■

Erklärfilm

Flächeninhalte von Rechtecken und Quadraten

7 Berechne den Flächeninhalt der Figur.

a) 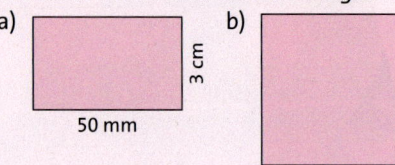 b) c) 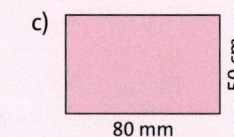 d)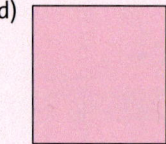

170

Lösungen
→ S. 247/248

8 Berechne den Flächeninhalt
  a) eines Rechtecks mit Seitenlängen von 2 cm und 3 cm,
  b) eines Quadrats mit einer Seitenlänge von 4 cm.

9 Gib die Länge und die Breite zweier verschiedener Rechtecke an, deren Flächeninhalt 12 cm² beträgt.

10 Gib die Seitenlängen eines Quadrats an, dessen Flächeninhalt 4 m² beträgt.

11 Übertrage die Tabelle und vervollständige sie.

Rechteck	①	②	③	④	⑤
Länge	15 cm	10 cm		21 cm	50 cm
Breite	3 cm	1 dm	10 m	6 cm	
Flächeninhalt			100 m²		25 dm²

Erklärfilm

Körpernetze und Quader

12 Begründe, ob die Aussage wahr oder falsch ist.
  a) Jeder Würfel hat 8 Kanten und 8 Ecken.
  b) Jeder Quader hat 4 rechteckige und 2 quadratische Flächen.

13 Entscheide, ob die Figur ein Würfelnetz ist. Begründe deine Entscheidung.

a) 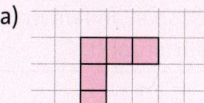 b) 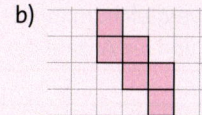 c) 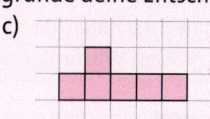 d)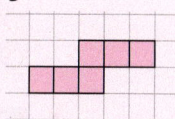

14 Ein Quader hat die Kantenlängen a = 3 cm, b = 4 cm und c = 2 cm.
  a) Zeichne ein Netz dieses Quaders.
  b) Zeichne ein Schrägbild dieses Quaders.

Erklärfilm

Kopfrechnen

15 Multipliziere im Kopf.
  a) 30 · 80   b) 400 · 40   c) 6000 · 70   d) 30 · 10 · 20
     60 · 40   300 · 90   8000 · 20   20 · 40 · 500
     40 · 30   60 · 600   80 · 5000   2000 · 10 · 30

16 Dividiere im Kopf.
  a) 720 : 8   b) 5400 : 6   c) 7200 : 6   d) 8400 : 6
  e) 4800 : 5   f) 3000 : 8   g) 900 : 15   h) 63 000 : 8

17 Übertrage die Tabelle und vervollständige sie.

a)

	a	a²	a³	6 · a²
①	5			
②		9		
③			8	
④				6

b)

	a	b	c	a · b · c
①	2	3	4	
②		2	3	36
③	3	3		27
④				1

5

5.1 Körper vergleichen

Leo und Miron haben Körper aus Papier gebastelt.
„Mein Quader ist größer, da er länger ist. Ich habe auch mehr Papier gebraucht als du", sagt Leo.
Miron erwidert: „In meinen Würfel passt aber mehr rein." Nimm Stellung.

Wie Flächen haben auch Körper mehrere Eigenschaften, die man miteinander vergleichen kann. Typische Eigenschaften sind die **Form**, die Maße (zum Beispiel **Länge, Breite** und **Höhe**) oder die Größe der **Oberfläche**.

Wenn man von der Größe eines Körpers spricht, meint man meist das **Volumen**, auch Rauminhalt genannt.

Volumen vergleichen

> **Wissen**
>
> Körper füllen den Raum. Die Größe des Raums kann man messen. Man nennt diese Größe das **Volumen** des Körpers.
> Volumen verschiedener Körper vergleicht man zum Beispiel, indem man die Körper mit gleich großen Würfeln ausfüllt und die Anzahl der Würfel zählt.

Beispiel 1 Ordne die Körper nach ihrem Volumen. Beginne mit dem kleinsten.

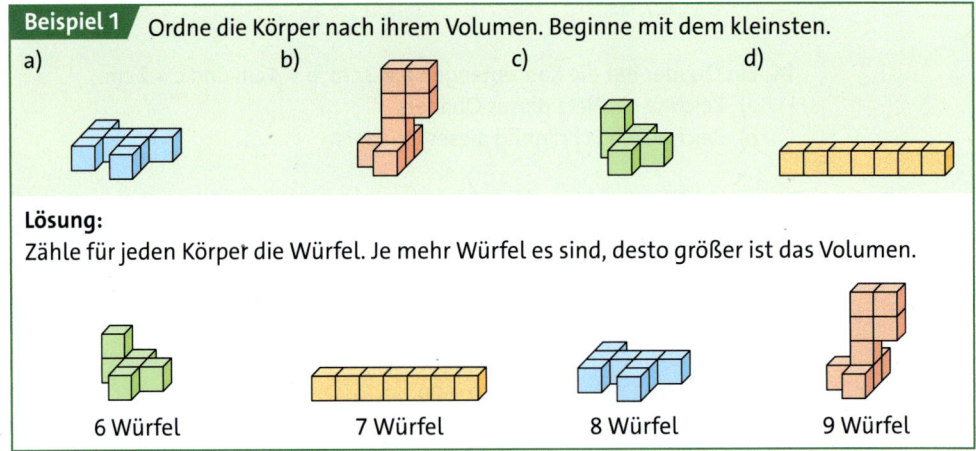

Lösung:
Zähle für jeden Körper die Würfel. Je mehr Würfel es sind, desto größer ist das Volumen.

6 Würfel   7 Würfel   8 Würfel   9 Würfel

Basisaufgaben

1 Die folgenden Körper sind alle aus gleich großen Würfeln zusammengesetzt. Ordne die Körper nach ihrem Volumen. Beginne mit dem kleinsten.

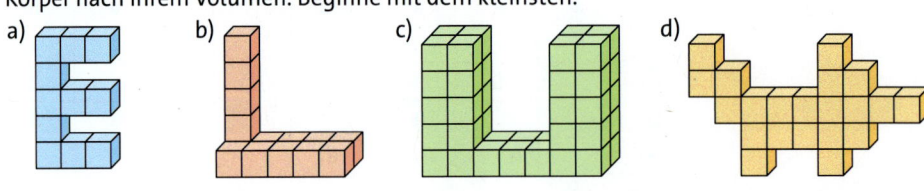

2 Bestimme, welche Körper das gleiche Volumen haben.

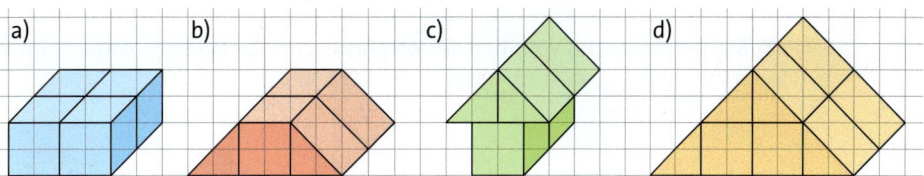

Volumen in cm³ angeben

Um das Volumen von Körpern einfach vergleichen zu können, wurden Volumeneinheiten eingeführt. Es wurde festgelegt, dass ein Würfel mit der Kantenlänge 1 cm ein Volumen von 1 cm³ (1 **Kubikzentimeter**) hat.

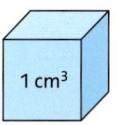

> **Beispiel 2** Ein Würfel ist 1 cm³ groß. Bestimme das Volumen des Körpers in cm³.
>
> a) 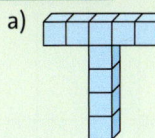   b)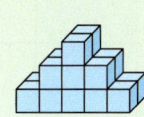
>
> **Lösung:**
> a) Der Körper besteht aus 9 gleich großen Würfeln. Jeder Würfel hat ein Volumen von 1 cm³. Der ganze Körper hat daher ein Volumen von 9 cm³.
> b) Der Körper besteht aus 18 gleich großen Würfeln, 9 in der vorderen Ebene und 9 in der hinteren Ebene. Jeder Würfel hat ein Volumen von 1 cm³. Der ganze Körper hat daher ein Volumen von 18 cm³.

Basisaufgaben

3 Bestimme das Volumen des Körpers, wenn ein Würfel 1 cm³ groß ist.

a)    b)   c)

Hinweis zu 4

2 Kästchenlängen entsprechen 1 cm.

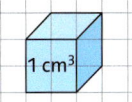

4 Zerlege den Körper in 1-cm³-Würfel und bestimme das Volumen.

a)   b)   c)

d) 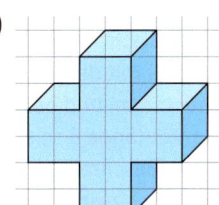   e) 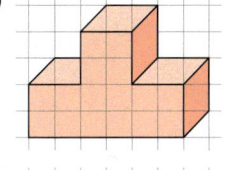 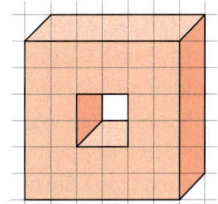   f)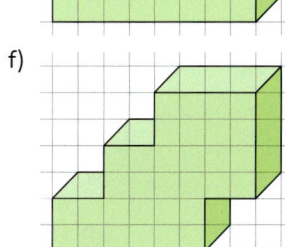

5.1 Körper vergleichen 173

5

Weiterführende Aufgaben

Zwischentest

5 Bestimme das Volumen des Körpers in cm³. Zerlege den Körper, falls nötig.

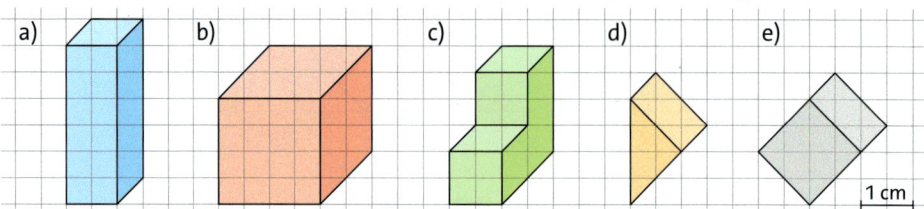

6 **Stolperstelle:** Nimm Stellung zu Noras Aussage.
Nora: „Beide Körper bestehen aus der gleichen Anzahl Würfel. Das bedeutet, dass sie das gleiche Volumen haben."

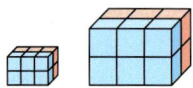

Hilfe

7 Bestimme das Volumen des Quaders, der zum Netz passt. 2 Kästchen entsprechen 1 cm.

a)

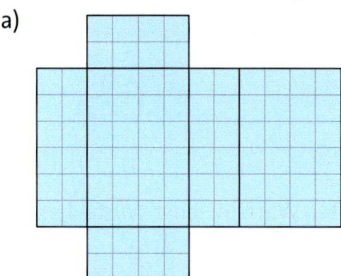

b)

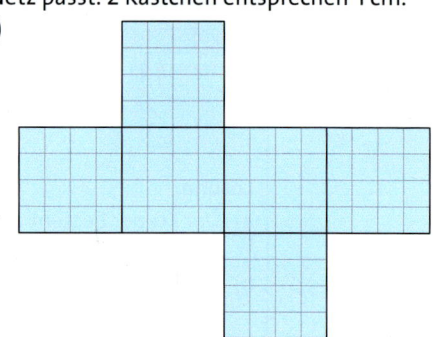

8 Gib die Anzahl der Würfel an, die noch in den großen Würfel passen.

a) 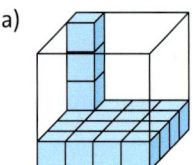 b) 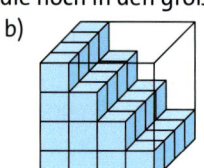 c)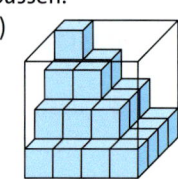

9 **Ausblick:** Marga und Elias überlegen, ob man mit den abgebildeten Bausteinen Würfel bauen kann. Dabei sollen zwischen den Bausteinen keine Lücken entstehen.

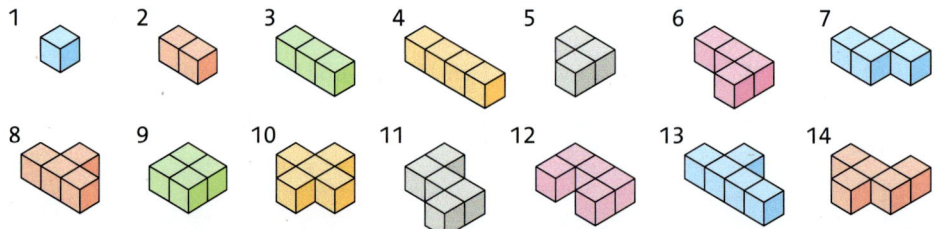

a) Marga behauptet: „Man kann die Steine 3, 5, 6, 10, 11, 12 zu einem kompakten Würfel zusammenbauen." Erkläre, warum Margas Lösung falsch sein muss.
b) Aus den Steinen 1, 5 und 9 kann man einen Würfel mit dem Volumen 8 bauen. Überlege, wie die beiden nächstgrößeren Würfel aussehen, und bestimme das Volumen.
c) Tatsächlich kann man einen Würfel mit der Kantenlänge 3 so aus den Steinen bauen, dass man keinen Stein doppelt verwenden muss. Beschreibe eine mögliche Lösung.
d) Elias sagt: „Wenn man viele Steine vom Typ 6 hat, kann man daraus einen Würfel bauen." Bestimme das Volumen, das dieser Würfel mindestens hat.

5.2 Volumen eines Quaders

Die Abbildung zeigt einen Quader, der aus kleinen, gleich großen Steckbausteinen gebaut wurde.
Gib an, aus wie vielen Steckbausteinen der Quader besteht.
Untersuche, ob du noch weitere Quader mit gleich vielen Steinen bauen kannst. Erkläre.

Will man das Volumen eines Quaders bestimmen, so kann man ihn mit gleich großen Würfeln (zum Beispiel mit der Kantenlänge 1 cm) füllen:

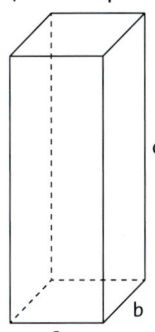 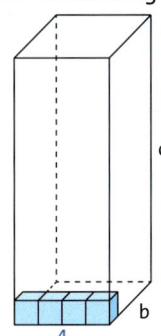 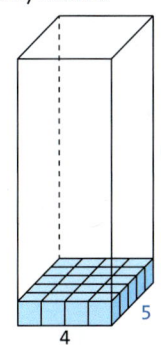 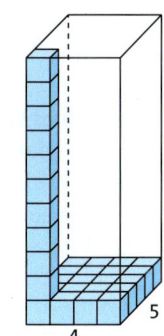 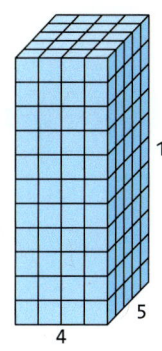

1 Reihe: 4 Würfel   1 Schicht: 5 Reihen   Quader: 11 Schichten
                      4 · 5 = 20 Würfel   11 · 20 = 220 Würfel

Das Volumen des Quaders erhält man, indem man die eingefüllten Würfel systematisch zählt: Man multipliziert die Anzahl der Würfel, die an die Kante a passen, mit der Anzahl der Würfel, die an die Kante b passen, und mit der Anzahl der Würfel, die an die Kante c passen.

Hinweis

In einem Würfel sind Länge, Breite und Höhe gleich lang.

Wissen

Das **Volumen V eines Quaders** ist das Produkt aus Länge, Breite und Höhe.

Volumen = Länge mal Breite mal Höhe
$V = a \cdot b \cdot c$

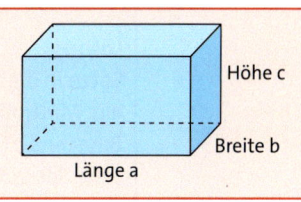

Volumen berechnen

Erklärfilm

Beispiel 1

Berechne das Volumen des Quaders.

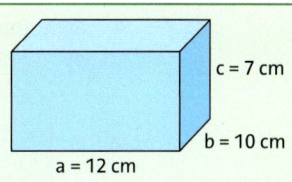

Lösung:
Multipliziere die drei Kantenlängen des Quaders miteinander.
Das Ergebnis ist ein Volumen, deshalb brauchst du die Einheit Kubikzentimeter.

$V = 12\,\text{cm} \cdot 4\,\text{cm} \cdot 7\,\text{cm}$
$= (12 \cdot 4 \cdot 7)\,\text{cm}^3 = 336\,\text{cm}^3$

Der Quader hat ein Volumen von 336 cm³.

Basisaufgaben

1 Berechne das Volumen des Quaders.

a)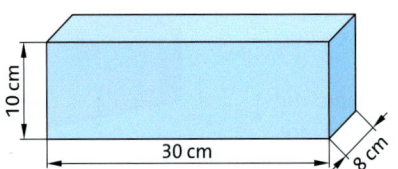
b)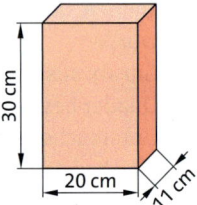

2 Berechne das Volumen des Quaders mit den Kantenlängen a, b und c.
- a) a = 5 cm; b = 1 cm; c = 6 cm
- b) a = 10 cm; b = 6 cm; c = 5 cm
- c) a = 8 cm; b = 7 cm; c = 3 cm
- d) a = 15 cm; b = 12 cm; c = 11 cm
- e) a = 2 cm; b = 6 cm; c = 20 cm
- f) a = 11 cm; b = 7 cm; c = 9 cm

3 Volumen eines Würfels berechnen:
a) Berechne das Volumen des Würfels mit der Kantenlänge a = 6 cm.
b) Erkläre, wie du vorgegangen bist. Stelle eine Formel für das Volumen eines Würfels auf. Orientiere dich am Wissenskasten auf Seite 175.

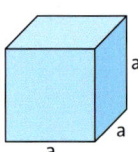

Kantenlänge berechnen

Erklärfilm

Beispiel 2

Bestimme die fehlende Kantenlänge des Quaders.

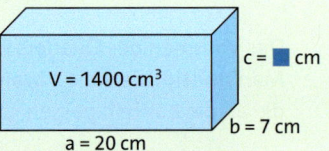

Lösung:

Setze in die Formel alle bekannten Größen ein. Multipliziere 20 cm mit 7 cm.
Berechne c mit der Umkehroperation:
Teile das Volumen durch das Produkt von a und b.

$V = a \cdot b \cdot c$
$1400 \, cm^3 = 20 \, cm \cdot 7 \, cm \cdot c$
$1400 \, cm^3 = 140 \, cm^2 \cdot c$
$1400 : 140 = 10$
$c = 10 \, cm$

Basisaufgaben

4 Bestimme die fehlende Kantenlänge des Quaders.

a) b)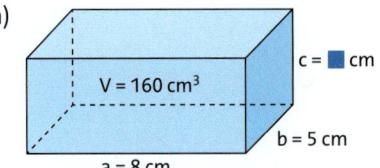

5 Bestimme die Kantenlänge c des Quaders.
- a) a = 2 cm; b = 5 cm; V = 30 cm³
- b) a = 10 cm; b = 7 cm; V = 280 cm³
- c) a = 4 cm; b = 3 cm; V = 72 cm³
- d) a = 6 cm; b = 5 cm; V = 30 cm³

Weiterführende Aufgaben   Zwischentest

6 Berechne das Volumen des Quaders. Entnimm dem Quadernetz die benötigten Maße.

a) (2 cm, 3 cm, 3 cm)

b) (1 cm, 2 cm, 5 cm)

7 Stolperstelle: Christoph und Mark haben die fehlende Kantenlänge c berechnet. Prüfe die beiden Rechnungen und erkläre die Fehler.

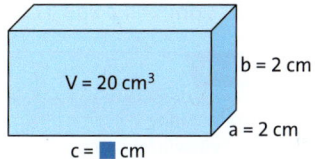

Christoph: $a \cdot b = 4$
$4 \cdot c = 20$
$c = 20 : 4 = 5\,cm$

Mark: $20 \cdot 2 \cdot 2 = 80$
Also ist $c = 80\,cm$.

8 Ein Quader hat ein Volumen von 60 cm³.
  a) Gib drei Möglichkeiten für die drei Kantenlängen eines solchen Quaders an. Beschreibe deine Vorgehensweise.
  b) Gib an, wie viele Möglichkeiten es gibt, einen solchen Quader aus 1-cm³-Würfeln zu bauen.

9 Bestimme die Kantenlänge des Würfels mit dem angegebenen Volumen.
  a) 27 cm³   b) 125 cm³   c) 1000 cm³

10 Ein rechteckiges Stück Karton ist 24 cm lang und 16 cm breit. Wenn man aus allen vier Ecken ein Quadrat von 4 cm Kantenlänge ausschneidet, die Seitenflächen nach oben biegt und mit Klebeband verklebt, dann entsteht eine nach oben offene Schachtel.
  a) Zeichne ein Netz der Schachtel.
  b) Bestimme Länge und Breite der Schachtel. Vergleicht zu zweit eure Ergebnisse.
  c) Berechne das Volumen der Schachtel.

11 Ein „Zuckerwürfel" hat die Kantenlängen 16 mm, 16 mm, 11 mm und ist somit kein Würfel, sondern ein Quader. Zeige mithilfe einer Skizze, wie die Zuckerwürfel in der abgebildeten Packung lückenlos verpackt werden können. Berechne, wie viele Zuckerwürfel eine solche Packung enthält.

12 Ein quaderförmiger Kreidekarton hat die Innenmaße a = 20 cm, b = 10 cm und c = 8 cm. Die Kreidestücke sind ebenfalls quaderförmig und haben ein Volumen von 8 cm³. Bestimme die Anzahl der Kreidestücke, die höchstens in den Karton passen.

13 Ausblick: Beschreibe, wie sich das Volumen eines Quaders verändert, wenn man alle Kantenlängen verdoppelt (verdreifacht; vervierfacht). Schätze zunächst und prüfe dann an einigen Beispielen. Formuliere anschließend eine Regel.

5.3 Volumeneinheiten

Ein Würfel der Kantenlänge 1 dm soll mit kleinen, gleich großen Würfeln ausgefüllt werden. Bestimme, wie viele Würfel mit der Kantenlänge 1 cm man benötigt. Schätze zuerst und berechne dann.

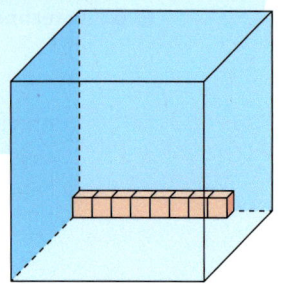

Das Volumen eines Körpers kann bestimmt werden, indem man den Körper mit Einheitswürfeln der Kantenlänge 1 m, 1 dm, 1 cm oder 1 mm ausfüllt. Zu jeder Längeneinheit gehört eine **Volumeneinheit**: m^3, dm^3, cm^3 und mm^3.
Zusätzlich gibt es die Volumeneinheiten Liter und Milliliter.
Es gilt: $1\,dm^3 = 1\,\ell$ und $1\,cm^3 = 1\,m\ell$

Wissen

Kantenlänge Einheitswürfel	1 m	1 dm	1 cm	1 mm
Volumen	$1\,m^3$	$1\,dm^3$ oder $1\,\ell$	$1\,cm^3$ oder $1\,m\ell$	$1\,mm^3$
Bezeichnung	Kubikmeter	Kubikdezimeter oder Liter	Kubikzentimeter oder Milliliter	Kubikmillimeter
Beispiel	Müllcontainer	Milchkarton	Spielwürfel	Salzkorn

Basisaufgaben

1. Ordne jedem Gegenstand ein passendes Volumen zu: $4\,m^3$; $20\,\ell$; $500\,cm^3$; $750\,m\ell$

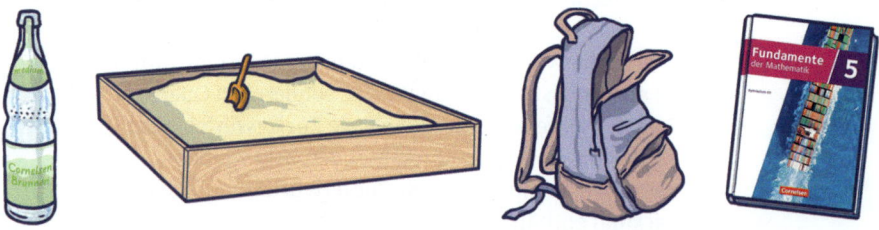

2. Ordne jedem Gegenstand eine Einheit zu, in der man sein Volumen am ehesten angeben würde. Erkläre deine Entscheidung.

Radiergummi	Turnhalle	Shampoo		mm^3	cm^3	$m\ell$
Wassereimer	Luftballon	Schuhkarton		dm^3	ℓ	m^3

3. Stelle dir einen Würfel mit der Kantenlänge 1 m vor. Schätze, wie viele Milchtüten (Zuckerwürfel) den Würfel vollständig ausfüllen würden.

Volumeneinheiten anwenden

Beispiel 1 Berechne das Volumen eines Quaders, der 2 m lang, 80 cm breit und 40 mm hoch ist. Wandle die Längen vorher in eine gemeinsame Einheit um.

Lösung:
Schreibe Länge, Breite und Höhe in derselben Einheit cm.

$a = 2\,m = 200\,cm$
$b = 80\,cm,\ c = 40\,mm = 4\,cm$

Erst dann kannst du das Volumen mit Länge mal Breite mal Höhe berechnen.

Volumen:
$V = 200\,cm \cdot 80\,cm \cdot 4\,cm = 64\,000\,cm^3$

Basisaufgaben

Hinweis zu 4–5
Siehe Methodenkarte 5 G auf Seite 237.

4 Berechne das Volumen des Quaders mit den Kantenlängen a, b, c. Achte auf die Einheiten.
a) a = 2 cm; b = 5 cm; c = 3 cm
b) a = 4 cm; b = 5 cm; c = 3 cm
c) a = 4 cm; b = 5 cm; c = 6 cm
d) a = 4 dm; b = 5 dm; c = 6 dm
e) a = 40 dm; b = 5 dm; c = 6 dm
f) a = 40 dm; b = 50 dm; c = 60 dm
g) a = 40 dm; b = 5 m; c = 60 dm
h) a = 40 dm; b = 5 m; c = 60 cm

5 Berechne das Volumen des Quaders mit den Kantenlängen a, b, c. Achte auf die Einheiten.
a) a = 80 cm; b = 9 m; c = 100 cm
b) a = 9 m; b = 100 cm; c = 80 cm
c) a = 9 m; b = 10 m; c = 80 m
d) a = 9 m; b = 10 m; c = 40 m
e) a = 9 m; b = 10 m; c = 20 m
f) a = 9 m; b = 10 m; c = 10 m
g) a = 10 m; b = 10 m; c = 10 m
h) a = 0,1 m; b = 0,1 m; c = 0,1 m
i) a = 0,01 m; b = 0,1 m; c = 0,1 m
j) a = 0,01 m; b = 0,01 m; c = 0,1 m

6 Übertrage die Tabelle und ergänze die fehlende Größe des Quaders.

	Länge	Breite	Höhe	Volumen
a)		5 cm	7 cm	105 cm³
b)	32 cm		120 mm	3840 cm³
c)	2 dm	500 mm		14 000 cm³

7 In welchen Behälter passt mehr? Ordne der Größe nach.

a)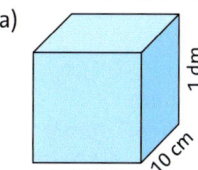
b)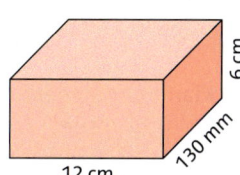
c)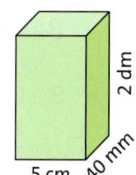

8 Berechne das Volumen des Quaders. Entnimm dem Quadernetz die benötigten Maße.

a)
b)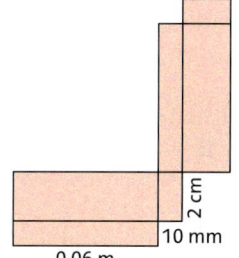
c)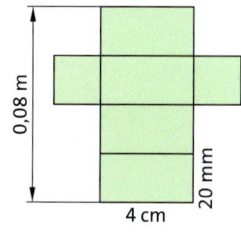

Volumeneinheiten umrechnen

Ein Würfel mit 1 dm Seitenlänge hat ein Volumen von 1 dm³. Schreibt man 1 dm als 10 cm, so kann man das Volumen auch in cm³ berechnen:
V = 10 cm · 10 cm · 10 cm = 10³ cm³ = 1000 cm³

In 1 dm³ passen also 1000 cm³. Daher gilt: 1 dm³ = 1000 cm³

Die Umrechnungszahl für eine Volumeneinheit in eine andere erhält man, indem man die Umrechnungszahl der zugehörigen Längeneinheiten hoch 3 rechnet. Das funktioniert ähnlich wie beim Umrechnen von Flächeneinheiten.

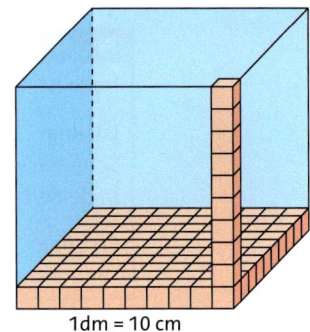

1 dm = 10 cm

Erinnere dich

Beim Umrechnen in eine kleinere Einheit wird mit der Umrechnungszahl multipliziert. Beim Umrechnen in eine größere Einheit wird durch die Umrechnungszahl dividiert.

Erklärfilm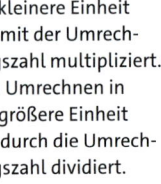

Wissen

Umrechnungszahl 1000

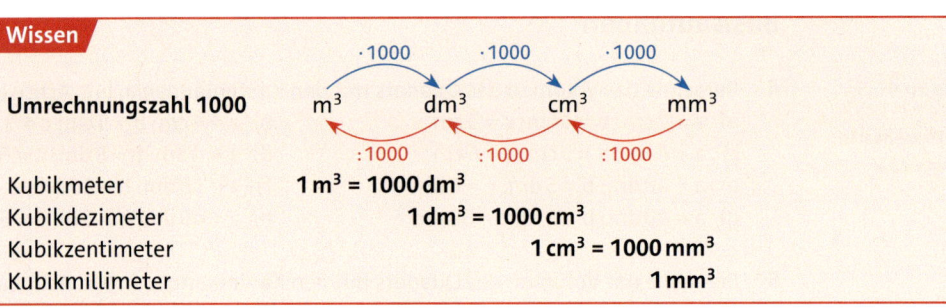

Kubikmeter   1 m³ = 1000 dm³
Kubikdezimeter   1 dm³ = 1000 cm³
Kubikzentimeter   1 cm³ = 1000 mm³
Kubikmillimeter   1 mm³

Beispiel 2
Rechne in die in Klammern angegebene Volumeneinheit um.
a) 10 cm³ (mm³)   b) 2000 dm³ (m³)   c) 3 ℓ (cm³)

Lösung:

a) 1 cm³ hat 1000 mm³.
10 cm³ sind also 10 mal 1000 mm³.
10 cm³ = 10 · 1000 mm³
= 10 000 mm³

b) 1 m³ hat 1000 dm³. Berechne, wie oft 1000 dm³ in 2000 dm³ passen.
2000 : 1000 = 2
2000 dm³ = 2 m³

c) 1 ℓ ist dasselbe wie 1 dm³.
1 dm³ hat 1000 cm³.
3 dm³ sind also 3 mal 1000 cm³.
3 ℓ = 3 dm³
= 3 · 1000 cm³
= 3000 cm³

Basisaufgaben

Hinweis
Es gilt 1 ℓ = 1000 mℓ, da 1 ℓ = 1 dm³ und 1 mℓ = 1 cm³. Die Volumeneinheit Liter wird vor allem für Flüssigkeiten verwendet.

9 Rechne in die in Klammern stehende Volumeneinheit um.
a) 3 m³ (dm³)   b) 12 dm³ (cm³)   c) 4000 cm³ (dm³)   d) 11 ℓ (cm³)

10 Wandle in die nächstkleinere Einheit um.
a) 4 m³   b) 11 dm³   c) 70 cm³   d) 800 m³   e) 650 ℓ

11 Wandle in die nächstgrößere Einheit um.
a) 8000 mm³   b) 19 000 dm³   c) 5000 cm³   d) 90 000 cm³   e) 4000 mℓ

12 Ersetze den Platzhalter ■ durch die richtige Maßzahl oder Maßeinheit.
a) 6000 cm³ = 6 ■   b) 9 ℓ = 9000 ■   c) 32 cm³ = ■ mℓ   d) 70 m³ = ■ dm³
e) 8 ℓ = 8 ■   f) 7 dm³ = ■ mℓ   g) 5000 ℓ = ■ m³   h) ■ ℓ = 15 000 cm³

13 Ordne der Größe nach: 8 m³; 80 000 dm³; 8000 mℓ; 8 000 000 cm³; 800 ℓ

Weiterführende Aufgaben

Zwischentest

14 Ein Aquarium mit 1000 ℓ Fassungsvermögen kann unterschiedliche Maße haben. Gib drei mögliche Maße für Länge, Breite und Höhe an.

⚠ **15 Stolperstelle:** Hilf Jörg, seine Fehler zu verstehen. Beschreibe und berichtige sie.
a) $25\,dm^3 = 25 \cdot 100\,cm^3 = 2500\,cm^3$
b) $74\,000\,cm^3 = 74\,000 : 1000\,mm^3 = 74\,mm^3$
c) $31\,m^3 = 31 \cdot 1000\,cm^3 = 31\,000\,cm^3$
d) $6\,m^3 = 6\,l = 6 \cdot 1000\,ml = 6000\,ml$
e) Volumen eines Quaders mit den Kantenlängen 2 dm, 15 cm, 40 mm: $V = 2 \cdot 15 \cdot 40 = 1200$

Hilfe

16 Rechne in die angegebene Maßeinheit um.
a) $23\,dm^3$ (in mm^3)
b) $9\,000\,000\,cm^3$ (in m^3)
c) $40\,m^3$ (in cm^3)
d) $80\,mℓ$ (in mm^3)

Hinweis zu 17
Siehe Methodenkarte 5 G auf Seite 237.

17 Rechne in die angegebene Maßeinheit um. Schaue genau hin, ob es sich um Volumeneinheiten, Flächeneinheiten oder Längeneinheiten handelt.
a) $5\,cm^3$ (in mm^3)
b) $5\,dm^3$ (in cm^3)
c) $5\,ℓ$ (in $mℓ$)
d) $5000\,ℓ$ (in $mℓ$)
e) $5000\,mℓ$ (in $ℓ$)
f) $500\,mm^2$ (in cm^2)
g) $50\,mm$ (in cm)
h) $50\,cm$ (in mm)
i) $50\,m^3$ (in dm^3)
j) $50\,m^3$ (in cm^3)
k) $50\,m^3$ (in mm^3)
l) $50\,m^2$ (in cm^2)
m) $50\,m$ (in cm)
n) $50\,m$ (in mm)
o) $5\,m^3$ (in mm^3)
p) $5\,000\,000\,000\,mm^3$ (in m^3)
q) $5\,000\,000\,000\,mℓ$ (in m^3)
r) $50\,000\,000\,000\,cm^2$ (in km^2)

18 Maja feiert Geburtstag und hat ihre besten Freunde eingeladen. Sie möchte ihnen ein leckeres Getränk servieren. Im Internet findet sie das Rezept für Bärenstarke Bowle.
a) Es haben sich 14 Gäste angekündigt. Berechne, wie viele Liter Bowle Maja herstellen muss, damit sie für alle Kinder reicht.
b) Im Keller findet Maja leere Glasflaschen. Auf den Etiketten steht „750 mℓ". Ermittle, wie viele Flaschen sie benötigt, um die gesamte Bowle kühlen zu können.

19 Prüfe, ob Lisas Behauptungen stimmen können.
a) „Ein Mensch trinkt ungefähr 200 000 mℓ am Tag."
b) „Ein Elefant trinkt ungefähr 140 000 cm^3 Wasser am Tag."
c) „Der Kofferraum eines Autos hat etwa 350 000 000 mm^3 Inhalt."
d) „In eine Badewanne passen ungefähr $20\,m^3$ Wasser."

Hilfe

20 Ein Kind atmet bei einem Atemzug etwa 300 mℓ Luft ein.
a) Berechne, wie viele Kubikmeter Luft du an einem Tag etwa einatmest.
b) Ein Luftballon fasst etwa 2500 cm^3 Luft. Bestimme die Anzahl der Ballons, die du ungefähr mit deiner Atemluft von einem Tag (einer Woche) aufblasen könntest.

21 Ausblick: Svenja hat alles versucht, doch der Wasserhahn im Badezimmer hört nicht auf zu tropfen. Sie liegt nun in ihrem Bett und kann wegen des Geräuschs aus dem Badezimmer nicht einschlafen. Daher zählt sie die Wassertropfen. Es sind in einer Minute 100 Tropfen.
a) Svenja möchte wissen, welches Volumen ein Wassertropfen hat. Darum stellt sie einen Eimer unter den Hahn (um 22:00 Uhr). Am nächsten Morgen (8:00 Uhr) sind etwa 9 ℓ Wasser im Eimer. Bestimme das Volumen eines Wassertropfens aus Svenjas Hahn.
b) Gib einen Rechenausdruck an, mit dem du die Wassermenge W berechnen kannst, die nach t Stunden aus dem Hahn getropft ist.

5.4 Volumen zusammengesetzter Körper

Der blaue Bauklotz hat ein Volumen von 20 cm³, der rote 40 cm³ und der grüne 80 cm³. Bestimme das Volumen des zusammengesetzten Körpers.

Wie beim Flächeninhalt von zusammengesetzten Figuren kann man auch das Volumen von Körpern, die aus Quadern zusammengesetzt sind, berechnen.

Erklärfilm

Beispiel 1

In einem Park sollen Betonstühle aufgestellt werden, die Form und Maße wie in der Abbildung haben sollen. Bestimme die Menge an Beton, die für einen Stuhl benötigt wird.

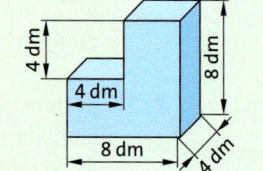

Lösung:

1. Lösungsmöglichkeit: Zerlegen

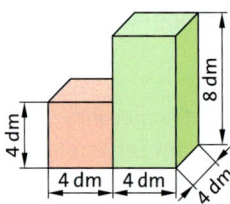

Zerlege den Körper in zwei Quader und addiere die Volumina.

Volumen des roten Würfels:
4 dm · 4 dm · 4 dm = 64 dm³

Volumen des grünen Quaders:
4 dm · 4 dm · 8 dm = 128 dm³

Gesuchtes Volumen:
V = 64 dm³ + 128 dm³ = 192 dm³

2. Lösungsmöglichkeit: Ergänzen

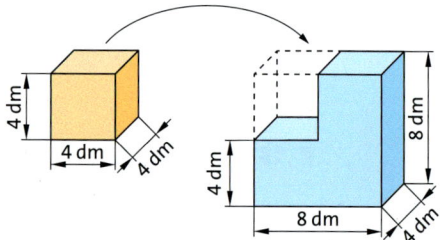

Ergänze den Körper zum Quader und subtrahiere das Volumen des kleinen Quaders.

Volumen des ergänzten Quaders:
8 dm · 4 dm · 8 dm = 256 dm³

Volumen des Würfels:
4 dm · 4 dm · 4 dm = 64 dm³

Gesuchtes Volumen:
V = 256 dm³ − 64 dm³ = 192 dm³

Für einen Stuhl benötigt man 192 dm³ Beton.

Basisaufgaben

1 Berechne das Volumen des Körpers, indem du ihn in mehrere Quader zerlegst. (Maße in m)

a)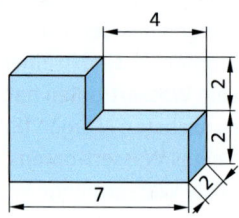
b)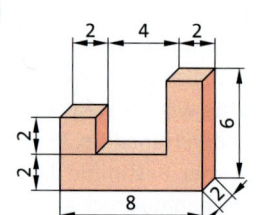
c)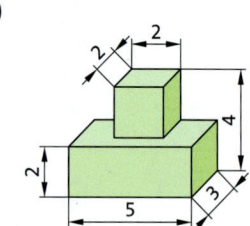

2 Berechne das Volumen des Körpers (Maße in cm), indem du ihn zu einem Quader ergänzt.

a) 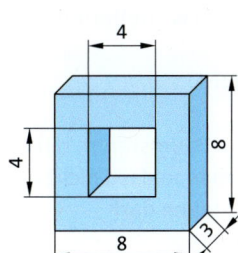 b) 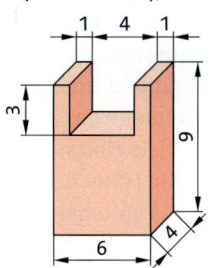 c)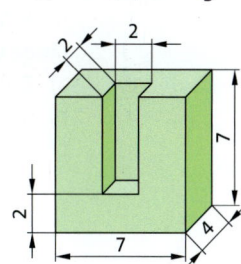

3 Zusätzlich zu den Stühlen aus Beispiel 1 sollen in dem Park Bänke aufgestellt werden. Die Form und die Maße sind in der Abbildung dargestellt. Bestimme die Menge an Beton, die für eine Bank benötigt wird.

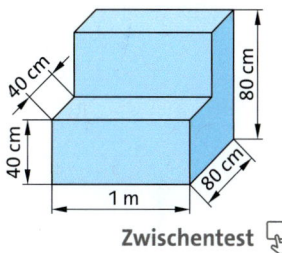

Weiterführende Aufgaben

Zwischentest

4 Berechne das Gesamtvolumen. Beachte dabei die Einheiten.
a) $30\,m^3 + 3\,m^3$
b) $40\,cm^3 + 10\,cm^3$
c) $39\,dm^3 + 200\,dm^3$
d) $90\,cm^3 + 80\,mm^3$
e) $24\,dm^3 + 1\,m^3$
f) $620\,000\,mm^3 - 2\,cm^3$
g) $2\,m^3 + 300\,cm^3$
h) $11\,dm^3 - 4300\,mm^3$
i) $5\,930\,000\,cm^3 - 4\,m^3$

Hilfe

5 Welche Volumeneinheiten können die Maßzahlen haben, damit die Rechnung stimmt? Ersetze die Platzhalter ■. Achtung, es gibt mehr als eine Lösung.
a) $382\,■ + 98\,■ = 382\,098\,■$
b) $71\,■ - 71\,■ = 70\,999\,929\,■$

6 Stolperstelle: Pascal soll das Volumen des abgebildeten Körpers bestimmen.
Überprüfe seine Lösung und korrigiere. (Angaben in cm)
Kleiner Quader: $V = 10\,cm \cdot 20\,cm \cdot 10\,cm = 2000\,cm^3$
Großer Quader: $V = 30\,cm \cdot 30\,cm \cdot 10\,cm = 9000\,cm^3$
Ergebnis: $V = 9000\,cm^3 + 2000\,cm^3 = 11\,000\,cm^3$.

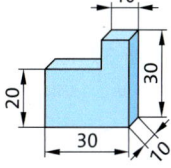

7 Beschreibe mit eigenen Worten, wie man das Volumen zusammengesetzter Körper ermitteln kann. Erkläre die Unterschiede der beiden Methoden.

8 Berechne das Volumen. Begründe, ob dazu Zerlegen in kleinere Körper oder Ergänzen zu einem größeren Körper besser geeignet ist. (Angaben in cm)

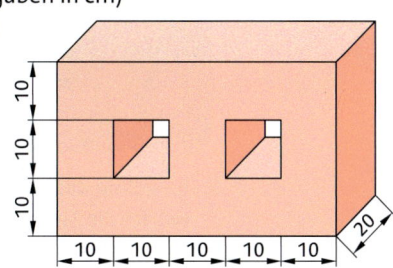

9 Denke dir einen zusammengesetzten Körper aus, dessen Volumen mit dem Rechenausdruck $6\,cm \cdot 4\,cm \cdot 2\,cm - 8\,cm^3$ berechnet werden kann. Zeichne ein passendes Schrägbild. Vergleicht dann zu zweit eure Ergebnisse.

10 Ein Unternehmen stellt Holzbauklötze her. Jeder Klotz ist 6 cm breit, 6 cm lang und 2 cm hoch. Von oben wird in der Mitte des Klotzes ein würfelförmiges Loch mit einer Kantenlänge von 1 cm ausgesägt.
a) Zeichne ein Schrägbild eines solchen Klotzes.
b) Berechne das Volumen des Klotzes.
c) Schätze ab, wie viele Holzklötze aus einem Baumstamm mit einem Volumen von 1 m³ gewonnen werden können. Erkläre, warum man dazu nicht einfach das Volumen des Stamms durch das Volumen eines Klotzes teilen darf.

Hilfe

11 Bestimme das Volumen des Körpers.
Tipp: Du kannst den Körper in Prismen zerlegen und dann zu einem Quader zusammensetzen oder auch zu einem Quader ergänzen.

a)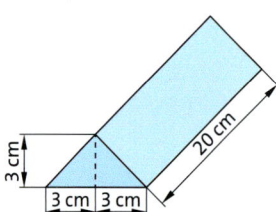
b)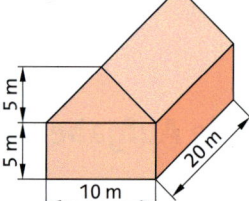
c)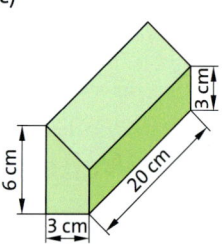

d) Entwirf selbst Körper aus Quadern, Würfeln und Prismen und berechne das Volumen.

12 Für einen Skatepark soll eine neue Rampe nach den Vorgaben in der Modellzeichnung gebaut werden. Alle Längen sind im Maßstab 1 : 100 angegeben.
a) Zunächst soll ein Modell gebaut werden. Berechne das Volumen des Modells.
b) Berechne die benötigte Menge an Baumaterial für die Rampe.

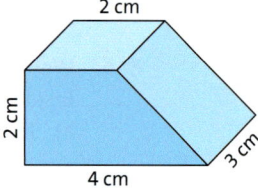

13 Ausblick: Menger-Schwamm
Ein „Menger-Schwamm" (benannt nach dem Mathematiker Karl Menger) ist ein dreidimensionales Gebilde, das in mehreren Schritten entsteht. Zunächst beginnt man mit einem Würfel. Stelle dir vor, er setzt sich aus 27 gleich großen Würfeln zusammen. Dann entfernst du an jeder Würfelseite die Mitte und den Würfel im Inneren. Dasselbe wird nun für jeden der verbleibenden kleinen Würfel erneut ausgeführt.

a) Berechne das Volumen des Menger-Schwamms nach dem 1. Schritt, wenn der Startwürfel die Seitenlänge 27 cm hat.
b) Berechne das Volumen des Menger-Schwamms nach dem 2. Schritt.
c) Überlege dir, durch welche Rechnung du in jedem Schritt das neue Volumen berechnen kannst, und bestimme mithilfe dieser Rechnung das Volumen für den 3. Schritt.
d) Finde einen Rechenausdruck, mit dem man das Volumen eines Menger-Schwamms nach einem beliebigen Schritt berechnen kann.

5.5 Oberflächeninhalt eines Quaders

Momoko möchte ihrer Freundin Schokolade zum Geburtstag schenken. Die Scholadenschachtel beklebt sie mit einer dünnen Goldfolie. Überlege, wie viel Goldfolie sie dafür mindestens benötigt.

Mit der **Oberfläche eines Körpers** bezeichnet man alle Flächen, die den Körper begrenzen. Ein Quader wird durch sechs Rechtecke begrenzt, von denen je zwei gleich sind:

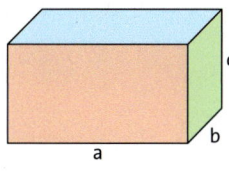 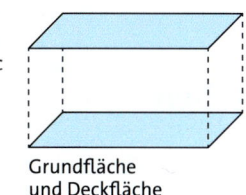 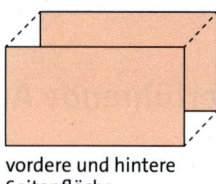 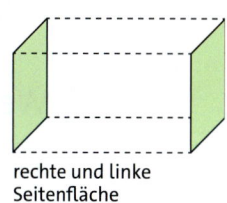

Grundfläche und Deckfläche | vordere und hintere Seitenfläche | rechte und linke Seitenfläche

Die Flächeninhalte aller Rechtecke zusammen ergeben den Oberflächeninhalt des Quaders.
Oberflächeninhalt = 2 · Grundfläche + 2 · Vorderfläche + 2 · Seitenfläche

Wissen

Der **Oberflächeninhalt O eines Quaders** ist die Summe der Flächeninhalte aller sechs Begrenzungsflächen des Quaders.

$O = 2 \cdot a \cdot b + 2 \cdot a \cdot c + 2 \cdot b \cdot c$

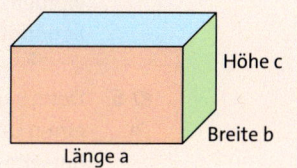

Erklärfilm

Beispiel 1

Berechne den Oberflächeninhalt des Quaders.

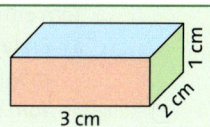

Lösung:
Lies die Kantenlängen ab.
Setze die Werte in die Formel
$O = 2 \cdot a \cdot b + 2 \cdot a \cdot c + 2 \cdot b \cdot c$
ein und berechne den Oberflächeninhalt.

Es gilt a = 3 cm, b = 2 cm, c = 1 cm.
$O = 2 \cdot (3\,cm \cdot 2\,cm) + 2 \cdot (3\,cm \cdot 1\,cm) + 2 \cdot (2\,cm \cdot 1\,cm)$
$= 2 \cdot 6\,cm^2 + 2 \cdot 3\,cm^2 + 2 \cdot 2\,cm^2$
$= 12\,cm^2 + 6\,cm^2 + 4\,cm^2$
$= 22\,cm^2$

Lösungen zu 1

Maßzahlen der Lösungen:

| 34 | 52 |
| 108 | 102 |

Basisaufgaben

1 Berechne den Oberflächeninhalt des Quaders.

a) 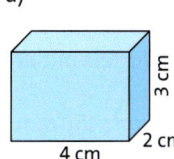 b) 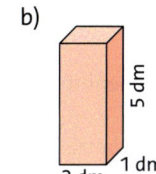 c) 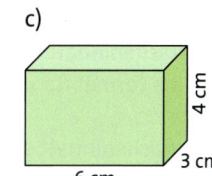 d)

2 Berechne den Oberflächeninhalt des Quaders. Achte auf die Einheiten.

a) 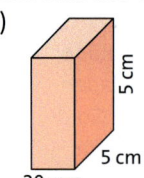   b) 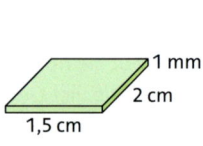   c)    d)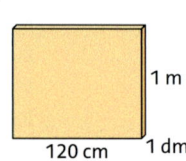

3 Berechne den Oberflächeninhalt des Quaders mit den Maßen aus der Tabelle.

Quader	a)	b)	c)	d)	e)
Länge	7 cm	5 cm	25 mm	25 dm	4 dm
Breite	4 cm	9 cm	10 mm	2 m	6 cm
Höhe	3 cm	8 cm	5 mm	32 dm	20 mm

Weiterführende Aufgaben   Zwischentest

4 Zeichne ein mögliches Schrägbild des Quaders und berechne den Oberflächeninhalt.
 a) a = 10 cm; b = 4 cm; c = 6 cm   b) a = 5 cm; b = 2 cm; c = 4 cm

5 Eine Kiste ohne Deckel mit den Kantenlängen a = 20 cm, b = 10 cm und der Höhe c = 5 cm soll von außen beklebt werden. Berechne, wie viel Material dafür mindestens benötigt wird.

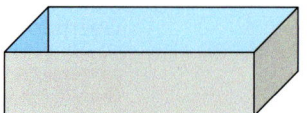

6 Dennis und Tom spielen in der Schulband. Sie möchten einen Lautsprecher mit einer roten Folie bekleben. Die Vorderseite soll für eine Stoffbespannung frei bleiben. Dennis hat ausgerechnet, dass 4250 cm² Folie benötigt werden. Tom entgegnet, dass sie 2500 cm² Folie brauchen.
a) Erkläre die unterschiedlichen Ergebnisse. Stelle mögliche Lösungswege auf, nach denen Dennis und Tom gerechnet haben könnten.
b) Entscheide, welches Ergebnis sinnvoller ist. Begründe deine Antwort.

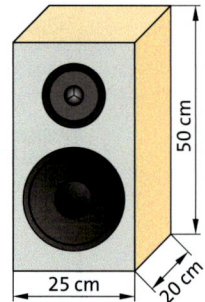

7 Stolperstelle: In der Klassenarbeit haben Kai, Lisa und Saad sich bei der Berechnung des Oberflächeninhalts eines Quaders (Länge 3 cm, Breite 40 mm, Höhe 1 cm) vertan. Beschreibe die Fehler und korrigiere die Rechnung.

a) Kais Rechnung:
   $2 \cdot 3 \cdot 40 + 2 \cdot 3 \cdot 1 + 2 \cdot 40 \cdot 1$
   $= 240 + 6 + 80$
   $= 326 \text{ cm}^2$

b) Lisas Rechnung:
   $3 \text{ cm} \cdot 4 \text{ cm} + 3 \cdot 1 \text{ cm} + 4 \text{ cm} \cdot 1 \text{ cm}$
   $= 12 \text{ cm}^2 + 3 \text{ cm}^2 + 4 \text{ cm}^2$
   $= 19 \text{ cm}^2$

c) Saads Rechnung:
   $3 \text{ cm} \cdot 4 \text{ cm} \cdot 1 \text{ cm}$
   $= 12 \text{ cm}^3$

8 Oberflächeninhalt eines Würfels:
a) Die Kantenlänge eines Würfels beträgt 2 cm (3 cm; 15 cm; 0,5 dm). Berechne den Oberflächeninhalt.
b) Gib eine Formel für den Oberflächeninhalt O eines Würfels mit der Kantenlänge a an.

9 Der Oberflächeninhalt eines Würfels beträgt 6 dm² (54 cm²; 150 mm²; 24 dm²). Berechne den Flächeninhalt einer Seitenfläche und die Länge einer Würfelkante.

10 Für einen Schreibwarenhändler werden 100 quaderförmige Etuis aus Metall hergestellt (Länge 21 cm, Breite 6 cm, Höhe 3 cm). Berechne, ob 4 Quadratmeter Metall für die Herstellung der Etuis ausreichen werden.

Erinnere dich

Der Oberflächeninhalt ist die Summe aller Flächeninhalte der Begrenzungsflächen.

11 Oberflächeninhalt von zusammengesetzten Körpern:
Bestimme den Oberflächeninhalt des abgebildeten Körpers.
Die folgenden Abbildungen können dir dabei helfen:

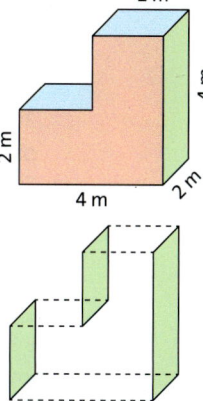

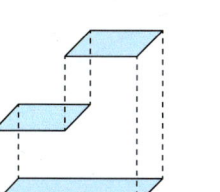 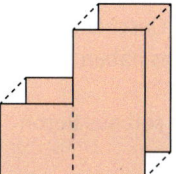

Der Flächeninhalt der Grundfläche ist so groß wie der Inhalt beider Deckflächen zusammen.

Die vordere Fläche und die hintere Fläche sind gleich groß.

Die Flächeninhalte der linken Seitenflächen sind zusammen so groß wie der Flächeninhalt der rechten.

12 Berechne den Oberflächeninhalt des Körpers.

a)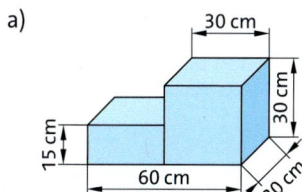

b)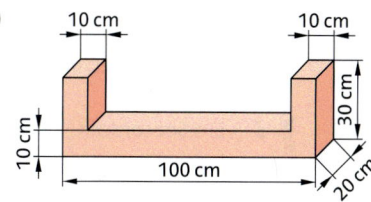

Hilfe

13 Esma hat sich einen Soma-Würfel gekauft. Seine Bausteine sind aus einzelnen kleinen Würfeln mit einer Kantenlänge von 2 cm zusammengesetzt. Esma möchte die einzelnen Bausteine mit verschiedenfarbiger Folie bekleben. Berechne, wie viel cm² Folie Esma für die einzelnen Bausteine mindestens benötigt.

① rot ② blau ③ gelb ④ grün ⑤ orange ⑥ grau ⑦ rosa

14 Ausblick:
Die Kantenlänge eines Würfels beträgt 2 cm.
a) Berechne den Oberflächeninhalt.
b) Gib an, wie groß der Oberflächeninhalt wird, wenn die Länge der Würfelkanten verdoppelt wird. Gib zunächst eine Abschätzung an und führe anschließend eine Rechnung durch.
c) Vervierfache die Länge der Würfelkanten und bestimme dann den Oberflächeninhalt des neuen Würfels.
d) Vergleiche deine Ergebnisse aus a), b) und c). Was fällt dir auf? Beschreibe deine Beobachtung.

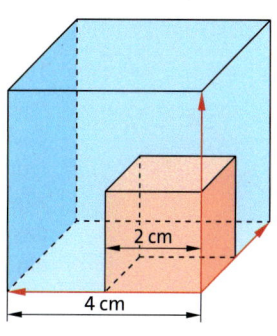

5.5 Oberflächeninhalt eines Quaders 187

5.6 Vermischte Aufgaben

1 Eva verpackt ein Geschenk in eine würfelförmige Schachtel. Sie möchte alle Seiten mit buntem Papier bekleben.
   a) Berechne, wie viel Quadratzentimeter Papier Eva benötigt.
   b) Ein Papierbogen ist 25 cm breit und 30 cm lang. Reicht ein Bogen zum Verpacken des Geschenks?
   c) Für eine Schleife braucht Eva ungefähr 50 cm Geschenkband. Bestimme die Länge, die das Geschenkband insgesamt mindestens haben muss.

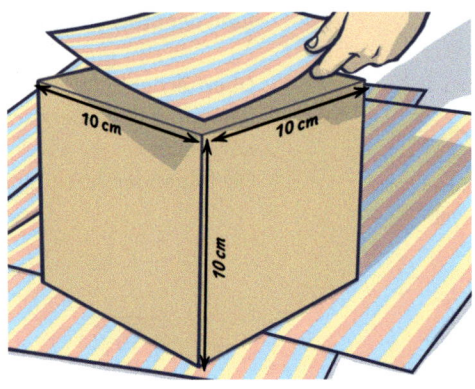

2 Eine 3 m hohe Treppe soll aus Beton gegossen werden.
   a) Berechne die Menge an Beton, die für eine Treppenstufe benötigt wird.
   b) Berechne, wie viel Beton man für die ganze Treppe benötigt.
   c) 1 dm³ Beton wiegt ca. 2400 g. Berechne das Gewicht der Treppe.
   d) Für eine andere Treppe der gleichen Bauart werden 800 dm³ Beton benötigt. Berechne die Höhe dieser Treppe.

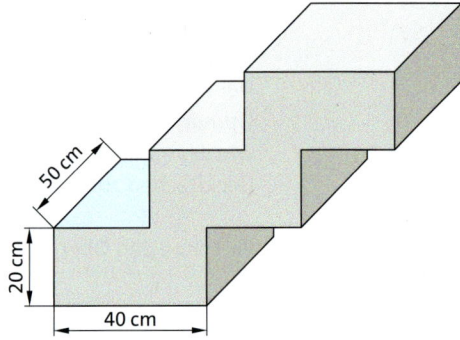

3 Ein Seecontainer wiegt fast 4 Tonnen und hat ein Innenmaß von 12 m mal 2,4 m mal 2,6 m.
   a) Berechne das Ladevolumen eines einzelnen Containers. Runde auf m³.
   b) Überschlage das Ladevolumen des abgebildeten Containerschiffs.

4 Rechts siehst du das Becken eines Schwimmbads von oben. Der Nichtschwimmerbereich ist 1 m tief, der Schwimmerbereich 3 m.
   a) Ermittle, wie viele Liter Wasser insgesamt in das Schwimmbecken passen.
   b) Einmal im Jahr wird das komplette Wasser abgelassen, um das Becken zu reinigen. In einer Minute können 10 000 Liter abgelassen werden. Berechne, wie lange es dauert, bis das Becken leer ist.
   c) Jeder Körper verdrängt im Wasser sein eigenes Volumen. Sobald jemand in das vollgefüllte Becken steigt, läuft ein wenig Wasser über. Schätze, wie viel Liter Wasser 100 Kinder verdrängen. Begründe deine Schätzung.

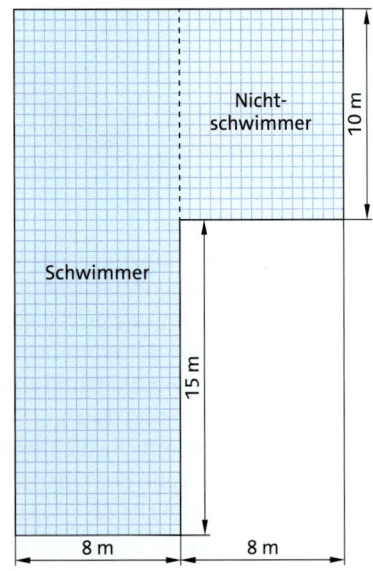

5 Ein Zoo bekommt das Angebot, zwei weitere Weißkopfseeadler aufzunehmen. Jedem Vogel müssen mindestens 160 m³ Raum zur Verfügung stehen.
Zeige mit einer Rechnung, dass die vorhandene Voliere ausgebaut werden muss, damit die beiden Weißkopfseeadler einziehen können. Gib mögliche Maße der neuen Voliere an. Berechne, wie viel Maschendraht zum Ausbau benötigt wird.

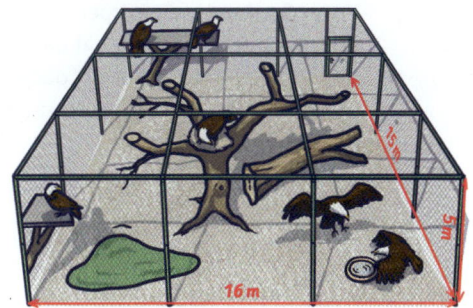

6 Blütenaufgabe: Hier siehst du ein Trinkpäckchen mit angeklebtem Strohhalm. Das Trinkpäckchen ist 9 cm hoch. Die Grundfläche ist 6 cm lang und 4 cm breit.

Berechne das Volumen des Trinkpäckchens.

Begründe, dass das Trinkpäckchen höher gefüllt ist als 8 cm, wenn sich 200 mℓ darin befinden.

Berechne den Oberflächeninhalt des Trinkpäckchens. Vergleiche mit der Fläche, die entsteht, wenn man die Verpackung auseinanderfaltet. Welche Fläche ist größer? Begründe.

Der Strohhalm ist 10 cm lang. Maren sagt: „Mir rutscht beim Trinken immer der Strohhalm ganz rein." Kann das sein? Begründe mithilfe einer Zeichnung.

7 Der berühmte Künstler Christo wurde durch verschiedene Verhüllungsaktionen von Gebäuden, wie dem Berliner Reichstagsgebäude im Jahre 1995, populär. Von Christo inspiriert, wollen Abiturienten ihre Schule verhüllen. Die Schule ist circa 10 m hoch. Bestimme, wie viele Quadratmeter Stoff für die Verhüllungsaktion mindestens gebraucht werden.

 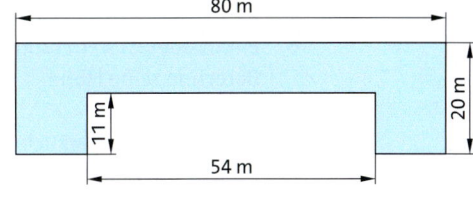

8 Niklas renoviert sein Zimmer. Es hat eine Höhe von 3 m und eine rechteckige Grundfläche mit den Seitenlängen 4 m und 5 m.
a) Eine Packung Laminatfußboden mit 3 m² kostet 11,20 €. Berechne die Anzahl der Pakete, die Niklas mindestens benötigt. Berechne die Materialkosten.
b) Die Wände – außer der Decke – werden zuerst tapeziert. Eine Rolle Tapete reicht für etwa 8 m². Berechne die Anzahl der Rollen Tapete, die benötigt werden.
c) Niklas' Eltern möchten für sein Zimmer einen Luftbefeuchter kaufen. Es gibt zwei verschiedene Modelle. Das erste Modell ist für Räume bis 30 m³ und das zweite Modell für Räume bis 80 m³ ausgezeichnet. Entscheide, welches Gerät für Niklas' Zimmer geeignet ist.

5 Prüfe dein neues Fundament

Lösungen → S. 248

1 Nenne die Körper, auf die die Aussage zutrifft. Begründe deine Entscheidung.
  a) Der Körper hat das größte Volumen.
  b) Der Körper hat das kleinste Volumen.

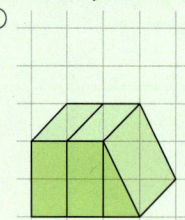
①
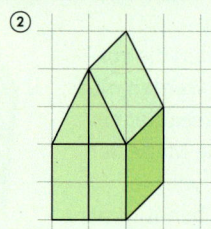
②
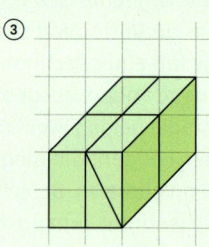
③
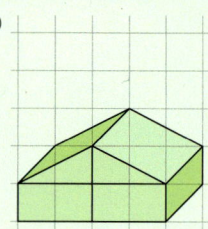
④

2 Rechne in die in Klammern stehende Volumeneinheit um.
  a) $20\,cm^3$ (mm^3)
  b) $6\,\ell$ (cm^3)
  c) $15\,000\,dm^3$ (m^3)
  d) $30\,dm^3$ (mm^3)
  e) $6\,m^3$ (cm^3)
  f) $15\,000\,dm^3$ (mm^3)
  g) $3000\,m\ell$ (mm^3)
  h) $3\,000\,000\,mm^3$ (ℓ)
  i) $5\,000\,000\,mm^3$ (m^3)

3 Stelle dir eine riesige Cola-Dose mit einem Inhalt von $1000\,\ell$ vor. Bestimme die Anzahl der $200\text{-}m\ell$-Gläser, die man mit ihrem Inhalt füllen kann.

4 Berechne das Volumen des Körpers.
  a)
  b)
  c)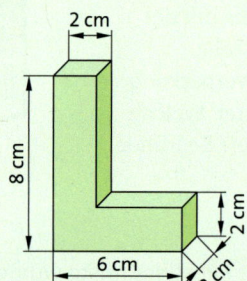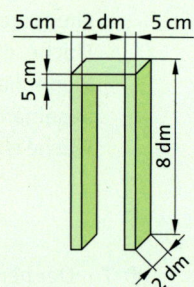

5 Berechne das Volumen und den Oberflächeninhalt des Quaders.
  a) $a = 8\,cm;\ b = 4\,cm;\ c = 1\,cm$
  b) $a = 5\,cm;\ b = 20\,mm;\ c = 6\,cm$
  c) $a = 3\,cm;\ b = 3\,cm;\ c = 15\,cm$
  d) $a = b = c = 9\,cm$

6 Ein Quader ist $4\,cm$ lang, $3\,cm$ breit und hat ein Volumen von $132\,cm^3$. Berechne seine Höhe.

7 Bei einem Schulversuch sammelten Schüler auf dem Schulhof auf einer Fläche von $1\,m$ Länge und $1\,m$ Breite Regenwasser. Am ersten Tag haben sich $3\,mm$ Niederschlag gesammelt. Gib die Regenmenge (in Liter) an, die auf $1\,m^2$ gefallen ist.

8 Ein Umzugskarton hat die Kantenlängen $a = 70\,cm$, $b = 30\,cm$ und $c = 60\,cm$. Josua behauptet: „In den Karton passen mehr als 100 Schulbücher." Stimmt das? Begründe.

9 Ein Aquarium mit $1000\,\ell$ Fassungsvermögen ist $2,5\,m$ lang und $800\,mm$ breit. Berechne die Höhe des Aquariums.

Lösungen
→ S. 248

10 Die beiden Körper bestehen aus Würfeln mit der Kantenlänge 2 cm.
  a) Bestimme das Volumen und den Oberflächeninhalt des Körpers ①.
  b) Überlege, ohne zu rechnen, ob Körper ① ein größeres Volumen und einen größeren Oberflächeninhalt als Körper ② hat. Begründe.

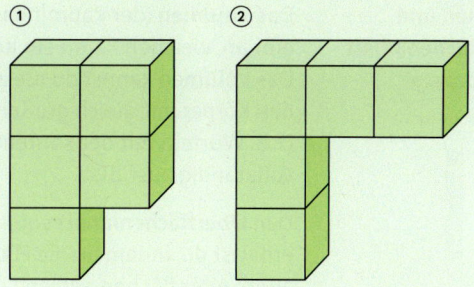

11 Betrachte den zusammengesetzten Körper.
  a) Berechne das Volumen.
  b) Berechne den Oberflächeninhalt.

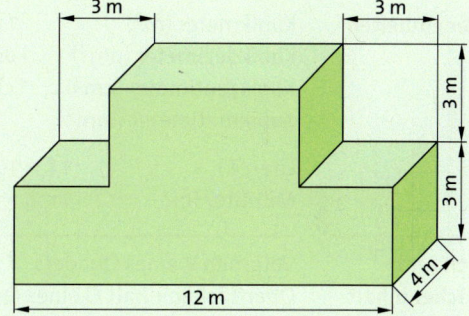

12 Ist die Aussage richtig oder falsch? Begründe.
  a) Das Volumen eines Körpers gibt an, welchen Raum er ausfüllt.
  b) Der Oberflächeninhalt eines Würfels ist viermal so groß wie eine seiner Seitenflächen.
  c) Möchte man den Oberflächeninhalt eines Quaders bestimmen, so kann man den Flächeninhalt seines Körpernetzes bestimmen.
  d) Ist ein Quader höher als ein anderer Quader, so ist auch sein Volumen größer.
  e) Haben zwei Quader das gleiche Volumen, so ist auch ihr Oberflächeninhalt gleich.

Wo stehe ich?

	Ich kann ...	Aufgabe	Schlag nach
5.1	... das Volumen verschiedener Körper vergleichen und in cm³ angeben.	1, 10, 12	S. 172 Beispiel 1 S. 173 Beispiel 2
5.2	... das Volumen und die Kantenlängen von Quadern mit der Volumenformel berechnen.	4, 5, 6, 7, 8, 9	S. 175 Beispiel 1 S. 176 Beispiel 2
5.3	... Volumeneinheiten umrechnen.	2, 3, 7	S. 179 Beispiel 1 S. 180 Beispiel 2
5.4	... das Volumen zusammengesetzter Körper durch Zerlegen oder Ergänzen berechnen.	4, 10, 11	S. 182 Beispiel 1
5.5	... den Oberflächeninhalt von Quadern und zusammengesetzten Körpern mit der Oberflächeninhaltsformel berechnen.	5, 10, 11, 12	S. 185 Beispiel 1

5 Zusammenfassung

Volumen und Oberflächeninhalt von Körpern

Das **Volumen** (der Rauminhalt) eines Körpers gibt an, welchen Raum ein Körper ausfüllt. Das Volumen kannst du messen, indem du den Körper mit gleich großen Teilkörpern (z. B. Würfeln mit der Kantenlänge 1 cm) vollständig ausfüllst.

Den **Oberflächeninhalt** eines Körpers erhältst du, indem du die Flächeninhalte aller Seitenflächen addierst.

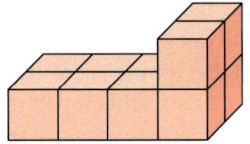

Jeder rote Würfel hat eine Kantenlänge von 1 cm, also ein Volumen von 1 cm³.

Der Körper hat ein Volumen von 10 kleinen Würfeln (also von 10 cm³) und einen Oberflächeninhalt von 34 cm².

Volumeneinheiten

Kubikmeter (m³)	1 m³ = **1000** dm³
Kubikdezimeter (dm³)	1 dm³ = **1000** cm³
Kubikzentimeter (cm³)	1 cm³ = **1000** mm³
Kubikmillimeter (mm³)	
Liter (ℓ)	1 ℓ = **1000** mℓ = 1 dm³
Milliliter (mℓ)	1 mℓ = 1 cm³

Umrechnungszahl: 1000

10 cm³ = 10 · **1000** mm³ = 10 000 mm³

2000 dm³ = 2 m³, denn
2000 : **1000** = 2

3 ℓ = 3 dm³ = 3 · **1000** cm³ = 3000 cm³

Volumen und Oberflächeninhalt von Quadern

Volumen V eines Quaders: **V = a · b · c**
Oberflächeninhalt O eines Quaders:
O = 2 · a · b + 2 · a · c + 2 · b · c

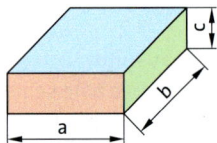

Quader mit a = 3 m, b = 2 m und c = 4 m:
V = 3 m · 2 m · 4 m = 24 m³
O = 2 · 3 m · 2 m + 2 · 3 m · 4 m + 2 · 2 m · 4 m
 = 12 m² + 24 m² + 16 m²
 = 52 m²

Volumen V eines Würfels: **V = a · a · a = a³**
Oberflächeninhalt O eines Würfels:
O = 6 · a²

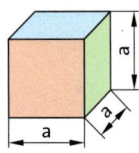

Würfel mit a = 2 cm:
V = 2 cm · 2 cm · 2 cm = 8 cm³
O = 6 · 2 cm · 2 cm = 24 cm²

Volumen zusammengesetzter Körper

Um das Volumen eines zusammengesetzten Körpers zu berechnen, gibt es zwei Möglichkeiten:

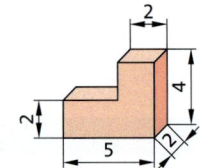

(alle Maße in m)

Man kann den Körper in Quader zerlegen und deren Volumina addieren.
(**Zerlegungsmethode**)

Alternativ kann man den Körper zu einem Quader ergänzen. Dann subtrahiert man vom Volumen des entstandenen Quaders das Volumen des ergänzten Quaders.
(**Ergänzungsmethode**)

Zerlegungsmethode:

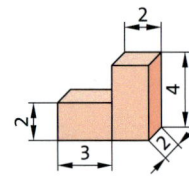

V = 3 m · 2 m · 2 m + 2 m · 2 m · 4 m
 = 12 m³ + 16 m³ = 28 m³

Ergänzungsmethode:

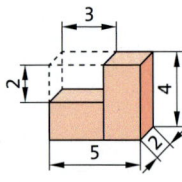

V = 5 m · 2 m · 4 m – 3 m · 2 m · 2 m
 = 40 m³ – 12 m³ = 28 m³

6

Ganze Zahlen

Nach diesem Kapitel kannst du
→ ganze Zahlen darstellen, vergleichen und ordnen,
→ Zustände und Veränderungen im Sachzusammenhang mit positiven und negativen Zahlen beschreiben,
→ Punkte im Koordinatensystem mit vier Quadranten eintragen und Koordinaten von Punkten darin ablesen,
→ mit ganzen Zahlen rechnen.

6 Dein Fundament

Lösungen → S. 249

Erklärfilm

Zahlen auf einem Zahlenstrahl ablesen und markieren

1. a) Gib an, welche natürlichen Zahlen durch die Buchstaben markiert sind.

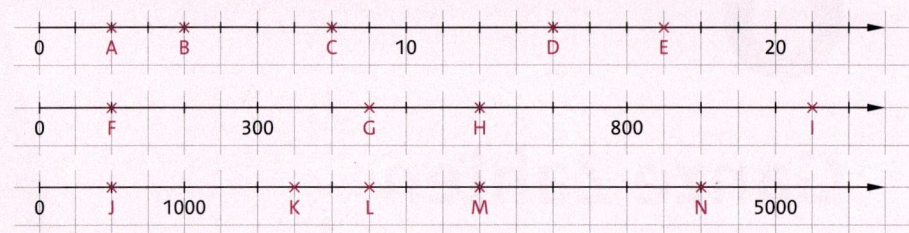

   b) Markiere die Zahlen 18, 6 und 11 auf einem geeigneten Zahlenstrahl.

Erklärfilm

Zahlen vergleichen und ordnen

2. Ersetze den Platzhalter durch das richtige Zeichen >, < oder = .
   a) 181 ■ 179   b) 1239 ■ 1329   c) 1000 ■ 10^3 d) 523 458 ■ 523 485

3. Ordne die Zahlen. Beginne mit der größten Zahl.
   13; 5; 75; 7; 11; 8462; 8468; 48; 310 000; 8050; achttausendundfünf; 597

4. Gib die größte und die kleinste fünfstellige natürliche Zahl an, die man mit den Ziffern 5, 8, 3, 2 und 1 aufschreiben kann. Verwende jede der fünf Ziffern nur einmal.

5. Ersetze den Platzhalter ■ (falls möglich) so durch eine Ziffer, dass eine wahre Aussage entsteht.
   a) 9■6 > 986   b) 4■1 < 409   c) 88■ > 898   d) 9■3 < 923

6. Erkläre die Bedeutung der Zahlen.
   a) Am Montagmorgen sind es 8 °C, mittags 17 °C und abends 5 °C.
   b) Die Temperatur beträgt 10 °C und nimmt um 5 °C zu.

Erklärfilm

Koordinatensystem

7. Übertrage das Koordinatensystem mit den eingezeichneten Punkten A, B und C.
   a) Gib die Koordinaten der Punkte A, B und C an.
   b) Zeichne einen Punkt D ein, sodass ein Quadrat ABCD entsteht. Gib die Koordinaten von D an.
   c) Zeichne die Diagonalen des Quadrats ABCD und beschrifte ihren Schnittpunkt mit S. Gib auch seine Koordinaten an.

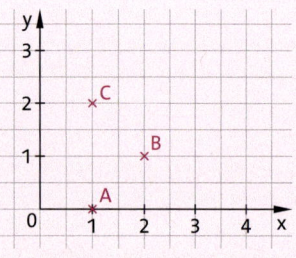

8. Markiere die Punkte A(1|1), B(5|3), C(4|1) und D(2|3) in einem geeigneten Koordinatensystem.
   a) Zeichne eine Gerade durch die Punkte A und B. Zeichne eine weitere Gerade durch die Punkte C und D.
   b) Gib die Koordinaten des Schnittpunktes P der beiden Geraden an.

9. Beschreibe die Lage aller Punkte im Koordinatensystem mit der Eigenschaft.
   a) Sie haben als x-Koordinate eine 3.   b) Sie haben als y-Koordinate eine 2.

Ganze Zahlen

Lösungen → S. 249

Erklärfilm

Natürliche Zahlen addieren und subtrahieren

10 Rechne möglichst vorteilhaft im Kopf.
a) 18 + 47
b) 35 – 18
c) 249 + 101
d) 219 – 20
e) 14 + 29 + 16
f) 39 + 12 + 28
g) 139 + 201 – 40
h) 3776 + 220 – 76

11 Ersetze den Platzhalter so durch eine Zahl, dass die Rechnung stimmt.
a) 9 + ■ = 36
b) ■ + 31 = 52
c) 45 – ■ = 39
d) 79 + ■ = 97
e) 34 – ■ = 1
f) ■ – 29 = 100
g) ■ – 159 = 11
h) ■ + 12 = 12

12 Die Zahl im Quadrat ergibt sich aus der Summe der beiden Zahlen an der angrenzenden Seite im Dreieck. Ergänze die fehlenden Zahlen.

a)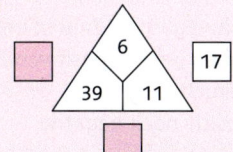
b)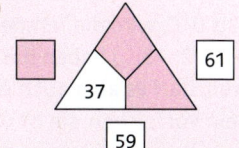
c)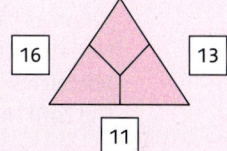

Erklärfilm

Natürliche Zahlen multiplizieren und dividieren

13 Rechne im Kopf.
a) 7 · 9
b) 12 · 8
c) 11 · 13
d) 19 · 5
e) 56 : 8
f) 130 : 13
g) 99 : 3
h) 125 : 5

14 Rechne schriftlich. Führe zuerst eine Überschlagsrechnung durch.
a) 295 · 21
b) 109 · 32
c) 5832 : 9
d) 3650 : 25

15 Welche Ergebnisse sind falsch? Begründe mit einer Überschlagsrechnung.
a) 489 · 4 = 19 956
b) 2074 : 34 = 61
c) 321 · 7 = 4077
d) 2208 : 69 = 2

Rechnen mit allen Grundrechenarten

16 Rechne vorteilhaft im Kopf.
a) 90 · 70
b) 14 · 11
c) 4 · 23 · 25
d) 5 · 0 · 20
e) 2 · 112 · 5
f) 4 + 7 · 8
g) (4 + 7) · 8
h) 6 · 3 + 6 · 7

17 Je drei nebeneinanderliegende Kästchen bilden eine Rechenaufgabe. Das Ergebnis steht im darüberliegenden Kästchen, zum Beispiel rechts unten: 3 – 2 = 1. Übertrage die Abbildung und ergänze die fehlenden Angaben.

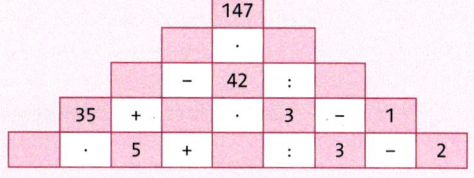

18 Berechne.
a) 23 · 56 : 4 – 2
b) 23 · 56 : (4 – 2)
c) 23 – 56 : 4 – 2
d) 23 + 56 · 4 – 2

19 Schreibe als Rechenausdruck und bestimme das Ergebnis.
a) Subtrahiere sechzehn vom Quotienten der Zahlen 90 und 5.
b) Multipliziere die Summe von 64 und 36 mit der Differenz von siebzig und siebzehn.

6

6.1 Ganze Zahlen und Zahlengerade

Das Außenthermometer zeigt alle Zahlen zweimal in verschiedenen Farben an.
Lies die beiden Temperaturangaben ab und erkläre daran die Bedeutung der Farben.

Wenn es kälter ist als 0 °C, wird die Temperatur mit negativen Zahlen angegeben.
Negative Zahlen (−1; −2; −3 …) haben das **Vorzeichen** „−". Bei positiven Zahlen kann man das Vorzeichen „+" setzen, darf es aber auch weglassen: 3 = +3
Die Zahl Null hat kein Vorzeichen, sie ist weder positiv noch negativ.

> **Wissen**
>
> Die Zahlen −1, −2, −3 … heißen **negative ganze Zahlen**.
> Die negativen ganzen Zahlen und die natürlichen Zahlen (0, 1, 2, 3 …) bilden zusammen die **ganzen Zahlen** … −3, −2, −1, 0, 1, 2, 3 … (kurz $\mathbb{Z}$).

Ganze Zahlen auf der Zahlengerade

Auf dem Zahlenstrahl kann man nur die natürlichen Zahlen darstellen. Um auch die negativen Zahlen darzustellen, muss man den Zahlenstrahl zur Zahlengerade erweitern.

> **Wissen**
>
> Auf der **Zahlengerade** liegen die negativen ganzen Zahlen links von der Null und die positiven ganzen Zahlen rechts von der Null. Der Abstand zwischen zwei benachbarten Zahlen ist immer gleich groß.
>
>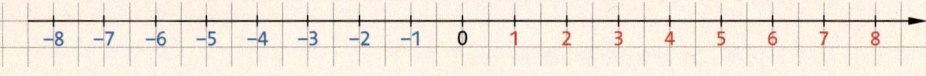

Erklärfilm

> **Beispiel 1**
>
> a) Gib an, welche Zahlen auf der Zahlengerade markiert wurden.
>
>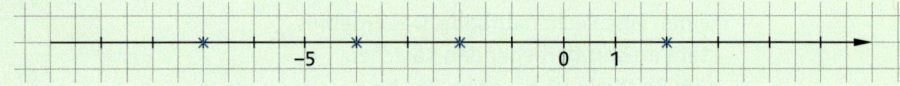
>
> b) Zeichne die Zahlengerade ab und trage die Zahl −6 darauf ein.
>
> **Lösung:**
> a) Zähle (bei 0 beginnend) die Anzahl der Einteilungen nach links oder nach rechts.
>   Die Zahlen links von null sind negativ und die Zahlen rechts von null sind positiv.
>
>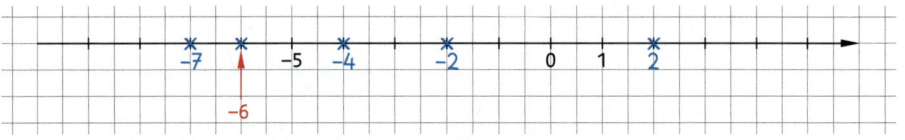
>
> b) Gehe von der Null sechs Einteilungen nach links und markiere dort die Zahl −6.

Basisaufgaben

Lösungen zu 1a-c

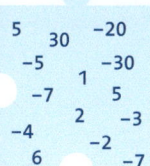

1 Gib an, welche Zahlen durch die Buchstaben markiert sind.

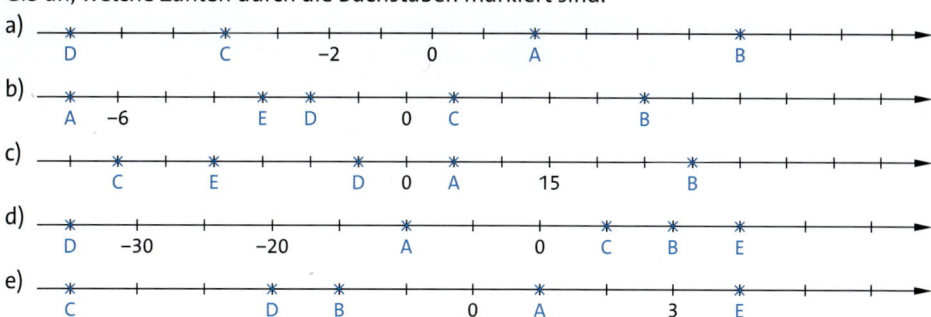

2 Markiere die Zahlen auf einer Zahlengerade. Achte auf eine geeignete Einteilung.
a) 0; −2; 3; 5; −8; −12   b) 0; 15; −20; −35; 50; −50   c) 25; −75; −50; 0; 125

Weiterführende Aufgaben

Zwischentest

3 Gib an, welche Zahlen markiert sind.

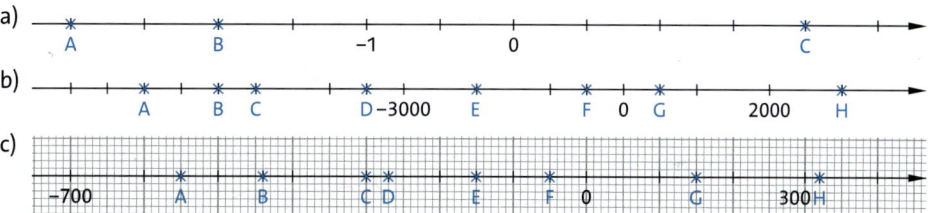

4 **Stolperstelle:** Victoria und Gan diskutieren über die Darstellung einer Zahlengerade. Beurteile ihre Aussagen.
Victoria: „Die Null muss immer in der Mitte liegen."
Gan: „Nein, Hauptsache ist, dass man die Null noch sehen kann."

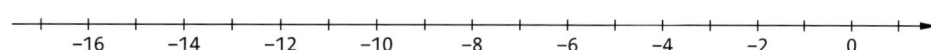

Hilfe

5 Gegeben ist die Zahlengerade.

a) Neo sagt: „In das blaue Kästchen muss man die Null schreiben." Beurteile diese Aussage.
b) Übertrage die Zahlengerade, beschrifte sie geeignet und markiere die Zahlen:
−8; 4; 20; −24; −40; 28

6 **Ausblick:** Vera überlegt: „Wenn es ganze Zahlen gibt, gibt es dann auch „kaputte" Zahlen?"
Ihre Lehrerin erklärt, dass es zwischen ganzen Zahlen weitere Zahlen gibt. Man kann diese Zahlen zum Beispiel an Ziffern hinter dem Komma erkennen.
a) Entscheide, welche der gegebenen Zahlen keine ganzen Zahlen sind. Gib für jede dieser Zahlen an, zwischen welchen zwei benachbarten ganzen Zahlen sie liegt.

| −3,5 | −7 | 23 348 | 1,49 | 20 | −13 | 12,50 | 0,75 |

b) Beschreibe Situationen aus deinem Alltag, in denen man mit ganzen Zahlen nicht auskommt.

6.2 Erweiterung des Koordinatensystems

Die rote Figur soll an der y-Achse gespiegelt werden. Die Koordinaten der Bildpunkte können dabei auch negativ sein.
Gib die Koordinaten der Eckpunkte der Bildfigur an. Erkläre, wie du die Koordinaten bestimmt hast.

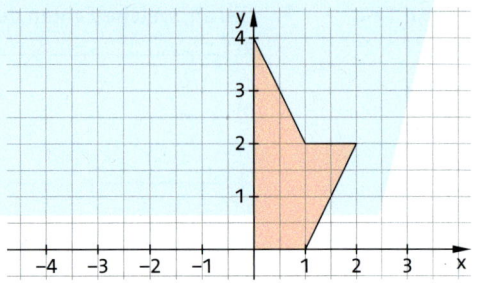

So wie man den Zahlenstrahl zur Zahlengerade erweitert hat, kann man auch mit dem Koordinatensystem verfahren. Verlängert man die x-Achse nach links und die y-Achse nach unten, so erweitert man das bisherige Koordinatensystem.

Merke

Die Quadranten werden mit römischen Zahlen beschriftet.
Quadrant I entspricht dabei dem Koordinatensystem, das du bereits kennst. Die weiteren Quadranten werden von dort aus entgegen dem Uhrzeigersinn nummeriert.

Erklärfilm

Wissen

Die **x-Achse** und die **y-Achse** eines Koordinatensystems teilen die Ebene in vier **Quadranten**. Ein Punkt P(x|y) liegt in …
… Quadrant I, falls $x > 0$ und $y > 0$,
… Quadrant II, falls $x < 0$ und $y > 0$,
… Quadrant III, falls $x < 0$ und $y < 0$,
… Quadrant IV, falls $x > 0$ und $y < 0$.

Die Achsen bilden die Grenze zwischen den Quadranten.

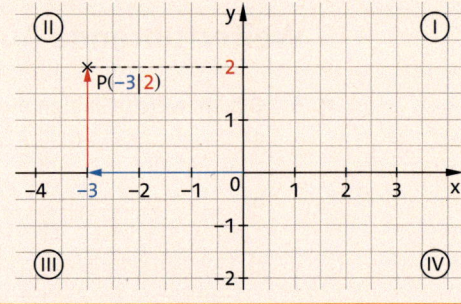

Beispiel 1

Bestimme die Koordinaten der Punkte A bis E. Gib für jeden Punkt an, in welchem Quadranten der Punkt liegt.

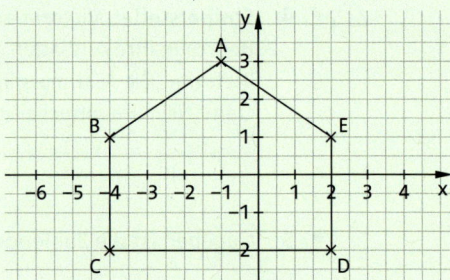

Lösung:
Zum Punkt A gehst du vom Ursprung aus 1 Schritt nach links (negativ) und 3 Schritte nach oben (positiv).
Der Punkt A hat die Koordinaten A(−1|3).
Da −1 < 0 und 3 > 0 ist, liegt A im Quadrant II.

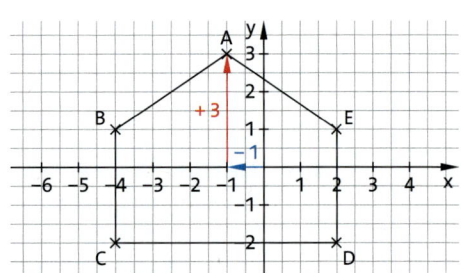

So erhältst du auch die Koordinaten für B, C, D und E:

B(−4|1), Quadrant II
C(−4|−2), Quadrant III
D(2|−2), Quadrant IV
E(2|1), Quadrant I

Basisaufgaben

1 Bestimme die Koordinaten der abgebildeten Punkte A bis K.

2 Zeichne die Punkte in ein Koordinatensystem. Verbinde sie der Reihe nach.
A(−2|5); B(−4|3); C(−3|3); D(−5|1);
E(−3|1); F(−6|−2); G(−3|−2);
H(−3|−3); I(−1|−3); K(−1|−2);
L(2|−2); M(−1|1); N(1|1); O(−1|3); P(0|3).

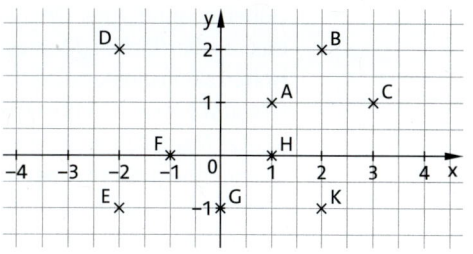

Weiterführende Aufgaben

Zwischentest

3 Gib an, in welchem Quadranten eines Koordinatensystems die Punkte liegen.
   a) Punkte, deren Koordinaten positive Zahlen sind.
   b) Punkte, deren x-Koordinate negativ ist.
   c) Punkte, deren beide Koordinaten negative Zahlen sind.
   d) Punkte, deren y-Koordinate positiv ist.
   e) Punkte, deren x-Koordinate (y-Koordinate) 0 ist.

4 **Stolperstelle:** Lars hat Punkte in ein Koordinatensystem eingetragen. Bei einigen Punkten sind ihm Fehler unterlaufen. Beschreibe sie.

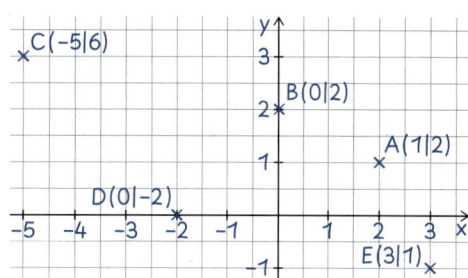

Hilfe

5 Übertrage die Figur.
   a) Lege ein Koordinatensystem so darüber, dass die Achsen die Figur in vier Flächen mit gleich großem Flächeninhalt teilen.
   b) Beschrifte die Achsen, sodass ein Kästchen eine Einheit ist. Gib die Koordinaten aller Punkte an.

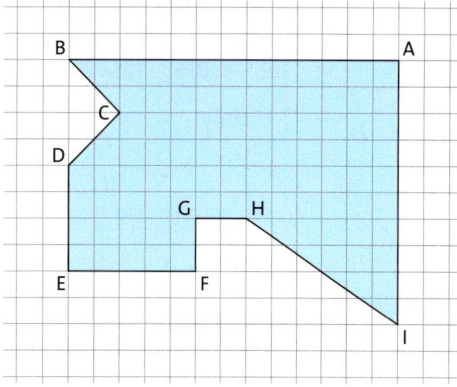

6 **Ausblick:** Wähle einen Punkt A mit ungleichen Koordinaten.
Punkt B erhält die vertauschten Koordinaten von A.
Punkt C erhält die Koordinaten von A, nachdem die Vorzeichen vertauscht wurden.
Punkt D erhält die vertauschten Koordinaten von C.
   a) Zeichne die Punkte in ein Koordinatensystem und verbinde sie in alphabetischer Reihenfolge. Gib an, was für ein Viereck entsteht.
   b) Beschreibe, in welchem Fall ein Quadrat entsteht.

6

6.3 Ganze Zahlen vergleichen und ordnen

Höhen geografischer Orte werden bezogen auf die Höhe der Meeresoberfläche („Meeresspiegel") angegeben. Bekannte Höhen sind zum Beispiel:
– Mount Everest, 8848 m über dem Meeresspiegel
– Totes Meer, 425 m unter dem Meeresspiegel
– Langenberg, 843 m über dem Meeresspiegel
– Neuendorf-Sachsenbande, 3 m unter dem Meeresspiegel
– Marianengraben, 11 034 m unter dem Meeresspiegel
– Death Valley, 86 m unter dem Meeresspiegel
Ordne die Orte nach ihrer Höhe bezogen auf den Meeresspiegel. Beginne mit dem Ort, der am tiefsten liegt.

Um ganze Zahlen miteinander zu vergleichen, betrachtet man ihre Lage auf der Zahlengerade. Dabei werden die Zahlen – wie die natürlichen Zahlen – in Pfeilrichtung immer größer.

Wissen

Je weiter rechts eine Zahl auf der Zahlengerade liegt, desto größer ist sie.

Zwei Zahlen, die sich nur durch ihre Vorzeichen unterscheiden, heißen **Gegenzahlen**. Sie befinden sich auf entgegengesetzten Seiten der Null.

Der Abstand einer Zahl zur Null heißt **Betrag** dieser Zahl. Als Zeichen für den Betrag werden die Betragsstriche | | verwendet. Es gilt: |0| = 0

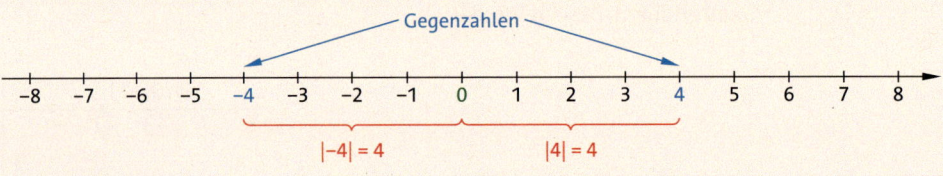

Hinweis

Ein Minus vor einer positiven oder negativen Zahl ergibt die Gegenzahl.
−(+4) = −4
−(−4) = +4

Hinweis

Man spricht: Der Betrag von −4 ist gleich 4.

Erklärfilm

Beispiel 1 Ganze Zahlen ordnen

Markiere die Zahlen auf einer Zahlengerade. Ordne sie dann aufsteigend in einer Kette:
9; −4; 0; 6; −12; −2; 7; −8; −6

Lösung:

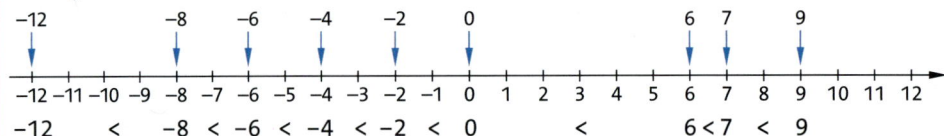

−12 < −8 < −6 < −4 < −2 < 0 < 6 < 7 < 9

Erklärfilm

Beispiel 2 Betrag und Gegenzahl

Gib den Betrag der Zahl an. Nenne auch die Gegenzahl.
a) 5   b) −3

Lösung:
a) Der Abstand von 5 zu 0 ist 5. |5| = 5
   Daher ist der Betrag von 5 ebenfalls 5.   Gegenzahl: −5

b) Der Abstand von −3 zu 0 ist 3. |−3| = 3
                                                     Gegenzahl: +3 = 3

6 Ganze Zahlen

Basisaufgaben

1 Markiere die Zahlen auf einer Zahlengerade. Ordne sie dann aufsteigend in einer Kette.
a) −5; 0; 4; −6; −2; −10; −8; 8
b) 25; −80; −12; 22; −22; 18; −18; 0; −42

2 Zeichne eine Zahlengerade von −15 bis 15 mit der Einheit 1 Kästchen. Markiere dann alle ganzen Zahlen auf der Zahlengerade, die
a) kleiner sind als −8,
b) größer sind als −2,
c) kleiner sind als −3, aber größer als −6.

3 Gib den Betrag der Zahl an. Nenne auch die Gegenzahl.
a) −8   b) 19   c) −199   d) 0   e) 25   f) −86   g) −5124

4 Begründe die Aussage mithilfe einer Zahlengerade.
a) Negative ganze Zahlen sind kleiner als positive ganze Zahlen.
b) Ist eine negative Zahl kleiner als eine andere negative Zahl, so ist ihr Betrag größer.

Hinweis zu 5
Siehe Methodenkarte 5 G auf Seite 237.

5 Vergleiche die beiden Zahlen, ohne eine Zahlengerade zu zeichnen.
a) 0 und 5   b) 5 und 0   c) −5 und 0   d) −5 und 3
e) −5 und 10   f) 5 und 10   g) −5 und −10   h) −5 und −6
i) −5 und −5   j) −5 und −4   k) −5 und −3   l) −50 und −30
m) 50 und −30   n) 30 und −50   o) −50 und 30   p) 29 und −49
q) 299 und −499   r) −299 und −499 s) −2999 und −499 t) −2999 und −4999

Weiterführende Aufgaben

Zwischentest

6 Ersetze den Platzhalter ■ durch eine passende Ziffer, falls möglich.
a) ■ < 1   b) −2 < −■   c) −3■ > −31   d) −88 > −■8
e) −4■7 < −417   f) 0 < −■   g) −90 > −■9   h) −■00 < −800

Hilfe

7 a) Ordne die Zahlen absteigend in einer Kette.
b) Ordne die Beträge der Zahlen absteigend in einer Kette.
c) Ordne die Gegenzahlen der Zahlen auf den Kärtchen absteigend in einer Kette.
d) Beschreibe, was dir auffällt.

−55   −15   515
−51   151
11   −511
−155

8 Stolperstelle: Paul hat Zahlen miteinander verglichen. Berichtige seine Fehler.
a) −11 < −111, da 11 < 111
b) −5 > 4, da 5 > 4

9 Auf den Himmelskörpern herrschen sehr unterschiedliche Durchschnittstemperaturen.
a) Recherchiere die Durchschnittstemperatur an der Oberfläche der Sonne und auf den acht Planeten unseres Sonnensystems.
b) Ordne die Himmelskörper nach der Temperatur. Beginne mit der höchsten.
c) Vergleiche deine Anordnung mit der Anordnung der Planeten um die Sonne.
d) Suche im Internet nach einer Erklärung für deine Beobachtung aus c) und für den einzigen Planeten, der eine Ausnahme ist.
e) Erkläre am Beispiel der Erde, warum die Durchschnittstemperatur nur sehr grobe Informationen über einen Planeten liefert.

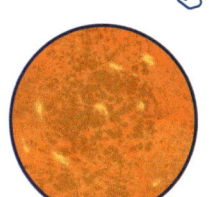

10 Ausblick: Entscheide, ob die Aussage wahr oder falsch ist. Begründe deine Entscheidung.
a) Der Betrag einer Zahl kann nie kleiner als 0 sein.
b) Addiert man eine Zahl zu ihrer Gegenzahl, so erhält man 0.

6

6.4 Zustandsänderungen

Aus einer Wettervorhersage: „Heute sind es noch drei Grad über Null. Aber morgen wird es richtig kalt. Durch den kräftigen Ostwind wird die Temperatur um zehn Grad sinken." Bestimme, wie kalt es am nächsten Tag werden wird.

Mit ganzen Zahlen kann man einen Zustand oder eine Zustandsänderung beschreiben.

Beispiele für einen Zustand:
Etagenangabe im Fahrstuhl, Pegelstand

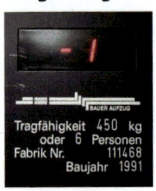 

Beispiele für Zustandsänderungen:
Kursschwankungen, Kontobewegungen

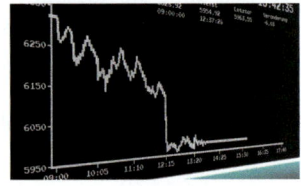 

> **Wissen**
>
> Das Minuszeichen (−) vor einer Zahl kann einen **Zustand** oder eine **Zustandsänderung** anzeigen.
>
> −4 °C als Zustand zeigt eine Temperatur an.
> −4 °C als Zustandsänderung zeigt an, dass die Temperatur um 4 °C abnimmt.
>
> Durch Markierungen auf der Zahlengerade kann man Zustände darstellen.
> Zustandsänderungen werden durch Pfeile angezeigt.
>
>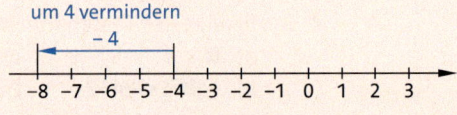

Erklärfilm

> **Beispiel 1**
>
> Mo: 5 °C   Di: 6 °C   Mi: 8 °C   Do: 3 °C   Fr: 1 °C   Sa: −1 °C   So: −2 °C
> a) Gib die Temperaturänderungen mit Pfeilen auf einer Zahlengerade an.
> b) Gib an, zwischen welchen beiden aufeinanderfolgenden Tagen der Temperaturunterschied am größten war.
> c) Ermittle die Temperatur am kommenden Montag, wenn sie von Sonntag um 3 °C fällt.
>
> **Lösung:**
> a) Eine Temperaturerhöhung wird mit einem Pfeil nach rechts gekennzeichnet, eine Temperaturabnahme mit einem Pfeil nach links.
>
>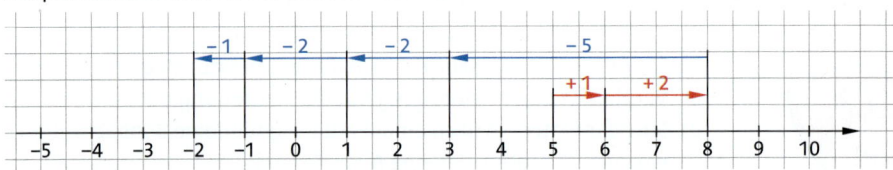
>
> b) Von Mittwoch zu Donnerstag war der Temperaturunterschied mit −5 °C am größten.
> c) Am Sonntag sind es −2 °C.
>   Wenn die Temperatur um 3 °C fällt, dann sind es am Montag −5 °C.
>
>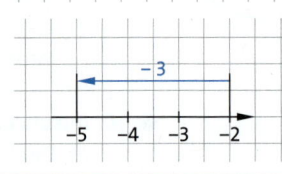

Basisaufgaben

1

Zeitpunkt	10 Uhr	12 Uhr	14 Uhr	16 Uhr	18 Uhr	20 Uhr	22 Uhr	24 Uhr	2 Uhr
Temperatur	12 °C	14 °C	17 °C	15 °C	12 °C	7 °C	2 °C	0 °C	−5 °C

a) Zeichne eine Zahlengerade von −5 bis 20. Markiere alle Temperaturen auf dieser Zahlengerade.
b) Zeichne jede Zustandsänderung mit einem Pfeil ein und gib die Temperaturänderung an.

2 Ersetze den Platzhalter ■ durch die zugehörige Änderung oder Zahl.

a) $9 \xrightarrow{\blacksquare} 13$ b) $7 \xrightarrow{\blacksquare} 1$ c) $4 \xrightarrow{\blacksquare} -2$ d) $5 \xrightarrow{\blacksquare} -1$ e) $-3 \xrightarrow{\blacksquare} -6$

f) $7 \xrightarrow{+3} \blacksquare$ g) $2 \xrightarrow{-3} \blacksquare$ h) $-1 \xrightarrow{+3} \blacksquare$ i) $\blacksquare \xrightarrow{-1} -2$ j) $\blacksquare \xrightarrow{-2} -2$

3 In einem Einkaufszentrum mit Tiefgarage gibt es einen Fahrstuhl. Gib an, in welche Etage gefahren wird.
Der Fahrstuhl fährt
a) von der 1. Etage 3 Etagen nach unten,
b) von der −5. Etage 7 Etagen nach oben,
c) von der 3. Etage 4 Etagen nach unten,
d) von der −2. Etage 2 Etagen nach unten.

4 Die Thermometer zeigen die Temperaturen in verschiedenen Städten in Grad Celsius.
Bestimme die Temperaturänderung bei einer Reise
a) von Berlin nach Oslo,
b) von London nach Tallinn,
c) von Stockholm nach Madrid,
d) von Madrid nach Tallinn,
e) von London nach Stockholm,
f) von Oslo nach Berlin.
Du kannst dich an Beispiel 1 orientieren.

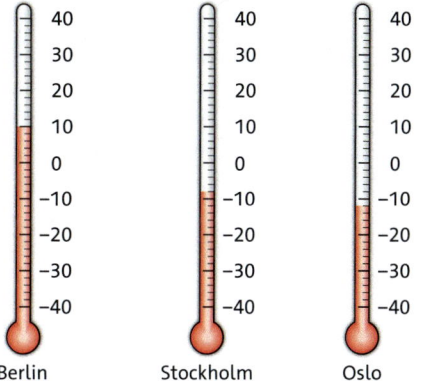
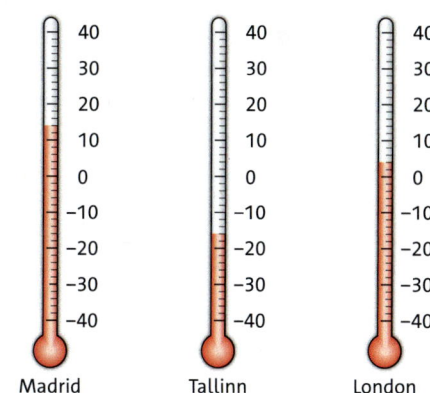

Weiterführende Aufgaben

Zwischentest

5 Der tiefste See der Erde ist der Baikalsee in Sibirien. Seine Wasseroberfläche befindet sich 455 Meter über dem Meeresspiegel. Der Seeboden liegt an seiner tiefsten Stelle 1187 Meter unter dem Meeresspiegel.
Berechne, welche Strecke ein U-Boot zurücklegt, wenn es von der Wasseroberfläche bis zum Grund des Sees taucht.

6 Stolperstelle: Lucas berechnet den Kontostand seiner Eltern am Ende des Monats folgendermaßen:
80 − 43 − 74 + 50 − 149 = −136
Erkläre seinen Fehler und berechne den Kontostand korrekt.

	Kontoauszug 2		
Datum	Erläuterungen	Wert	Betrag
			150,00+
19.10.	Bareinzahlung	22.10.	80,00+
23.10.	Getränkehandel Peters	24.10.	43,00−
24.10.	Tankstelle Voss	25.10.	74,00−
26.10.	Bareinzahlung	29.10.	50,00+
30.10.	Elektromarkt24	31.10.	149,00−

7 Im Radio wurden während einer Sturmflut die Änderungen des Wasserpegels eines Flusses angeben. Um 12 Uhr betrug der Pegel 255 cm.
a) Ermittle die Pegelstände zu den Uhrzeiten.
b) Veranschauliche die Änderungen des Wasserpegels mit Pfeilen auf einer Zahlengerade.

Zeitpunkt	Pegelstand
13 Uhr	um 35 cm gefallen
14 Uhr	um 18 cm gefallen
15 Uhr	um 15 cm gestiegen
16 Uhr	um 45 cm gestiegen
17 Uhr	um 20 cm gestiegen
18 Uhr	um 18 cm gestiegen

8 a) Gib an, welche Aussagen einen Zustand und welche eine Zustandsänderung beschreiben. Begründe.
b) Entscheide, welche Aussagen nicht eindeutig sind.
c) Amy meint: „Manche dieser Aussagen bedeuten doch das Gleiche." Nimm Stellung.

① Die Temperatur sinkt um 3 °C.
② Die Temperatur beträgt −3 °C.
③ Die Temperatur verändert sich um 3 °C.
④ Die Temperatur verändert sich um +3 °C.
⑤ Die Temperatur erhöht sich um 3 °C.
⑥ Die Temperatur verändert sich um −3 °C.

9 Bestimme, an welcher Stelle der Zahlengerade sich der verschobene Punkt befindet.
a) Der Punkt A wird von 2 um 6 Längeneinheiten nach rechts verschoben.
b) Der Punkt B wird von −2 um 7 Längeneinheiten nach links verschoben.
c) Der Punkt C wird von −2 um 7 Längeneinheiten nach rechts verschoben.
d) Der Punkt D wird von 0 zuerst um 5 Längeneinheiten nach rechts und dann um 12 Längeneinheiten nach links verschoben.
e) Der Punkt E wird von −2 zuerst um 5 Längeneinheiten nach rechts und dann um 12 Längeneinheiten nach links verschoben.

10 Kleopatra die Große wurde 69 v. Chr. als Tochter des ägyptisch-griechischen Herrschers Ptolemaios XII. in Ägypten geboren. Sie verliebte sich mit 21 Jahren in Caesar. Dieser war zu dem Zeitpunkt bereits 52 Jahre alt.
a) Ermittle, in welchem Jahr sich Kleopatra in Caesar verliebte.
b) Gib das Geburtsjahr von Caesar an.
c) Kleopatra starb im Jahr 30 v. Chr. Berechne, wie alt sie war.
d) Berechne, wie alt Caesar zum Zeitpunkt von Kleopatras Tod gewesen wäre.
e) Caesar wurde 14 Jahre vor Kleopatras Tod ermordet. Gib an, in welchem Jahr er starb und wie alt er zu diesem Zeitpunkt war.

11 Ausblick: Marc hat in der ersten halben Stunde bei einem Online-Spiel 140 Punkte erreicht. In der nächsten halben Stunde gewinnt und verliert er immer wieder Punkte:
+40; −88; −14; −16; +4; −12; +16
a) Gib den Punktestand von Marc am Ende dieser Stunde an.
b) Erläutere, wie du das Ergebnis in möglichst kurzer Zeit ermitteln würdest.

6.5 Ganze Zahlen addieren und subtrahieren

Am Wochenende darf Manuel eine halbe Stunde auf der Videospielkonsole zocken. Er hat 20 Punkte auf seinem Spielkonto und möchte für 30 Punkte einen neuen Skin erwerben. Bestimme den Punktestand nach dem Upgrade.
Beschreibe, wie du vorgegangen bist.

Addieren und Subtrahieren einer positiven Zahl

Bei der Veränderung einer Temperatur, eines Kontostands und anderer Größen kommen häufig auch negative Zahlen vor. Solche Zustandsänderungen kann man mittels Addition und Subtraktion von ganzen Zahlen berechnen. Man kann die beiden Rechenarten an einer Zahlengerade veranschaulichen.

Addieren
Die Temperatur beträgt −6 °C (Zustand) und steigt um 4 °C (Zustandsänderung). Da die Temperatur steigt, zeigt der Pfeil an der Zahlengerade nach rechts.

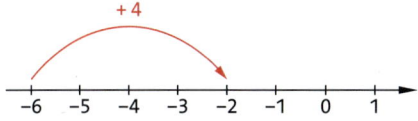

Rechnung: −6 + 4 = −2

Subtrahieren
Die Temperatur beträgt 2 °C (Zustand) und sinkt um 5 °C (Zustandsänderung). Da die Temperatur sinkt, zeigt der Pfeil an der Zahlengerade nach links.

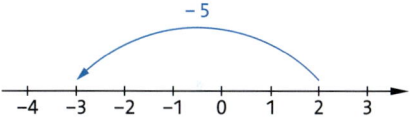

Rechnung: 2 − 5 = −3

> **Wissen**
> **Addiert** man eine positive Zahl zu einer ganzen Zahl, so geht man auf der Zahlengerade nach rechts.
> **Subtrahiert** man eine positive Zahl von einer ganzen Zahl, so geht man auf der Zahlengerade nach links.

> **Beispiel 1**
> Veranschauliche die Temperaturänderung an einer Zahlengerade und schreibe die passende Rechnung auf.
> a) Die Temperatur betrug morgens −4 °C. Bis zum Mittag stieg sie um 10 °C.
> b) Am Abend betrug die Temperatur 3 °C. In der Nacht sank sie um 7 °C.
>
> **Lösung:**
> a) Die Temperatur steigt um 10 °C.
> Du gehst also von −4 aus 10 Schritte nach rechts.
>
>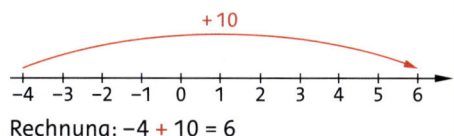
>
> Rechnung: −4 + 10 = 6
>
> b) Die Temperatur sinkt um 7 °C.
> Du gehst also von 3 aus 7 Schritte nach links.
>
>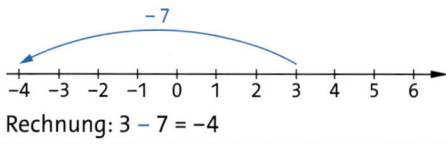
>
> Rechnung: 3 − 7 = −4

Basisaufgaben

1 Ordne jeder Rechnung das passende Pfeilbild zu. Gib auch das Ergebnis an.
a) 1 – 2   b) –1 – 3   c) –2 + 2   d) –1 + 3   e) –4 + 2   f) 5 – 5

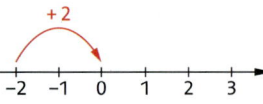
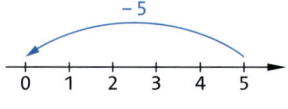
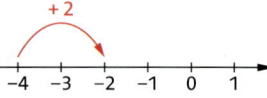
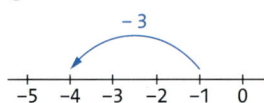

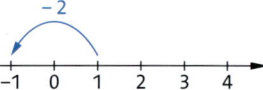

2 Stelle die Rechnung an einer Zahlengerade dar und gib das Ergebnis an.
a) –8 + 5   b) 1 – 7   c) –5 + 7   d) –5 – 11   e) 8 – 9
f) –2 – 7   g) 3 – 10   h) 0 – 3   i) –1 + 6   j) –1 + 1

Hinweis zu 3
Verwende eine geeignete Einteilung der Zahlengerade. Trage auf der Zahlengerade nur die Werte ein, die du brauchst.

3 Berechne. Veranschauliche dir die Rechnung an einer Zahlengerade, falls nötig.
a) –50 + 75   b) –10 – 12   c) 1 – 29   d) 18 – 36   e) 103 – 110
f) –99 + 18   g) –99 – 18   h) –1 – 107   i) –17 + 16   j) 49 – 98
k) –27 + 27   l) –16 – 35   m) 100 – 1000   n) –346 + 345   o) 9999 – 10001

4 Rechne im Kopf.
a) –23 + 19   b) –11 – 9   c) 98 – 13   d) 29 – 86   e) 18 – 33
f) –99 – 15   g) –178 + 113   h) 136 – 270   i) 0 – 162   j) 114 – 98
k) –94 + 61   l) –11 – 48   m) 89 – 90   n) 83 – 85   o) –83 – 85

5 Entscheide, in welche Richtung der Pfeil zeigen muss, und notiere die passende Rechnung.
a)   b)   c)

6 Bei negativen Kontoständen entstehen Schulden. Man leiht sich Geld bei der Bank und muss dafür eine Gebühr zahlen. Trotzdem überziehen einige Menschen ihr Kontoguthaben.
a) Frau Meier kauft mit ihrer Kreditkarte ein, ihr Konto weist ein Guthaben von 321 € auf. Frau Meier kauft einen Rasenmäher für 399 €. Berechne den neuen Kontostand.
b) Herr Nowak verkauft sein Auto für 1100,00 €. Der Betrag wird ihm auf sein Bankkonto überwiesen. Anschließend zahlt er 670,00 € Miete. Danach beträgt sein Kontostand 230,00 €. Berechne den Kontostand vor dem Verkauf des Autos.

7 Ordne die Rechnungen den passenden Texten zu.

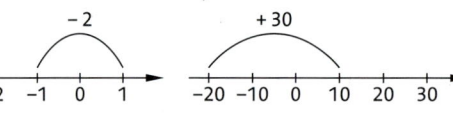
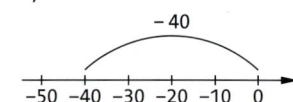

Ganze Zahlen

Addieren und Subtrahieren einer negativen Zahl

Um zu erkennen, was beim Addieren oder Subtrahieren einer negativen Zahl passiert, kann man eine Aufgabenserie bilden, in der man die zweite Zahl in jedem Schritt um 1 verkleinert. Um negative Zahlen in einer Rechnung setzt man Klammern. Steht die negative Zahl am Anfang einer Addition oder Subtraktion, so kann man die Klammern auch weglassen.

Hinweis

Vorzeichen sind grün, Rechenzeichen sind rot oder blau.

Addieren

$-2 + 2 = 0$
$-2 + 1 = -1$
$-2 + 0 = -2$
$-2 + (-1) = -3$
$-2 + (-2) = -4$
$-2 + (-3) = -5$

Eine negative Zahl wird addiert, indem ihre Gegenzahl subtrahiert wird. Dabei geht man auf der Zahlengerade nach links.

Subtrahieren

$2 - 2 = 0$
$2 - 1 = 1$
$2 - 0 = 2$
$2 - (-1) = 3$
$2 - (-2) = 4$
$2 - (-3) = 5$

Eine negative Zahl wird subtrahiert, indem die Gegenzahl addiert wird. Dabei geht man auf der Zahlengerade nach rechts.

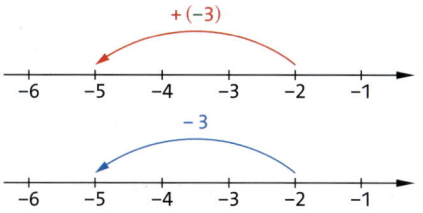

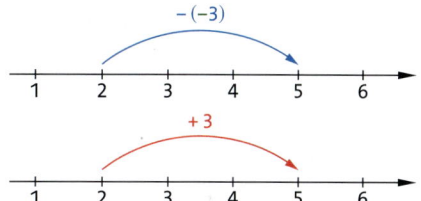

Rechenzeichen und Vorzeichen, die aufeinander folgen, kann man zusammenfassen.

> **Wissen** — **Vereinfachte Schreibweise**
>
> Stehen ein Pluszeichen und ein Minuszeichen hintereinander, so kann man sie durch ein Minuszeichen ersetzen:
>
> $$2 + (-3) = 2 - 3$$
> $$-2 + (-3) = -2 - 3$$
>
> Stehen zwei Minuszeichen hintereinander, so kann man sie durch ein Pluszeichen ersetzen:
>
> $$2 - (-3) = 2 + 3$$
> $$-2 - (-3) = -2 + 3$$

Erklärfilm

> **Beispiel 2**
>
> Gib in vereinfachter Schreibweise an und berechne.
> a) $5 + (-2)$ 　　　　　　　　　b) $5 - (-2)$
>
> **Lösung:**
> a) Du kannst das Plus- und das Minuszeichen durch ein Minuszeichen ersetzen.
> Berechne dann 5 minus 2.　　　$5 + (-2) = 5 - 2 = 3$
>
> b) Du kannst die beiden Minuszeichen durch ein Pluszeichen ersetzen.
> Berechne dann 5 plus 2.　　　　$5 - (-2) = 5 + 2 = 7$

6.5 Ganze Zahlen addieren und subtrahieren

Basisaufgaben

8 Setze die Aufgabenreihe um vier Aufgaben fort.
a) 20 + 10 = 30
   20 + 5 = 25
   20 + 0 = 20
   20 + (−5) = 15
b) 10 + 14 = 24
   10 + 7 = 17
   10 + 0 = 10
   10 + (−7) = 3
c) −7 − 6 = −13
   −7 − 3 = −10
   −7 − 0 = −7
   −7 − (−3) = −4
d) −1 + (−12) = −13
   −1 + (−9) = −10
   −1 + (−6) = −7
   −1 + (−3) = −4
e) −9 − 10 = −19
   −6 − 10 = −16
   −3 − 10 = −13
   0 − 10 = −10
f) −6 − (−5) = −1
   −4 − (−5) = 1
   −2 − (−5) = 3
   0 − (−5) = 5

9 Markiere Vorzeichen und Rechenzeichen in verschiedenen Farben. Schreibe in vereinfachter Schreibweise und berechne. Zeichne für a) bis e) das zugehörige Pfeilbild.
a) 4 + (−2)
   4 − (−2)
b) 4 + (−7)
   4 − (−7)
c) −6 + (−2)
   −6 − (−2)
d) −6 + (−9)
   −6 − (−9)
e) −2 + (−3)
   −2 − (−3)
f) −1 + (−2)
   −1 − (−2)
g) −7 + (−5)
   −7 − (−5)
h) 0 + (−3)
   0 − (−3)
i) 14 + (−6)
   14 − (−6)
j) 99 + (−9)
   99 − (−9)

10 Entscheide, ohne zu rechnen, welche Rechnungen das gleiche Ergebnis haben.

746 + (−389)   746 + 389   746 − (−389)   746 − 389   −746 − (−389)   −746 + 389

11 Entscheide, in welche Richtung der Pfeil zeigen muss. Schreibe eine passende Aufgabe auf.

a)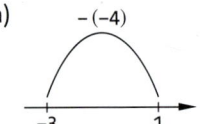
b)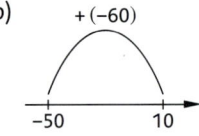
c)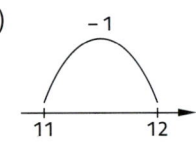
d)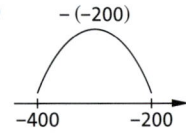

Weiterführende Aufgaben   Zwischentest

12 Der Wasserstand der Elbe verändert sich im Laufe eines Tages durch Ebbe und Flut. Seine Höhe wird mit der Höhe des Meeresspiegels (Normalnull) verglichen.
Gib an, was eine positive und was eine negative Höhenangabe für den Wasserstand bedeuten. Berechne die Veränderung des Wasserstands. Schreibe dazu eine Rechenaufgabe auf.
Der Wasserstand verändert sich von
a) 1 m um 18 Uhr auf −1 m um 21 Uhr,
b) −1 m um 11 Uhr auf 2 m um 15 Uhr,
c) 2 m um 14 Uhr auf −2 m um 11 Uhr,
d) −2 m um 23 Uhr auf 1 m um 2 Uhr.

13 Ergänze.

a)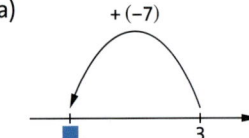
b)
c)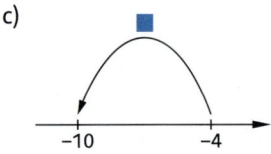

14 Stolperstelle: Elisa behauptet: „Wenn ich minus rechne, ziehe ich etwas von einer Zahl ab. Das Ergebnis muss also immer kleiner sein als diese Zahl." Erkläre, wo Elisas Denkfehler liegt.

Hinweis zu 15

Siehe Methodenkarte 5 G auf Seite 237.

15 Berechne.
a) 3 + 0
b) 3 + (−3)
c) 3 + (−4)
d) −4 + 3
e) −5 + 3
f) −15 + 3
g) −15 + 5
h) −15 + 15
i) −15 − 15
j) −15 − 16
k) −15 − 26
l) 15 − 26
m) −26 + 15
n) −26 + 25
o) −26 + 27
p) −26 − (−27)
q) −26 + (−27)
r) −126 + (−127)
s) −1026 + (−1027)
t) −1026 + 1027

16 Differenzen als Summen darstellen: Mit ganzen Zahlen lässt sich jede Differenz als Summe schreiben. Entscheide, ohne zu rechnen, welche Rechenausdrücke gleichwertig sind. Überprüfe dann, indem du das Ergebnis ausrechnest.

| 16 − 36 | −16 + 36 | 16 + (−36) | 36 + (−16) | −36 + 16 | 36 − 16 |

17 Herr Müller hat auf seinem Konto ein Guthaben von 20 €. Er kauft einen Kühlschrank für 250 € und eine Mikrowelle für 69 €. Die Beträge werden von seinem Konto abgebucht. Bestimme den neuen Kontostand nach der Abbuchung.

Hilfe

18 Miriams beste Freundin Emilia versteht nicht, wie man mit negativen Zahlen rechnet. Miriam möchte ihr helfen und hat eine Idee: „Stelle dir positive Zahlen als Guthaben und negative Zahlen als Schulden vor." Sie formulieren zusammen einige Rechenregeln.
a) Denke dir zu jedem Fall eine passende Additionsaufgabe aus.

① Kommen zu Schulden weitere Schulden hinzu, dann addiert man die Schulden.

Kommt zu Schulden ein Guthaben dazu, dann subtrahiert man den kleineren vom größeren Betrag:
② Sind die Schulden größer als das Guthaben, bleiben es Schulden.
③ Ist das Guthaben größer als die Schulden, ergibt sich ein Guthaben.

b) Erkläre die Subtraktionsaufgaben mithilfe von Guthaben und Schulden.

① −100 − (−60) = −40
② −100 − (−100) = 0
③ −100 − (−120) = 20

19 Berechne.
a) 36 − 57
b) 67 + (−123)
c) −35 + 61
d) −133 − 13
e) 67 − 155
f) −855 − 455
g) −48 − (−112)
h) −38 + 177
i) −69 − 24
j) 243 + (−453)
k) 475 − (−604)
l) −981 − (−545)

Hilfe

20 Auf einer Party spielt Martin ein Quiz. Eine Runde besteht aus 8 Fragen. Für jede richtige Antwort gibt es einen Punkt, für eine falsche oder eine fehlende Antwort null Punkte. Zusätzlich kann man neben seine Antwort ein Kreuz setzen. In diesem Fall bringt eine richtige Antwort zwei Punkte ein, eine falsche allerdings zwei Minuspunkte. Rechts siehst du die Auswertung von Martins Antworten. Berechne, wie viele Punkte er erzielt hat.

1	Jupiter	×	falsch
2	–		–
3	Parallelogramm		richtig
4	13		falsch
5	Berlin	×	falsch
6	42,195 km	×	richtig
7	Sonnenfinsternis		richtig
8	Blau, Indigo, Violett	×	richtig

21 Rechnen mit der Null: Berechne. Formuliert Regeln für das Rechnen mit der Zahl Null.
a) 7 + (−7)
b) −7 + 7
c) −7 − (−7)
d) 0 + (−7)
e) −7 − 0

22 Berechne.
a) |8 − 16| b) |8| − |16| c) −|8| − |16| d) −|−8| − |−16| e) −|8 − 16|

Hinweis zu 23

Es gibt kein Jahr 0. Zwischen 1 v. Chr. und 1 n. Chr. ist genau 1 Jahr vergangen.

23 Die Olympischen Spiele der Antike wurden von 776 v. Chr. bis 393 n. Chr. ausgetragen. Die Olympischen Spiele der Neuzeit finden seit 1894 n. Chr. statt.
a) Berechne, über welchen Zeitraum die Olympischen Spiele der Antike stattfanden.
b) Berechne, wie viele Jahre zwischen der ersten und der zweiten Gründung der Olympischen Spiele lagen.
c) Berechne, wie lange es zwischendurch keine Olympischen Spiele gab.

24 Bei einer startenden Rakete werden alle zehn Sekunden die Höhe und die Außentemperatur gemessen. Die Messwerte siehst du in der Tabelle:

Zeit seit dem Start in s	0	10	20
Höhe in m	0	309	1430
Temperatur in °C	15	13	5

Zeit seit dem Start in s	30	40	50
Höhe in m	3890	8650	18250
Temperatur in °C	−12	−39	−57

a) Berechne den Temperaturunterschied in den ersten 50 Sekunden nach dem Start.
b) Berechne, in welchem 10-s-Intervall der Temperaturunterschied am größten war.

Erinnere dich

Jede natürliche Zahl ist auch eine ganze Zahl.

25 Begründe, ob die Aussage für ganze Zahlen oder nur für natürliche Zahlen gilt.
a) Wenn man von einer Zahl dieselbe Zahl subtrahiert, so erhält man null.
b) Wenn man von einer Zahl eine andere Zahl subtrahiert, so ist das Ergebnis immer kleiner als der Minuend.
c) Wenn man zwei Zahlen addiert, so ist der Wert der Summe immer größer als jeder der Summanden.
d) Jede Subtraktionsaufgabe ist lösbar.
e) Jede Additionsaufgabe ist lösbar.
f) Jede Zahl hat einen Nachfolger.
g) Jede Zahl hat einen Vorgänger.

26 Ersetze den Platzhalter ■ durch eine ganze Zahl, sodass die Rechnung stimmt.
a) −12 + ■ = −6   b) −10 + ■ = −15
c) −20 − ■ = −25   d) −21 − ■ = −17
e) ■ − 5 = −13   f) ■ + 46 = −13
g) 13 − ■ = 18   h) 90 − ■ = −27

27 Ausblick: Gegeben sind zehn Rechenausdrücke mit Variablen. Die Variablen a, b, c sind Platzhalter für beliebige ganze Zahlen.

① a + b + c	② a + b − c	③ a − (b − c)	④ a + (−b) + c	⑤ a − (−b − c)
⑥ −a − b − c	⑦ a − b − (−c)	⑧ −a − (b + c)	⑨ a − b − c	⑩ a − b + c

a) Stelle eine Vermutung darüber auf, welche Aufgaben zum gleichen Ergebnis führen. Begründe.
b) Überprüfe deine Vermutung aus a) für a = 1; b = 2 und c = −4.

6.6 Ganze Zahlen multiplizieren und dividieren

Der antike Hafen von Misenum bei Neapel liegt in einem vulkanischen Gebiet. Dort hebt und senkt sich die Erde abwechselnd über lange Zeiträume. In einem Jahr senkte sich die Erde um etwa 3 cm pro Monat. Bestimme, auf welcher Höhe ein Stein liegt, der vor diesem Jahr genau auf Meereshöhe lag. Schreibe eine Rechnung dazu auf.

Multiplizieren einer positiven und einer negativen Zahl

Um zu erkennen, was beim Multiplizieren mit einer negativen Zahl passiert, kann man eine Aufgabenserie bilden, in der man in jedem Schritt einen der Faktoren um 1 verkleinert:

2 · 2 = 4	2 · 2 = 4
2 · 1 = 2	1 · 2 = 2
2 · 0 = 0	0 · 2 = 0
2 · (−1) = −2	(−1) · 2 = −2
2 · (−2) = −4	(−2) · 2 = −4
2 · (−3) = −6	(−3) · 2 = −6

Merke

− mal + = −
+ mal − = −

> **Wissen**
>
> Beim Multiplizieren einer positiven und einer negativen Zahl ist das Ergebnis immer negativ. Zuerst werden die Beträge der Zahlen multipliziert. Dann wird vor das Ergebnis ein Minus geschrieben.

Erklärfilm

> **Beispiel 1**
>
> Berechne.
> a) $3 \cdot (-5)$ b) $(-4) \cdot 7$
>
> **Lösung:**
> Multipliziere zunächst die Beträge. Die Faktoren haben unterschiedliche Vorzeichen. Setze deshalb ein Minus vor das Ergebnis.
>
> a) $3 \cdot (-5) = -15$
>
> b) $(-4) \cdot 7 = -28$

Basisaufgaben

1 Setze die Aufgabenreihe um vier Aufgaben fort und beschreibe deine Beobachtung.

a) $2 \cdot 2 = 4$
  $2 \cdot 1 = 2$
  $2 \cdot 0 = 0$
  $2 \cdot (-1) = -2$

b) $5 \cdot 1 = 5$
  $5 \cdot 0 = 0$
  $5 \cdot (-1) = -5$
  $5 \cdot (-2) = -10$

c) $(-3) \cdot 8 = -24$
  $(-3) \cdot 7 = -21$
  $(-3) \cdot 6 = -18$
  $(-3) \cdot 5 = -15$

2 Berechne.

a) $10 \cdot (-15)$ b) $(-7) \cdot 9$ c) $18 \cdot (-2)$ d) $(-3) \cdot 8$ e) $12 \cdot (-9)$
f) $(-11) \cdot 13$ g) $2 \cdot (-119)$ h) $(-256) \cdot 4$ i) $45 \cdot (-9)$ j) $(-21) \cdot 29$

Multiplizieren zweier negativer Zahlen

Um die Aufgabe (–2)·(–3) zu lösen, beginnt man mit der Aufgabe 2·(–3) und verkleinert den ersten Faktor immer wieder um 1, bis man zur Aufgabe (–2)·(–3) kommt.

Man nimmt in jedem Schritt –3 weniger, sodass sich das Ergebnis immer um –3 verkleinert. Eine Verkleinerung um –3 entspricht einer Erhöhung um 3, da –(–3) = +3 ist.
Also gilt:

(–1) · (–3) = 3   und   (–2)·(–3) = 6

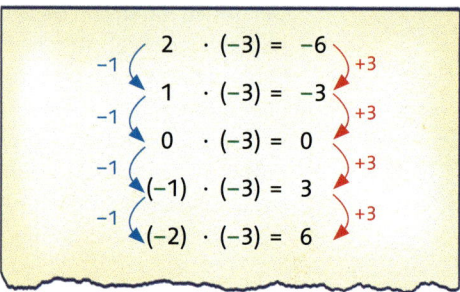

Merke
– mal – = +

Erklärfilm

> **Wissen**
> Um zwei negative Zahlen zu multiplizieren, werden ihre Beträge multipliziert. Das Ergebnis ist immer positiv.

> **Beispiel 2**
> Berechne.
> a) (–3)·(–7)
> b) (–4)·(–19)
>
> **Lösung:**
> Multipliziere die Beträge.
> Die beiden Zahlen haben das gleiche Vorzeichen, also ist das Ergebnis positiv.
>
> a) (–3)·(–7) = 3·7 = 21
> b) (–4)·(–19) = 4·19 = 76

Basisaufgaben

3 Setze die Aufgabenreihe um vier Aufgaben fort.

a)	b)	c)
(–7)·2 = –14	(–10)·10 = –100	(–8)·(–10) = 80
(–7)·1 = –7	(–10)·0 = 0	(–8)·(–9) = 72
(–7)·0 = 0	(–10)·(–10) = 100	(–8)·(–8) = 64
(–7)·(–1) = 7	(–10)·(–20) = 200	(–8)·(–7) = 56
(–7)·(–2) = 14	(–10)·(–30) = 300	(–8)·(–6) = 48

4 Berechne.
a) (–10)·(–12)
b) (–8)·(–2)
c) –17·(–2)
d) (–11)·(–8)
e) (–7)·(–16)
f) (–18)·(–17)
g) (–22)·(–10)
h) (–216)·(–5)
i) (–14)·(–19)
j) (–13)·(–13)
k) (–21)·(–7)
l) (–222)·(–5)

5 Vervollständige.

a)
·	–3	–4	–5	–8
–9				
–12				
–7				
–1				

b)
·	–7	–9	–13	–5
–11				
–18				
–20				
–12				

c)
·	–1	–15	–6	–20
–9				
–12				
–7				
–2				

Dividieren ganzer Zahlen

Multiplizieren und Dividieren sind Umkehrrechnungen. Deshalb lassen sich die Rechenregeln für die Multiplikation auf die Division übertragen.

Multiplizieren: $(-4) \cdot (-12) = 48$

Dividieren: $48 : (-12) = -4$

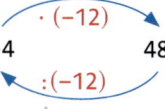

Merke

− durch − = +
− durch + = −
+ durch − = −

Erklärfilm

Wissen

Beim Dividieren ganzer Zahlen werden zunächst ihre **Beträge dividiert**.
Bei Zahlen mit **gleichem Vorzeichen** ist das Ergebnis **positiv**.
Bei Zahlen mit **unterschiedlichen Vorzeichen** ist das Ergebnis **negativ**.

Beispiel 3 Berechne.

a) $36 : (-9)$ b) $(-48) : (-16)$ c) $(-128) : 4$

Lösung:
a) Dividiere zunächst die Beträge. Die beiden Zahlen haben unterschiedliche Vorzeichen. Setze deshalb ein Minus vor das Ergebnis.
   $36 : (-9) = -(36 : 9) = -4$

b) Dividiere die Beträge. Die beiden Zahlen haben das gleiche Vorzeichen, also ist das Ergebnis positiv.
   $(-48) : (-16) = 48 : 16 = 3$

c) Dividiere zunächst die Beträge. Die beiden Zahlen haben unterschiedliche Vorzeichen. Setze deshalb ein Minus vor das Ergebnis.
   $(-128) : 4 = -(128 : 4) = -32$

Basisaufgaben

6 Dividiere.
a) $10 : (-5)$ b) $48 : (-2)$ c) $(-21) : 3$ d) $(-36) : 12$ e) $(-77) : (-11)$
f) $(-52) : (-4)$ g) $420 : (-21)$ h) $(-72) : 3$ i) $(-96) : (-12)$ j) $(-220) : 22$
k) $30 : (-5)$ l) $(-12) : 2$ m) $(-36) : 9$ n) $(-72) : (-8)$ o) $121 : (-11)$

7 Gib drei unterschiedliche Divisionsaufgaben mit dem Ergebnis an.
a) 5   b) −12   c) −1   d) −100   e) −25

Weiterführende Aufgaben

Zwischentest

8 Rechne im Kopf.
a) $(-2) \cdot (-2)$ b) $(-3) \cdot (-1)$ c) $35 \cdot (-2)$ d) $2 : (-2)$
e) $|-5| \cdot (-1)$ f) $(-12) \cdot 3$ g) $-3 \cdot 3$ h) $0 \cdot (-5)$
i) $|-10| \cdot 5$ j) $(-19) \cdot (-1)$ k) $(-81) : 9$ l) $0 : (-3)$
m) $12 \cdot (-4)$ n) $(-243) : 0$ o) $(-2) \cdot (-1) \cdot (-6)$ p) $(-60) : 5 \cdot (-3)$

9 Rechne schriftlich.
a) $25 \cdot (-45)$ b) $-78 \cdot (-34)$ c) $-354 \cdot 56$ d) $-89 \cdot (-89)$
e) $-529 : (-23)$ f) $856 : (-107)$ g) $3198 : (-123)$ h) $-328 : 82$

Hinweis zu 10

Siehe Methodenkarte 5 G auf Seite 237.

  10 Berechne.
- a) $2 \cdot 19$
- b) $1 \cdot 19$
- c) $1 \cdot (-19)$
- d) $2 \cdot (-19)$
- e) $3 \cdot (-19)$
- f) $(-19) \cdot 3$
- g) $(-3) \cdot 19$
- h) $(-3) \cdot (-19)$
- i) $(-3) \cdot (-20)$
- j) $60 : (-20)$
- k) $600 : (-20)$
- l) $600 : (-30)$
- m) $(-600) : (-30)$
- n) $0 : (-30)$
- o) $(-30) : 0$
- p) $(-30) \cdot 0$
- q) $-30 \cdot (-30)$
- r) $-33 \cdot (-30)$
- s) $-333 \cdot (-30)$
- t) $(-3330) : (-30)$

Hilfe

11 Potenzen mit ganzzahligen Basen: Die Basis einer Potenz kann auch eine negative Zahl sein. Berechne die Potenzwerte. Beachte, dass der Exponent sich auch auf das Vorzeichen bezieht, falls die Basis in Klammern steht. Sonst wird das Minus nicht „mitpotenziert".
Beispiel: $(-3)^2 = (-3) \cdot (-3) = 9$ $-3^2 = -3 \cdot 3 = -9$
- a) $(-1)^2$
- b) -1^2
- c) -2^3
- d) $(-3)^3$
- e) $(-3)^4$
- f) -4^3
- g) -15^2
- h) $(-13)^2$
- i) $(-4)^3$
- j) $(-1)^5$
- k) $(-1)^{10}$
- l) -5^4

⚠ **12 Stolperstelle:**
- a) Lenja schreibt: $0 \cdot (-1) = -0$, *denn die Faktoren haben unterschiedliche Vorzeichen. Also ist das Ergebnis negativ.* Nimm Stellung.
- b) Ryan schreibt: $2^2 = 4$, *also gilt* $(-2)^2 = -4$. Erkläre, was er falsch gemacht hat.

13 Berechne. Achte auf Rechenzeichen und Vorzeichen.
- a) $16 + (-4)$
  $16 - (-4)$
  $16 \cdot (-4)$
  $16 : (-4)$
- b) $-130 + (-2)$
  $-130 - (-2)$
  $(-130) \cdot (-2)$
  $(-130) : (-2)$
- c) $(-25) : (-5)$
  $-25 + (-5)$
  $(-25) \cdot (-5)$
  $-25 - (-5)$
- d) $10\,000 - (-10)$
  $10\,000 \cdot (-10)$
  $10\,000 : (-10)$
  $10\,000 + (-10)$

14 Vervollständige die Sätze auf den Kärtchen, sodass wahre Aussagen entstehen.

- Wird eine positive oder negative ganze Zahl mit –1 multipliziert, so …
- Wird eine ganze Zahl mit 0 multipliziert, so …
- Wird 0 durch eine positive oder negative ganze Zahl geteilt, so …
- Wird eine ganze Zahl mit 1 multipliziert, so …
- Durch … darf nicht dividiert werden.
- Wird eine positive oder negative ganze Zahl durch ihre Gegenzahl dividiert, so …
- Wird eine positive oder negative ganze Zahl durch sich selbst dividiert, so …

Hilfe

15 Das Dorf Oimjakon in Jakutien im fernöstlichen Sibirien gilt als der kälteste bewohnte Ort der Erde. Die Tabelle zeigt die Temperaturen einer Woche im Januar.

Montag	Dienstag	Mittwoch	Donnerstag	Freitag	Samstag	Sonntag
–44 °C	–40 °C	–51 °C	–52 °C	–55 °C	–56 °C	–59 °C

Berechne die Durchschnittstemperatur dieser Woche.

16 Entscheide, ob die Aussage wahr oder falsch ist, und begründe dies.
- a) Der Quotient zweier Zahlen ist keine natürliche Zahl, wenn der Divisor negativ ist.
- b) Wenn ein Produkt zweier Zahlen negativ ist, so müssen beide Faktoren negativ sein.
- c) Das Produkt zweier ganzer Zahlen kann auch eine natürliche Zahl sein.

17 Ausblick:
- a) Berechne $(-2)^2$, $(-2)^3$, $(-2)^4$ und $(-2)^5$.
- b) Formuliere eine Regel zum Vorzeichen beim Potenzieren.
- c) Gib das Vorzeichen von $(-17)^{411}$ an.

Streifzug

Ganze Zahlen 6

Rechenspiele

 1 Inspiriert von THE MIND: Bildet Gruppen aus 3 bis 4 Schülern. Erstellt gleich große Karten und beschriftet sie mit den Zahlen −25 bis 25. Mischt die Karten und lasst jeden drei Karten ziehen. Haltet die Karten von anderen Mitspielern verdeckt. Versucht nun, eure Zahlen in aufsteigender Reihenfolge abzulegen, ohne miteinander zu kommunizieren — überlegt gut, ob ihr schon eure nächste Zahl ablegen solltet oder lieber wartet, bis ein Mitspieler eine Karte spielt. Ihr gewinnt, wenn ihr es schafft, alle Zahlen in der richtigen Reihenfolge abzulegen.

 2 Hin und Her: Bildet Gruppen aus 3 bis 4 Schülern. Ihr braucht Spielfiguren (zum Beispiel Radiergummis oder Stiftkappen) und kleine Zettel. Auf diese schreibt ihr die Zahlen von −3 bis 3, faltet sie zusammen und mischt sie. Stellt eure Figuren auf die 0 auf dem unteren Spielfeld. Die älteste Person beginnt und zieht einen Zettel. Sie entscheidet, ob sie die Zahl auf dem Zettel zur Zahl, auf der ihre Figur steht, addiert oder subtrahiert. Ihre Figur wird auf das Feld mit dem Ergebnis verschoben und der Zettel zurückgelegt. Dann ist die nächste Person an der Reihe. Gewonnen hat, wer zuerst die 7 oder die −7 erreicht.

Beispiel: Evas Figur steht auf der −2. Sie zieht eine −3 und entscheidet sich die −3 zur −2 zu addieren. Sie rechnet −2 + (−3) = −2 − 3 = −5 und verschiebt ihre Figur auf die −5.

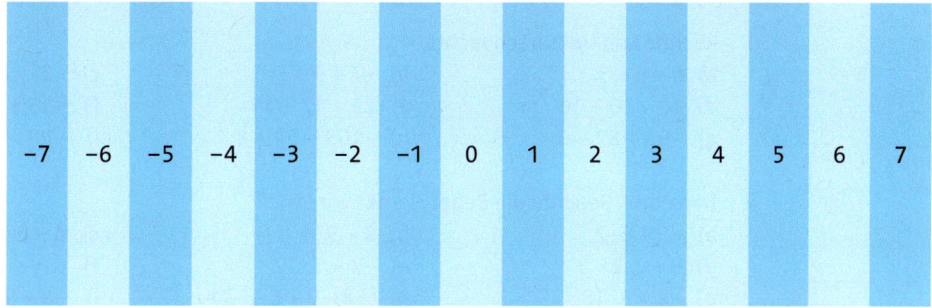

 3 Rechendomino: Domino ist ein Legespiel mit rechteckigen Spielsteinen. Die Steine werden dabei nach bestimmten Regeln aneinandergelegt. Jeder Stein ist in zwei Felder geteilt.

Spielanleitung:
1. Schneidet 12 Kärtchen (2 cm breit und 6 cm lang) aus. Teilt jedes Kärtchen in zwei Hälften.

2. Nehmt die erste Karte und schreibt auf die linke Hälfte „**START**" und auf die rechte Hälfte eine Rechenaufgabe.

3. Beschriftet die anderen 11 Kärtchen, sodass auf der linken Hälfte eines Kärtchens immer das Ergebnis der vorherigen Aufgabe steht und auf der rechten Hälfte eine neue Rechenaufgabe. Verwendet auch negative ganze Zahlen, Potenzen, Beträge und beliebige Rechenzeichen. Beschriftet die letzte Karte auf der rechten Hälfte mit „**ENDE**".

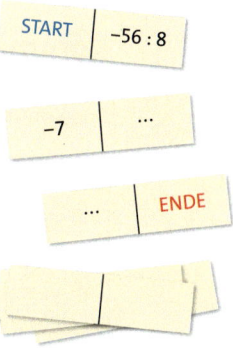

Tauscht eure Dominosteine untereinander aus und spielt zu zweit.

6.7 Rechnen mit allen Grundrechenarten

Setze Klammern, sodass die Rechnung stimmt.

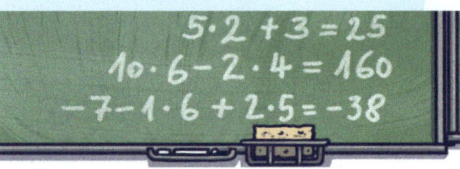

Vorrangregeln

Die bekannten Vorrangregeln gelten auch beim Rechnen mit ganzen Zahlen.

Beispiel 1 Berechne.
a) $-28 + (6 + 14)$
b) $-12 + (-2)^3 \cdot 11$
c) $16 - 36 + 40$

Lösung:
a) Ausdrücke in Klammern werden zuerst berechnet.
$-28 + (6 + 14) = -28 + 20 = -8$

b) Wo keine Klammern sind, werden zuerst die Potenzen berechnet. Danach gilt Punkt- vor Strichrechnung.
$-12 + (-2)^3 \cdot 11 = -12 + (-8) \cdot 11$
$= -12 - 8 \cdot 11 = -12 - 88 = -100$

c) In allen anderen Fällen rechnet man von links nach rechts.
$16 - 36 + 40 = -20 + 40 = 20$

Erinnere dich

„KlaPoPS":
Klammer
Potenz
Punktrechnung
Strichrechnung

Basisaufgaben

1 Rechne von links nach rechts.
a) $6 - 8 + 3$
b) $-7 + 9 - 5$
c) $-3 - 5 - 4$
d) $10 - 36 - 16$
e) $29 - 17 + 31$
f) $-13 + 73 - 11$
g) $-98 + 87 - 3$
h) $-103 - 54 + 8$
i) $-28 + 112 - 99$

2 Berechne. Beachte die Regel „Punkt vor Strich".
a) $-5 + 6 \cdot 2$
b) $9 - 3 \cdot 4$
c) $8 - (-2) \cdot 3$
d) $8 + (-2) \cdot 3$
e) $-3 + 3 \cdot 17$
f) $6 \cdot (-12) + 8$
g) $-8 + 3 \cdot 18$
h) $(-8) \cdot 9 + 6 \cdot (-7)$
i) $-8 + 9 \cdot 6 - 8$

3 Berechne. Beachte die Vorrangregeln.
a) $(-9) \cdot (2 - 7)$
b) $(-2)^2 \cdot 2 - (-6)$
c) $(2 - 7) \cdot (-5 + 6)$
d) $-10^2 \cdot (-36 - (-16))$
e) $3 - 7 \cdot 8 - 5$
f) $-1 - 6 \cdot (-5) : 2$

Kommutativgesetz

Das Kommutativgesetz gilt auch beim Rechnen mit ganzen Zahlen.

Erinnere dich

Kommutativgesetz:
$a + b = b + a$
$a \cdot b = b \cdot a$
für beliebige Zahlen a und b.

Beispiel 2 Berechne geschickt, indem du das Kommutativgesetz anwendest.
a) $13 - 19 + 7$
b) $(-4) \cdot 17 \cdot (-25)$

Lösung:
a) Vertausche geschickt. Nimm dabei das Plus- und Minuszeichen vor jeder Zahl mit.
$13 - 19 + 7 = 13 + 7 - 19$
$= 20 - 19 = 1$

b) Vertausche geschickt. Nimm Klammern und Vorzeichen mit.
$(-4) \cdot 17 \cdot (-25) = (-4) \cdot (-25) \cdot 17$
$= 100 \cdot 17 = 1700$

Basisaufgaben

Erinnere dich

Mit ganzen Zahlen lässt sich jede Differenz als Summe schreiben.
Beispiel:
16 − 36 = 16 + (−36)
       = −36 + 16

4 Vertausche geschickt Summanden und berechne im Kopf.
a) 9 + 17 − 9
b) 4 − 60 + 6
c) 177 − 89 − 77 + 189
d) −3 + 18 − 7 + 22
e) 25 + 17 − 35 + 3
f) 45 + 37 − 4 − 41

5 Vertausche geschickt Faktoren und berechne.
a) 5 · 13 · (−2)
b) 2 · (−45) · 5
c) 8 · (−7) · 25
d) −2 · 7 · 5 · (−3)
e) −4 · (−5) · 25 · 3
f) 2 · 25 · 17 · (−4)

Weiterführende Aufgaben   Zwischentest

6 Berechne. Beachte die Vorrangregeln.
a) −5 + (−4) − (9 + 6)
b) (−9 + 6) · (2 − 8 · 9)
c) 3 + (5 − 7) · (6 − 4)
d) (−36) · (−3 − 2 · 3)
e) 2 · (−4) − 5 · (6 − 7)
f) −7 + (−8 + 11) · (−3 + 17)
g) 3 + (−2 · (6 − 8))
h) (11 − 18) − (1 + 2 · 3)
i) −5 + 15 − (−6 + 2 · 3 − 9)
j) 35 − 25 : 5 + 5
k) (0 − 1) · 6 − 19
l) (30 + (−2)³) − (60 + 40)

Hinweis

Siehe Methodenkarte 5 G auf Seite 237.

7 Berechne.
a) 14 + 15 + 16
b) 14 − 15 + 16
c) 14 − 15 − 16
d) −14 − 15 − 16
e) −14 + 0 − 16
f) −14 + 0 · (−16)
g) −14 + 2 · (−16)
h) −14 − 2 · 16
i) −14 − 2 · (−16)
j) −4 − 2 · (−16)
k) (−4) − 2 · (−1)
l) (−4) · (−2) · (−1)
m) (−8) · (−4) · (−2) · (−1)
n) (−8) · (−4) + (−2) · (−1)
o) (−8) · ((−4) + (−2) · (−1))

8 Bestimme, ohne zu rechnen, ob das Ergebnis positiv oder negativ ist.
a) (−2) · 5 · 3
b) (−2) · 5 · (−3)
c) (−2) · (−5) · (−3)
d) (−3) · (−2) · (−3) · 2
e) 3 · (−2) · 3 · (−2)
f) (−3) · (−2) · (−3) · (−2)
g) 9 · (−1) · (−1001) · 3
h) (−1) · (−1) · (−1) · (−1)
i) (−1) · (−1) · 0

9 Stolperstelle: Erläutere und korrigiere Tanjas Fehler. Berechne dann das Ergebnis.
a) −35 + 10 − 35 = −35 + 35 − 10
b) −2 + 3 · 7 = 1 · 7
c) −25 − 17 + 5 = −25 − 22

10 Begründe, ohne zu rechnen, welche Aufgaben das gleiche Ergebnis haben wie 9 − 6 − 1.

9 − 1 − 6   −1 + 9 − 6   6 − 9 − 1   −6 − 1 + 9   1 − 6 + 9

Hilfe

11 Vervollständige das Zauberquadrat, sodass in jeder Zeile, in jeder Spalte und in jeder der Diagonalen die Summe der Zahlen den gleichen Wert hat.

a)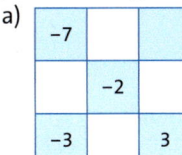
b)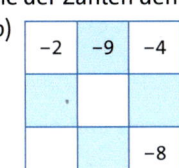
c)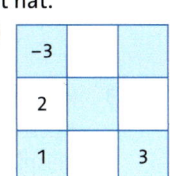

Hinweis zu 12a

Die Zahlen können negativ oder positiv sein. Finde Beispiele für unterschiedliche Kombinationen.

12 Ausblick: Die Kurzregel für die Vorzeichen beim Multiplizieren zweier ganzer Zahlen lautet „minus mal plus ergibt minus" und „minus mal minus ergibt plus".
a) Untersuche, welches Vorzeichen sich ergibt, wenn man drei (vier) Zahlen multipliziert.
b) Stelle eine allgemeine Regel auf, mit der du das Vorzeichen eines Produkts mit beliebig vielen Faktoren bestimmen kannst.

6.8 Ausmultiplizieren und Ausklammern

Lydia und Jan rechnen um die Wette im Kopf. Erkläre beide Ansätze und berechne. Tauscht euch zu zweit aus, welcher Rechenweg vorteilhafter ist. Begründe deine Wahl.

Lydia
$9 \cdot (-345)$
$= -(10 \cdot 345 - 345)$
$= ...$

Jan
$9 \cdot (-345)$
$= -(9 \cdot 300 + 9 \cdot 40 + 9 \cdot 5)$
$= ...$

Distributivgesetz

Erinnere dich

Distributivgesetz:
$a \cdot (b + c) = a \cdot b + a \cdot c$
$(a - b) \cdot c = a \cdot c - b \cdot c$
für beliebige Zahlen a, b, c.

Das Distributivgesetz gilt auch beim Rechnen mit ganzen Zahlen.

Beispiel 1
Wende das Distributivgesetz an und berechne.
a) $(-5) \cdot (100 - 1)$
b) $(-3) \cdot 41 - 3 \cdot 59$

Lösung:
a) Multipliziere -5 mit 100 und mit 1.

   Berechne dann $-500 - (-5)$.

$(-5) \cdot (100 - 1)$
$= (-5) \cdot 100 - (-5) \cdot 1$
$= -500 - (-5)$
$= -500 + 5 = -495$

b) Setze Klammern um die hintere (-3).
   Ergänze ein Plus als Rechenzeichen.

   Klammere -3 aus:
   Schreibe $41 + 59$ in die Klammer und die (-3) vor die Klammer.

   Berechne erst die Klammer und dann $(-3) \cdot 100$.

$(-3) \cdot 41 - 3 \cdot 59$
$= (-3) \cdot 41 + (-3) \cdot 59$
$= (-3) \cdot (41 + 59)$
$= (-3) \cdot 100 = -300$

Basisaufgaben

1 Wende das Distributivgesetz an und berechne.
a) $3 \cdot (12 - 30)$
b) $18 \cdot (1 - 30)$
c) $(-4) \cdot (-25 + 13)$
d) $(-9) \cdot (200 - 5)$
e) $(-1) \cdot (3 - 95)$
f) $(50 - 29) \cdot (-2)$
g) $(-25 + 10) \cdot (-4)$
h) $(100 - 25) \cdot (-2)$

2 Klammere aus und berechne.
a) $(-7) \cdot 8 + (-7) \cdot 2$
b) $(-18) \cdot 4 - (-18) \cdot 2$
c) $3 \cdot (-5) + 18 \cdot (-5)$
d) $17 \cdot (-3) + (-3) \cdot 9$
e) $(-8) \cdot 9 + 6 \cdot (-8)$
f) $(-9) \cdot 5 - 5 \cdot (-9)$
g) $-13 + 13 \cdot 10$
h) $(-4) \cdot 8 + 8 \cdot 10$

3 Kopfrechnen:
Nutze das Distributivgesetz und rechne geschickt im Kopf.
Beispiel: $3 \cdot (-58) = 3 \cdot (-60 + 2) = 3 \cdot (-60) + 3 \cdot 2 = -180 + 6 = -174$
a) $4 \cdot (-19)$
b) $(-3) \cdot 73$
c) $7 \cdot (-101)$
d) $98 \cdot (-6)$
e) $(-5) \cdot 115$
f) $(-4) \cdot (-17)$
g) $12 \cdot (-19)$
h) $(-17) \cdot 11$

4 Berechne. Überlege vorher, ob es sinnvoll ist, auszuklammern oder auszumultiplizieren.
a) $9 \cdot 8 - 9 \cdot 11$
b) $-4 \cdot (62 - 22)$
c) $15 \cdot 4 - 15 \cdot 20$
d) $-28 \cdot 5 - 12 \cdot 5$
e) $(200 + 20) \cdot (-2)$
f) $(62 + 38) \cdot (-7)$
g) $(100 - 1) \cdot (-18)$
h) $-15 \cdot 11 + 25 \cdot 8$

Klammern auflösen

Plusklammern

Eine Klammer, vor der ein Plus oder gar kein Rechenzeichen steht, heißt **Plusklammer**. Steht in der Klammer eine Summe, so kann man darauf das Assoziativgesetz anwenden:

$$23 + (9 - 13) = 23 + (9 + (-13))$$
$$= 23 + 9 + (-13)$$
$$= 23 + 9 - 13$$

Minusklammern

Eine Klammer, vor der ein Minus steht, heißt **Minusklammer**. Das Minus kann man als (–1) schreiben. Dann kann man auf die Klammer das Distributivgesetz anwenden:

$$3 - (-4 + 7) = 3 + (-1) \cdot (-4 + 7)$$
$$= 3 + (-1) \cdot (-4) + (-1) \cdot 7$$
$$= 3 + 4 - 7$$

Erinnere dich

Mit ganzen Zahlen lässt sich jede Differenz als Summe schreiben.

Wissen

Steht ein Pluszeichen vor einer Klammer, darf die Klammer weggelassen werden.

Beim Auflösen einer **Minusklammer** kehren sich alle Minus- und Pluszeichen in der Klammer um. Die Klammer und das Minus davor fallen weg.

Beispiel 2

Löse die Klammer auf und berechne.
a) –7 + (–13 + 21)   b) 33 – (–67 + 13)   c) 17 – (7 – 18)

Lösung:

a) Vor der Klammer steht ein Pluszeichen. Du kannst die Klammer also weglassen. Vereinfache Rechenzeichen und Vorzeichen, die aufeinander folgen.

    –7 + (–13 + 21)
    = –7 – 13 + 21 = 1

b) Vor der Klammer steht ein Minuszeichen. Ändere in der Klammer das Minus zu Plus und das Plus zu Minus. Lasse die Klammer und das Minus davor weg.

    33 – (–67 + 13)
    = 33 + 67 – 13 = 87

c) Die 7 in der Minusklammer hat kein Vorzeichen, ist also positiv. Kehre alle Zeichen in der Klammer um, lasse die Klammer und das Minus davor weg.

    17 – (7 – 18)
    = 17 – 7 + 18 = 28

Basisaufgaben

Lösungen zu 6

33   35   –69
   4   86
   109   51
       1   –1
  –113
  –22   –12

5 Löse die Plusklammer auf und berechne.
a) –37 + (–3 + 48)   b) 49 + (11 – 32)   c) 1 + (3 – 7 – 5)   d) (–91 + 5 – 85) + 85

6 Löse die Minusklammer auf und berechne.
a) –(5 + 7)   b) –(4 – 3)   c) –(–3 + 2)   d) –(–3 – 1)
e) –(–12 – 39)   f) 30 – (–72 + 67)   g) –6 – (34 – 73)   h) –3 – (7 – 20 – 76)
i) –13 – (–33 + 42) j) 35 – (–33 – 41)   k) –1 – (51 + 17)   l) –4 – (74 + 35)

7 Löse die Klammer auf und berechne. Kontrolliere dein Ergebnis, indem du die Aufgabe mithilfe der Vorrangregeln erneut löst.
a) 12 – (12 – 35)   b) 30 – (–10 + 56)   c) –4 – (–12 – 18)   d) 23 – (13 + 77)
e) 30 + (–10 + 56)   f) –4 + (–12 – 18)   g) 92 – (12 + 20)   h) –(100 – 1)

Weiterführende Aufgaben

Zwischentest

8 Löse die Klammer auf und berechne.
a) −(45 − 23)
b) −(−6 − 4 − 8)
c) −(−6 + 4 − 8)
d) 10 + (−2 − 3 − 4 − 1)
e) 0 − (−3 − 7 − 2 − 3)
f) 10 − (3 − 7 − 2 − 3)
g) (−2) · (10 + 9)
h) 62 − (105 − 42)
i) −3 · (40 − 4)
j) 33 + (67 − 482)
k) 0 + (23 − 68 − 19)
l) (−20 + 1) · (−50)

9 Entscheide, ohne zu rechnen, welche Rechenausdrücke das gleiche Ergebnis haben wie −9 · (40 − 59).

| −9 · (40 − 59) | 59 · 9 − 40 · 9 | (40 − 59) · (−9) | −9 · 40 + 9 · 59 |
| (−9 + 40) · (−9 − 59) | (59 − 40) · 9 | 9 · 59 − 40 · 59 | 9 · 59 − 9 · 40 |

 10 Stolperstelle: Mehdi hatte noch Schwierigkeiten mit seinen Mathehausaufgaben. Finde und korrigiere Mehdis Fehler.
a) −3 · (20 − 3) = −3 · 20 − 3 · 3
b) 71 − (−29 − 53) = 71 − 29 + 53

11 Berechne.
a) 18 · (−23) + 2 · (−23)
b) −64 · 21 − 36 · 21
c) 12 · (−37) + 12 · 37
d) −7 · 9 + (−6) · 9
e) 5 − 7 − (−2 − 7 − 1)
f) −(22 − 43) + 22 − 43
g) 12 · 11 + (−12)
h) −3 · 4 + 2 · (−3) − 3 · 6
i) $6 · (−194) − 6^2$

12 Berechne im Kopf. Zerlege dazu einen der Faktoren in eine Summe oder Differenz.
a) −5 · 31
b) 4 · (−18)
c) −49 · 8
d) −6 · (−52)

13 Hier fehlen Klammern. Übertrage die Rechnung und setze Klammern, sodass sie stimmt.
a) 6 − 2 + 8 = −4
b) 6 · (−2) + 6 · 5 = −30
c) −13 + 2 · 40 − 100 = 660

14 In der Fantasiewelt Spiegelland haben Körper negative Kantenlängen. Das Schachspiel aus dem Spiegelland hat zusammengeklappt die Maße −40 cm, −20 cm und −8 cm.
a) Alice möchte das schöne Holz mit Zauberfarbe besprühen, um es zu schützen. Eine Dose Zauberfarbe reicht für 30 dm² aus. Berechne möglichst geschickt, ob Alice mit einer Dose auskommt. Nutze das Distributivgesetz.
b) Erkläre, warum die Flächeninhalte der Seitenflächen auch im Spiegelland positiv sind.

15 a) Übertrage das Zauberquadrat vom Rand. Ergänze die fehlenden Zahlen so, dass die Summe der Zahlen in allen Zeilen, Spalten und Diagonalen gleich ist.
b) Zeichne ein weiteres Quadrat und multipliziere jede der neun Zahlen aus a) mit −2. Prüfe die Summen in den Zeilen, Spalten und Diagonalen.
c) Erläutere, welcher Zusammenhang zwischen den Summen aus a) und b) besteht. Schreibe dazu eine Rechnung auf.

16 Ausblick: Bilde aus den Zahlen, Rechenzeichen, Vorzeichen und Klammern einen Rechenausdruck. Jedes Zeichen soll genau einmal vorkommen.

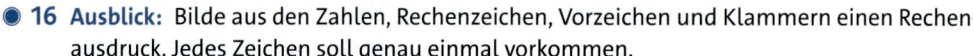

a) Der Wert des Rechenausdrucks soll möglichst groß sein.
b) Der Wert des Rechenausdrucks soll möglichst klein sein.
c) Der Betrag des Wertes des Rechenausdrucks soll möglichst klein sein.

6.9 Vermischte Aufgaben

1 Gib die Zahl an, die auf der Zahlengerade genau in der Mitte zwischen den Zahlen liegt.
   a) −5 und 5   b) −7 und −3   c) −7 und 11   d) 16 und −24

2 Eine Temperatur von 5 °C fühlt sich für uns bei Windstille, bei leichtem Wind und bei Sturm unterschiedlich an. Je stärker der Wind ist, desto niedriger erscheint uns die Temperatur. Man spricht vom sogenannten Wind Chill.
Die Tabelle unten zeigt dir, wie sich eine Temperatur von 5 °C bei unterschiedlichen Windgeschwindigkeiten anfühlt.

Windgeschwindigkeit in km/h	0	10	15	20	25	30
Gefühlte Temperatur in °C	5	2	−1	−3	−5	−6

   a) Berechne den Unterschied der gefühlten Temperatur zwischen einer Windgeschwindigkeit von 0 km/h und 30 km/h.
   b) Die gefühlte Temperatur nimmt unterschiedlich stark ab. Bestimme, zwischen welchen Windgeschwindigkeiten sie am wenigsten abnimmt.

3 Ergänze die fehlenden Zwischenergebnisse in der Rechenschlange, indem du von links nach rechts rechnest.

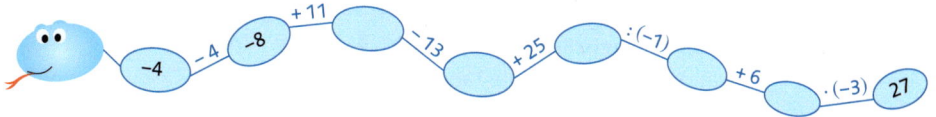

4 Lara meint, dass sie im Rechenausdruck 30 − 50 − 70 − 90 = −40 ein Klammerpaar setzen kann, sodass die Rechnung stimmt. Samira entgegnet, dass es wohl zwei Klammerpaare sein müssen. Nimm Stellung und begründe deine Antwort.

5 **Blütenaufgabe:** Die Inseln von Hawaii sind die höchsten Gipfel eines Tiefseegebirges. Die Inselgruppe liegt im Pazifik und hat ein tropisches Klima.

Der Mauna Kea ist mit 4205 m der höchste Berg von Hawaii. Bestimme, wie hoch der Gipfel über dem 5600 m tiefen Meeresboden liegt.

In der Umgebung von Hawaii liegen viele weitere Tiefseeberge. Einer von ihnen ist der Tuscaloosa, der 2765 m unter dem Meeresspiegel liegt. Das Meer ist an dieser Stelle 5600 m tief. Berechne, wie hoch der Tuscaloosa vom Meeresboden aus gemessen ist.

Die durchschnittliche Tagestemperatur auf dem 4170 m hohen Mauna Loa beträgt an einem Januartag −5 °C (−2 °C; −3 °C) und am Waikiki Beach 30 °C (22 °C; 24 °C). Berechne den Temperaturunterschied zwischen beiden Orten.

Loihi ist ein submariner Vulkan in der Nähe der Inselkette. Sein Gipfel liegt momentan etwa 3000 m über dem Meeresboden. Das Meer ist an dieser Stelle 3975 m tief. Durch austretende Lava wächst der Loihi 8 mm pro Jahr. Berechne, in wie vielen Jahren er die Wasseroberfläche erreichen könnte.

6 Entscheide, ob die Aussage wahr oder falsch ist. Begründe deine Entscheidung.
  a) Der Betrag einer negativen Zahl ist immer größer als 0.
  b) Die Gegenzahl einer negativen Zahl ist immer größer als 0.
  c) Die Differenz zweier negativer Zahlen ist immer negativ.
  d) Jede ganze Zahl ist auch eine natürliche Zahl.
  e) Jede natürliche Zahl ist auch eine ganze Zahl.

7 Löse die Aufgabe. Beschreibe dein Vorgehen.
  a) $-50 : (-5 \cdot 2)$
  b) $-130 - (-66 : 11)$
  c) $0 \cdot (-44) - (-6)$
  d) $10 - 8 \cdot (-9) + 3$
  e) $7 - (-7) + 36 : (-3)$
  f) $-2 \cdot (-6^2) - (-2) \cdot 2^4$
  g) $0 + ((-3 \cdot 14) : 6) : (-7)$
  h) $-7 \cdot 2 - (-8) : 4$
  i) $(-7 \cdot 2) - (-8) : 4$
  j) $-10 - (-36 - (-16))$
  k) $20 : (-2 \cdot (10 : (-5)))$
  l) $-32 - (8 + (-20)) : 2 - (-4)$

8 Schreibe die Zeichen auf Kärtchen, lege einige von ihnen nebeneinander und bilde daraus eine richtige Rechenaufgabe. Finde möglichst viele Aufgaben.

| = | + | · | – | – | 1 | 2 | 3 | 4 | (|) |

9 In den USA wird die Temperatur nicht wie bei uns in Grad Celsius (°C), sondern in Grad Fahrenheit (°F) gemessen. Zum Umrechnen der Temperaturen kannst du folgende Formeln verwenden:
Von Fahrenheit in Celsius: °C = (°F − 32) : 9 · 5
Von Celsius in Fahrenheit: °F = °C · 9 : 5 + 32
  a) Vervollständige die Tabelle.

°C	−10	−15	−5	0				
°F					−85	−4	5	50

Hinweis zu 9b MK
Beim Dividieren ergibt sich ein Rest. Runde sinnvoll, bevor du weiterrechnest.

  b) Temperaturen können nicht unter −273 °C sinken. Rechne in °F um. Recherchiere, warum man diese Temperatur absoluter *Null*punkt nennt.

10 Ergänze die fehlenden Zahlen und Rechenanweisungen.

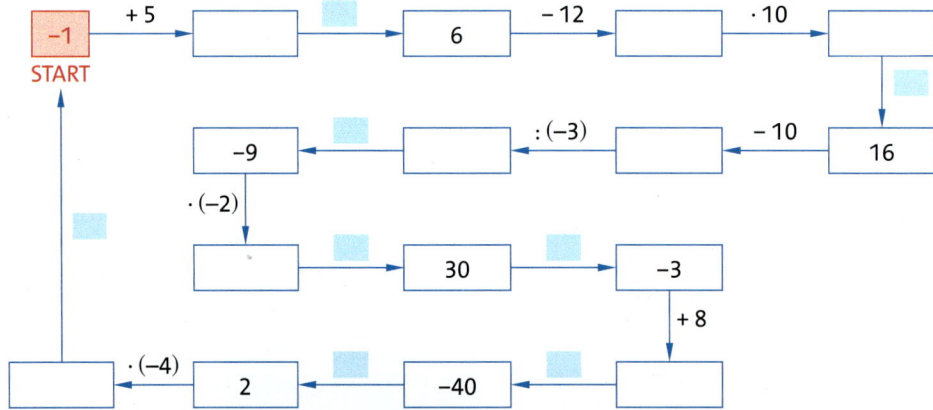

11 Zeichne in ein Koordinatensystem mit vier Quadranten möglichst viele Punkte mit einstelligen Koordinaten ein, sodass die Bedingung erfüllt ist.
Gib die Koordinaten der Punkte an und beschreibe die Lage der Punkte.
  a) Die y-Koordinate ist das Doppelte der x-Koordinate.
  b) Die Summe von x-Koordinate und y-Koordinate ist 5.
  c) Die y-Koordinate ist der Betrag der x-Koordinate.
  d) Die y-Koordinate ist 1 bei geraden x-Koordinaten und −1 bei ungeraden x-Koordinaten.

12 Übertrage die Rechenbäume und fülle sie aus. Gib auch die zugehörige Rechenaufgabe an.

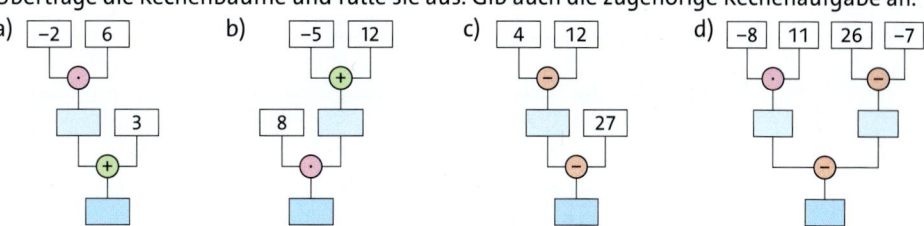

13 Ein Pirat hat vor vielen Jahren einen Goldschatz gefunden und auf einer unbewohnten Insel versteckt. Damit er den Schatz später wiederfindet, hat er sich die Schrittfolge vom großen Baum aus notiert. Dabei bedeutet 2/1, dass er von dem Punkt, an dem er steht, 2 Schritte in x-Richtung und 1 Schritt in y-Richtung geht.
Der große Baum steht bei (−2|−2). Von dort aus läuft der Pirat 2/1, dann 1/−2, 1/4, −3/1 und −2/−4. Dort ist der Schatz vergraben.

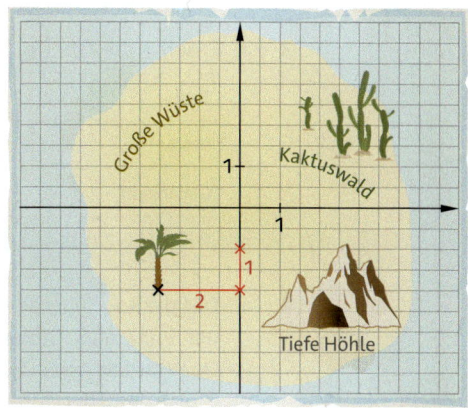

a) Trage den Startpunkt in ein Koordinatensystem ein. Zeichne den Weg ein, den der Pirat läuft. Gib die Koordinaten des Punktes an, an dem der Schatz vergraben ist.
b) Gib eine Schrittanweisung an, mit der der Pirat vom großen Baum direkt zu seinem Schatz kommt.
c) Entwirf eine eigene Schatzkarte und notiere eine Schrittfolge zum Schatz.

14 Negative Zahlen traten erstmals in dem chinesischen Mathematikbuch *Neun Kapitel der Rechenkunst* auf. Im alten China verwendete man negative Zahlen im Handel und beim Berechnen von Steuern. Dabei wurden zur Darstellung **positiver Zahlen** (Einnahmen, Guthaben) **rote Rechenstäbchen** und für **negative Zahlen** (Ausgaben, Schulden) **schwarze Rechenstäbchen** benutzt. Das Zahlensystem dahinter war ein Zehnersystem, wie unseres. Jede Zahl von 1 bis 9 konnte mit maximal fünf Stäbchen gelegt werden.

Damit die Position der Ziffer erkennbar ist, werden Einer waagerecht, Zehner senkrecht, Hunderter waagerecht, Tausender senkrecht und so weiter abwechselnd dargestellt.

senkrechte Anordnung	∣	∥	∥∣	∥∥	∥∥∣	⊤	⊤∣	⊤∥	⊤∥∣
waagerechte Anordnung	—	=	≡	≣	≣	⊥	⊥	⊥	≜
Zahlenwert	1	2	3	4	5	6	7	8	9

Beispiel: 3179 ∥∣ — ⊤∣ ≜

Im abgebildeten Kassenbuch entsprechen die nicht belegten Stellen der Null. Schreibe die Einnahmen und die Ausgaben vom Kassenbuch in unserem Zahlensystem und berechne den Kontostand.
Gib den Kontostand mit chinesischen Stäbchen an. Achte dabei auf die richtige Farbe der Stäbchen.

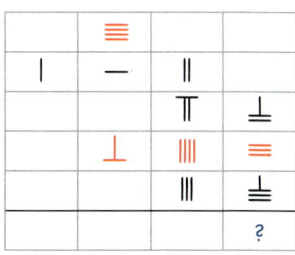

6 Prüfe dein neues Fundament

Lösungen → S. 249/250

1 Gib an, welche Zahlen durch die Buchstaben markiert sind.

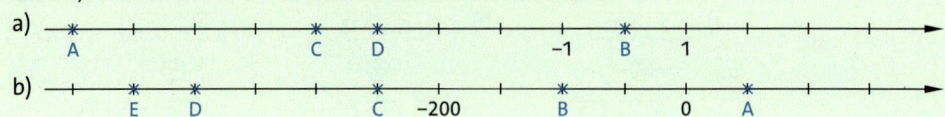

2 Zeichne eine geeignete Zahlengerade und markiere die Zahlen.
a) 7; 3; −1; −6; −5; 0; 5; −9; 4; 9
b) 5; 10; −45; 35; −40; 0; −15; −30; 40

3 a) Ergänze die Tabelle.

Zahl	−2	6		−3	33		−6	13		
Betrag									0	
Gegenzahl			5			−10				−333

b) Ordne die Zahlen in der ersten Zeile der Größe nach. Beginne mit der kleinsten Zahl.

4 a) Lies die Koordinaten der eingetragenen Punkte ab. Gib an, in welchem Quadranten jeder Punkt liegt.
b) Gib an, welcher Punkt die größte (die kleinste) x-Koordinate hat.
c) Gib an, welcher Punkt die größte (die kleinste) y-Koordinate hat.

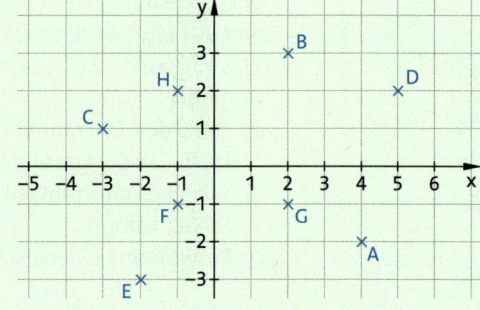

5 a) Zeichne in ein Koordinatensystem die Punkte A(−4|−3), B(4|−3), C(4|3) und D(−4|3).
b) Gib an, in welchem der vier Quadranten jeder der Punkte A, B C und D liegt.
c) Gib die Koordinaten der Mittelpunkte der Seiten des Rechtecks ABCD an.
Gib die Koordinaten des Schnittpunktes der Diagonalen dieses Rechtecks an.

6 Ein U-Boot befindet sich 420 Meter unter der Wasseroberfläche. Es steigt erst 17 Meter nach oben und sinkt dann von dort wieder 25 Meter nach unten. Veranschauliche die Bewegung des U-Boots als Zustandsänderung an einer Zahlengerade und gib an, in welcher Tiefe sich das U-Boot am Ende befindet.

Erinnere dich

Es gibt kein Jahr 0. Zwischen 1 v. Chr. und 1 n. Chr. ist genau 1 Jahr vergangen.

7 Berechne, wie alt die berühmten Persönlichkeiten geworden sind.

Augustus (erster römischer Kaiser)
63 v. Chr. bis 14 n. Chr.

Strabon (griechischer Geograph)
63 v. Chr. bis 23 n. Chr.

Aristoteles (griechischer Philosoph)
384 v. Chr. bis 322 v. Chr.

Varus (römischer Feldherr)
46 v. Chr. bis 9 n. Chr.

Ovid (römischer Dichter)
43 v. Chr. bis 17 n. Chr.

Sophokles (griechischer Dichter)
498 v. Chr. bis 406 v. Chr.

Tiberius (römischer Kaiser)
42 v. Chr. bis 37 n. Chr.

Germanicus (Olympiasieger im Wagenrennen)
15 v. Chr. bis 19 n. Chr.

Ganze Zahlen 6

Lösungen → S. 250

8 Rechne im Kopf.
a) $2 + (-9)$ b) $-8 + 8$ c) $-7 - 13$ d) $0 - 27$
e) $25 \cdot (-40)$ f) $2300 : (-100)$ g) $-3 : (-3)$ h) $77 - 78$
i) $-60 : 30$ j) $(-2)^3 \cdot (-3)^2$ k) $2 \cdot 3 \cdot (-1)$ l) $(-7)^5 : 0$

9 Löse die Klammer auf und berechne.
a) $45 - (45 - 78)$ b) $20 - (-20 + 56)$ c) $-20 - (-34 - 17)$ d) $47 - (32 + 45)$
e) $61 + (-32 + 75)$ f) $-5 + (-41 - 13)$ g) $-61 - (62 + 13)$ h) $34 - (-14 + 13)$

10 Berechne möglichst vorteilhaft.
a) $28 \cdot (-24) + 2 \cdot (-24)$ b) $-74 \cdot 22 - 47 \cdot 22$ c) $23 \cdot (-47) + 23 \cdot 47$
d) $-7 \cdot 8 + (-7) \cdot 8$ e) $5 - 7 - (-2 - 7 - 2)$ f) $-(52 - 44) + 52 - 44$
g) $25 \cdot 22 + (-25)$ h) $-4 \cdot 4 + 2 \cdot (-4) - 4 \cdot 7$ i) $7 \cdot (-284) - 7^2$
j) $30 : (-2) - 30 : (-2)$ k) $((-3)^3 - 10) \cdot 2$ l) $(8 - 18)^2 : (-75 + 50)$

11 Auf der Zugspitze wurden in einer Woche jeweils morgens und abends die Temperaturen gemessen.
a) Berechne für alle Wochentage den Temperaturunterschied zwischen den beiden Messwerten.
b) Gib an, an welchen Wochentagen sich die Temperatur zwischen den Messungen am meisten und am wenigsten verändert hat.

	morgens	abends
Mo	−16 °C	−14 °C
Di	−15 °C	−8 °C
Mi	−7 °C	−4 °C
Do	−4 °C	2 °C
Fr	0 °C	−1 °C
Sa	−3 °C	−7 °C
So	−9 °C	−12 °C

12 Ordne die Zahlen absteigend in einer Kette.

−66   77   −766   767   −677   −67   −76   676

13 Ersetze den Platzhalter ■ durch eine Zahl, sodass die Rechnung stimmt.
a) $-35 \cdot ■ = 350$ b) $■ \cdot 100 = -600$ c) $5 \cdot ■ = -550$ d) $■ \cdot 7 = -21$
e) $-12 : ■ = 12$ f) $■ : 1000 = -272$ g) $-560 : ■ = -80$ h) $■ : (-2) = 0$

Wo stehe ich?

	Ich kann …	Aufgabe	Schlag nach
6.1	… ganze Zahlen auf einer Zahlengerade ablesen und darstellen.	1, 2	S. 196 Beispiel 1
6.2	… Punkte im Koordinatensystem mit vier Quadranten darstellen.	4, 5	S. 198 Beispiel 1
6.3	… ganze Zahlen vergleichen und ordnen. … den Betrag und die Gegenzahl ganzer Zahlen angeben.	3, 12	S. 200 Beispiel 1 S. 200 Beispiel 2
6.4	… Zustandsänderungen beschreiben.	6	S. 202 Beispiel 1
6.5	… ganze Zahlen addieren und subtrahieren.	7, 8, 9, 10, 11	S. 205 Beispiel 1 S. 207 Beispiel 2
6.6	… ganze Zahlen multiplizieren und dividieren.	8, 10, 13	S. 211 Beispiel 1 S. 212 Beispiel 2 S. 213 Beispiel 3
6.7	… mit ganzen Zahlen in allen Rechenarten unter Beachtung der Vorrangregeln geschickt rechnen.	8, 9, 10	S. 216 Beispiel 1 S. 216 Beispiel 2
6.8	… das Distributivgesetz beim Rechnen mit ganzen Zahlen anwenden. … Plus- und Minusklammern auflösen.	9, 10	S. 218 Beispiel 1 S. 219 Beispiel 2

Prüfe dein neues Fundament

6 Zusammenfassung

Ganze Zahlen und die Zahlengerade	Die natürlichen Zahlen und ihre **Gegenzahlen** bilden zusammen die **ganzen Zahlen** (kurz ℤ).	Natürliche Zahlen: 0, 1, 2, 3 … Ganze Zahlen: … −3, −2, −1, 0, 1, 2, 3 …
	Auf der **Zahlengerade** gilt: Negative Zahlen liegen links von der Null, positive Zahlen liegen rechts von der Null.	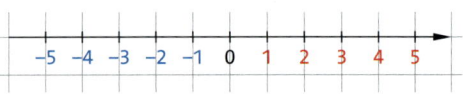
	Von zwei Zahlen ist diejenige größer, die auf der Zahlengerade weiter rechts liegt.	−3 > −5 −3 < −1 < 0 < 2
	Der **Betrag** einer Zahl ist ihr Abstand zur Null.	|4| = 4 |−4| = 4 |0| = 0
Koordinatensystem mit vier Quadranten	Die **x-Achse** und die **y-Achse** eines Koordinatensystems teilen die Ebene in vier **Quadranten**. Ein Punkt P(x|y) liegt im … … Quadrant I, falls x > 0 und y > 0, … Quadrant II, falls x < 0 und y > 0, … Quadrant III, falls x < 0 und y < 0, … Quadrant IV, falls x > 0 und y < 0.	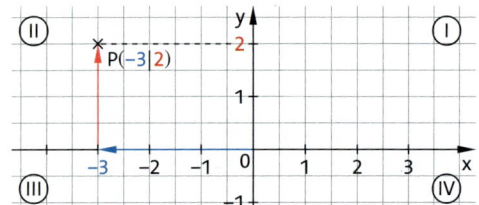
Ganze Zahlen addieren und subtrahieren	Bei der Addition einer positiven Zahl geht man auf der Zahlengerade nach rechts.	−6 + 4 = −2 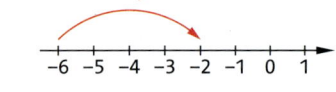
	Bei der Subtraktion einer positiven Zahl geht man auf der Zahlengerade nach links.	2 − 5 = −3 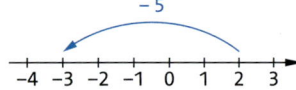
	Beim Addieren und Subtrahieren kann man die Schreibweise vereinfachen: Zwei Minuszeichen hintereinander ergeben Plus. Ein Plus und ein Minus können durch Minus ersetzt werden.	−7 − (−5) = −7 + 5 = −2 2 + (−6) = 2 − 6 = −4

Ganze Zahlen multiplizieren und dividieren	Man multipliziert oder dividiert nur die Beträge der Zahlen.
	Haben die Zahlen dasselbe Vorzeichen, so ist das Ergebnis positiv. Haben sie verschiedene Vorzeichen, so ist das Ergebnis negativ.
	   + mal + = + + mal − = −
	   − mal − = + − mal + = −
		−5 · (−6) = 5 · 6 = 30
		−18 : (−9) = 18 : 9 = 2
		−2 · 8 = −(2 · 8) = −16
		16 : (−4) = −(16 : 4) = −4

Vorrangregeln	Die Merkregel „KlaPoPS" gibt die Reihenfolge auch beim Rechnen mit ganzen Zahlen an: Klammer, Potenz, Punktrechnung, Strichrechnung. Ansonsten rechnet man von links nach rechts.	−28 + (6 + 14) = −28 + 20 = −8 −12 + (−2)³ · 11 = −12 + (−8) · 11 = −12 − 8 · 11 = −12 − 88 = −100 16 − 36 + 40 = −20 + 40 = 20
Klammern bei ganzen Zahlen	Das Distributivgesetz gilt auch beim Rechnen mit ganzen Zahlen.	(−5) · (100 − 1) = (−5) · 100 − (−5) · 1 = −495
	Beim Auflösen einer **Minusklammer** kehren sich alle Minus- und Pluszeichen in der Klammer um. Die Klammer und das Minus davor fallen weg.	−(5 − 8) = −5 + 8 7 − (−6 + 5 − 3) = 7 + 6 − 5 + 3 = 11

7 Komplexe Aufgaben

Die folgenden Aufgaben verbinden Kapitel dieses Buches und methodische Kompetenzen.

Zahlen bitte

1 Kira spielt mit ihrer kleinen Schwester Sina im Kaufladen einkaufen.
  a) „Das macht 1,39 €. Haben Sie es klein?", fragt Sina. Kira überlegt, wie viele Euro- und Cent-Münzen (also 1 ct, 2 ct, 5 ct, 10 ct, 20 ct, 50 ct, 1 €, 2 €) sie mindestens benötigt, um den Betrag zu zahlen. Erkläre, wie du bezahlen würdest.
  b) Schreibe auf, wie viele und welche Münzen du mindestens benötigst, um alle Beträge zwischen 1,80 € und 2,00 € genau bezahlen zu können.

Beide stellen fest, dass nicht mehr genug Scheine in der Kasse sind. Sie erfinden ihre eigene Währung, den SIRA. In dieser Währung gibt es nur folgende Scheine:
1 SIRA, 5 SIRA, 25 SIRA und 125 SIRA. Sie schneiden jeweils 4 Scheine von jeder Sorte aus.
  c) Bestimme die SIRA-Beträge, die sie mit ihrem Spielgeld bezahlen können.
  d) Bestimme die Anzahl der Sira-Scheine, die mindestens benötigt werden, um alle Beträge zwischen 190 SIRA und 200 SIRA bezahlen zu können.

Kira macht noch einen anderen Vorschlag und erfindet die Währung KINA. Hier gibt es folgende Scheine: 1 KINA, 2 KINA, 4 KINA, 8 KINA, 16 KINA, 32 KINA, 64 KINA und 128 KINA. Jeden Schein gibt es nur einmal.
  e) Prüfe, ob man 12 KINA, 31 KINA, 120 KINA oder 140 KINA mit diesen Scheinen bezahlen kann.
  f) Bestimme die Anzahl der Scheine, die mindestens benötigt werden, um alle Beträge zwischen 100 KINA und 120 KINA zu begleichen.
  g) Stell dir vor, dass es statt der zur Zeit existierenden EURO-Scheine und Cent-Münzen künftig nur noch folgende Zahlungsmittel gibt: 1 ct, 10 ct, 100 ct, 1000 ct und 10 000 ct. Was hältst du von der Währungsumstellung? Begründe deine Antwort.

Puzzle mit Streichhölzern

2 a) Lege in Bild ① vier Streichhölzer so um, dass drei Rauten entstehen.
  b) Lege in Bild ② vier Hölzer so um, dass vier gleich große Quadrate entstehen.
  c) Füge in Bild ③ fünf Streichhölzer so hinzu, dass vier gleich große Trapeze entstehen.

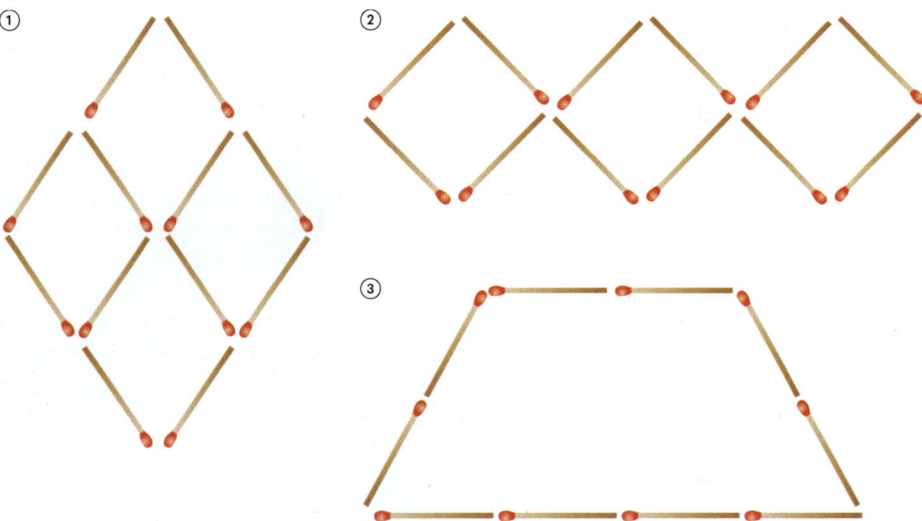

Komplexe Aufgaben 7

Auf zu fernen Welten

3 Jans ältere Schwester ist schon in Klasse 9. Manchmal redet sie anders als Jan. Sie sagt zum Beispiel: „Ein Containerschiff hat eine Masse von 350 000 Tonnen." statt „Es wiegt 350 000 Tonnen." Im Internet findet Jan eine Erklärung: „Solange man auf der Erde bleibt und sich etwas nicht bewegt, ist der Unterschied zwischen Masse und Gewicht praktisch egal. Ein Astronaut in einer Raumkapsel kann jedoch, wie man in vielen Filmen sieht, schwerelos sein: Seine Masse bleibt gleich, nur sein Gewicht hat sich verändert."
Weiter liest er: „Dass Masse und Gewicht nicht gleich sind, kann jeder erfahren. Man benötigt eine Personenwaage und einen Aufzug. Wenn der Aufzug hochfährt, verändert sich dein Gewicht: Die Waage zeigt mehr an, obwohl du natürlich nicht zugenommen hast."

Planet	Merkur	Venus	Erde	Mars	Jupiter	Saturn	Uranus	Neptun
Entfernung von der Sonne (in Mio. km)	59	108	150	228	778	1427	2870	4497
1 kg Masse wiegt hier rund	380 g	910 g	1000 g	380 g	2400 g	1100 g	900 g	1100 g

Hinweis zu a

Wenn man von Gewicht spricht, meint man umgangssprachlich immer das Gewicht auf der Erde.

Info

Mit dieser Geschwindigkeit könnte man in weniger als 30 Minuten einmal um die Erde fliegen.

a) Stell dir vor, du könntest die Planeten unseres Sonnensystems besuchen und dich dort auf eine Waage stellen. Gib an, welches Gewicht die Waage jeweils anzeigen würde.
b) In spätestens 8 000 000 000 Jahren wird unsere Erde nicht mehr bewohnbar sein, da unsere Sonne stirbt. Deswegen sucht man nach Alternativen. 2011 stand in der Zeitung, dass eine neue Erde entdeckt wurde. Sie gehört zu einer anderen Sonne, dem Stern Kepler 20. Er ist von unserer Erde unglaubliche 10 000 Billionen Kilometer entfernt. Natürlich möchte man gern zu dieser Erde reisen. Einige Wissenschaftler sagen, dass man in den nächsten 20 Jahren durchaus Raumschiffe bauen könnte, die mehr als 100 000 km in der Stunde zurücklegen. Im Jahr könnte man dann rund eine Milliarde km zurücklegen. Berechne, wie viele Jahre die Reise zu der neuen Erde in so einem Raumschiff ungefähr dauern würde.
c) Bestimme die Strecke, die man mindestens zurücklegen muss, um von der Erde zum Neptun zu gelangen. Gib die ungefähre Reisedauer an, wenn man so schnell wie das Licht reisen könnte. Das Licht legt in einer Stunde rund 1 000 000 000 km zurück.
d) Ein Experte hat ausgerechnet, dass alle 180 Billionen Jahre alle Planeten unseres Sonnensystems genau in einer Reihe stehen – also Merkur, Venus, Erde, Mars, Jupiter, Saturn, Uranus und Neptun. Stellt 9 Schüler auf dem Schulhof so auf, dass die Abstände der Planeten von der Sonne maßstabsgetreu dargestellt werden.

Das Haus der Vierecke

4 Theresa hat von ihrer Lehrerin eine Projektaufgabe bekommen: Sie soll die Vierecke in einem Netz strukturieren, sodass man Zusammenhänge gut erkennt. Sie soll besonders berücksichtigen, welche Seiten bei den einzelnen Viereckstarten gleich lang sind und ob es parallele Seiten gibt. Theresa hat wie folgt begonnen:

a) Ihre Freundin Nele meint, dass das Rechteck zwischen das allgemeine Viereck und das Trapez gesetzt werden muss, weil im Trapez nur zwei Seiten parallel sind.
Hat Nele recht? Begründe deine Antwort.
b) Die Lehrerin hat Theresa gesagt, dass man beim Quadrat aufpassen muss, da hier die Linien wieder zusammenlaufen. Beschreibe, was die Lehrerin damit wohl meint.
c) Vervollständigt das Netz in Teams. Vergleicht anschließend eure Lösungen.

Renovierung

5 Familie Moritz plant die Renovierung ihrer 3 m hohen Altbauwohnung. Sie möchte alle Wände und alle Decken im Schlafzimmer (4 m lang und 5 m breit), im Kinderzimmer (4 m lang und 3 m breit) sowie im Wohnzimmer (5 m lang und 6 m breit) neu streichen.
a) Berechne die Renovierungskosten, wenn ein 10-ℓ-Eimer, der für 90 m² ausreicht, 27,99 € kostet.
b) Der Baumarkt bietet auch Eimer mit 5 Liter Wandfarbe ausreichend für 45 m² an. Familie Moritz möchte noch zusätzlich die Wände und die Decke in der Küche (5 m lang und 5 m breit) streichen. Im Baumarkt rät man, drei 10-ℓ-Eimer und einen 5-ℓ-Eimer zu kaufen. Begründe, ob du diesen Vorschlag sinnvoll findest.

Fußballstadion

6 Ein Fußballstadion bietet 61 673 Zuschauern Platz. Das Spielfeld ist 6 m vom Rand der Tribüne entfernt und misst 105 m × 68 m.
a) Fertige eine maßstabsgetreue Skizze des Spielfelds im Maßstab 1 : 1000 an.
b) Berechne den Flächeninhalt des Spielfelds. Prüfe, ob das Spielfeld größer oder kleiner als 1 Hektar ist.
c) Berechne, welches Gewicht die Tribünen aushalten müssen, wenn alle Plätze ausverkauft sind. Rechne mit etwa 90 kg pro Zuschauer.

Holzklötze

7 Marvins kleiner Bruder spielt gern mit Holzklötzen. Er legt mit gleich großen Klötzen immer unterschiedliche Figuren.

a) Bestimme die Länge der beiden anderen Kanten eines Klotzes in der nebenstehenden Figur, wenn seine kürzeste Kantenlänge 1 cm beträgt. Beschreibe dein Vorgehen.
b) Gib das Gesamtvolumen der Figur an. Erkläre dein Vorgehen.
c) Prüfe, ob sich durch Hinzufügen weiterer Klötze ein Würfel bauen lässt. Begründe deine Entscheidung. Gib die Kantenlänge eines solchen Würfels an.
d) Marvin möchte die Holzklötze mit einer Sprühdose lackieren. Eine Sprühdose mit 400 mℓ reicht für etwa 3 m². Gib an, wie viele Klötze er mindestens besprühen könnte.

Getränketransport

8 Viele Waren werden auf sogenannten Europaletten transportiert. Solche Paletten sind 80 cm breit, 120 cm lang und wiegen ca. 20 kg. Der Transport für eine Getränkefirma soll mit einem Sattelzug erfolgen, dessen Ladefläche 2,4 m breit und 13,6 m lang ist. Er darf mit höchstens 28 450 kg beladen werden.

> **Info**
> Ein Sattelzug ist ein Lkw, der aus einer kurzen Zugmaschine und einem langen Anhänger besteht. Der Anhänger wird auf die Zugmaschine wie der Sattel auf ein Pferd aufgelegt.

Mit dem Sattelzug sollen in Kartons verpackte Flaschen aus Glas mit jeweils 750 mℓ Mineralwasser transportiert werden. In jedem Karton sind 12 Flaschen. Auf einer Palette befinden sich 56 Kartons. Die voll gepackte Palette ist 935 kg schwer. Die Paletten dürfen nicht gestapelt werden.

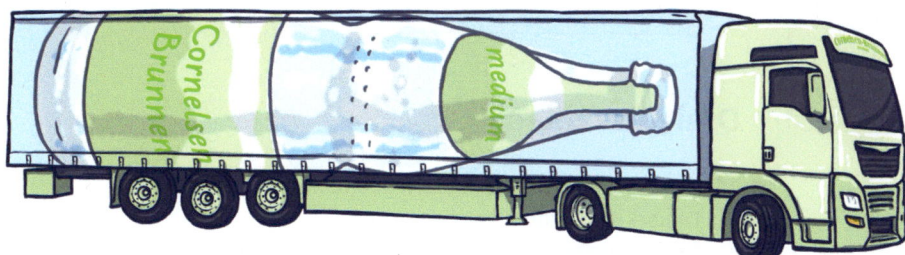

a) Bestimme die Anzahl der Europaletten, die auf der Ladefläche des Sattelzugs Platz haben. Fertige dazu eine Skizze an.
b) Bestimme die Anzahl der voll gepackten Paletten, die der Sattelzug transportieren darf, ohne dass er überladen wird. Gib die Anzahl der Wasserflaschen an, die er dann geladen hat.
Runde das Ergebnis auf Tausend.
c) Bestimme die Anzahl der Sattelzüge mit Wasser, die ungefähr pro Monat in einen Ort mit 1 000 000 Einwohnern fahren, wenn man von 30 Tagen im Monat und 3 Flaschen pro Person und Tag ausgeht.
d) Schätze, wie viele Flaschen ein Sattelzug transportieren könnte, wenn das Wasser in PET-Flaschen anstatt in Glasflaschen abgefüllt wäre. Eine typische PET-Flasche ist etwa 100 g leichter als eine Glasflasche.

Null gewinnt

  9 Arbeitet zu zweit oder zu dritt. Jeder Spieler erhält zunächst 99 Punkte. Es wird mit zwei Würfeln gewürfelt. Bei jedem Wurf könnt ihr entscheiden, ob ihr die Augenzahlen addieren, subtrahieren oder multiplizieren wollt:

→ 6 + 3 = 9
→ 6 − 3 = 3
→ 3 − 6 = −3
→ 3 · 6 = 18

Hinweis
Schreibt euren Punktestand nach jeder Runde auf.

Ziel des Spiels ist es, genau 0 Punkte zu erzielen. Dieses Ziel kann man erreichen, indem man die errechnete Zahl aus beiden Augenzahlen entweder zu den aktuellen Punkten addiert oder davon subtrahiert. Euer Punktestand kann dabei auch negativ werden. Gewonnen hat, wer zuerst 0 Punkte erzielt oder nach 12 Runden der Null am nächsten ist.

Kreuzzahlrätsel

10 Übertrage das Kreuzzahlrätsel und fülle es aus. Beachte, dass das Minuszeichen ein eigenes Kästchen erhält.

Waagerecht:
2 −7 − 35
4 −222 · (−25)
7 −88 + 98
8 1111 − 15 · 64 − 10
10 −50 + 34 · 9
12 −95 : (−5)
13 2 · 10^3 + 789
15 95 − 152

Senkrecht:
1 −5 · 10^3 − 123
2 (−75) : 15
3 500 − 3 · 33
5 −5 · (−101)
6 −999 − 555 − 444
9 −19 · (−22)
11 (−25)^2
14 −154 : (−2)

Dreieckszahlen

11 Zahlen, die wie in den Bildern in einem Dreieck angeordnet werden können, heißen Dreieckszahlen.

○

a) Ergänze die nächsten drei Bilder der Bilderfolge. Beschreibe, was sich in jedem Bild ändert.
b) Bestimme die Anzahl der Punkte nach jedem Schritt. Schreibe die Zahlen als Folge auf.
c) Beschreibe das Muster der Folge und berechne die weiteren drei Dreieckszahlen.
d) Theo behauptet: „Bei Dreieckszahlen wechseln sich immer zwei gerade und zwei ungerade Zahlen ab." Prüfe, ob Theo recht hat. Begründe.
e) Zeige mit den Bildern, dass sich die ersten beiden Dreieckszahlen zu einem Quadrat zusammenlegen lassen. Untersuche, ob das immer für zwei aufeinanderfolgende Dreieckszahlen gilt. Begründe deine Antwort.
f) Finde heraus, welche Dreieckszahlen zusammengelegt werden müssen, damit das Quadrat die Seitenlänge 5 (7; 10; 15) hat.

8

Methoden

Kopiere die Seiten in diesem Abschnitt und schneide die Methodenkarten aus. Dann kannst du die Karten länger verwenden und mit eigenen Notizen ergänzen.

Methodenkarte 5 A — Sachaufgaben bearbeiten

Beim Lösen einer Sach- oder Textaufgabe können dir folgende Schritte helfen.

① Lies die Aufgabe mehrmals durch.
Worum geht es und wonach ist gefragt?

② Verstehst du alle Informationen im Text?
Schreibe auf, was gegeben und was gesucht ist.

③ Hilft dir eine Skizze, Tabelle, Formel …?
Was kannst du zuerst berechnen?
Welche Rechenoperation (Addition, Multiplikation …) brauchst du?

④ Führe eine Überschlagsrechnung durch oder schätze, in welcher Größenordnung das Ergebnis liegen müsste.

⑤ Löse die Aufgabe.
Achte besonders darauf, dass du auch später gut nachvollziehen kannst, was du gerechnet hast.

⑥ Vergleiche das Ergebnis mit der Überschlagsrechnung oder Schätzung.
Führe – wenn möglich – eine Probe durch.
Lies noch einmal die Aufgabenstellung durch und überlege, ob dein durch Berechnung gewonnenes Ergebnis wirklich die Lösung der Sachaufgabe sein kann.

⑦ Formuliere einen Antwortsatz.

Methodenkarte 5 B — Tipps für die Arbeit in der Gruppe

Bei der Arbeit in einer Gruppe arbeitest du mit anderen Mitschülern zusammen. Natürlich gelten auch dabei die Klassenregeln, die ihr vereinbart habt. Damit Gruppenarbeit gelingt, solltet ihr einige Dinge beachten.

① Stellt die Tische so auf, dass ihr bei euren Gesprächen andere Gruppen nicht stört.

② Legt euch die Materialien zurecht, die ihr für die Aufgabe benötigt.

③ Klärt zu Beginn, was genau zu tun ist.

④ Legt eine Uhr auf den Tisch und notiert, wann ihr die Bearbeitung der Aufgabe abgeschlossen haben müsst. Bearbeitet dann die Aufgabenstellung.

⑤ Alle Gruppenmitglieder beteiligen sich an der Lösung der Aufgabe. Alle dürfen ausreden und ihre Ideen vortragen, während die anderen zuhören.
Manchmal ist es hilfreich, einen Gegenstand zu verwenden – nur wer diesen Gegenstand gerade in der Hand hat, darf etwas sagen.

⑥ Achtet auf die Zeit, damit ihr pünktlich fertig werdet.

⑦ Wenn Schwierigkeiten auftreten oder ihr nicht weiterkommt, fragt eure Lehrkraft.

⑧ Alle machen sich Notizen und schreiben die Rechenwege und Ergebnisse auf.

⑨ Helft euch in der Gruppe gegenseitig. Alle sind für das Ergebnis der Gruppe verantwortlich. Alle müssen das Ergebnis verstehen und vorstellen können.

Methoden

Methodenkarte 5 C — Lösungswege begründen

Bei der Vorstellung deines eigenen Lösungswegs solltest du darauf achten, dass deine Zuhörer deine Vorgehensweise nachvollziehen können. Diese Fragen können dir bei der Vorbereitung der Präsentation helfen:

① *Welche Informationen aus der Aufgabenstellung sind für den Lösungsweg von Bedeutung?*
Zunächst muss klar sein, was das Ziel der Aufgabe ist. Entnimm dem Text (der Aufgabe, dem Schaubild …) Informationen, die du für den Lösungsweg brauchst.

② *Welche Schritte haben zur Lösung geführt?*
Führe Zwischenschritte vollständig aus, ohne einzelne Abschnitte zu überspringen, damit deine Zuhörer dir Schritt für Schritt folgen können.

③ *Welche Hilfsmittel hast du genutzt?*
Nenne zusätzliche Hilfsmittel, die du auf dem Lösungsweg verwendet hast, insbesondere, wenn sie nicht explizit in der Aufgabe genannt wurden (zum Beispiel Taschenrechner, Orientierung an anderen Aufgaben, Zeichnungen oder Skizzen).

④ *Welche Stellen sind schwierig und bedürfen besonderer Aufmerksamkeit?*
Weise deine Zuhörer auf besondere Schwierigkeiten hin, zum Beispiel typische Stolperstellen oder Fehler, die du während deiner Rechnung gemacht hast und die auch deinen Zuhörern passieren können.

⑤ *Wie kann ich die Lösung überprüfen?*
Eine kritische Betrachtung der Lösung ist notwendig. Entscheide beispielsweise durch Überschlag, ob deine Lösung realistisch ist. Mache – wenn möglich – eine Probe, um sicherzugehen.

Methodenkarte 5 D — Lernpläne

Lernpläne sind ein Hilfsmittel zur Freiarbeit. Jeder Lernplan beginnt mit einer Übersicht „Materialien zum Erarbeiten". Dort steht, wo du Beispiele zu den Themen des Lernplans findest. Zu vielen Themen gibt es auch Erklärvideos, die im Lernplan verlinkt sind.

Thema	Link	✓
Längen in der Wirklichkeit berechnen	☐ S. 36 Beispiel 1: Mit dem Maßstab Längen in der Wirklichkeit berechnen	
	Erklärvideo: Mit dem Maßstab Längen in der Wirklichkeit berechnen	

Danach sind Aufgaben vorgegeben, die du in einem bestimmten Zeitraum (zum Beispiel einer Woche) bearbeiten sollst. Dabei lernst du unter anderem, deine Zeit gut einzuteilen und selbst einzuschätzen, ob du ein Thema verstanden hast oder noch weiter üben musst. Bearbeite zuerst alle Aufgaben aus dem Block „Basis", um die Grundlagen des Themas zu üben. Löse dann zu jedem Thema eine Aufgabe aus dem Bereich „Plus". Überprüfe deine Ergebnisse. Wenn du mit einem Thema noch Schwierigkeiten hast, bearbeite weitere Aufgaben dazu.

Thema	Link	☺	😐	☹
Mit Maßstäben rechnen	☐ S. 38 Nr. 9			
	☐ S. 39 Nr. 11			
Maßstab bestimmen	☐ S. 39 Nr. 13 a) – c)			

Wenn du alles verstanden hast, gibt es in den Aufgaben „für Experten" etwas zum Knobeln.

Methodenkarte 5 E — Selbsteinschätzungsbögen

Ein Selbsteinschätzungsbogen kann dir helfen, dir einen Überblick über die Inhalte eines Themas zu verschaffen, zum Beispiel vor einer Klassenarbeit. Das Ziel ist es herauszufinden, an welchen Stellen du noch unsicher bist und was du schon sicher beherrschst.

① Sieh dir alle Inhalte eines Themas der Reihe nach an (zum Beispiel in der Tabelle „Wo stehe ich?" am Ende jedes Kapitels) oder erstelle selbst eine Liste mit allen wichtigen Inhalten.

② Entscheide bei jedem Unterpunkt, ob du den gefragten Inhalt beherrschst. Antworte ehrlich! Wenn du dir unsicher bist, bearbeite eine passende Aufgabe (zum Beispiel aus der dritten Spalte von „Wo stehe ich?"), um deine Fähigkeiten zu überprüfen.

③ Wenn du noch Schwierigkeiten hast, dann sieh dir die in der Tabelle genannten Beispiele an. Sie helfen dir, dich mit den Inhalten wieder vertraut zu machen.

④ Löse passende Aufgaben. Du kannst Aufgaben aus dem Buch bearbeiten oder deine Lehrkraft nach weiteren Aufgaben fragen und sie um Hilfe bitten, wenn du noch Schwierigkeiten hast.

Achtung! Auch Inhalte, bei denen du dich sicher fühlst, müssen regelmäßig aufgefrischt werden. Sie können für spätere Themen wichtig sein.

Wo stehe ich?

	Ich kann …	Aufgabe	Schlag nach
6.1	… ganze Zahlen auf einer Zahlengerade ablesen und darstellen.	1, 2	S. 196 Beispiel 1
6.2	… Punkte im Koordinatensystem mit vier Quadranten darstellen.	4, 5	S. 198 Beispiel 1
6.3	… ganze Zahlen vergleichen und ordnen. … den Betrag und die Gegenzahl ganzer Zahlen angeben.	3, 12	S. 200 Beispiel 1 S. 200 Beispiel 2
6.4	… Zustandsänderungen beschreiben.	6	S. 202 Beispiel 1

Methodenkarte 5 F — Arbeiten mit dem Internet

Das Internet kann dir helfen, schnell Antworten auf deine Fragen zu finden. Es liefert eine Vielzahl von Erklärungen, Aufgaben, Videos, interaktiven Übungen und vieles mehr. Um konkret auf deine Fragen Antworten zu finden, helfen dir Suchmaschinen.

Wenn du in einer Suchmaschine nach einem bestimmten Begriff suchst, bekommst du oft sehr viele Ergebnisse, von denen die meisten nicht nützlich sind. Sie sind zu komplex oder nicht das, wonach du eigentlich gesucht hast. Deshalb ist es hilfreich, die Suche möglichst genau einzugrenzen.

Beispiel: Statt nach „Maßstab" zu suchen, könntest du eine der folgende Suchanfragen stellen: „Maßstab Erklärung für Schüler", „Maßstab Aufgaben Mathematik", „Maßstab Übungen mit Lösungen".

Es gibt Internetseiten, die speziell für Schüler gemacht sind. Dort findest du oft gut verständliche Antworten auf deine Fragen. Häufig werden dir jedoch bei den Ergebnissen auf deine Suchanfrage private Seiten oder Foren vorgeschlagen. Hier musst du wachsam sein. Nicht immer kann garantiert werden, dass die Antworten, die dort gegeben werden, auch richtig sind. Es gibt häufig keine Kontrolle. Versuche dich deshalb nur auf Seiten zu bewegen, die du kennst. Du kannst auch deine Lehrkraft nach Internetseiten fragen, die gute Erklärungen und Aufgaben für Schüler anbieten. Wenn du Internetseiten gefunden hast, die für dich hilfreich sind, speichere sie dir unter den „Favoriten" ab oder setze dir ein „Lesezeichen", damit du sie immer wieder findest.

Methoden

Methodenkarte 5 G — Aufgaben zum entdeckenden Üben bearbeiten

Eine Aufgabe zum entdeckenden Üben hat immer eine besondere Struktur. Sie besteht aus mehreren Teilaufgaben, die in sich zusammenhängen. Daher müssen die Teilaufgaben auch in der vorgegebenen Reihenfolge gelöst werden.

Du erkennst eine Aufgabe zum entdeckenden Üben an einem Hinweis am Rand.

Die Aufgabe dient dazu, dass du beim systematischen Üben von Rechenwegen und Methoden eigenständig mathematische Zusammenhänge entdeckst. Um das zu erreichen, ist es wichtig, dass du dich beim Lösen der Aufgabe an diesen Fahrplan hältst:

① Löse die erste Teilaufgabe.

② Bevor du die nächste Teilaufgabe löst, vergleiche sie mit der vorherigen Teilaufgabe. Was hat sich im Vergleich zur vorherigen Teilaufgabe geändert? Was ist gleich geblieben?

③ Stelle eine Vermutung auf, wie sich die Änderung auf das Ergebnis auswirken wird.

④ Überprüfe deine Vermutung, indem du die Teilaufgabe löst.

⑤ Wiederhole das Vorgehen bei jeder neuen Teilaufgabe.

⑥ Überlege, welche Zusammenhänge dir beim Lösen der Teilaufgaben aufgefallen sind. Formuliere deine Entdeckungen in eigenen Worten und tausche dich dazu mit deiner Klasse aus.

Methodenkarte 5 H — Tipps zur Heftführung

Wenn du dein Heft ordentlich führst, hast du immer eine gute Übersicht.

Du kannst schneller etwas nachschlagen und leichter für Klassenarbeiten üben.

Nutze ein Heft mit Rand oder lass am Rand immer etwas Platz für Notizen.
Durch einen Umschlag kannst du dein Heft schonen.
Schreibe groß und deutlich deinen Namen, deine Klasse und das Fach auf das Heft.

Beginne neue Eintragungen mit einer Überschrift.

Schreibe das Datum neben die Überschrift.

Führe dein Heft ordentlich. Kennzeichne zum Beispiel Hausaufgaben mit HA und schreibe daneben die Seitenzahl und Nummer der Aufgabe aus dem Buch.

Hebe Regeln und Formeln hervor, zum Beispiel durch einen Kasten als Umrandung oder durch das Schreiben mit einer anderen Farbe.

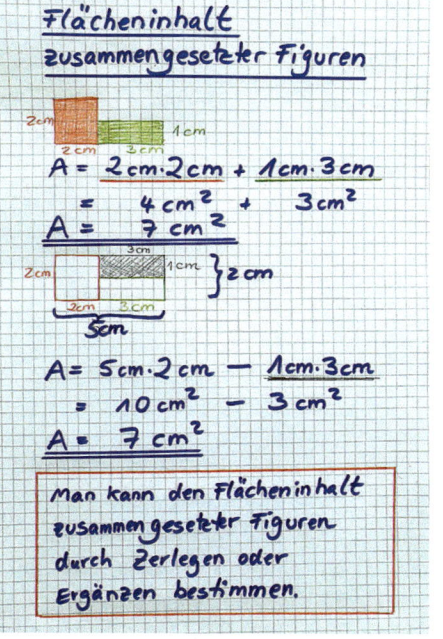

Methodenkarte 5 I — Umgang mit dem Geodreieck

Dein Geodreieck ist ein wichtiges Werkzeug, das du immer wieder benötigen wirst. Deswegen ist es wichtig, dass du dich gut mit dem Geodreieck auskennst.

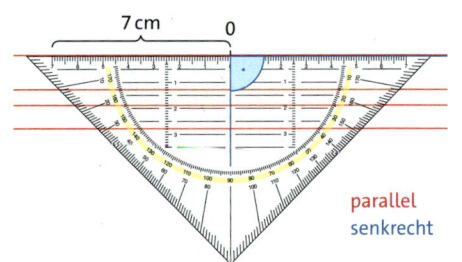

parallel
senkrecht

Hilfslinien für Parallelen:
Mit diesen Hilfslinien kannst du prüfen, ob zwei Strecken zueinander parallel sind. Du kannst sie aber auch einsetzen, um Parallelen zu zeichnen.

Hilfslinie für Senkrechte:
Diese Linie steht senkrecht auf der langen Seite des Dreiecks. Mit ihrer Hilfe kannst du prüfen, ob zwei Linien einen rechten Winkel einschließen.
Wenn du die Hilfslinie auf eine Gerade legst, dann kannst du entlang der langen Seite des Geodreiecks eine Strecke zeichnen, die zur Gerade senkrecht steht.

Längenmessung:
Achte darauf, das Geodreieck mit der 0 beginnend anzulegen. So kannst du Strecken bis 7 cm gut messen.

Methodenkarte 5 J — Exaktes Zeichnen

Eine Zeichnung oder Konstruktion sollte immer so exakt wie möglich angefertigt werden. Dabei ist es wichtig, genau zu messen. Doch auch bei der Benutzung der Werkzeuge gibt es wichtige Techniken.

① Die verwendeten Bleistifte sollten spitz sein, damit man mit ihnen eine dünne Linie ziehen kann.

② Um einen genauen Strich zu erhalten, wird der Bleistift in die Kerbe zwischen Lineal oder Geodreieck und Zeichenblatt gedrückt.

③ Es ist wichtig, dass bei einem Zirkel die Spannung zwischen den beiden Schenkeln groß genug ist. Häufig gibt es Schrauben, mit denen man die Spannung einstellen kann. Du kannst den Zirkel mit Sandpapier spitz schmirgeln.

④ Auch die Mine des Zirkels sollte möglichst spitz sein. Wenn man beim Zeichnen nicht zu fest aufdrückt, bleibt die Spitze lange erhalten.

9
Anhang

Lösungen zu
→ Dein Fundament
→ Prüfe dein neues Fundament
Stichwortverzeichnis
Bildnachweis

9 Lösungen

Lösungen zu Kapitel 1: Natürliche Zahlen und Größen

Dein Fundament (S. 6/7)

S. 6, 1.
a) 9   b) 21   c) 8

S. 6, 2.
a)

Anzahl der richtigen Antworten	8	7	6	5	4	3	2	1	0
Anzahl der Kinder	0	1	5	4	3	5	2	2	2

b) 5 Kinder hatten drei richtige Antworten.
c) 11 Kinder hatten weniger als 4 richtige Antworten.
d) 12 Kinder hatten mehr als drei richtige und weniger als sieben richtige Antworten.
e) 5 Kinder hatten nur zwei falsche Antworten.

S. 6, 3.
a)

Alter der Kinder der Klasse 5a in Jahren	10	11	12
Anzahl der Kinder	9	13	2

b) 13   c) 15   d) 24

S. 6, 4.
a) achttausendachthundertachtundachtzig
b) 7808: siebentausendachthundertacht

S. 6, 5.

	T	H	Z	E
a) 719		7	1	9
b) 4010	4	0	1	0
c) 2401	2	4	0	1
d) 517		5	1	7
e) 9987	9	9	8	7
f) 1005	1	0	0	5
g) 5780	5	7	8	0
h) 2500	2	5	0	0

S. 6, 6.
a) Einer   b) Zehner   c) Hunderter   d) Einer

S. 7, 7.
a) 4502
b) 3502; 4402; 4501
c) 5502; 4602; 4512; 4503

S. 7, 8.
a) 1 Z = 10 E   b) 1 T = 100 Z   c) 1000 E = 10 H
d) 500 E = 5 H   e) 2 H = 20 Z

S. 7, 9.
a) 12 < 17   b) 23 > 13   c) 89 < 98   d) 31 > 13

S. 7, 10.
a) 1 < 4 < 9 < 11   b) 9 < 17 < 19 < 23
c) 10 < 40 < 50 < 90   d) 0 < 5 < 18 < 27 < 31

S. 7, 11.
a) 19 > 11 > 7 > 5
b) 150 > 100 > 50 > 25
c) 79 > 66 > sechzig (60) > 59
d) 550 > 301 > dreihundert (300) > 99

S. 7, 12.
a) 0 < 1   b) 18 < 19   c) 79 > 78   d) 62 > 61 oder 60

S. 7, 13.
a) A: 2; B: 5; C: 7; D: 10   b) A: 2; B: 6; C: 12; D: 17
c) A: 1; B: 6; C: 12; D: 16

S. 7, 14.
a) z. B. 13, 22, 38   b) z. B. 2, 3, 4   c) 20, 21, 22

S. 7, 15.
a) 2   b) 7   c) 16

Prüfe dein neues Fundament (S. 44/45)

S. 44, 1.
a)

Verein	Strichliste	Häufigkeit
Borussia Dortmund	‖‖‖ ‖‖‖	8
Bayern München	‖‖‖‖	5
Bayer Leverkusen	‖‖‖‖	5
VfB Stuttgart	‖‖‖‖	4
SC Freiburg	‖	1
Union Berlin	‖	2
Fortuna Düsseldorf	‖	1

b)

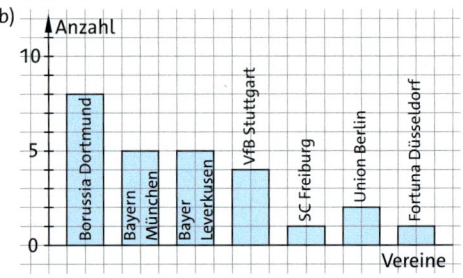

c)

Verein	Häufigkeit
Borussia Dortmund	11
Bayern München	6
VfB Stuttgart	4
Bayer Leverkusen	1
SC Freiburg	3
Union Berlin	4

S. 44, 2.
a) zwölf Milliarden dreihundertfünfundvierzig Millionen siebenundsechzigtausendneunundachtzig
b) 7 311 500 001

S. 44, 3.
8349 < 83 315 < 83 402 < 85 000 < 91 022 < 787 345

S. 44, 4.

a) Zahlenstrahl: 0, 2, 5, 8, 13, 17, 21, 24
b) Zahlenstrahl: 0, 50, 200, 325, 475, 600

S. 44, 5.
a) 310; 2040; 1850
b) 100; 6700; 73 900
c) 15 000; 0; 100 000

S. 44, 6.
a) Auf Tausender gerundet: 62 000 Zuschauer
b) Runden nicht sinnvoll, da der Schuh genau passen muss.
c) Die Zahl ist vermutlich schon gerundet. Man könnte noch weiter runden: 200 000 kg = 200 t
d) Telefonnummern können nicht gerundet werden.
e) Die Zahl ist vermutlich schon gerundet. Man könnte noch weiter runden: 2 000 000 Menschen

S. 44, 7.
a) 24 + 7 = 31: XXXI
b) 16 + 953 = 969: CMLXIX
c) 1559 – 1519 = 40: XL
d) 614 – 123 = 491: CDXCI

S. 44, 8.
a) 70 cm = 700 mm b) 23 t = 23 000 kg
c) 7 min = 420 s d) 470 cm = 47 dm
e) 800 dm = 80 000 mm f) 420 min = 7 h
g) 10 kg = 10 000 000 mg h) 550 000 mm = 550 m

S. 45, 9.
a) 5,6 dm = 56 cm b) 14,5 t = 14 500 kg
c) 2,875 m = 2875 mm d) 10,90 € = 1090 Cent
e) 0,04 kg = 40 g f) 30,15 km = 30 150 m

S. 45, 10.

Objekt	Höhe	Gewicht
Basketball	240 mm = 24 cm	0,6 kg = 600 g
Teetasse	0,1 m = 10 cm	410 000 mg = 410 g
1-ℓ-Milchkarton	2 dm = 20 cm	1000 g = 1 kg
Spielwürfel	16 mm	3000 mg = 3 g
Kleinwagen	1500 mm = 1,5 m	1400 kg = 1,4 t

S. 45, 11.
a) 22:10 Uhr b) 4 Stunden 14 Minuten

S. 45, 12.
8 cm lang und 5 cm breit.

S. 45, 13.
252 km

S. 45, 14.
a) 3000 Umdrehungen
b) 3000 s, also 50 min

Lösungen zu Kapitel 2: Rechnen mit natürlichen Zahlen

Dein Fundament (S. 48/49)

S. 48, 1.
a) 47 b) 13 c) 69 d) 25
e) 20 f) 67 g) 115 h) 112

S. 48, 2.
a) 45 b) 18 c) 59 d) 96
e) 100 f) 12 g) 150 h) 40

S. 48, 3.
a) 5 + 15 = 20 b) 56 + 21 = 77
c) 27 – 20 = 7 d) 44 – 6 = 38
e) 25 + 58 = 83 f) 93 + 19 = 112
g) 35 – 12 = 23 h) 86 – 43 = 43

S. 48, 4.
a) richtig b) 36 + 24 = 60
c) 100 – 33 = 67 d) 76 – 41 = 35

S. 48, 5.
Zum Beispiel 19 + 8 = 27; 10 + 17 = 27

S. 48, 6.
24 – 17 = 7: Es können 7 Kinder nicht schwimmen.

S. 48, 7.
55 kg + 47 kg = 102 kg. Ja, zusammen sind sie schwerer als 100 kg.

S. 48, 8.
a) 72 b) 54 c) 64 d) 56
e) 420 f) 480 g) 55 h) 400

S. 48, 9.
a) 4 b) 9 c) 8 d) 8
e) 80 f) 84 g) 30 h) 25

S. 48, 10.
a) 7 · 9 = 63 b) 42 : 6 = 7
c) 9 · 6 = 54 d) 4 : 4 = 1
e) 9 · 9 = 81 f) 88 : 11 = 8
g) 12 · 10 = 120 h) 18 : 3 = 6

S. 48, 11.
a) 12 : 4 = 3 b) 6 · 3 = 18
c) 210 : 30 = 7 d) richtig

S. 48, 12.
Zum Beispiel 6 · 10 = 60; 2 · 30 = 60; 5 · 12 = 60

S. 48, 13.
Zum Beispiel 10 : 2 = 5; 15 : 3 = 5; 20 : 4 = 5

S. 48, 14.
70 Cent

S. 48, 15.
400 cm = 4 m

S. 49, 16.

a)
T	H	Z	E	eintausendachthundert-siebenundneunzig
1	8	9	7	

b)
ZT	T	H	Z	E	fünfundzwanzigtausend-vierhundertsieben
2	5	4	0	7	

c) T H Z E
    9 0 8 8 neuntausendachtundachtzig

d) HT ZT T H Z E zweihundertachtundzwanzig-
    2 2 8 6 1 5 tausendsechshundertfünfzehn

e) ZT T H Z E fünfundzwanzig-
    2 5 0 0 0 tausend

f) HT ZT T H Z E zweihunderteins-
    2 0 1 5 0 0 tausendfünfhundert

g) M HT ZT T H Z E zwei Millionen
    2 0 0 0 0 0 0

h) ZM M HT ZT T H Z E zehn Millionen acht-
    1 0 8 0 0 0 0 0 hunderttausend

S. 49, 17.
a) 5000, 6000, 7000, 8000, 9000, 10 000
b) 600, 800, 1000, 1200, 1400, 1600, 1800
c) 100 000, 400 000, 700 000, 1 000 000

S. 49, 18.
a) 200, 400, 800, 1600
b) 6000, 12 000, 24 000, 48 000
c) 50, 100, 200, 400
d) 80 000, 160 000, 320 000, 640 000

S. 49, 19.
a) 800, 400, 200, 100
b) 40 000, 20 000, 10 000, 5000
c) 200, 100, 50, 25
d) 240 000, 120 000, 60 000, 30 000

S. 49, 20.
a) 5000   b) 1300   c) 20 000   d) 1000

S. 49, 21.
a) 7 · 8 = 56   b) 49 : 7 = 7
c) 2 · 2 = 4 oder 2 + 2 = 4   d) 140 − 70 = 70
e) 12 + 0 = 12 oder 12 − 0 = 12   f) 132 − 5 = 127
g) 0 · 39 = 0 oder 0 : 39 = 0   h) 100 : 50 = 2

S. 49, 22.
Es sind insgesamt 25 + 16 = 31 Personen. In 4 Boote passen 4 · 8 = 32, in 3 Boote nur 3 · 8 = 24 Personen. Es müssen also 4 Boote ausgeliehen werden.

S. 49, 23.
a) 6 →+3→ 9 →·2→ 18 →−7→ 11
b) 9 →·5→ 45 →−3→ 42 →:7→ 6 →:2→ 3

S. 49, 24.
a)
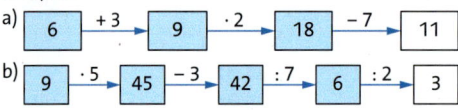

b) Sie vergrößert sich um 2 auf 14.

S. 49, 25.
a) 3 < 7 < 11 < 15 < 19 < 23 < 27 < 31
b) 97 > 94 > 91 > 88 > 85 > 82 > 79

Prüfe dein neues Fundament (S. 92/93)

S. 92, 1.
a) 103   b) 179   c) 64   d) 382
e) 144   f) 435   g) 61   h) 13

S. 92, 2.
a) 51   b) 55   c) 84   d) 360
e) 12   f) 21   g) 108   h) 17

S. 92, 3.
a) 13   b) nicht möglich   c) 0   d) 0

S. 92, 4.
a) 64   b) 6   c) 164
d) 13   e) 4   f) 534

S. 92, 5.
a) (3 + 6) · 5 = 45
b) 5 − 18 : (6 + 3) = 3
c) (19 − 3) : (3 + 5) = 2

S. 92, 6.
a) 14 + 12 · 6 = 86

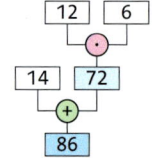

b) (67 − 11) : (3 + 5) = 7

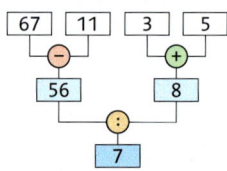

S. 92, 7.
a) 15 + (740 + 260) + 430 = 1445
b) 4 · 25 · 79 = 100 · 79 = 7900
c) 12 · (28 − 18) = 120
d) 48 · 10 = 480
e) 20 · 13 = 260
f) (200 − 1) · 5 = 1000 − 5 = 995

S. 92, 8.
a) 13 000   b) 23 700   c) 14 200   d) 32 000
e) 140 000   f) 30 000   g) 45   h) 40

S. 92, 9.
a) 3000 + 11 000 = 14 000   b) 8000 − 4000 = 4000
```
   3456              7863
 + 11347           − 3673
  14803             4190
```

c) 30 · 6000 = 180 000   d) 9200 : 6 = 1500
```
  32 · 5609          9708 : 6 = 1618
  160                 6
  192                37
  000                36
  288                10
 179488               6
                     48
                     48
                      0
```

S. 92, 10.
a) 0, 2, 4, 6 und 8 b) 2, 5 und 8
c) 0 und 5 d) 2 und 8

S. 92, 11.
a) Ines hat bei der Addition der Hunderttausender den Übertrag vergessen. Richtig:
234 609 + 376 011 = 610 620
b) Richtig.
c) Ines hat bei den Zehntausendern addiert statt zu subtrahieren. Richtig:
10 962 − 7753 = 3209
d) Ines hat vergessen, die Zwischenergebnisse an die richtigen Stellen anzuordnen. Richtig:
746 · 42 = 31 332

S. 92, 12.
27: keine Primzahl, 27 = 3 · 9
11: Primzahl
47: Primzahl
57: keine Primzahl, 57 = 3 · 19
68: keine Primzahl, 68 = 2 · 34
69: keine Primzahl, 69 = 3 · 23
85: keine Primzahl, 85 = 5 · 17
91: keine Primzahl, 91 = 7 · 13
94: keine Primzahl, 94 = 2 · 47
97: Primzahl
103: Primzahl

S. 92, 13.
a) 81   b) 216   c) 500   d) 12 000
e) 26   f) 34   g) 81   h) 72
i) 16   j) 90   k) 4   l) 60

S. 93, 14.
a) 36 = 2 · 2 · 3 · 3 b) 84 = 2 · 2 · 3 · 7
c) 99 = 3 · 3 · 11 d) 128 = 2 · 2 · 2 · 2 · 2 · 2 · 2
e) 150 = 2 · 3 · 5 · 5 f) 225 = 3 · 3 · 5 · 5

S. 93, 15.
36 € entsprechen 24 Einzeltickets. Ab 25 Fahrten im Monat lohnt sich also die Monatskarte.

S. 93, 16.
(1592 − 60 · 14) : 8 = 94
Es kamen 60 + 94 = 154 Besucher.

S. 93, 17.
90 · 24 · 60 = 129 600
Das Herz eines Zwölfjährigen schlägt etwa 129 600-mal am Tag.

S. 93, 18.

	198	444	890	1234	4455	42 120	56 403
4	†	∣	†	†	†	∣	†
5	†	†	∣	†	†	∣	†
6	∣	∣	†	†	†	∣	†
9	∣	†	†	†	∣	∣	∣

Lösungen zu Kapitel 3: Grundbegriffe der Geometrie

Dein Fundament (S. 96/97)

S. 96, 1.
a) 2 cm   b) 7,2 cm   c) 7,9 cm   d) 2,7 cm

S. 96, 2.
a) 2 cm   b) 3,5 cm   c) 2,7 cm

S. 96, 3.
a) 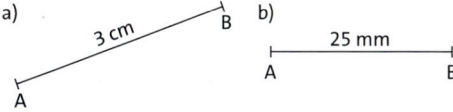   b)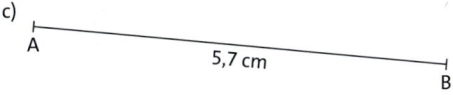

c)

A ———————————— B
       5,7 cm

S. 96, 4.
a) 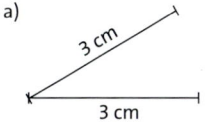 oder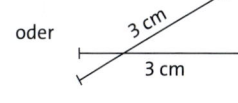

b) 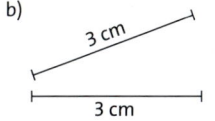 oder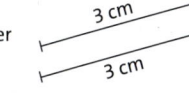

S. 96, 5.
Beide Linien sind gleich lang. Durch die Pfeilspitzen entsteht der Eindruck, die untere sei länger.

S. 96, 6.
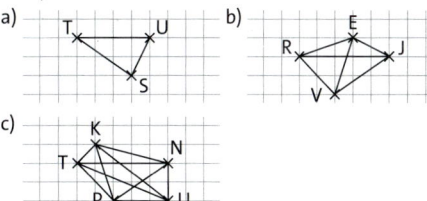

S. 96, 7.
Dreiecke: b); c); j)   Vierecke: a); d); f); g); i)
Quadrate: f)   Rechtecke: a); f); g)

S. 96, 8.
Zeichenübung

S. 97, 9.
a) 4 Dreiecke; 4 Vierecke
b) 2 Dreiecke; 4 Vierecke
c) 3 Dreiecke; 3 Vierecke

S. 97, 10.
Quader: b); g); i)   Kegel: d); f)
Würfel: g)   Zylinder: a); h)
Kugeln: e)   Pyramiden: c); j)

Lösungen

S. 97, 11.
Mögliche Lösungen:
a)
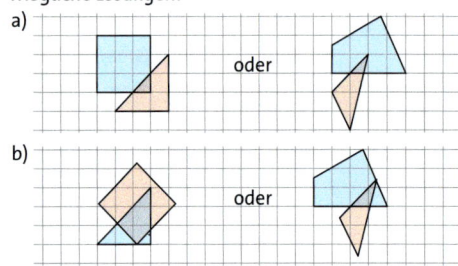
b)

S. 97, 12.
a) A: 3; B: 5; C: 8; D: 10
b) A: 15; B: 25; C: 40; D: 50

S. 97, 13.
a)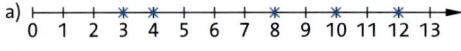
b)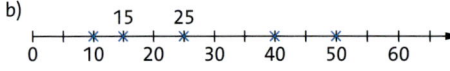

S. 97, 14.
a)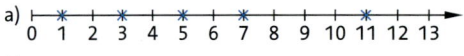
b)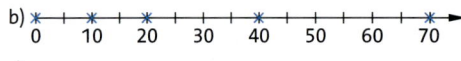
c)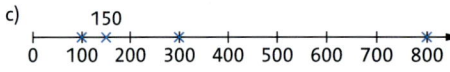

S. 97, 15.
a) A: 25; B: 150; C: 200; D: 250
b) A: 80; B: 96; C: 108

Prüfe dein neues Fundament (S. 136/137)

S. 136, 1.
a) e und f sind zueinander senkrecht.
b) g und h sind zueinander parallel.

S. 136, 2.
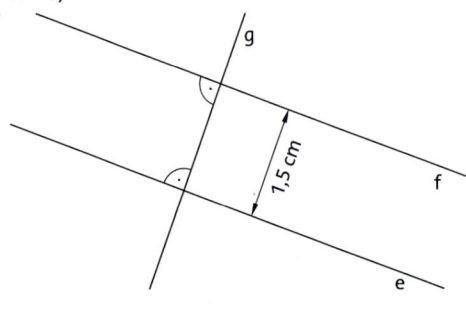

S. 136, 3.
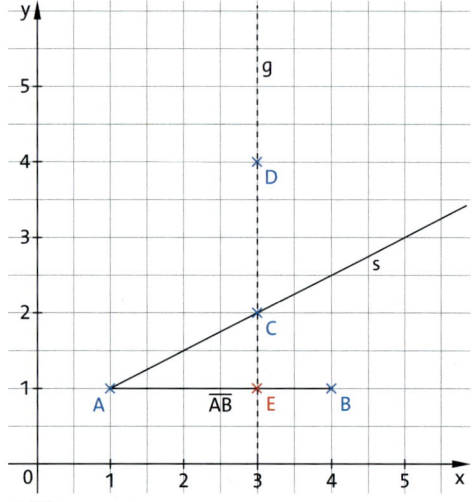
c) $\overline{AB}$ ist 3 cm lang.
d) E(3|1)

S. 136, 4.
a) b)
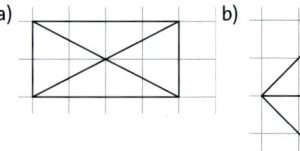
c)
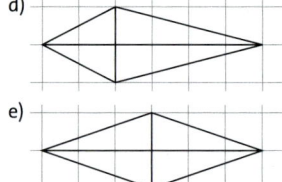
d)
e)

S. 136, 5.
a) 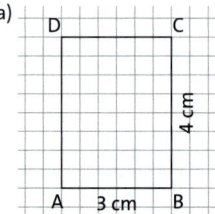 b)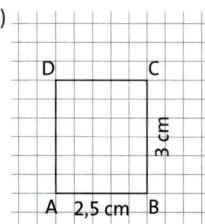
c)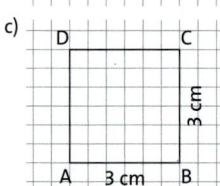

S. 136, 6.

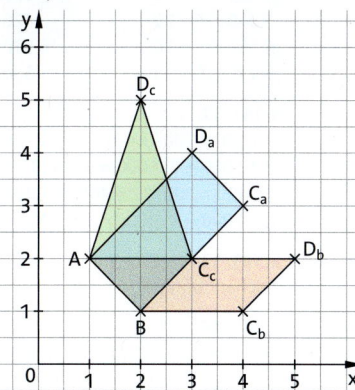

Mögliche Lösungen:
a) $C_a(4|3)$ und $D_a(3|4)$ b) $C_b(4|1)$ und $D_b(5|2)$
c) $C_c(3|2)$ und $D_c(2|5)$

S. 136, 7.
a) Rechteck und Quadrat   b) Quadrat und Raute
c) Quadrat   d) Trapez
e) Rechteck, Quadrat, Parallelogramm, Raute

S. 137, 8.

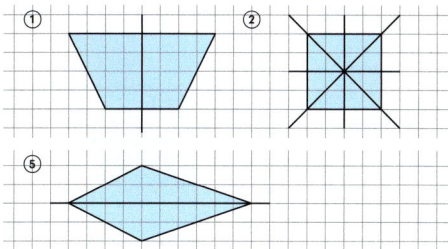

S. 137, 9.

a) 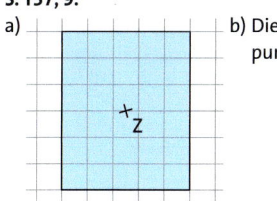   b) Die Figur ist nicht punktsymmetrisch.

c) 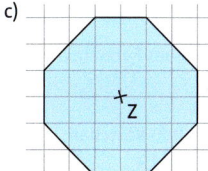   d)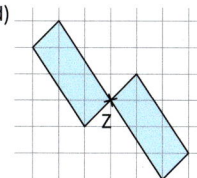

S. 137, 10.

	Ecken	Kanten	Flächen
① Würfel	8	12	6 Quadrate
② Quader	8	12	2 Quadrate und 4 Rechtecke
③ Pyramide	5	8	1 Quadrat und 4 Dreiecke
④ Prisma	12	18	2 Sechsecke und 6 Rechtecke

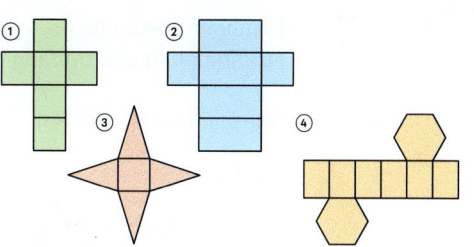

S. 137, 11.

a)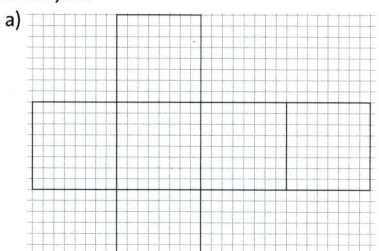

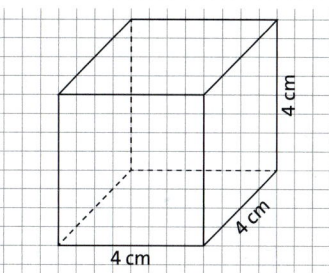

b)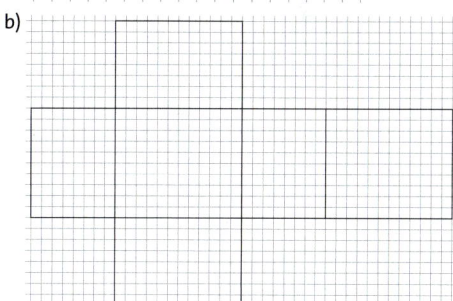

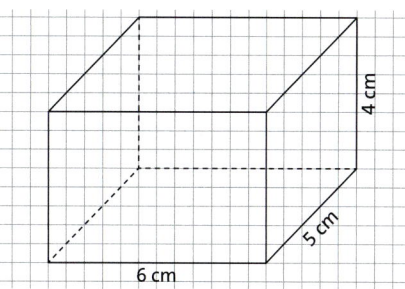

S. 137, 12.

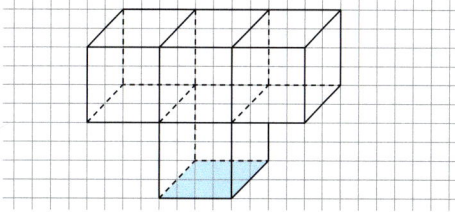

Lösungen

Lösungen zu Kapitel 4:
Flächeninhalt und Umfang

Dein Fundament (S. 140/141)

S. 140, 1.
a) 64 Felder
b)

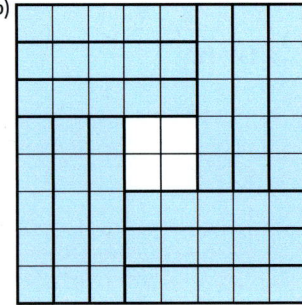

S. 140, 2.
Es werden 42 Platten benötigt.

S. 140, 3.
a) Es passen insgesamt 16 Quadrate in die Figur und es fehlen noch 12.
b) Es passen insgesamt 28 Quadrate in die Figur und es fehlen noch 21.
c) Es passen insgesamt 20 Quadrate in die Figur und es fehlen noch 10.
d) Es passen insgesamt 9 Quadrate in die Figur und es fehlen noch 4.

S. 140, 4.
a) 4 cm   b) 300 cm   c) 1500 m   d) 80 dm

S. 140, 5.
a) mm   b) m   c) cm   d) m

S. 140, 6.
60 cm = 6 dm = 600 mm   60 dm = 6 m = 600 cm
0,6 km = 600 m = 6000 dm

S. 140, 7.
a) richtig   b) 5 cm = 50 mm
c) richtig   d) 2,5 km = 2500 m

S. 141, 8.
a) (15 + 25) + (41 + 19) = 100
b) (63 + 27) + (14 + 36) = 140
c) (13 + 12 + 5) + 37 = 67
d) (63 + 47) + (103 + 27) = 240

S. 141, 9.
a) 72   b) 152   c) 60   d) 392

S. 141, 10.
a) 30 cm   b) 42 dm   c) 1610 m   d) 50 cm
e) 32 cm   f) 8 cm   g) 26 m   h) 8 m
i) 22 cm   j) 34 cm   k) 25 cm   l) 170 cm

S. 141, 11.
a) 130 · 10 = 1300   b) 300 · 20 = 6000
   134 · 12 = 1608   346 · 18 = 6228
c) 150 · 100 = 15 000   d) 10 · 3400 = 34 000
   140 · 120 = 16 800   11 · 3453 = 37 983

e) 400 : 20 = 20   f) 400 : 10 = 40
   360 : 18 = 20   420 : 12 = 35
g) 150 : 15 = 10   h) 500 000 : 25 000 = 20
   195 : 15 = 13   600 000 : 25 000 = 24

S. 141, 12.
a) 2100 = 700 · 3 = 70 · 30 = 7 · 300
b) 12 000 = 2 · 6000 = 30 · 400 = 400 · 30 = 6000 · 2
c) 2400 = 200 · 12 = 400 · 6 = 800 · 3
d) 72 000 = 8 · 9000 = 80 · 900 = 800 · 90 = 8000 · 9

S. 141, 13.
Zeichenübung

S. 141, 14.
a) a = 2 cm, b = 3 cm   b) a = 2 cm, b = 2 cm

S. 141, 15.
Die drei anderen Seiten sind ebenfalls 3,7 cm lang.

S. 141, 16.
a) a = 12 cm − 3 cm = 9 cm
b) a = 4 cm und b = 8 cm,
   denn 2 · 4 = 8 und 4 + 8 = 12

S. 141, 17.

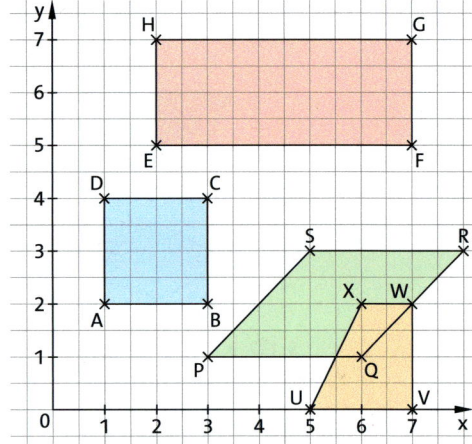

a) Quadrat   b) Rechteck
c) Parallelogramm   d) Trapez

S. 141, 18.
D (3|3)

Prüfe dein neues Fundament (S. 166/167)

S. 166, 1.
Flächeninhalt in Kästchen:
① 16   ② 10   ③ 10   ④ 12   ⑤ 9,5
a) Figur ①   b) Figur ⑤   c) Figuren ② und ③

S. 166, 2.
Umfang in Kästchenlängen:
① 24   ② 16   ③ 18   ④ 18
a) Figur ①   b) Figur ②   c) Figuren ③ und ④

S. 166, 3.
a) 20 000 cm²   b) 3 dm²   c) 10 000 m²   d) 2 a

S. 166, 4.
50 000 mm² < 20 dm² < 4000 cm² < 1 m² < 300 dm²

S. 166, 5.

	a)	b)	c)
Flächeninhalt A	48 cm²	81 mm²	30 000 cm² = 3 m²
Umfang u	32 cm	36 mm	700 cm = 7 m

S. 166, 6.

	a)	b)	c)	d)
Breite	3 m	4 cm	2 cm	2 dm
Länge	5 m	4 cm	4 cm	5 dm
Flächeninhalt A	15 m²	16 cm²	8 cm²	1000 cm²
Umfang u	16 m	16 cm	120 mm	14 dm

S. 166, 7.
a) Der Umfang vergrößert sich um 12 cm.
   u = a + 3 + b + 3 + a + 3 + b + 3 = a + b + a + b + 12
b) Der Flächeninhalt vervierfacht sich.
   A = (a · 2) · (a · 2) = a² · 4

S. 166, 8.
a) 81 km²: Nein, Nordrhein-Westfalen ist mit 34 098 km² rund 400-mal so groß.
b) 7000 cm²: Kann stimmen.
c) 4 m²: Nein, eine Ein-Zimmer-Wohnung ist etwa 10-mal so groß.
d) Kann stimmen.

S. 167, 9.
Individuelle Lösungen

S. 167, 10.
a) Der Auslauf hat eine Größe von 247 500 cm². 10 m² sind 100 000 cm², auf 200 000 cm² darf man also bis zu 140 Hühner halten. Ansgar hat sogar noch mehr Platz, also darf er 120 Hühner halten.
b) Er benötigt 2000 cm, also 20 m Maschendraht.
c) 20 m : 4 = 5 m. Eine Quadratseite wäre 5 m lang. Der Auslauf hätte eine Fläche von 25 m² und wäre somit etwas größer als der rechteckige.

S. 167, 11.
a) Flächeninhalt: ① 2400 m² ② 4800 m²
b) Umfang: ① 320 m ② 340 m
   Grundriss ② hat den größeren Umfang.

S. 167, 12.
a) 18 m² Teppich werden benötigt.
b) u = 22 m
   Es müssen für 19 m und 60 cm Fußbodenleisten besorgt werden.
c) Familie Knettel kann einmal 5 m × 2 m und einmal 4 m × 2 m kaufen. Dann bleibt kein Rest übrig und die Familie kauft nicht mehr Teppich als nötig.

Lösungen zu Kapitel 5: Volumen und Oberflächeninhalt

Dein Fundament (S. 170/171)

S. 170, 1.
a) 18   b) 14   c) 22   d) 10

S. 170, 2.
a) Bauplan ③ ist der passende Bauplan.
b) zu a)   zu b)   zu c)   zu d)

S. 170, 3.
a) Es fehlen 3 kleine Würfel, dann besteht der große aus 27 kleinen.
b) Es fehlen 5 kleine Würfel, dann besteht der große aus 27 kleinen.

S. 170, 4.
a) 30 mm   b) 500 cm
c) 100 cm   d) 5000 m
e) 3 cm   f) 35 km
g) 2 m   h) 50 m

S. 170, 5.
a) 6700 mm²   b) 900 cm²
c) 10 000 cm²   d) 110 000 cm²
e) 5 cm²   f) 370 m²
g) 5 dm²   h) 1 000 000 m²

S. 170, 6.
a) 13 cm = 130 mm   b) 2 m = 20 dm
c) 1200 cm = 12 m   d) 17 dm = 1700 mm
e) 1 m² = 100 dm²   f) 2 cm² = 200 mm²
g) 2200 cm² = 22 dm²   h) 20 000 mm² = 2 dm²

S. 170, 7.
a) 15 cm²   b) 36 m²
c) 40 cm²   d) 9 dm²

S. 171, 8.
a) 2 cm · 3 cm = 6 cm²
b) 4 cm · 4 cm = 16 cm²

S. 171, 9.
Zum Beispiel 4 cm und 3 cm (4 cm · 3 cm = 12 cm²) oder 6 cm und 2 cm (6 cm · 2 cm = 12 cm²).

S. 171, 10.
Die Seitenlängen sind 2 m.

S. 171, 11.

Rechteck	①	②	③	④	⑤
Länge	15 cm	10 cm	10 m	21 cm	50 cm
Breite	3 cm	1 dm	10 m	6 cm	5 dm
Flächeninhalt	45 cm²	1 dm²	100 m²	126 cm²	25 dm²

S. 171, 12.
a) Falsch. Ein Würfel hat 8 Ecken und 12 Kanten.
b) Falsch. Ein Quader hat 6 rechteckige Flächen, von denen aber keine quadratisch sein muss.

S. 171, 13.
a) und c) sind keine Würfelnetze, denn das Netz in a) besteht nur aus 5 Quadraten und das Netz in c) lässt sich nicht zu einem Würfel zusammenklappen.

S. 171, 14.
a)

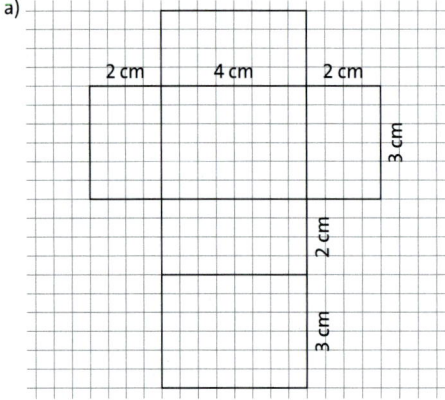

b)

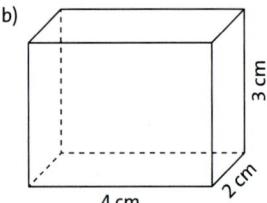

S. 171, 15.
a) 2400; 2400; 1200
b) 16 000; 27 000; 36 000
c) 420 000; 160 000; 400 000
d) 6000; 400 000; 600 000

S. 171, 16.
a) 90   b) 900   c) 1200   d) 1400
e) 960   f) 375   g) 60   h) 7875

S. 171, 17.
a)

	a	a^2	a^3	$6 \cdot a^2$
①	5	25	125	150
②	3	9	27	54
③	2	4	8	24
④	1	1	1	6

b)

	a	b	c	$a \cdot b \cdot c$
①	2	3	4	24
②	6	2	3	36
③	3	3	3	27
④	1	1	1	1

Prüfe dein neues Fundament (S. 190/191)

S. 190, 1.
a) Das größte Volumen hat Körper ③. Er besteht aus 4 Bausteinen.
b) Das kleinste Volumen hat Körper ①. Er besteht aus zweieinhalb Bausteinen.
Die Körper ② und ④ sind gleich groß – jeder besteht aus 3 Bausteinen.

S. 190, 2.
a) 20 000 mm³   b) 6000 cm³   c) 15 m³
d) 30 000 000 mm³   e) 6 000 000 cm³
f) 15 000 000 000 mm³   g) 3 000 000 mm³
h) 3 ℓ   i) 50 m³

S. 190, 3.
1000 ℓ = 1 000 000 mℓ, 1 000 000 : 200 = 5000
Die riesige Dose reicht für 5000 Gläser.

S. 190, 4.
a) 48 m³   b) 48 cm³   c) 18 dm³

S. 190, 5.
a) V = 32 cm³; O = 88 cm²
b) V = 60 cm³; O = 104 cm²
c) V = 135 cm³; O = 198 cm²
d) V = 729 cm³; O = 486 cm²

S. 190, 6.
Grundfläche: 4 cm · 3 cm = 12 cm²
Höhe: 132 cm³ : 12 cm² = 11 cm

S. 190, 7.
V = 1 m · 1 m · 3 mm = 1000 mm · 1000 mm · 3 mm
= 3 000 000 mm³ = 3 dm³ = 3 ℓ

S. 190, 8.
Ein Buch im DIN-A4-Format ist 21 cm breit und knapp 30 cm lang. Auf den Boden des Kartons passen also 3 solcher Bücher. Ein Schulbuch ist etwa 1,5 cm bis 2 cm hoch, es passen also 30 bis 40 Lagen Bücher übereinander. Das ergibt insgesamt 90 bis 120 Bücher – je nach Dicke der Bücher können durchaus über 100 Bücher in den Karton passen.

S. 190, 9.
Grundfläche des Aquariums:
25 dm · 8 dm = 200 dm² groß.
1000 ℓ = 1000 dm³
1000 : 200 = 5
Die Höhe des Aquariums beträgt 5 dm oder 50 cm.

S. 191, 10.
a) V = 5 · 2 cm · 2 cm · 2 cm = 40 cm³
   O = 20 · 2 cm · 2 cm = 80 cm²
b) Der Körper ② besteht ebenfalls aus 5 Würfeln, sein Volumen ist also gleich. Die Oberfläche ist größer, da 22 Würfelflächen zu sehen sind.
(V = 40 cm³; O = 22 · 2 cm · 2 cm = 88 cm²)

S. 191, 11.
a) V = 12 m · 4 m · 3 m + 6 m · 4 m · 3 m = 216 m³
b) O = 2 · (12 m · 3 m + 6 m · 3 m) + 6 · (3 m · 4 m) + 6 m · 4 m + 12 m · 4 m = 252 m²

S. 191, 12.
a) Richtig, das ist die Definition des Volumens.
b) Falsch, der Oberflächeninhalt ist sechsmal so groß.
c) Richtig, die beiden Flächen sind gleich groß.
d) So allgemein falsch, das Volumen hängt auch von der Grundfläche ab.
e) Falsch, bei unterschiedlichen Seitenlängen ergeben sich unterschiedliche Oberflächen.

Lösungen zu Kapitel 6: Ganze Zahlen

Dein Fundament (S.194/195)

S.194, 1.
a) A: 2; B: 4; C: 8; D: 14; E: 17
F: 100; G: 450; H: 600; I: 1050
J: 500; K: 1750; L: 2250; M: 3000; N: 4500

b)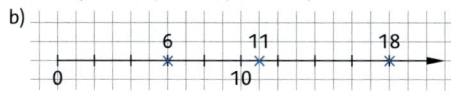

S.194, 2.
a) 181 > 179
b) 1239 < 1329
c) 1000 = 10^3
d) 523 458 < 523 485

S.194, 3.
310 000 > 8468 > 8462 > 8050 > achttausendundfünf > 597 > 75 > 13 > 11 > 7 > 5

S.194, 4.
Größtmögliche Zahl: 85 321;
kleinstmögliche Zahl: 12 358

S.194, 5.
a) 9_9_6 > 986
b) 40_1_ < 409
c) nicht möglich
d) 9_1_3 < 923 oder 9_0_3 < 923

S.194, 6.
a) Die Zahlen beschreiben feste Temperaturen.
b) 10 °C beschreibt eine feste Temperatur. 5 °C beschreibt eine Änderung der Temperatur.

S.194, 7.
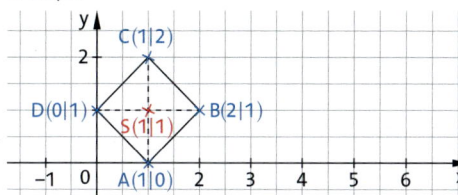

S.194, 8.
a)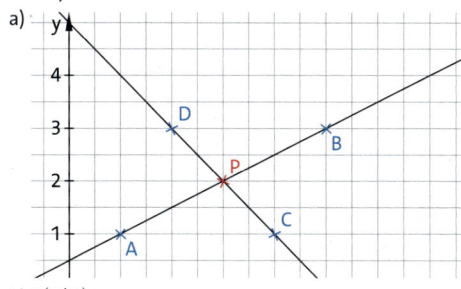

b) P(3|2)

S.194, 9.
a) Gerade, die parallel zur y-Achse ist und durch den Punkt auf der x-Achse mit dem x-Wert 3 geht.
b) Gerade, die parallel zur x-Achse ist und durch den Punkt auf der y-Achse mit dem y-Wert 2 geht.

S.195, 10.
a) 65   b) 17   c) 350   d) 199
e) 59   f) 79   g) 300   h) 3920

S.195, 11.
a) 9 + 27 = 36   b) 21 + 31 = 52
c) 45 − 6 = 39   d) 79 + 18 = 97
e) 34 − 33 = 1   f) 129 − 29 = 100
g) 170 − 159 = 11   h) 0 + 12 = 12

S.195, 12.
a) b) c)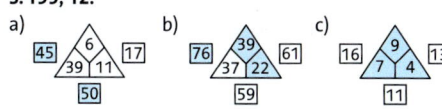

S.195, 13.
a) 63   b) 96   c) 143   d) 95
e) 7   f) 10   g) 33   h) 25

S.195, 14.
a) 300 · 20 = 6000   b) 100 · 30 = 3000
   295 · 21 = 6195   109 · 32 = 3488
c) 6000 : 10 = 600   d) 4000 : 25 = 160
   5832 : 9 = 648   3650 : 25 = 146

S.195, 15.
a) Überschlag: 500 · 4 = 2000
   Das Ergebnis muss falsch sein.
b) Überschlag: 2100 : 30 = 70
   Das Ergebnis kann stimmen.
c) Überschlag: 300 · 7 = 2100
   Das Ergebnis muss falsch sein.
d) Überschlag: 2100 : 70 = 30
   Das Ergebnis muss falsch sein.

S.195, 16.
a) 6300   b) 154   c) 2300   d) 0
e) 1120   f) 60   g) 88   h) 60

S.195, 17.
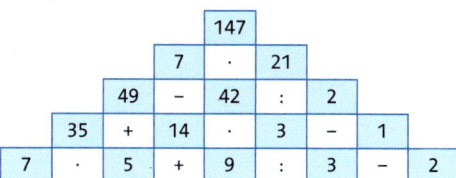

S.195, 18.
a) 320   b) 644   c) 7   d) 245

S.195, 19.
a) 90 : 5 − 16 = 2
b) (64 + 36) · (70 − 17) = 5300

Prüfe dein neues Fundament (S.224/225)

S.224, 1.
a) A: −9; B: 0; C: −5; D: −24
b) A: 50; B: −100; C: −250; D: −400; E: −450

S.224, 2.
a)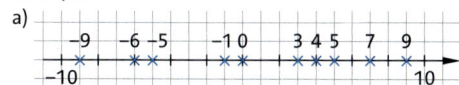

b)
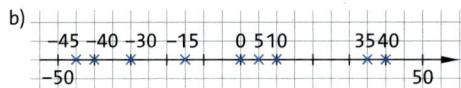

S. 224, 3.
a)

Zahl	–2	6	–5	–3	33
Betrag	2	6	5	3	33
Gegen-zahl	2	–6	5	3	–33

Zahl	10	–6	13	0	333
Betrag	10	6	13	0	333
Gegen-zahl	–10	6	–13	0	–333

b) –6 < –5 < –3 < –2 < 0 < 6 < 10 < 13 < 33 < 333

S. 224, 4.
a) A (4|–2); B (2|3), C (–3|1); D (5|2); E (–2|–3); F (–1|–1); G (2|–1); H (–1|2)
Quadrant I: B und D   Quadrant II: C und H
Quadrant III: E und F   Quadrant IV: A und G
b) C ist der Punkt mit der kleinsten x-Koordinate (x-Wert –3) und D ist der Punkt mit der größten x-Koordinate (x-Wert 5)
c) E ist der Punkt mit der kleinsten y-Koordinate (y-Wert –3) und B ist der Punkt mit der größten y-Koordinate (y-Wert 3)

S. 224, 5.
a)
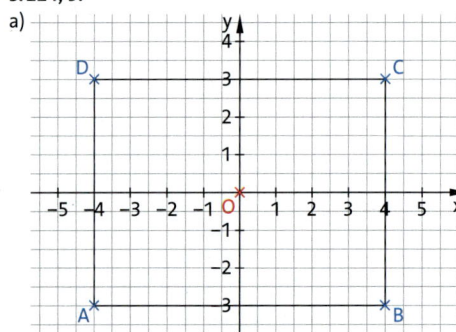

b) Punkt A liegt im dritten Quadranten.
Punkt B liegt im vierten Quadranten.
Punkt C liegt im ersten Quadranten.
Punkt D liegt im zweiten Quadranten.
c) Mittelpunkt von $\overline{AB}$: Punkt mit Koordinaten (0|–3)
Mittelpunkt von $\overline{BC}$: Punkt mit Koordinaten (4|0)
Mittelpunkt von $\overline{CD}$: Punkt mit Koordinaten (0|3)
Mittelpunkt von $\overline{AD}$: Punkt mit Koordinaten (–4|0)
Schnittpunkt der Diagonalen: O (0|0)

S. 224, 6.
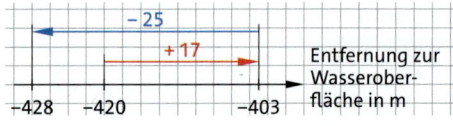

Am Ende befindet sich das U-Boot 428 Meter unter der Wasseroberfläche.

S. 224, 7.
Augustus: 76 Jahre   Strabon: 85 Jahre
Aristoteles: 62 Jahre   Varus: 54 Jahre
Ovid: 59 Jahre   Sophokles: 92 Jahre
Tiberius: 78 Jahre   Germanicus: 33 Jahre

S. 225, 8.
a) –7   b) 0   c) –20   d) –27
e) –1000   f) –23   g) 1   h) –1
i) –2   j) –72   k) –6   l) nicht möglich

S. 225, 9.
a) 45 – (45 – 78) = 45 – 45 + 78 = 78
b) 20 – (–20 + 56) = 20 + 20 – 56 = –16
c) –20 – (–34 – 17) = –20 + 34 + 17 = 31
d) 47 – (32 + 45) = 47 – 32 – 45 = –30
e) 61 + (–32 + 75) = 61 – 32 + 75 = 104
f) –5 + (–41 – 13) = –5 – 41 – 13 = –59
g) –61 – (62 + 13) = –61 – 62 – 13 = –136
h) 34 – (–14 + 13) = 34 + 14 – 13 = 35

S. 225, 10.
a) (–24) · (28 + 2) = –720
b) 22 · (–74 – 47) = –2662
c) 23 · (–47 + 47) = 0
d) –56 – 56 = –112
e) –2 + 2 + 7 + 2 = 9
f) –8 + 8 = 0
g) 25 · (22 – 1) = 25 · 21 = 525
h) (–4) · (4 + 2 + 7) = (–4) · 13 = –52
i) 7 · (–284 – 7) = 7 · (–291) = –2037
j) –15 – (–15) = 0
k) (–27 – 10) · 2 = –74
l) $(–10)^2$: (–25) = 100 : (–25) = –4

S. 225, 11.
a) Temperaturunterschiede (morgens zu abends):
Mo: +2 °C   Di: +7 °C   Mi: +3 °C   Do: +6 °C
Fr: –1 °C   Sa: –4 °C   So: –3 °C
b) Am Dienstag veränderte sich die Temperatur am meisten und am Freitag am wenigsten.

S. 225, 12.
767 > 676 > 77 > –66 > –67 > –76 > –677 > –766

S. 225, 13.
a) –35 · (–10) = 350   b) –6 · 100 = –600
c) 5 · (–110) = –550   d) –3 · 7 = –21
e) –12 : (–1) = 12   f) –272 000 : 1000 = –272
g) –560 : 7 = –80   h) 0 : (–2) = 0

Stichwortverzeichnis

A

Abrunden 26, 46
Abstand
– eines Punktes zu einer Gerade 99, 100, 138
– von parallelen Geraden 99, 138
Achse
– x-Achse 102, 198
– y-Achse 102, 198
Achsenspiegelung 107
achsensymmetrisch 106, 138
Addieren 50, 94
– ganzer Zahlen 226
– großer Zahlen 75
– im Kopf 50
– negativer Zahlen 207
– positiver Zahlen 205
– schriftlich 58, 94
– von mehreren Zahlen 50
Assoziativgesetz
– der Addition 71, 94
– der Multiplikation 72, 94
Aufrunden 26, 46
Ausklammern 75, 218
Ausmultiplizieren 74, 218

B

Balkendiagramm 11
Basis 78, 94
Befragungen 12
begründen 87
Betrag 200, 226
Bildpunkt 107
Binärsystem 22
Binärzahlen 22
– schriftlich addieren 23
– vergleichen 23

D

Daten 8
deckungsgleich 106
Definition 87
Dezimalsystem 16
Diagonale 112, 119
Diagramm
– Balkendiagramm 11
– mit einer Tabellenkalkulation 15
– Säulendiagramm 8, 46
Differenz 50, 94
– als Summe darstellen 209
Distributivgesetz 74, 94
– beim Rechnen mit ganzen Zahlen 218
Dividend 53, 94

Dividieren 53, 94
– ganzer Zahlen 213, 226
– im Kopf 53
– mit Vielfachen von 10 55
– schriftlich 63, 94
Divisor 53, 94
Drachenviereck 116, 138
Dualsystem 22
Dynamische Geometrie-Software 132

E

Ecke 116, 120, 138
Einheiten 28, 46
– umrechnen 30, 31, 35
– Vorsilben 32
Einheitentafel 34
Endziffernregeln 82, 94
Erhebungsinstrumente 15
Exponent 78, 94

F

Faktor 53, 94
Flächen 120
Flächeneinheiten 150, 168
– Ar 150, 168
– Hektar 150, 168
– Quadratdezimeter 150, 168
– Quadratkilometer 150, 168
– Quadratmeter 150, 168
– Quadratmillimeter 150, 168
– Quadratzentimeter 150, 168
– umrechnen 152, 168
Flächeninhalt 142, 168
– eines Parallelogramms 157
– eines Rechtecks 147, 168
– eines rechtwinkligen Dreiecks 149
– eines Quadrats 148, 168
– Näherungswert bestimmen 161
– von zusammengesetzten Figuren 156, 168
Flächeninhaltsvergleiche 143, 146
Fragebogen 12

G

ganze Zahlen 196, 226
– addieren 205, 207
– dividieren 213
– multiplizieren 211, 212
– subtrahieren 205, 207
– vergleichen 200
Gegenbeispiel 87
Gegenzahl 200, 226
Geodreieck 99

Stichwortverzeichnis

Gerade 98
– parallele 99
– senkrechte 99
Gewichte umrechnen 30
Gewichtseinheiten 28, 46
– Gramm 28, 46
– Kilogramm 28, 46
– Milligramm 28, 46
– Tonne 28, 46
Größen
– Einheiten 28
– Kommaschreibweise 34
– messen 28
– schätzen 28
– umrechnen 30, 31, 46
Grundfläche 120
Grundzahl 78
Grundkörper 120, 138

H
Häufigkeitstabelle 8, 46
Hexadezimalsystem 23
Hochzahl 78
horizontal 101, 134

K
Kante 120
Kantenmodell 123
Kegel 120, 138
KlaPoPs 79, 94, 216, 226
KlaPS 65
Kommaschreibweise bei Größen 34
Kommutativgesetz
– beim Rechnen mit ganzen Zahlen 216
– der Addition 71, 94
– der Multiplikation 72, 94
Koordinaten 102, 138
– ablesen 102
– eintragen 103
– x-Koordinate 102, 138
– y-Koordinate 102, 138
Koordinatensystem 102, 138
– mit vier Quadranten 198, 226
Kopfrechnen
– Addition und Subtraktion 50
– Multiplikation und Division 53
Körper 120, 138
Körpernetz 124
Kugel 120, 138

L
Längen
– im Bild berechnen 37
– in der Wirklichkeit berechnen 36
– umrechnen 30
Längeneinheiten 28, 46
– Dezimeter 28, 46
– Kilometer 28, 46
– Meter 28, 46
– Millimeter 28, 46
– Zentimeter 28, 46
lotrecht 101, 134

M
Masse 28
Maßeinheit 28
Maßstab 36, 46
– bestimmen 39
– Verhältnis 36, 46
Maßstabsleiste 36, 46
Maßzahl 28
Menger-Schwamm 184
Minuend 50, 94
Minusklammer 219, 226
Mirpzahlen 86
Modellieren 161
Multiplizieren 53, 94
– einer positiven und einer negativen Zahl 211
– ganzer Zahlen 226
– im Kopf 53
– mit Vielfachen von 10 55
– schriftlich 61, 94
– zweier negativer Zahlen 212

N
natürliche Zahlen 16, 46
Netz 138
– eines Quaders 124
– eines Würfels 124
Null
– addieren und subtrahieren 50
– multiplizieren und dividieren 54
– Null der Multiplikation 55
– Rechnen mit der Null 209

O
Oberfläche 172, 185
Oberflächeninhalt 185, 192
– eines Quaders 185, 192
– eines Würfels 186, 192
– von zusammengesetzten Körpern 187

P
parallel 99, 138
Parallelogramm 116, 138

Parallelverschiebung 114
Platonische Körper 123
Plusklammer 219
Potenz 78, 94
– mit ganzzahliger Basis 214
Primfaktorzerlegung 85
Primzahl 85, 94
Prisma 120, 138
– dreiseitiges Prisma 120
– sechsseitiges Prisma 120
Probe 51, 54
Produkt 53, 94
Punktspiegelung 111
punktsymmetrisch 110, 138
Pyramide 120, 138
– quadratische Pyramide 120

Q
Quader 120, 138
Quadernetze
– erkennen 125
– zeichnen 124
Quadranten 198, 226
Quadrat 116, 138
Quadratzahl 78, 94
Quadrieren 78
Quersumme 82
Quersummenregeln 82, 94
Quotient 53, 94

R
Raute 116, 138
Rechenausdruck 65
Rechenbaum 66
Rechengesetze
– der Addition 71, 94
– der Multiplikation 72, 94
– Distributivgesetz 74, 94, 218
Rechenspiele 215
Rechnungen umkehren 51, 54
Rechteck 116, 138
Rhombus 116
römische Zahlen 20
Runden 26, 46
– Rundungsregeln 26, 46
– Rundungsstelle 26, 46

S
Sachprobleme lösen 76
Säulendiagramm 8, 46
Schätzen 28
Schrägbild 128, 138

Schriftliches
– Addieren 58, 94
– Dividieren 63, 94
– Multiplizieren 61, 94
– Subtrahieren 59, 94
Seite 116
senkrecht 99, 101, 138
Sieb des Eratosthenes 86
Spiegelachse 107
Spiegelpunkt 111
Stellenwerttafel 16, 46
Stichprobe 14
Strahl 98
Strecke 98
Strichliste 8, 46
Stufenzahlen 72
Subtrahend 50, 94
Subtrahieren 50, 94
– ganzer Zahlen 226
– großer Zahlen 75
– im Kopf 50
– negativer Zahlen 207
– positiver Zahlen 205
– schriftlich 59, 94
– von mehreren Zahlen 50
Summand 50, 94
Summe 50, 94
Symmetrieachse 106, 138
Symmetriezentrum 110, 138

T
teilbar 81
Teilbarkeit
– Regeln 82, 94
– durch 6 83, 94
– Summenregel 84
Teiler 81
Term 69
Trapez 116, 138

U
Überschlagsrechnung 56
Übertrag 58
Umfang 142, 158, 168
– eines Rechtecks 158, 168
– eines Quadrats 159, 168
Umkehraufgabe 51, 54
Umrechnungszahl 30, 31, 152, 168, 180, 192
Urliste 8
Ursprung 102

Stichwortverzeichnis

V
Variablen 69
Vergrößerung 36
Verkleinerung 36
Verbindungsgesetz 71
Verschiebungslänge 114
Verschiebungsrichtung 114
Vertauschungsgesetz 71
Verteilungsgesetz 74
vertikal 101, 134
Vielecke 116, 119
Vielfache 81
Vierecke 116
– besondere Vierecke 116, 138
– Haus der Vierecke 119
Volumen 172, 192
– eines Quaders 175, 192
– eines Würfels 176, 192
– von zusammengesetzten Körpern 182, 192
Volumeneinheiten 178, 192
– Kubikdezimeter 178, 192
– Kubikmeter 178, 192
– Kubikmillimeter 178, 192
– Kubikzentimeter 178, 192
– Liter 178, 192
– Milliliter 178, 192
– umrechnen 180, 192
Vorrangregeln 65, 79, 94, 216, 226
Vorzeichen 196

W
widerlegen 87
Würfel 120, 138

X
x-Achse 102, 198
x-Koordinate 102

Y
y-Achse 102, 198
y-Koordinate 102

Z
Zahlen
– Binärzahlen 22
– ganze Zahlen 196, 226
– Gegenzahlen 200, 226
– natürliche Zahlen 16, 46
– negative Zahlen 196
– ordnen 17, 46, 200
– römische Zahlen 20
– runden 26, 46

Zahlenfolge 19
Zahlengerade 196, 226
Zahlenstrahl 24, 46
Zahlterm 65
Zahlwörter 16
Ziffer 16, 46
Zehnerpotenz 79, 94
Zehnersystem 16
Zeiteinheiten 28, 46
– Minute 28, 46
– Sekunde 28, 46
– Stunde 28, 46
– Tag 28, 46
Zeiten umrechnen 31
Zeitpunkt 32
Zeitspanne 32
Zeitverschiebung 33
Zustand 202
Zustandsänderung 202
Zweiersystem 22
Zylinder 120, 138

Bildquellenverzeichnis

Anhang 9

Technische Zeichnungen:
Cornelsen/Christian Böhning

Screenshots:
Cornelsen/Inhouse/© Microsoft® Office. Nutzung mit Genehmigung von Microsoft: 15; Cornelsen/Inhouse/Martha Hubski: 235; Cornelsen/Inhouse/Maya Brandl: 237

Illustrationen:
Cornelsen/Stefan Bachmann

Abbildungen:
Cover Shutterstock.com/ImagineStock; **2 o.** stock.adobe.com/Marko; **2 u.** stock.adobe.com/matimix; **3 o.** Shutterstock.com/stable; **3 Mi.** stock.adobe.com/Copyright Violeta Chalakova Photoqraphy/VioNet; **3 u.** stock.adobe.com/darknightsky; **4 o.** www.coulorbox.de/Colourbox. com; **4 Mi. o.** stock.adobe.com/Alexander Rochau/ARochau; **4 Mi. u.** stock.adobe.com/Christian Schwier; **4 u.** Shutterstock.com/Kekyalyaynen; **5** stock.adobe.com/Marko; **10** Shutterstock.com/Eric Isselee; **12** stock.adobe.com/shootingankauf; **16** stock.adobe.com/oneinchpunch; **19** mauritius images/Science Photo Library; **20** Shutterstock.com/N.Minton; **21** stock.adobe.com/Manfred Herrmann www.herr-m.at/Manfred Herrmann; **25 Burj al Arab** Shutterstock.com/Nadezda Murmakova; **25 Freiheitsstatue** Shutterstock.com/spyarm; **25 Burj Khalifa** Shutterstock.com/S-F; **25 Petronas Towers** Shutterstock.com/Patrick Foto; **25 Frauenkirche** Shutterstock.com/tichr; **25 Gran Torre** Shutterstock.com/Jose Luis Stephens; **26** Shutterstock.com/Amy Johansson; **28** dpa Picture-Alliance/AP Photo; **29 Frosch** dpa Picture-Alliance/imageBROKER; **29 Felsbrocken** interfoto e.k.; **29 Fledermaus** mauritius images/Oliver Borchert; **31 Seehund** stock.adobe.com/Eric Isselée; **31 Hund** stock.adobe.com/meldes; **31 Hauskatze** stock.adobe.com/masterloi; **31 Luchs** Shutterstock.com/Eric Isselee; **32** stock.adobe.com/contrastwerkstatt; **34** Shutterstock.com/Four Oaks; **39** Bridgemanimages/© Look and Learn; **41 Wal** Shutterstock.com/seb2583; **41 Schlange** Shutterstock.com/Anukool Manoton; **41 Schildkröte** Shutterstock.com/Danny Alvarez; **41 Giraffen** Shutterstock.com/meunierd; **41 Gepard** Shutterstock.com/Maros Bauer; **41 Strauße** Shutterstock.com/Elsa Hoffmann; **42** stock.adobe.com/doomu; **43** Shutterstock.com/Joe Gough; **47** stock.adobe.com/matimix; **52 Beine** stock.adobe.com/Halfpoint; **52 Papagei** stock.adobe.com/Pakhnyushchyy; **52 Softdrink** Shutterstock.com/REDSTARSTUDIO; **52 Start** stock.adobe.com/contrastwerkstatt; **57** stock.adobe.com/powell83; **64 Rand** Shutterstock.com/Erik Lam; **64 u.** stock.adobe.com/mvhelena74; **68** Shutterstock.com/Wolfgang Zwanzger; **69** stock.adobe.com / Fotosasch; **76** stock.adobe.com/karandaev; **77** stock.adobe.com/storm; **78** stock.adobe.com/Fotosasch; **84** Shutterstock.com/SpeedKingz; **85** Shutterstock.com/Syda Productions; **91** Shutterstock.com/Monkey Business Images; **95** Shutterstock.com/stable; **101** stock.adobe.com/anamejia18; **104** stock.adobe.com/obelicks; **108 Flagge Dänemark** Shutterstock.com/Julinzy; **108 Flagge Portugal** stock.adobe.com/alexandarilich; **108 Union Flag** Shutterstock.com/Paul Stringer; **109 Schmetterling** stock.adobe.com/JPS; **109 Blume** stock.adobe.com/SP-Photo; **109 Tiger** Shutterstock.com/olga_gl; **114** mauritius images/Alamy/Hercules Milas; **117** Shutterstock.com/Roman Sigaev; **134** stock.adobe.com/ArTo; **139** stock.adobe.com/Copyright Violeta Chalakova Photoqraphy/VioNet; **149** stock.adobe.com/contrastwerkstatt; **154 Flohmarkt** stock.adobe.com/hanohiki; **154 Freizeitpark** Bridgeman Images/AGIP; .; **155 Floating Piers** Shutterstock.com/Valerio951; **155 Tierpark** stock.adobe.com/franzdell; **162 Geld** stock.adobe.com/janvier; **162 Laufbahn** stock.adobe.com/bugphai; **162 Graffiti** stock.adobe.com/photoman120; **162 Hickelkasten** stock.adobe.com/Agence DER; **165** Shutterstock.com/Vasyl Shulga; **169** stock.adobe.com/darknightsky; **178** Cornelsen/Stefan Bachmann/Shutterstock.com/ImagineStock; **187** HERMEDIA Verlag GmbH, Riedenburg/TimeTEX/www.timetex.de; **188** Shutterstock.com/egd; **189** Shutterstock.com/giedre vaitekune; **193** www.coulorbox.de/Colourbox. com; **200** www.coulorbox.de/Colourbox. com; **202 l.** Interfoto/Gabriel Hakel; **202 Mi. l.** stock.adobe.com/mirpic; **202 Mi. r.** stock.adobe.com/Dan Race; **202 r.** stock.adobe.com/Adam Gregor; **203** Shutterstock.com/Mikhail Markovskiy; **208** Shutterstock.com/powell'sPoint; **210** Imago Stock & People GmbH/UPI Photo; **211** Shutterstock.com/Naples photo; **227** stock.adobe.com/Alexander Rochau/ARochau; **228** stock.adobe.com/janvier; **231** stock.adobe.com/beermedia.de; **233** stock.adobe.com/Christian Schwier; **239** Shutterstock.com/Kekyalyaynen

Die Spielidee zu Aufgabe 1 auf S. 215 entstammt dem preisgekrönten Kartenspiel „The Mind" – Die Verwendung findet mit freundlicher Genehmigung der Nürnberger Spielkarten Verlag GmbH statt.

Fundamente der Mathematik

Autoren: Hans Ahrens, Nina Ankenbrand, Dr. Frank Becker, Prof. Dr. Ralf Benölken, Anne-Kristina Durstewitz, Daniela Eberhard, Dr. Lothar Flade, Nico Friese, Dr. Matthias Gercken, Anneke Haunert, Jens Heinemann, Walter Klages, Brigitta Krumm, Dr. Hubert Langlotz, Micha Liebendörfer, Christian Marticke, Axel Müller, Thorsten Niemann, Dr. Andreas Pallack, Dr. habil. Manfred Pruzina, Melanie Quante, Dr. Ulrich Rasbach, Nadeshda Rempel, Wolfgang Ringkowski, Anna-Kristin Rose, Reinhard Schmidt, Angelika Siekmann, Christian Theuner, Alexander Uhlisch, Jonas Vogl, Andreas von Scholz, Dr. Christian Wahle, Anja Widmaier, Florian Winterstein, Dr. Sandra Wortmann

Beratung: Anja Widmaier
Herausgeber: Dr. Andreas Pallack
Redaktion: Martha Hubski, Elena Urich
Rechteprüfung: Kai Mehnert
Illustration: Stefan Bachmann
Grafik: Christian Böhning
Gesamtgestaltung: Golnar Mehboubi Nejati, Berlin
Umschlaggestaltung: Studio SYBERG, Berlin
Layoutkonzept: klein & halm GbR
Technische Umsetzung:
Seitenaufbau: PER MEDIEN & MARKETING GmbH
Finalisierung: Compuscript Ireland and Chennai

Begleitmaterialien zum Lehrwerk

für Schülerinnen und Schüler
Arbeitsheft mit Medien Klasse 5   978-3-06-040705-7

für Lehrerinnen und Lehrer
Unterrichtsmanager Plus   1100033402
Lösungsheft Klasse 5   978-3-06-040706-4

www.cornelsen.de

Die Webseiten Dritter, deren Internetadressen in diesem Lehrwerk angegeben sind, wurden vor Drucklegung sorgfältig geprüft. Der Verlag übernimmt keine Gewähr für die Aktualität und den Inhalt dieser Seiten oder solcher, die mit ihnen verlinkt sind.

1. Auflage, 1. Druck 2025

Alle Drucke dieser Auflage sind inhaltlich unverändert und können im Unterricht nebeneinander verwendet werden.

© 2025 Cornelsen Verlag GmbH, Mecklenburgische Str. 53, 14197 Berlin, E-Mail: service@cornelsen.de

Das Werk und seine Teile sind urheberrechtlich geschützt. Jede Nutzung in anderen als den gesetzlich zugelassenen Fällen bedarf der vorherigen schriftlichen Einwilligung des Verlages.
Hinweis zu §§ 60a, 60b UrhG: Weder das Werk noch seine Teile dürfen ohne eine solche Einwilligung an Schulen oder in Unterrichts- und Lehrmedien (§ 60b Abs. 3 UrhG) vervielfältigt, insbesondere kopiert oder eingescannt, verbreitet oder in ein Netzwerk eingestellt oder sonst öffentlich zugänglich gemacht oder wiedergegeben werden. Dies gilt auch für Intranets von Schulen und anderen Bildungseinrichtungen. Der Anbieter behält sich eine Nutzung der Inhalte für Text und Data Mining im Sinne § 44b UrhG ausdrücklich vor.

Allgemeiner Hinweis zu den in diesem Lehrwerk abgebildeten Personen:
Soweit in diesem Buch Personen fotografisch abgebildet sind und ihnen von der Redaktion fiktive Namen, Berufe, Dialoge und Ähnliches zugeordnet oder diese Personen in bestimmte Kontexte gesetzt werden, dienen diese Zuordnungen und Darstellungen ausschließlich der Veranschaulichung und dem besseren Verständnis des Buchinhalts.

Druck und Bindung: Mohn Media Mohndruck, Gütersloh

ISBN 978-3-06-040704-0 **(Schulbuch)**
ISBN 1100033397 **(E-Book)**

PEFC-zertifiziert
Dieses Produkt stammt aus nachhaltig bewirtschafteten Wäldern und kontrollierten Quellen
PEFC/04-31-1033   www.pefc.de